中国建筑教育
Chinese Architectural Education

2012全国建筑院系建筑学优秀教案集

Collection of Teaching Plan for Architecture Design and Theory
in Architectural School of China 2012

全国高等学校建筑学专业指导委员会 编
Compiled by National Supervision Board of Architectural Education

中国建筑工业出版社
CHINA ARCHITECTURE & BUILDING PRESS

图书在版编目（CIP）数据

2012全国建筑院系建筑学优秀教案集/全国高等学校
建筑学专业指导委员会编.—北京：中国建筑工业出版
社，2013.8
  ISBN 978-7-112-15548-4

  Ⅰ.①2… Ⅱ.①企… Ⅲ.①建筑学—教案（教育）—
高等学校 Ⅳ.①TU-42

  中国版本图书馆CIP数据核字（2013）第137695号

责任编辑：滕云飞
责任校对：刘梦然　王雪竹

中国建筑教育

2012全国建筑院系建筑学优秀教案集
全国高等学校建筑学专业指导委员会 编
*
中国建筑工业出版社出版、发行（北京西郊百万庄）
各地新华书店、建筑书店经销
北京京点设计公司制版
北京顺诚彩色印刷有限公司印刷
*
开本：880×1230毫米　1/16　印张：17　字数：510千字
2013年7月第一版　2013年7月第一次印刷
定价：**120.00**元（含光盘）
ISBN 978-7-112-15548-4
　　　　（24137）

建筑设计教学的实质性探索
——2012年全国建筑院系建筑设计教案和教学成果观摩与评选的感悟

仲德崑

"全国大学生建筑设计教案观摩与优秀作业评选"从2011年开始举办，2012年是第二届，本选集就是第二届优秀教案和优秀作业的选集。

全国建筑院系大学生建筑设计作业的交流，自1993年以来一年一度，已经经历了20个春秋，其间经历过三个阶段：

第一阶段（1993—2000），全国大学生建筑设计竞赛

竞赛设立的最初目的是为了发挥先进、优秀的建筑院系的教学传统和优势，以优秀的学生作业和教师指导水平为普通或后进的建筑院系的教学活动作出示范，提高全国大学生建筑设计作业水平。在这八年中，每年在三年级进行命题竞赛，评选出优秀作业，进行表彰并结集出版。

经过八年的学生竞赛，所取得的成绩斐然，良莠不齐的学生作业在很大程度上得到改观。在全国居于领先教学地位的院系与原本处于后列的学校相比，其作业水平的差距缩小，说明通过竞赛以优秀的建筑院校带动全国建筑设计教学水平提高的宗旨已经取得明显的效果。

第二阶段（2001—2010），全国大学生建筑设计作业观摩与评选

由于一方面原本普通的院系教学水平和学生作业水平大增，一方面设于大学三年级的竞赛对日益富于特色的各院系自身教学带来较大冲击，故将竞赛改为对各院系自身教学影响不大的作业观摩与评比。目的一是舒缓原来竞赛的激烈气氛，加大互相学习观摩的友好气氛；二是保全各院系特色，不使之或多或少地被强行纳入统一的比赛标准；三是不打扰各院系自有的教学安排。每年由各院系在当年的优秀作业中按一定比例遴选出优秀作业，送全国进行观摩和评选。每年在送选的作业中选出大约三分之一的优秀作业进行表彰并结集出版。

经过十年，一方面传统上力量雄厚的一部分院系的办学特色在一年一度的作业观摩上得到展示；一方面地域不同、层次不同的各院系也充分体现出各自富于特点的教学课题。港台地区的建筑院系也不时送作业参加，使得高校建筑教学活动进一步百花齐放。

第三阶段（2011至今）全国大学生建筑设计教案观摩与优秀作业评选

在教学中，"教"和"学"是一对互动过程，从学生的作业可以窥见教学的结果，对设计课题背后的课题设置目标、意图等却难以洞见。于是，自2011年开始，改为教案观摩与优秀作业评选并行的方式，把教案和教案的教学成果——学生作业放在一起接受观摩和评比。

通过两年的时间，可以明显看到，不少院系的教案独具匠心，形成系统，充分体现了整体的教学构想。更有不少院系进行了具有自身特色的探索和教学研究。已经可以看出，教案的观摩对许多院系的教学研究起到了很好的推动作用。特别是对许多办学时间较短的学校，起到了引导和带领的作用。当然，一个院系的教案相对来说是指导性的、原则性的，也应该是较为稳定的。可能通过几年时间的观摩和评比活动，难免就会出现重复的现象。因此，建议新一届的全国高等学校建筑学专业指导委员会作进一步的探索。

2012年的全国大学生建筑设计教案观摩与优秀作业评选在福州大学进行。纵观送选的来自全国近百所院系的琳琅满目的教案和作业，充分体现了全国建筑教育从业者对于教育事业的追求和责任感，评选出的优秀教案和优秀作业，代表了当今我国建筑教育的水准。这批优秀教案和优秀作业的结集出版，势必会对全国的建筑设计教学起到很好的示范和引领作用。

感谢福州大学为本次活动所做出的贡献和努力，感谢中国建筑工业出版社在本书的出版过程中的大力支持和辛勤劳动。

祝愿在新一届的全国高等学校建筑学专业指导委员会的指导下，中国建筑教育更加兴旺发达，繁花似锦。

仲德崑：南京工学院硕士，英国诺丁汉大学博士，全国高等学校建筑学专业指导委员会主任，东南大学建筑学院教授

目 录
Contents

评委会剪影

学科交叉类设计教案

（四年级）

教案简要说明

在设计教学中，空间与结构往往是分离的，结构只是在"配"臆想出来的空间，结构在设计中是那么消极的吗？多米诺的框架结构是否是唯一的选择？

本教案设想来源于指导教师工作室多年来对这一问题的研究。它旨在教会学生从清晰的观点重视空间与结构，寻找它们的相关点。结构的问题在设计的开始就被引入，它影响着空间的构思、生成和发展，是设计的一个主动要素，而不是在设计后期的"配"结构或是结构选型。另外，结构的问题在实物模型操作中也显得十分重要。

从相关案例研究中可以看到，基于建筑师与结构工程师对各自领域的共同兴趣，两者合作产生了有意思的结果。在这里，结构不再是结构构成元素的简单组合，也并非产生于空间设想以后，在这种结构中，空间与结构的关系找到了新的表达方式。

在先例分析的基础上进行操作训练，操作中2人一组以便于素材的寻找和关注，研究结构要点与它们在一个既定建筑案例中的实施，分析结构策略与空间的表达。

用实体模型来进行操作、表达和测试，用简单的模型、图解说明所选案例的结构要点，区分该案例所用策略与其他相关案例的差别，体会该结构与所创造空间的特点。

教学计划由"研究"和"项目"两个阶段组成。在第一阶段研究案例的基础上，引入"项目"——城市规划展览馆这个载体。展览馆是由大小不同的空间组成的，其中需设计一个大空间用作城市模型展览，学生应了解博览建筑对流线、光线、视线的相关要求。

设计中的重点是要求每个同学对所选案例进行结构和空间的"转换"，同时这种转换要符合城市规划展览馆的空间需求，空间与结构的关系将伴随设计遇到的具体问题进一步探索，细部设计、材料、构造与建造相关知识将随着设计推进依次展开。

作业成果需清晰地表达结构与空间的关系。

要求采用大比例尺度、有重量（材料）的模型，不能仅靠计算机模型，因为它是没有重力的。

要求采用剖透视，以充分地表达内部空间和结构构造细节。

要求采用图表，为了让别人更容易解读设计的清晰结构和过程。

TRI_C——复杂形体之CNC制造 设计者：彭文哲 马书波 宋心佩 董智伟 许碧宇 何涛波 朴锦兰

从结构到空间——城市规划馆设计 设计者：刘琦

指导老师：李飚 龚恺

编撰/主持此教案的教师：龚恺 李飚

学科交叉类设计教案
复杂形体数控建造教案

课程目标：

程序生成方法基于建筑规则逻辑本质，对建筑空间组合及构建方式指定算法，体现生成系统对抽象空间的灵活控制。课程目的不仅仅要获得各种建筑设计成果，更要形成一套可操作的设计系统和操作方法，将具有人文特征的技术手段逐步发展为可以充分运用的生成工具，最终通过各类 CNC 数控设备营造就构筑形态。课程借助规则控制、符号描绘、逻辑关联演化出生成系统的部分成果，从小型构筑物入手，建立生成技术从 "程序生成"、"实体构建" 到 "数控加工" 的系统方法。作为建筑空间形态的输出载体，CNC 数控设备实现并验证程序生成结果，与生成方法互为因果。本课程立足建筑学传统设计原理，以计算机程序为基本手段，从另一个角度审视建筑设计及构筑物建造，构建从建筑功能到建筑形态、系统模型到程序编码、数据生成到数控加工的一体化 "数字链" 系统方法。

整合多学科系统方法，以复杂系统模型为基础，探索建筑空间与实体程序生成、实体构建设计以及相关建筑构件的 CNC 加工、装配。基本步骤可概括为下图所示，通过 "空间程序生成"，"实体构建方式" 与 "数控加工装配" 形成互相渗透、彼此关联的完整 "数字链"。

课程步骤：

注："强、弱"表示对应步骤间紧密程度。"强"表示需要多次反馈、验证，反之为"弱"。

课程包含三个基本步骤：

1、Java-Processing 程序教授、Rhino-Grasshopper 研习

"空间程序生成" 整合特定建筑功能及其环境关系，如：环境特质、功能关系、建造方式，造价等，进而将建筑空间特质及交通流线需求、面积等建筑指标融入其中。课程从某一因素启动，通过程序技术的学习，将新技术融入实体建造过程，用精确的手段模拟、诠释建筑学直觉上的复杂性概念，并由此导出计算机程序与建筑学的内在关联。

2、建筑媒介与节点设计

筛选阶段性生成方案，综合考虑主体结构、节点设计、装饰、成本控制等，是步骤一的物化设计。该步骤是结构主体、构造节点、甚至装饰填充材料的实体组合设计过程。其中的非标准建筑节点设计是该步骤重要技术之一。受限于数控设备种类及普遍的经济实力，成果除了要满足审美需求以外，还必须综合考虑数控设备加工性能和材料造价因素。

3、数控加工与装配

分析 CNC 数控设备功能特征及其对材料加工方式的限定，确立建筑主体结构材料及填充材料，并根据特定材料修正第二阶段的数据缺陷，形成完整的建筑构配件加工数据。研究如何将成果转换为具有开放式通信协议的 G 代码接口。为了便于建筑构件现场装配，需要将建筑构件数据分解，额外编写用于装配定位及符合装配流程的程序编码，从而形成适合 CNC 设备加工、运输、组装的半成品。最终完成构件的数控加工和现场装配。

课程主要学科技术支撑及其研究内容见下表：

关键技术：

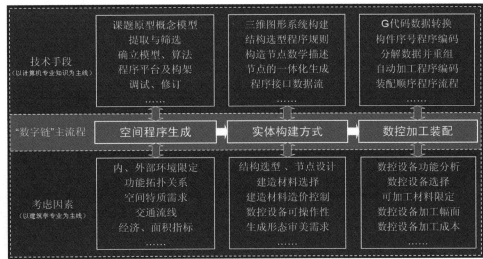

学科交叉类设计教案

从结构概念生成空间：城市规划展示馆设计

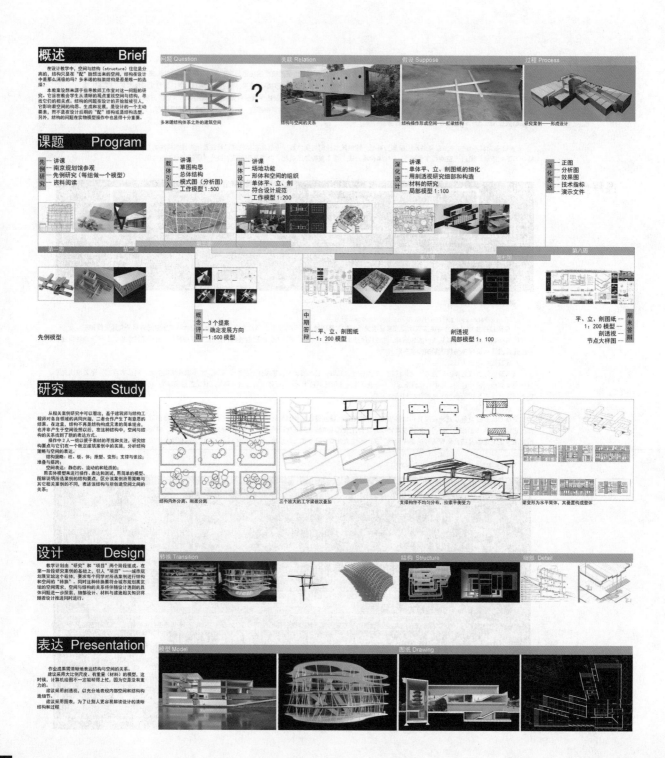

概述　Brief

在设计教学中，空间与结构（structure）往往是分离的，结构只是在"配"搭起来的空间，结构设计中是那么多米诺的框架结构看是唯一的选择？

本教案意图来源于导师教学工作室对这一问题的研究。它旨在教会学生从清晰的观点重视空间与结构，寻找它们的相关点。结构的问题是设计的开始就被引入，它影响着空间的构思、生成和发展，是设计的一个主动因素，而不是在设计后期的"配"结构或是结构选型。另外，结构的问题在实体模型操作中也显得十分重要。

问题 Question　多米诺结构体系之外的建筑空间

关联 Relation　结构与空间的关系

假设 Suppose　结构操作形成空间——杠梁结构

过程 Process　研究案例——形成设计

课题　Program

先例研究	载体引入	单体设计	深化设计	深化表达
一讲课 一南京规划馆参观 一先例研究（每组做一个模型） 一资料阅读	一讲课 一草图构思 一总体结构 一模式图（分析图） 一工作模型1:500	一讲课 一场地功能 一形体和空间的组织 一单体平、立、剖 一符合设计规范 一工作模型1:200	一讲课 一单体平、立、剖图纸的细化 一用剖透视研究细部和构造 一材料的研究 一局部模型1:100	一正图 一分析图 一效果图 一技术指标 一演示文件

第一周　第二周　第三周　第六周　第七周　第八周

先例模型

概念一3个提案
评一确定发展方向
图一1:500模型

中期答辩
一平、立、剖图纸
一1:200模型

剖透视
局部模型1:100

期末答辩
平、立、剖图纸一
1:200模型一
剖透视一
节点大样图一

研究　Study

从相关案例研究中可以看出，基于建筑师与结构工程师对各自领域的共同兴趣，二者合作产生了有意思的结果。在这里，结构不再是结构构成元素的简单组合，也并非生于空间设想以前，在这种结构中，空间与结构的关系找到了别的表达方式。

操作作2人一组以便于操作的技术和关注，研究结构要点与它们在一个限定建筑案例中的实施，分析结构策略与空间的表达。

结构策略：柱、板、体，原型、变形；支撑与张拉；叠加与拼合；

空间表达：静态的、流动的和轻质的；

用实体模型来进行操作、表达和测试，用简单的模型、图解说明所选案例的结构要素，区分该案例所用策略与其它相关案例的不同，表达该结构与所创造空间之间的关系。

结构内外分离、刚柔分离

三个放大的工字梁依次叠加

支撑构件不均匀分布，拉索平衡受力

梁变形为水平架体，其叠置构成整体

设计　Design

教学计划由"研究"和"项目"两个阶段组成。在第一阶段研究案例的基础上，引入"项目"——城市规划展览馆这个载体，要求每个同学将所选案例进行结构和空间的"转换"，同时这种转换要符合城市规划展示馆的空间需求。空间与结构的关系将伴随设计主题前的具体问题进一步探索。细部设计、材料与建造相关知识将随着设计推进同时进行。

转换 Transition

结构 Structure

细部 Detail

表达　Presentation

作业成果需清晰地表达结构与空间的关系。

建议采用大比例尺度、有重量（材料）的模型，这时候，计算机绘图不一定能帮得上忙，因为它显显没有重力的。

建议采用剖透视，以充分地表现内部空间和结构进细节。

建议采用图表，为了让别人更容易解读设计的清晰结构和过程。

模型 Model

图纸 Drawing

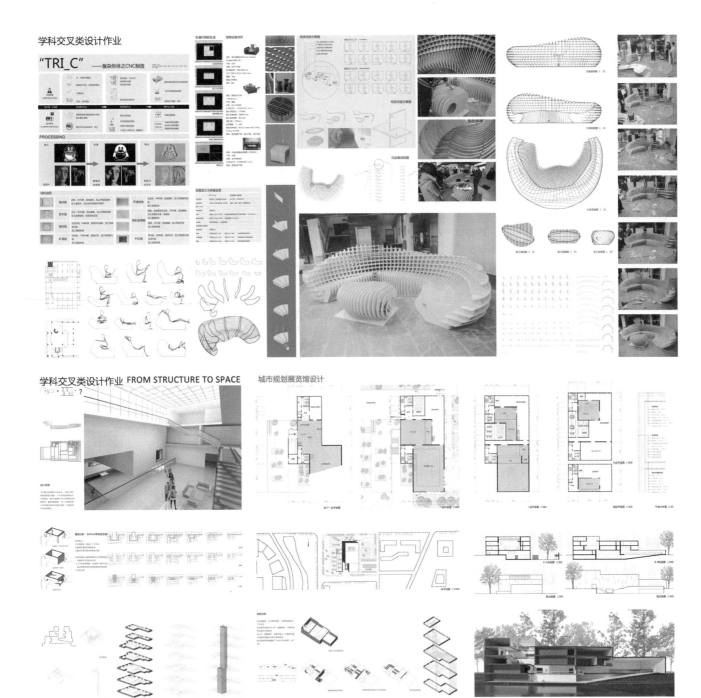

学科交叉类设计作业

"TRI_C" ——复杂形体之CNC制造

PROCESSING

学科交叉类设计作业 FROM STRUCTURE TO SPACE

城市规划展览馆设计

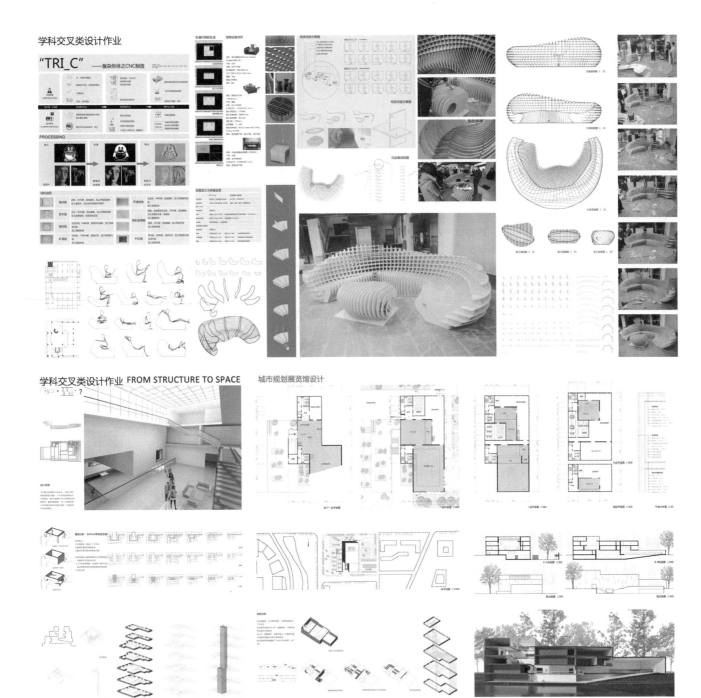

城市设计教案

（四年级）

教案简要说明

1. 主题设置

该课题突出强调城市中心区环境与建筑的整体互动关系。把握城市中心区物质空间环境的一般性特征，理解城市道路交通、街区、地块和建筑的基本形态关系。体察结构和类型作为城市物质空间形态的内在作用力与外在的城市景观之间的传动方式。学习基于宏观思维和微观操作的城市建筑形态缝补与活力激发的策略。

2. 场地设置

规划设计地段位于南京市新街口核心区的西南象限。该街区北临汉中路，南至石鼓路，东临中山南路，西至王府大街。总用地约8.6hm²。该地段现状包含华联商厦、东方商城、大洋百货等城市公共建筑。在新街口核心区空间需求急速上升的背景下，该地段正面临关键的发展机遇。

3. 任务要求

3.1 设计说明（500～1000字）

3.2 现状分析图

3.3 设计概念图解

3.4 设计成果分析图

3.5 总平面图1：500

3.6 主要剖断面（含立面）1：500

3.7 地面层平面图1：500

3.8 地下层平面图1：500

3.9 街区和街道空间环境意向表达

3.10 工作模型1：500

3.11 主要经济技术指标

4. 操作过程

4.1 第一——第二周

讲课一：城市设计概念、方法、目标，设计练习释题

讲课二：南京新街口地区物质空间环境面临的关键问题

4.2 第二——第四周

文献查阅、工作计划、现场调研、重点调查分析设计基地的现状及其所面临的问题。包括形态演变、道路类型、建筑类型、街区、地块、密度、容积、边界、公共设施等。

关键问题—设计策略—设计概念比较（快图方式）

提出基于结构与类型逻辑，融入该地段城市上下部空间整体环境的物质空间策略和方法。

4.3 中期评图

4.4 第四——第六周

优化并确立设计概念，讨论、明确深入发展的计划

建立符合地段特征和现代城市生活需求的交通组织、街区、地块组织结构，使该地段融入新街口地区的整体结构。在此前提下，塑造富有活力特色的新型城市街区。

4.5 第七——第八周

讲课三：城市设计的成果表达

设计成果表达，讨论、答辩

4.6 设计答辩

武汉光谷伊托邦青年城一期地块中央商住区城市设计 设计者：翟炼 杨佳蓉
缝补与激活——南京新街口铁管巷街区城市设计 设计者：原满 孙铭泽 张硕松
指导老师：邓浩 韩晓峰 韩冬青
编撰/主持此教案的教师：韩冬青 邓浩

城市设计教案

武汉光谷伊托邦青年城一期地块中央商住区城市设计

主题设置

1 LIFESTYLE
城市生活方式（公共、民主、交往、慢生活、低碳、网络、信息）
城市——线上生活与线下生活的友好界面。
2 POD（PEDESTRIAN ORIENTED DESIGN）城市公共步行空间引导
的设计策略
3 HOLISTIC DESIGN ON URBAN ARCHITECTURE
建筑城市一体化

场地设置

基地位于武汉市江夏区五里镇，是以创建生态智能新城
为目标的中国光谷·伊托邦青年城一期地块中的核心区
段，用地分为K、L、M三个地块，共约12.07公顷。该区
段以商务、商业、居住和休闲为主要功能，功能综合性
较强，开发强度相对较高，其城市空间设计和建设模式
对整个新城区的建设具有重要的示范作用。

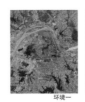
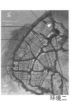

环境一　　　　　环境二

现状一　　　　　现状二

任务要求

1、设计说明（500——1000字）
2、场地环境分析图
3、设计概念图
4、设计成果分析图
5、总平面图1：1000
6、主要剖断面（含立面）1：1000
7、各层平面图1：1000
8、城市空间关系的剖轴测或剖透视

场地　　　　　场地放大

成果图　　　　　成果图放大

操作过程

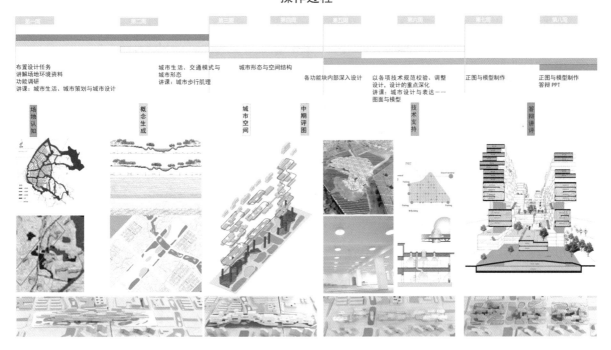

城市设计教案

缝补+激活——南京新街口铁管巷街区城市设计

Sewing&Activation
Urban Design For Tieguanxiang Block in Xinjiekou District of Nan Jing

主题设置

该课题突出强调城市中心区环境与建筑的整体互动关系。把握城市中心区物质空间环境的一般性特征，理解城市道路交通、街区、地块和建筑的基本形态关系。体察结构和类型作为城市物质形态的内在作用力与外在的城市景观之间的传动方式。学习基于宏观思维和微观操作的城市建筑形态缝补与活力激发的策略。

1、路网　　　　2、街区

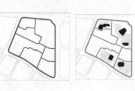

3、地块　　　　4、建筑

场地设置

规划设计地段位于南京市新街口核心区的西南象限。该街区北临汉中路，南至石鼓路，东临中山南路，西至王府大街，总用地约8.6公顷。该地段现状包含华联商厦、东方商城、大洋百货等城市公共建筑。在新街口核心区空间需求急速上升的背景下，该地段正面临关键的发展机遇。

1、场地环境

2、场地道路

3、现状一　　　　4、现状二

任务要求

1、　设计说明（500——1000字）
2、　现状分析图
3、　设计概念图解
4、　设计成果分析图
5、　总平面图1：500
6、　主要剖断面（含立面）1：500
7、　地面层平面图1：500
8、　地下层平面图1：500
9、　街区和街道空间环境意向表达
10、工作模型1：500
11、主要经济技术指标

成果图

操作过程

讲课一：城市设计概念、方法、目标，设计练习释题
讲课二：南京新街口地区物质空间环境面临的关键问题

文献查阅、工作计划、现场调研
重点调查分析研究基地的现状及其所面临的问题。包括形态演变、道路类型、建筑类型、街区、地块、密度、容积、边界、公共设施等

现场调研与分析

关键问题——设计策略——设计概念比较（快图方式）
提出基于类型逻辑，融入该地段城市上下部空间整体环境的物质空间策略和方法。

设计快图

优化并确立设计概念，讨论、明确深入发展的计划

建立符合地段特征和现代城市生活需求的交通组织、街区、地块组织结构，使该地段融入新街口地区的整体结构。在此前提下，塑造富有活力特色的新型城市街区。

设计深化

讲课三：城市设计的成果表达　　　设计答辩

设计成果表达，讨论、答辩

成果表达

开始　　第一周　　第二周　　第三周　　第四周　　第五周　　第六周　　第七周　　第八周

业态调研

公共交通

方案1

方案2

深入设计

小组1成果

小组2成果

小组3成果

小组4成果

城市设计学生作业
武汉光谷伊托邦青年城一期中央商住区城市设计

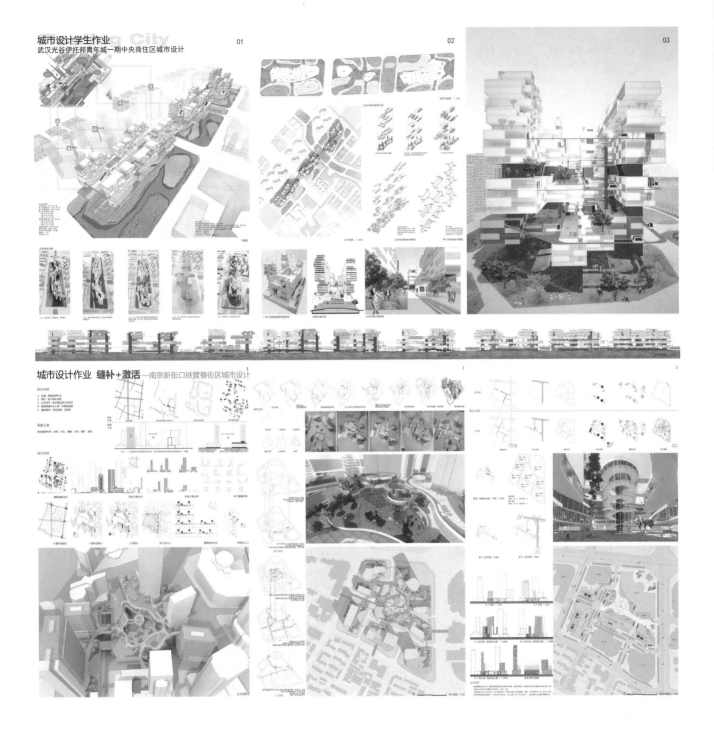

城市设计作业 缝补+激活—南京新街口铁管巷街区城市设计

大型公建设计教案

（四年级）

教案简要说明

1. 课题概况

"南京汤山地质博物馆建筑设计"为2011—2012年度秋季学期四年级大型公建课题。课题选址南京市汤山镇以西宁镇山脉西段，拥有多样性的、典型性的地质遗迹，是我国最早进行现代地质勘查的地区之一。博物馆为拟建国家级地质公园的启动项目，总建筑面积20,000m^2，功能包括公共展陈、学术交流、公共活动、研究办公、库房及配套设备用房等六大功能组成。课程设计教学为期8周，以组为单位开展，每组两位同学。设计需完成包括规划选址、总平面设计、建筑单体设计、重点空间深化及典型墙身剖面或构造节点设计等多层面的设计工作。

2. 教学目标

2.1 复杂地形中的形态与空间组织

发现并彰显潜在于场地之中的内在张力，驱动形态生成与空间组织；学习复杂地形中空间操作。

2.2 现代博物馆的类型研究与空间设计

研究现代博物馆的功能组成、流线组织与空间类型，设计以科学研究和科普教育为主要内容的中型博物馆。

2.3 特定的材质与构造设计

研究场地、材质与空间的建构学关联，在大比例的图纸和模型中练习材质表现和构造设计。

3. 教案结构与教学组织

课题教学周期为8周，分为场地踏勘与地形分析、空间原型研究、功能适应性设计、场地适应性设计、材质与形态设计、重点空间深化与典型节点设计、图纸与模型制作、答辩与评图等8个环节。

在有组织的场地踏勘和地形分析之后，设计教学从空间原型的研究开始。与作为客观条件和限制的功能任务书及场地不同，以空间为起点更多地要求学生们寻找并确立设计的主观，运用专业或非专业的空间经验和想象研究空间的特质 —— 整体氛围、地形结构、光的密度、开启与闭合、方向与深度……同时需将现象性的知觉描绘推向单纯、抽象和原初，确立一种原型。

之后的环节分别从功能和场地两方面，研究主观性的空间意图如何在项目的客观条件中获得适应性的发展。至此，学生应完成项目设计的第一次几何确定。

对结构、材质与形态的研究成为设计后半段的主要驱动。学生们需根据初步确定的形态与空间关系，选择具体的建筑材料，研究其材质表现与构造技术，并进一步讨论场地、材质与空间的建构学关联。在这个阶段的后期，学生需选择各自项目中的一个代表性空间，在1/50的模型、平面、剖面及1/20的墙身剖面中研究材料的连接、性能及材质的设计与表现。

配合教学过程的推进，教师开设了三次讲座，分别是第一周的"建筑地形"、第三周的"当代博物馆设计"以及第七周的"设计表达"，为课程教学提供理论和方法上的支撑。

4. 优秀作业简介

获奖作业选址位于拟建地质公园中心广场南侧，面对公园主入口，凸显博物馆的公共性与标志性。设计以"岩隙"为空间原型，挖掘其地质性的空间特质。岩石般的体块，不仅与山崖地形完美契合，而且塑造出如峡谷、洞穴般的地质空间。一条岩石间的裂隙成为建筑外部形态的主要特征，它将人们引入博物馆内部，组织起场馆内外的主要公共空间。设计以此为重点，对岩隙的空间氛围、几何形态、材质与构造进行了深入而富有感染力的塑造。设计理念和空间质量，在从总图到构造细部的丰富层级中得到了整体和逻辑性的显现。

岩隙——南京汤山地质博物馆设计　设计者：叶雯欣　岳碧岑
复合式超高层设计　设计者：郭欣欣　奚江月
南京通信技术研发基地综合楼设计　设计者：何涛波　巢静敏
指导老师：方立新　袁玮　张彤　王静　韩晓峰　钱强
编撰/主持此教案的教师：张彤　钱强

大型公建设计教案
南京汤山地质博物馆设计
Museum of Geology, Tangshan, Nanjing

课题简介

"南京汤山地质博物馆建筑设计"为2011-12年度秋季学期四年级大型公建课题。课题选址南京市汤山镇以西宁镇山脉西段,拥有多样性的、典型性的地质遗迹,是我国最早进行现代地质勘查的地区之一。博物馆为拟建国家级地质公园的启动项目,总建筑面积20,000平方米,功能包括公共展陈、学术交流、公共活动、研究办公、库房及配套设备用房等六大功能组成。课程设计教学为期八周,以组为单位开展,每组两位同学。设计需完成包括规划选址、总平面设计、建筑单体设计、重点空间深化及典型墙身剖面或构造节点设计等多层面的设计工作。

选址区位 　　　　　　　　　　　　　　　　　　　　　　　　　　　实景照片

教学目标

1. 复杂地形中的形态与空间组织;
2. 现代博物馆的类型研究与空间设计;
3. 特定的材质与构造设计。

教案结构与进程控制

大型公建设计教案
复合式超高层设计
Urban Complex Architecture Design

主题设置

本教案通过复合式超高层城市综合体的建筑设计，完成两种建筑类型（商业+办公）的学习。同时完成以下六种能力的训练：综合能力、协调能力、办公及商业类型、合作能力、环境意识、细部设计的培养。课题在行为设计、技术把握、软件运用（Rhino、Grasshopper）、环境主义等方面具有一定特色。

场地设置

项目基地位于南京市热河路建宁路路口东南角地块。该地块北临建宁路，西靠热河路，周边有阅江楼、天妃宫、绣球山等旅游及自然景观。基地面积约20000m²（另加4800m²市民广场用地）。在水平方向与相邻商业建筑的关系、在垂直方向上与周边景观要素的对话都是要考虑的问题。

成果要求

1、工作模型若干（1：1000）　　2、成果模型（1：450）
3、设计概念及分析图若干　　　4、总平面，平面，立面，剖面
5、细部设计（比例自定）　　　6、效果图（类型自定）

环境　　　　　　天际线

现状一　　　　　现状二

工作模型

成果图　　　　　成果模型

操作过程

第一周	第二周	第三周	第四周	第五周	第六周	第七周	第八周

现场调研，基地分析；
相关资料的收集、分析和讨论；
案例分析

设计思路讨论；
明确需要解决的问题，确立自己的目标

方案构思；
方案讨论

设计手法；
方案深入

结构论证；
中期评图

方案调整；
方案完善

设计定稿；
成果制作

成果制作；
表达练习

场地认知　　概念生成　　方案构思　　设计手法　　深化表达　　答辩讲评

●活动人群
◆停留人群

大型公建设计教案
南京通信技术研发基地中心楼设计
Center Building of Nanjin Communications technology R&D Base Design

主题设置

科研建筑是以科研实验为主要用途的建筑类型，随着社会的进步和技术的发展，简单的实验室空间早已不能满足科技发展所带来的需求。现代科研建筑除了体现科研类型所属的系列学科特征外，还具有先进、复杂的技术要求，多元化的功能要求，灵活的空间要求，人性化的设计要求等，在该课题中，通过分析处理多种复杂的设计要求，研究学习多功能、大型公共建筑的设计方法。

场地设置

南京通信技术研发中心建于南京市江宁开发区秣周路北侧。总用地面积29.64公顷。基地内部必须满足消防及退让要求，建筑红线要求：用地南侧留出60米绿化用地，其余三侧退道路红线15米以上。规划条件：建筑密度≤25%，绿地率≥40%，建筑高度≤24米，机动车停车位：1个/100㎡。

区位　　　　交通

基地　　　　周边

任务要求

一、规划设计：总建筑面积178000㎡；包括1栋综合楼、6栋实验楼、6栋研究楼、1栋会议酒店。
二、综合楼建筑设计：建筑面积约30000㎡
1、会展：技术演示厅、会议、洽谈、辅助用房等
2、检测中心：检测暗室、近场暗室、EMC室、办公等
3、研发中心：机加工车间、小试车间、研究、办公等
4、行政办公　　5、设备用房

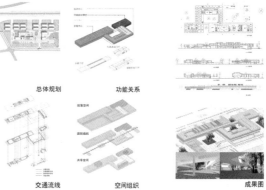

总体规划　　　功能关系

交通流线　　　空间组织

成果要求

1、设计说明（500——1000字）
2、总平面图 1：1000
3、平面图 1：250
4、主要立剖面 1：250
5、设计成果分析图
6、表现图
7、模型 1：250

成果图

操作过程

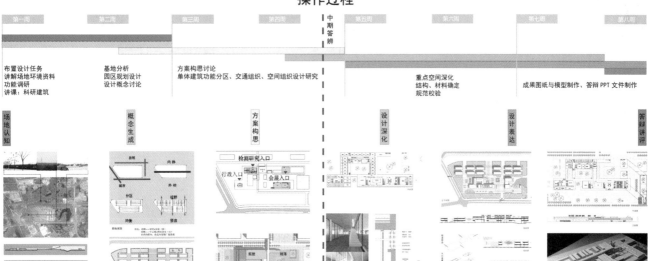

第一周	第二周	第三周	第四周	中期答辩	第五周	第六周	第七周	第八周

布置设计任务
讲解场地环境资料
功能调研
讲课：科研建筑

基地分析
园区规划设计
设计概念讨论

方案构思讨论
单体建筑功能分区、交通组织、空间组织设计研究

重点空间深化
结构、材料确定
规范校验

成果图纸与模型制作、答辩PPT文件制作

场地认知　　概念生成　　方案构思　　设计深化　　设计表达　　答辩讲评

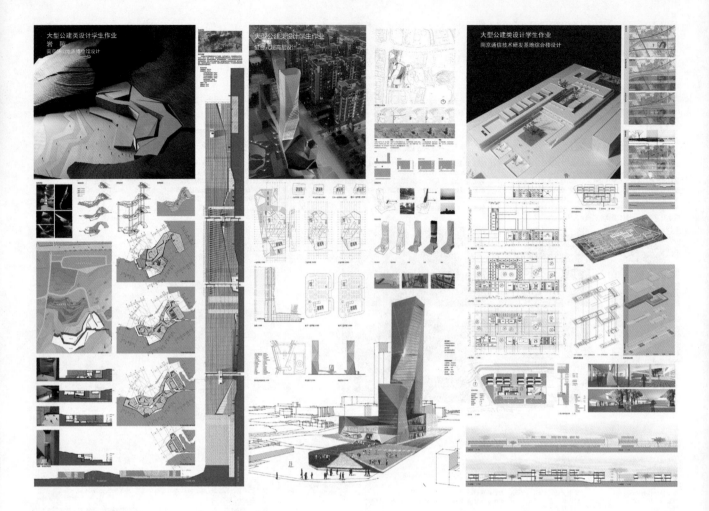

大型公建类设计学生作业
岩　隙
南京汤山地质博物馆设计

大型公建类设计学生作业
复合式超高层设计

大型公建类设计学生作业
南京通信技术研发基地综合楼设计

环境限定下的建筑空间设计

（二年级）

教案简要说明

1．设计题目：大学生活动中心设计——环境限定下的建筑空间设计

2．教学目标：此课程设计题目是建筑学专业二年级下学期最后一个设计题目，为设计入门阶段的小结。重在培养二年级学生处理物质环境与建筑空间生成的联系，处理多种功能复合和复杂空间整合的能力，以及理性造型的能力。在此过程中，学生通过草稿模型、手绘草图、计算机模型，逐步对场地与任务书进行解读，根据景观、地形的限定划分空间、组织功能与流线，设定空间质感并进行造型设计。教案特别强调了学生要在设计过程中通过调研细化任务书理解多种功能关系，通过动手作模型等表达手段帮助推进设计的深入。课程设计时长8周，56学时，总建筑面积控制在3000m²之内。

3．对教师的要求

3.1 开题，明确本题目训练目标及教学要求，各导师组可结合实际适当调整设计任务书；

3.2 指导学生实地调研，并听取调研汇报；

3.3 指导课堂设计，对学生阶段性成果进行评讲，并对下一阶段工作提出目标要求；

3.4 结合设计进度，各导师组举办面向全年级的专题讲座，介绍相关设计知识；

3.5 作业批改讲评，及时组织归档。

4．对学生的要求：

4.1 学习场地调研的方法，发现环境的主要特征；

4.2 学习对已建成建筑的调研的方法，进而发现问题，分析问题，并把得到的结论运用到自己的设计中；

4.3 了解目标人群的使用需求；

4.4 动手制作模型多方案比较；

4.5 注意设计进度安排，按时优质完成任务。

5．评价体系

5.1 对场地环境的调研、分析；

5.2 对多种功能的安排情况；

5.3 复合空间的设计情况；

5.4 主要设计问题及解决办法的合理性；

5.5 设计深度；

5.6 成果图纸+成果模型。

大学生活动中心 设计者：杨元传
人·景——大学生活动中心设计 设计者：林炯辉
大学生活动中心设计 设计者：王伟忻
指导老师：王炜 吴木生 朱卫国 陈建东 张孝惠 郑琦珊
编撰/主持此教案的教师：郑琦珊

二年级建筑设计教案——环境限定下的建筑空间设计

二零一二年七月

整体框架	单元设置	重点难点	教学方法

整体框架

一年级 认知与基础

二年级 环境与空间

■二年级设计以处理环境、空间、使用者与建筑的关系为主线

使用者
建筑
环境　空间

■强调设计过程，分专题解决功能、结构体系、空间、环境等问题。

■引导学生逐步建立正确的设计方法，提高草图能力、建筑表达能力、模型能力。

三年级 人文与技术

四年级 延伸与拓展

五年级 综合与实践

单元设置

单元一 茶室设计
- 单一空间
- 校园环境

单元二 幼儿园设计
- 空间组合
- 住区环境

单元三 别墅设计
- 复合空间
- 山地环境

单元四 大学生活动中心设计

任务书解读
某大学欲在校园内新建一座大学生活动中心，来为同学们提供丰富的文化生活。总建筑面积控制在3000m2左右（可浮动10%）。具体要求如下：
A、校学生会办公用房
各部办公室：120m²
小会议室：30m²
校广播台：60m²
（含播音、录音室、编辑、机房）
B、主要活动用房
多功能厅：300m²
（小型集会、报告兼舞厅）
化妆间：30m²
道具间：30m²
展览：100m²
茶座：90m²
美术工作室：60m²
书法活动室：60m²
摄影工作室：60m²
学生会期刊编辑部
文学创作室：60m²
音乐工作室：60m²
舞蹈工作室：60m²
排练厅：90m²
其它用房：250m²
（内容自定）
C、辅助用房
值班管理室：20m²
配电用房：20m²
更衣淋浴室：60m²
门厅、休息厅、小卖部、厕所和备用间和库房面积由设计者自定。

重点难点

建筑与环境

地形图
1、场地选在校园内，可达性强；
2、场地形状南北长、东西短有一定处理难度；
3、场地内部有高差；
4、场地一侧临水，需处理与景观关系。

建筑与使用者

1、使用者既是设计者本身，容易感同身受；
2、使用者个性特征强烈；
3、使用者需求多种多样；
4、使用者的需求随着时间的推移不断变化。

建筑空间特性

1、需要富于个性，有吸引力的建筑；
2、需要多样化的空间复合；
3、需要灵活可变的空间；
4、需要与环境气候相适应的空间。

教学方法

调研法+模型法

调研法

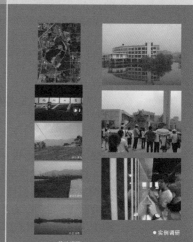

- 基地调研
- 实例调研

典型案例分析+模型法

- 墨西哥文化中心
- 里瓦斯-巴西亚马德里青年中心
- Stunakov生态活动中心
- Avelgem文化中心
- 挪威Mandal镇文化中心

1.5周	2周	0.5周	2周	2周	教学过程	教学特色
调研、提出概念	方案推进	中期评讲	方案深化	成图阶段		

场地分析

考虑与环境的关系
1、建设地点选择；
2、建筑与湖岸线
　关系；
3、建筑朝向；
4、场地竖向设计；
5、建筑与道路流
　线的关系。

真实的场地
且选择本校
园的基地,学
生的认知度
熟悉程度高

过程·交流

考虑与使用者的关系
1、完善任务书；
2、思考使用者的特
　殊性,总结使用
　者的主要特征；
3、根据使用者特点
　提出各自方案的
　特别功能房间。

使用者·功能·空间

学生通过调
研与导师组
导师及高年
级同学讨论
提出不同的
任务书,根
据任务书进
行方案构思

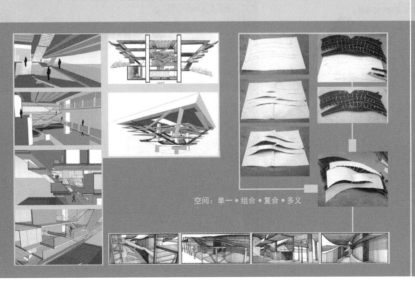

多义空间思考
1、与建筑类型相适
　应的建筑空间；
2、与场地相适应的
　建筑空间；
3、与所建地气候相
　适应的空间。

空间：单一·组合·复合·多义

适应建筑类
型及场地气
候,强调多
义空间的设
计思考,作
为二年级设
计空间训练
的一个总结
与提升

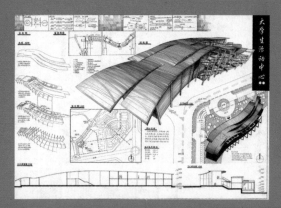

评语：此方案结合环境，从波浪起伏中获得灵感，依湖畔地势，将建筑构想成水漫上岸边的形态。经过提取元素、原型抽象化、功能植入等处理深化后，呈现出一座有新意的湖畔大学生活动中心。通过地势的起伏、层高的变化、大小天井产生较为丰富的内部空间并自然地向外延伸直至湖面，提高大学生交流活动的趣味性和多样性。图面表达完整，表现手法简洁大气。

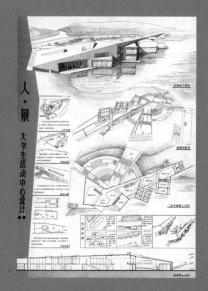

评语：
　　本设计总体布局采用下沉"折形"体型，锐角面围合入口交通、活动、静思空间。室外阶梯式舞台活动场所和水池构成静态沉思场所相辅相成。钝角面朝向湖面形成大的景观视角，有利内部用房采光和朝向。功能分区合理，交通联系便捷。内部空间采用公共条形门厅、半私密报告厅、茶室和私密办公文艺用房；门厅结合竖向交通和连廊，起到细化尺度、增加层次、丰富空间效果，与室外多样化入口空间形成内外呼应；坡度屋顶与场地自然结合，形体简洁、虚实相交、方位错动、关系清晰。

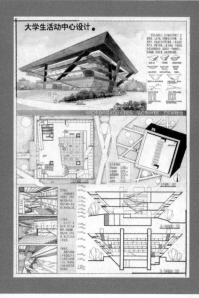

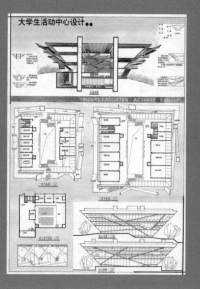

评语：
　　此方案从环境分析入手，利用场地高差以及场地较为狭窄的特点，形成一层覆土、二层缩小往上逐层增加面积的倒锥形建筑。与周围环境融为一体并减少占地面积。内部空间错半层组织分区简洁明了，各层都能获得较好的景观视点；外部空间层次丰富一层的屋顶平台，二至四层的外部坡道，顶层的屋顶平台皆为大学生们提供了活动的空间，满足本课题多义空间的要求。建筑造型结合结构选型，逻辑清晰富有个性。不足处，图纸表达仍需加强。

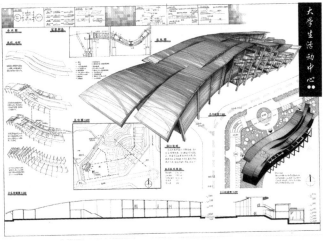

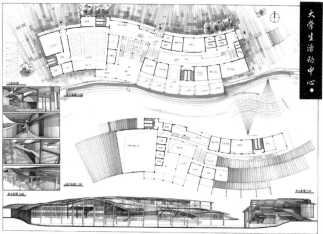

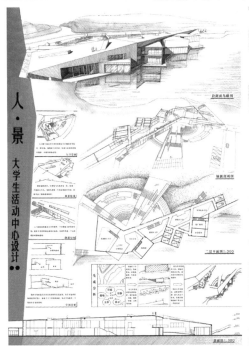

人·景 大学生活动中心设计··

人·景 大学生活动中心设计·

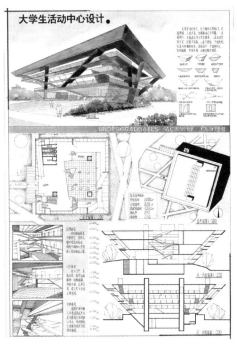

大学生活动中心设计·

UNDERGRADUATES ACTIVITY CENTER

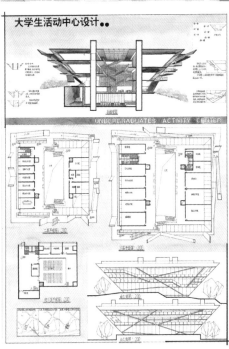

大学生活动中心设计··

UNDERGRADUATES ACTIVITY CENTER

城市设计："老社区 新生活"

（四年级）

教案简要说明

1. 教学目标：此课程设计题目是针对建筑学专业四年级下学期学生设置的，同时也是设计竞赛题目。重在培养学生针对特定城市现象和问题的发现、分析、提出解决办法的能力，强化学生对城市空间、城市文化、城市生活及城市肌理的关注。培养学生尊重原有城市肌理的态度，达成先进的设计理念、合理的建筑技术与高尚的艺术品位之间的协调统一。并通过对建筑外领域的思考借鉴，拓展建筑理念，获得新的建筑设计概念。课程设计时长9周，总建筑面积控制在1万m²之内。

2. 对教师的要求

2.1 开题，明确本题目训练目标及教学要求，各导师组可结合实际适当调整设计任务书；

2.2 指导学生实地调研，并听取调研汇报；

2.3 指导课堂设计，对学生阶段性成果进行评讲，并对下一阶段工作提出目标要求；

2.4 结合设计进度，各导师组举办面向全年级的专题讲座，介绍相关设计知识；

2.5 作业批改讲评，及时组织归档。

3. 对学生的要求：（1）掌握城市设计的基本原理与方法；（2）了解城市公共空间与建筑设计、城市规划之间的关系；（3）学习实地调研，协作设计的工作方法；（4）注意设计进度安排，按时优质完成任务。

4. 评价体系

4.1 对场地的调研、分析；

4.2 对原有城市肌理、文脉的尊重情况；

4.3 相关知识的合理运用；

4.4 主要设计问题及解决办法的合理性；

4.5 设计深度。

5. 任务书

5.1 背景：无论是地处发达城市中心区的老城区，还是位于边远或少数民族聚居区的老乡镇，以今天的生活方式和标准来看，都存在着不少的问题：邻里关系的缺失、公共活动空间不足、人口老龄化严重……导致老社区缺少活力。请根据自己的生活观察及体验，进行适度的调研分析，结合当下的生活方式以及未来的发展需要，针对目前老社区存在问题，对其予以改造，通过建筑、城乡、景观层面的设计参与，为老社区注入新的活力，从而使得新的生活方式成为可能。

5.2 设计内容：由学生自由选择既有城市或乡镇空间，在约10000m²左右的地段范围内，围绕建筑设计、城市设计、景观设计的某一角度，思考并进行创造老社区的新生活。

5.3 设计要点：设计者以"老社区、新生活"为主题，进行概念设计。在对所选地段进行深入考察分析的基础上，提出设计主题，通过建筑、城市、景观层面的设计体现以下要点：（1）运用恰当的设计语言来表达对变动中的社会问题的关注，特别是对人文精神的表达。鼓励有针对性地提出独特的创作理念；（2）以敏锐的洞察力，发掘老社区环境中的不足，在分析存在问题的基础上，提出有效的解决方案；（3）注重自然生态环境和地域历史人文因素，运用合理的技术手段进行设计。

5.4 成果表达：呈现于3张图纸上，尺寸为600mm×600mm。图面表达方式不限；内容：能充分表达方案创作意图的总平面图及建筑平、立、剖面图、效果图、分析图等设计图纸，以及相应的文字说明。

6. 基地描述

6.1 地块一：福建泰宁古城地块——泰宁历史悠久人文荟萃，历史上素有"汉唐古镇、两宋名城"之美誉。古城内的"尚书第"更是名满天下。梅林戏、傩舞、灯会等民间活动为古镇生活增添了浓浓的民族气息。

6.2 地块二：福州三坊七巷地块——全国最大的古街坊三坊七巷是名副其实的"明清建筑博物馆"。这一仅40.2hm²的聚落，大院比肩，深宅云集。清代的南后街被称为"福州琉璃厂"，绸缎布匹、古书坊、裱褙店、珠宝行……

融——泰宁古城更新设计 设计者：罗声 林楠 洪姗 黄晨松
离——城市历史街区更新策略与建筑设计 设计者：蒋熠 黄志松 郑瑾 姚润杰
"庭、坊、院"——三坊七巷历史街区规划改造设计 设计者：张其舜 黄凯 洪育萍
指导老师：崔育新 黄道梓 马非
编撰/主持此教案的教师：马非

福州大学

【建筑学专业核心课程·建筑设计系列大纲】

学习阶段···▲	一年级		二年级		三年级		四年级		五年级	
核心问题···▲	兴趣	认知	构成	组合	空间	流线	住区	城市	实践	总结
课程名称···▲	设计基础	设计基础	设计一	设计二	设计三	设计四	设计五	设计六	建筑实习	毕业设计
课设题目···▲	基础训练	平面构成 立体构成	茶室设计 别墅设计	幼儿园设计 活动中心设计	博物馆设计 高层建筑设计	大跨度设计 绿色建筑设计	居住小区设计	城市设计	设计院实习	毕业设计
配套课程···▲	·素描 ·画法几何 ·建筑概论 ·色彩 ·阴影透视 ·建筑构成 ·建筑概论		·公共建筑设计原理 ·建筑结构 ·建筑构造 ·建筑与环境 ·素描 ·色彩 ·建筑形态构成		·建筑内部空间设计 ·建筑设计规范与法规 ·建筑构造 ·美学欣赏 ·绿色建筑概论 ·建筑设计规范与法规 ·建筑设备		·居住规划设计原理 ·城市设计原理 ·建筑环境心理学 ·建筑设备 ·建筑物理 ·绿色建筑设计原理 ·建筑批评学		·城市设计原理 ·建筑环境心理学	

（设计六）城市设计 ："老社区 新生活"

年级：四年级下学期   学期：2012年春季   时间：9周（2012.02~2012.05）   学生：08级第三导师组（12人）   任课老师：** *** ***

【教学目标】

培养学生针对特定城市现象和问题的发现、分析、提出解决办法的能力，强化学生对城市空间、城市文化、城市生活及城市肌理的关注。培养学生尊重原有城市肌理的态度，达成先进的设计理念、合理的建筑技术与高尚的艺术品味之间的协调统一。并通过对建筑外领域的思考借鉴，拓展建筑理念，获得新的建筑设计概念。课程设计时长9周，总建筑面积控制在1万平方之内。

【对教师的要求】

1.开题，明确本题目训练目标及教学要求，各导师组可结合实际适当调整设计任务书；2.指导学生实地调研，并听取调研汇报；3.指导课堂设计，对学生阶段性成果进行评讲，并对下一阶段工作提出目标要求；4.结合设计进度，各导师组举办面向全年级的专题讲座，介绍相关设计知识；5.作业批改讲评，及时组织归档。

【对学生的要求】

1.掌握城市设计的基本原理与方法；2.了解城市公共空间与建筑设计、城市规划之间的关系；3.学习实地调研，协作设计的工作方法；4.注意设计进度安排，按时优质完成任务。

【评价体系】

1.对场地的调研、分析；2.对原有城市肌理、文脉的尊重情况；3.相关知识的合理运用；4.主要设计问题及解决办法的合理性；5.设计深度。

【任务书】

◢背景：无论是地处发达城市中心区的老城区，还是位于边远或少数民族聚居区的老乡镇，以今天的生活方式和标准来看，都存在着不少的问题：邻里关系的缺失、公共活动空间不足、人口老龄化严重……导致老社区缺少活力。请根据当下的生活观察及体验，进行适度的分析，结合当下的生活方式以及未来的发展需要，针对目前老社区存在问题，对其予以改造，通过建筑、城乡、景观层面的调研参与，为老社区注入新的活力，从而使得新的生活方式成为可能。

◢设计内容：由学生自由选择既有城市或乡镇空间，在约10000平方米左右的地段范围内，围绕建筑设计、城市设计、景观设计的某一角度，思考并进行创造老社区的新生活。

◢设计要点：设计者以"老社区 新生活"为主题，进行概念设计。在对所选地段进行深入考察分析的基础上，提出设计主题，通过建筑、城市、景观层面的设计体现以下特点：1.运用恰当的设计语言来表达对变动中的社会问题的关注，特别是对人文精神的表达。鼓励有针对性地提出独特的创作理念；2.以敏锐的洞察力，发掘老社区环境中的不足，在分析存在问题的基础上，提出有效的解决方案；3.注重自然生态环境和地域历史人文因素，运用合理的技术手段进行设计。

◢成果表达：呈现于3张图纸上，尺寸为600×600mm。图面表达方式不限；2.内容：能充分表达方案创作意图的总平面图及建筑平、立、剖面图、效果图、分析图等设计图纸，以及相应的文字说明。

◢地块一：福建泰宁古城地块
泰宁历史悠久人文荟萃，历史上素有"汉唐古镇、两宋名城"之美誉。古城内的"尚书第"更是名满天下。梅林戏、傩舞、灯会等民间活动为古镇生活增添了浓浓的民族气息。

◢地块二：福州三坊七巷地块
全国最大的古街坊三坊七巷是名副其实的"明清建筑博物馆"。这一区40.2公顷的聚落，大院比肩，深宅云集。清代的南后街被称为"福州琉璃厂"，绸缎布匹、古书坊、裱褙店、珠宝行……

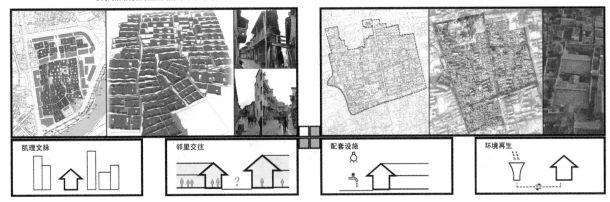

肌理文脉　　　邻里交往　　　配套设施　　　环境再生

【阶段与成果】

第一周

▲步骤一：基地与文脉
目标：作为历史文化名城，泰宁古城与福州历史街区人文荟萃。对待这样的课题，城市肌理、地域文脉的分析至关重要。

▲实施一：
分组制作比例为1:500基地模型，材料不限。另布置调研报告，包括基地调研、文献调研等等，采用PPT形式分组汇报。

第二周

▲步骤二：体量与尺度
目标：基地的透彻分析、周边保留建筑的研究比对能够自然而然的生成适宜的体量和图底关系，这也是方案的重要切入点。

▲实施二：
每位学生单独制作比例为1:500的方案草模，材料不限。制作完成后轮流汇报既有的理念和初步的想法。

第三周

▲步骤三：流线与结构
目标：出入口关系、各种流线的组织以及功能的结构布局是方案成败的关键。引导学生进行快速设计并开展多方案比对。

▲实施三：
每位学生利用手绘泡泡图、Skutchup体块模型、手工模型制作等多种表达方式在导师组内部展开讨论，老师做及时指导。

第四周

▲步骤四：功能与空间
目标：在上周的课程后，大致的流线关系、功能分区已基本确立。接下来需要学生对功能布局做更进一步的探讨分析。

▲实施四：
每位学生利用手绘草图、Skutchup体块模型、手工模型制作等多种表达方式在导师组内部展开讨论，重点解决交叉及分区问题。

第五周

▲步骤五：材料与色彩
目标：在功能、流线以及空间都有了较为清晰的思路之后，可以开始引导学生对建筑材料及色彩进行多方面的尝试。

▲实施五：
手工模型的制作依然是这一步骤的重要组成部分。要求学生通过各自的模型进行方案介绍，并在组内讨论。鼓励学生新的尝试。

第六周

▲步骤六：结构与形态
目标：结构选型的合理性、柱网选择的经济性都是支撑方案的重要基石。形态设计应与所选择的结构密切对应。

▲实施六：
Skutchup体块模型制作乃至BIM系统是这一步骤的主角。学生大都借助电脑进行精细化的结构模型设计，以求达到尽善尽美的形态。

第七周

▲步骤七：构造与细部
目标：构造与细部是方案成败的关键。让方案处处透着设计感是共同追求的目标。多专业知识的结合也是必不可少的。

▲实施七：
学生借助电脑进行精细化设计。在导师组内部开展讨论的同时，及时的给学生讲述配套专业的知识应用，让方案尽量做到极致。

第八周

▲步骤八：深化与制图
目标：在方案日臻完善之后，为了让它能够尽可能多的绘别人传达信息量，让方案易于被接受，图纸表现是十分重要的步骤。

▲实施八：
学生借助电脑进行精细化设计。包括总平面图、各层平面图、立面图、剖面图、透视图、分析图等等均应根据任务书要求进行绘制。

第九周

▲步骤九：排版与成图
目标：在排版、配色、构图上更加考究，以完成方案设计的最后阶段。这一步骤老师也应当紧密跟踪。

▲实施九：
根据任务书要求完成图纸制作打印，包括3张600X600mm图纸，以及相应的手工模型。并制作方案汇报所需PPT。

成果评图

▲步骤十：讲图与评图
目标：学生的方案汇报和教师评图都是必不可少的步骤，能够很好的对前一阶段的学习工作做一总结，为后续工作做好铺垫。

▲实施十：
组织学生排出相应的展示图版、手工模型，并汇报方案。年级组教师集中统一评图打分。这也是学生课程设计总评的重要组成部分。

（设计六）城市设计 ："老社区　新生活"

学生作品

2012年全国高等学校建筑设计教案和教学成果评选

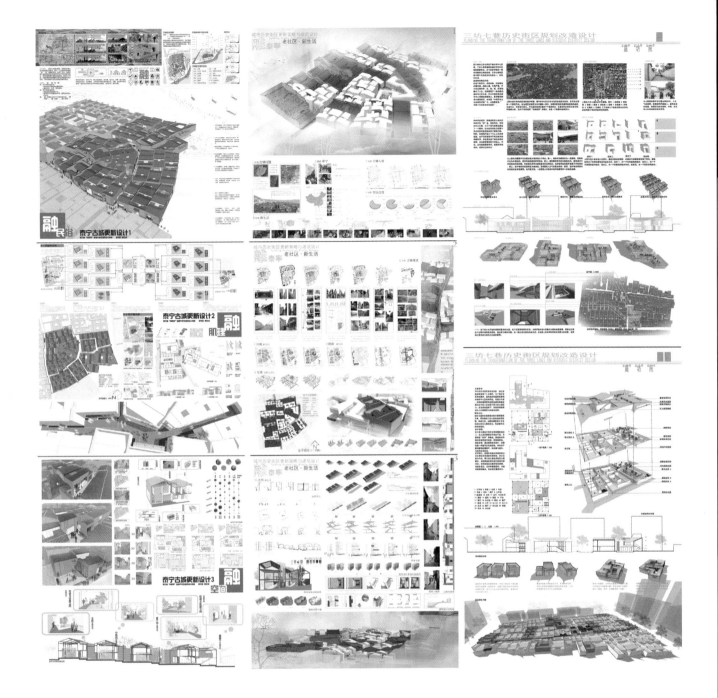

中德交流中心

（二年级）

教案简要说明

1. 教学目标

1.1 认识环境、场所要素对于建筑设计思路形成的启示性价值，学习在具体环境限定与引导下进行方案构思；处理好建筑与环境之间的关系；

1.2 通过对资料分析、场地分析、空间功能组织和材料技术运用等环节层层递进的综合认识及整合，形成良好的建筑创作的思维模式；

1.3 认识建筑材料设置及建构对于建筑构思及表达的深层作用；借助对建筑材料建构方式和逻辑规律的把握，深化设计构思。

2. 教学方法

在课程设计开始前，集中讲解建筑设计原理和案例分析，课后学生进行实地调研和资料收集，完善设计任务书。在设计过程中，通过数次集体评图和与学生的一对一交流，使学生在有限的时间内扩展知识面、拓宽思路，进而提高分析、比较和判断能力，培养自我学习和提高的能力。最后通过集中评图对学生的最终成果进行评价。课后及时对学生作业进行集中讲解和总结反馈。

3. 设计任务书

本设计题目为"中德交流中心"，选址位于高校大学生创业园（中德联合设计）。要求学生把握俱乐部等文化活动类建筑空间特征及形式组织原则，学习山地建筑的设计方法，以及复杂地形条件下的建筑空间与形体组合的处理。基地面积约4500㎡，建筑面积约3000㎡。设计内容：（1）公共部分；（2）行政办公部分；（3）文化娱乐部分；（4）餐饮部分；（5）客房部分；（6）辅助用房部分。

4. 训练要点

4.1 建筑构思要建立在充分分析基地条件的基础上，所形成的建筑环境构思和空间组合要与环境要素相契合；

4.2 方案的功能及流线组织要突出山地建筑的空间组织特征和形式构成特点；

4.3 形式要素的组合应注意点、线、面、体的结合，虚实相间，强调形式及空间构成的秩序感，避免堆砌；

4.4 重视材料技术及其建构对于建筑构思深化的重要价值，以及对建筑的技术环节的把握和表达。

5. 作业点评

作业一"对话自然——中德交流中心设计"点评：方案将建筑体块环绕分散布置与坡地基地结合，将自然环境"渗"入建筑空间，并将山坡顶庭院环境通过廊道"溢"向建筑四周。廊道节点用平台组合并面向庭院，形成建筑与庭院过渡的灰空间，室内空间用玻璃、木架、墙体分隔，形成开敞流动的空间，维护结构采用木质材质体现建筑与自然的亲密关系。

作业二"罅不掩玉——中德交流中心设计"点评："罅"为底层钢架架空形成的镂空空间，"玉"则为底层的玻璃盒子，建筑低处采取钢架大面积架空的方式将绿化广场引入，并用钢架包裹玻璃盒子，为"玉"形成镂空的构架，使美玉一般的玻璃盒子更为突出，并与建筑高处的体块形成虚实对比，入口大台阶结合绿化深入建筑高处，使建筑上下层形成良好关系。

作业三"折·叠——中德交流中心设计"点评：本方案将建筑体块采用折线的方式与坡地地形相适应，并通过体块从高处到低处的叠合呈现错落有致的韵律感。利用坡道可以上多个绿化屋顶，建筑入口由大台阶结合绿化座椅和叠水拾级而上，并环绕建筑，形成屋顶及地面两条流线，室内空间处理采用两层贯通大空间套小空间的方式形成丰富多变的共享交流空间。

作业四"行云流水——中德交流中心设计"点评：方案将建筑与顺流而下的溪流相结合与坡地形成高低错落的关系，直上坡顶的室外大台阶结合绿化形成良好的室外交通及共享交流空间，建筑采用多个矩形体块组合，并围合成小庭院，建筑形式设计比较传统。不足之处在于建筑与地形的关系处理略显生硬，体块形式变化较少，空间处理变化不多，色彩运用上还需要统一和调整。

对话自然——中德交流中心设计 设计者：冯德浩
罅不掩玉——中德交流中心设计 设计者：王浩
折·叠——中德交流中心设计 设计者：张馨予
指导老师：王栋 邓元媛 林涛 张锐 朱冬冬
编撰/主持此教案的教师：王栋

二年级建筑设计教案·中德交流中心

建筑设计系列课程体系

认知—————	设计—————	深化—————	拓展—————	综合
入门	基础	提高	创新	应用
（一年级）	（二年级）	（三年级）	（四年级）	（五年级）

课程目的 建筑设计基础（3）~(6)的教学目的，是使学生建立整体的建筑观，以建筑的三个基本问题——环境、空间、建构为线索，由浅入深地设置若干设计练习，从单一空间发展到综合空间，逐步增强场地限定，同时了解不同类型的结构及材质的合理运用。使学生初步基本掌握建筑空间形式与功能使用，场地环境和材料结构之间互动的设计方法。

教学方法

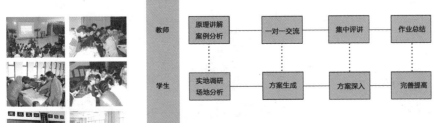

教师：原理讲解案例分析 —— 一对一交流 —— 集中评讲 —— 作业总结

学生：实地调研场地分析 —— 方案生成 —— 方案深入 —— 完善提高

开始真正介入设计，通过安排相应的课程设计题目，注重训练学生的空间认知和造型处理能力，让学生亲手实践，初步领悟建筑设计，掌握正确的设计思维和设计方法，达到设计入门的要求。

	建筑设计基础（3）	建筑设计基础（4）	建筑设计基础（5）	建筑设计基础（6）
	单一空间	单元空间组合	综合空间	综合空间（场地限定）

空间 · 环境 · 建构

专家公寓

幼儿园

社区图书馆

山地俱乐部

环境（场地与场所）

院落围合

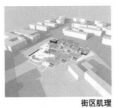

街区肌理

开放社区

坡地景观

空间（功能与形式）

单一空间

单元空间

综合空间

综合空间（场地限定）

建构（建构与材质）

结构、材质认知

结构组织

材质、结构的分化

材质、结构与环境的整合

二年级建筑设计教案·中德交流中心

课程目标： (1)认识环境、场所要素对于建筑设计思路形成的启示性价值，学习在具体景观环境限定与引导下进行方案构思；处理好建筑与自然环境、地形以及景观之间的关系。
(2)认识建筑材料设置及建构对于建筑构思及表达的深层作用；借助对建筑材料建构方式和逻辑规律的把握，深化设计构思；
(3)通过对资料分析、地段分析、空间功能组织到材料技术设定等环节层层递进的综合认识与整合，形成良好的建筑创作的思维模式
(4)把握俱乐部等文化活动类建筑空间特征及形式组织原则，学习山地建筑的设计，以及复杂地形条件下的建筑空间与形体组合的处理。
(5)以剖面设计作为成果表达的手段之一，学习在较复杂地形条件下用剖面设计作为构思、空间设计的主要手段的方法。

任务要求：

1、门厅：200m²（含服务台、休息厅）
2、值班：20m²
3、会议室：90m²、60m²、40m²会议室各1个
4、行政办公室若干（包含配套辅助房间）
5、文化、娱乐部分：
　（1）多功能厅（兼舞厅）：200m²
　（2）学术报告厅：180座，240m²
　（3）展厅：90m²（可结合门厅、休息厅布置）
　（4）图书信息资料室：90m²
　（5）活动室：2~3个，每个60m²
　（6）音乐室：80m²（7）咖啡厅（茶室）：100m²
6、客房部分：900m²双人间30间，30 m²/间，均设独立卫生间
7、餐厅厨房部分：450 m²包括小餐厅、酒吧、厨房等
8、小卖、卫生间、库房等：面积自定
9、必须考虑室外活动场地和停车场地。

场地设置：

两块基地均位于文昌校区，基地内部必须满足消防和退让要求。场地内现有树木，可以保留。

教学过程

周次	内容	图示

第一周　**讲课1：设计原理**

山地建筑空间体验　　建筑与环境　　同类建筑考察

第二周　场地调研、分析　总图构思

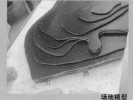
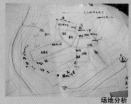

场地模型　　场地分析　　构思草图

第三周　**讲课2：坡地建筑空间设计**　案例分析

流水别墅　　拉·土雷特修道院　　九州美术馆

第四周　建筑空间设计

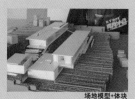

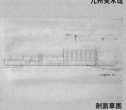

场地模型+体块　　平面草图　　剖面草图

第五周　**讲课3：建筑制图**

第六周　设计调整　设计深化　细部设计

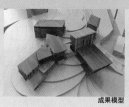

成果模型　　平面图　　立面图 剖面图

完善草图

排版

正图表现

二年级建筑设计教案·中德交流中心

成果展示与评析
ARCHITECTURE DESIGN BASIS

方案评析：

方案主题"对话自然"，将建筑体块环绕分散布置与坡地基地结合，将自然环境"渗"入建筑空间，并将山坡顶庭院环境通过廊道"溢"向建筑四周。廊道节点用平台组合并面向庭院，形成建筑与庭院过渡的灰空间，室内空间用玻璃、木架、墙体分隔，形成开敞流动的空间，维护结构采用木质材质体现建筑与自然的亲密关系。

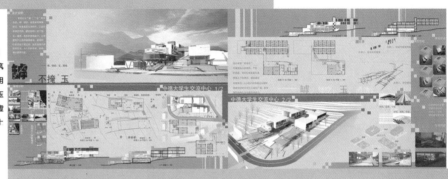

方案评析：

方案主题"璞不掩玉"，"璞"为底层钢架空形成的镂空空间，"玉"则为底层的玻璃盒子，建筑低处采取钢架大面积架空的方式将绿化广场引入，并用钢架包裹玻璃盒子，为"玉"形成镂空的构架，使美玉一般的玻璃盒子更为突出，并与建筑高的体块形成虚实对比，入门大台阶结合绿化深入建筑高处，使建筑上下层形成良好关系。

方案评析：

方案主题"折"、"叠"，将建筑体块采用折线的方式与坡地地形相适应，并通过体块从高处到低处的叠合呈现错落有致的韵律感。利用坡道可以上多个绿化屋顶，建筑入口由大台阶结合绿化座椅和叠水拾级而上，并环绕建筑，形成屋顶及地面两条流线，室内空间处理采用两层贯通大空间套小空间的方式形成丰富多变的共享交流空间。

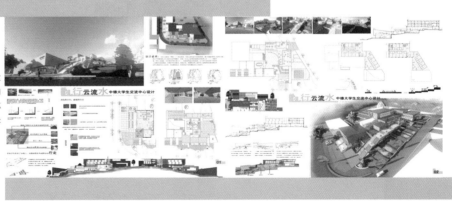

方案评析：

方案主题"行云流水"，将建筑与顺流而下的溪流相结合与坡地形成高低错落的关系，直上坡顶的室外大台阶结合绿化形成良好的室外交通及共享交流空间，建筑采用多个矩形体块组合，并围合成小庭院，建筑形式设计比较传统。不足之处在于建筑与地形的关系处理略显生硬，体块形式变化较少，空间处理变化不多，色彩运用上还需要统一和调整。

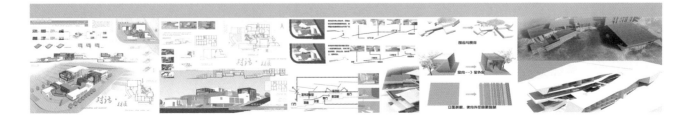

汉文化艺术馆

（三年级）

教案简要说明

本教学环节为三年级第三个建筑设计课题，教学内容为博览建筑设计。

1. 教学目标

1.1 由浅入深，掌握博览建筑的空间组合特点，培养学生的设计能力；

1.2 了解建筑设计在城市文化传承中的作用，树立正确的设计思想；

1.3 培养学生对环境进行综合分析的能力，考虑环境对建筑的影响作用，掌握场地设计的基本手法。

2. 教学方法

2.1 通过现场调研切入设计，在调查研究的基础上，完善任务书，明确设计意图；

2.2 以"空间"为核心展开教学活动，结合博览建筑的特征，逐步引入功能要素、文化要素和技术手法，完善设计方案；

2.3 集中授课与设计辅导相结合，引入中期答辩和集中评图环节，通过答辩、评图、互动及反馈，加强教师与学生之间、学生与学生之间的沟通交流。

3. 设计任务书

3.1 基地选址：汉文化艺术馆选址位于徐州汉画像石馆北侧，云龙山与云龙湖之间。基地风景秀丽、文化底蕴深厚。

3.2 性质定位：本艺术馆主要用于收集展览与汉文化及徐州地方文化相关的文史资料，承担汉文化的研究和整理工作。

3.3 训练目的：通过该设计，了解空间组织的一般手法，掌握空间流线与序列在博览类建筑设计中的应用。学习中小型公共建筑设计的基本原理和方法，了解建筑在城市文化传承中的作用，掌握场地与场所分析的基本方法。

4. 设计内容

A公共部分（对公众开放）：

（1）展厅：1500㎡，具体面积分配由设计者进行细化和完善；

（2）讲堂：250㎡；

（3）门厅、售票、值班、咖啡简餐、纪念品商店、卫生间、休息区等，面积自定；

（4）公共部分应设置自动扶梯或客运电梯。

B辅助部分（不对公众开放）：

（1）藏品库：300㎡；

（2）艺术研究：共150㎡；

（3）行政办公：共150㎡；

（4）次门厅、卫生间等面积自定。

C室外部分

（1）馆前广场，面积自定；

（2）机动车停车位20辆；

（3）非机动车停车位，面积自定；

总面积约5000㎡（±10%）。

山中漫步 设计者：张矢远
时-石 设计者：黄伟杰
汉风唱晚 素年锦时 设计者：吕彬
指导老师：段忠诚 韩大庆 彭耀 王磊 朱文龙 孙良
编撰/主持此教案的教师：孙良

汉文化艺术馆设计
--三年级建筑设计教案与教学成果展示(建筑设计3)

建筑·环境·文脉 01

教学目标

- 空间组织
- 文化传承
- 综合分析

教学目标

1. 由浅入深，掌握博览建筑的空间组合特点，培养学生的设计能力
2. 了解建筑设计在城市文化传承中的作用，树立正确的设计思想
3. 培养学生对环境进行综合分析的能力，考虑环境对建筑的影响作用，掌握场地设计的基本手法。

授课指导

教学方法

- 调研切入
- 空间核心
- 互动交流

教学方法

1. 通过现场调研切入设计，在调查研究的基础上，完善任务书，明确设计意图
2. 以"空间"为核心展开教学活动，结合博览建筑的特征，逐步引入功能要素、文化要素和技术手法，完善设计方案
3. 集中授课与设计辅导相结合，引入中期答辩和集中评图环节，通过答辩、评图、互动及反馈，加强教师与学生之间、学生与学生之间的沟通交流

调研考察

教学体系

| 二年级 | 三年级 | 四年级 |
| 空间认知 | 综合设计 | 拓展创新 |

| 小型建筑 | 中型建筑
社区中心
建筑系馆
博览建筑
建筑改造 | 大型及群体建筑 |

学生模型

教学要点

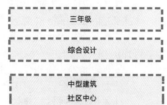

理论讲解　设计过程　重点难点

功能/空间—行为感受—空间组织—路径安排
场地/文脉—文化传承—形式形态—环境融合
技术/生成—生态节能—结构构造—综合运用

社区中心　建筑系馆　博览建筑　建筑改造

方案讲解

任务描述

- 基地选址
- 性质定位
- 训练目的
- 设计内容

任务描述

1、基地选址
汉文化艺术馆选址位于徐州汉画像石馆北侧，云龙山与云龙湖之间。基地风景秀丽，文化底蕴深厚。

2、性质定位
本艺术馆主要用于收集展览与汉文化及徐州地方文化相关的文史资料，承担汉文化的研究和整理工作。

3、训练目的
通过该设计，了解空间组织的一般手法，掌握空间流线与序列在博览类建筑设计中的应用。学习中小型公共建筑设计的基本原理和方法，了解建筑在城市文化传承中的作用，掌握场地与场所分析的基本方法。

4、设计内容
A 公共部分（对公众开放）：
1）展厅：1500㎡，具体面积分配由设计者进行细化和完善。
2）讲堂：250㎡
3）门厅、售票、值班、咖啡简餐、纪念品商店、卫生间、休息区等，面积自定。
4）公共部分应设置自动扶梯或客运电梯

B 辅助部分（不对公众开放）：
1）藏品库：300㎡，
2）艺术研究：共150㎡，
3）行政办公：共150㎡，
4）次门厅、卫生间等面积自定
C室外部分
1）馆前广场，面积自定
2）机动车停车位20辆
3）非机动车停车位，面积自定
总面积约5000㎡（±10%）。

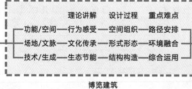

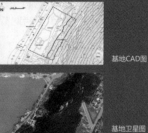
基地CAD图

基地卫星图

优秀作业

汉文化艺术馆设计
--三年级建筑设计教案与教学成果展示(建筑设计3)

建筑·环境·文脉 02

第一阶段
2012. 2. 20-2012. 3. 4
设计理论积累及前期的调研、构思

| 第一周 2. 20-2. 26 |
| 第二周 2. 27-3. 4 |

功能要素引入

集中授课
博览建筑设计原理
1.博览建筑的特征
2.博览建筑的职能和分类
3.空间的序列
4.空间的组织
5.空间的构思
6.博览建筑的总平面设计
7.博览建筑的平面布置
8.方案的设计与构思
9.参考书目推荐

现场调研

方案构思
勾勒方案草图
制作简易工作模型

第二阶段
2012. 3. 5-2012. 3. 17
设计方案形成及功能布局

| 第三周 3. 5-3. 11 |
| 第四周 3. 12-3. 17 |

文化要素引入

集中授课
博物馆发展与文化

设计理念分析
工作模型推敲
构思方案研讨

草图及模型
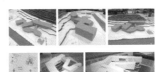

方案完善
方案形成与调整
草图绘制,计算机辅助分析

中期答辩,成果展示
2012. 3. 15

第三阶段
2012. 3. 19-2012. 4. 1
强化技术因素与建筑设计的充分结合

| 第五周 3. 19-3. 25 |
| 第六周 3. 26-4. 1 |

技术要素引入

集中授课
建筑节能设计
1.基地气候条件分析
--确定节能设计策略
2.被动式采暖
蓄热墙体
建筑双层表皮
太阳房
3.被动式降温
建筑遮阳
屋顶绿化
半地下建筑
热压通风
蒸发制冷

风环境 - 主导风向
焓湿图 - 全年温湿度

太阳轨迹图
光环境分析

方案深化
方案继续深化
结合节能设计将方案整合优化

第四阶段
2012. 4. 2-2012. 4. 11
专题讨论及正图的完善与最终表达

| 第七周 4. 2-4. 8 |
| 第七周 4. 9-4. 11 |

细部要素引入

集中授课
结构与空间
1.扭转形体中的柱网布置
2.顶棚空间柱子与衍架的搭接
3.不规则平面的柱网布置规则
4.异形柱的概念和区别
5.空间结构在局部设计中应用举例

建筑分析图的表达
1.分析图的原则:
明确、易懂、逻辑清晰
表达有趣味
2.分析图包括:
场地环境分析:
区位图、空间结构分析图、
基地分析图、土地价值分析

建筑单体方案分析:
理念分析图、流线图、
建筑功能分析图
技术分析:
体form分析图、结构体系图、
构造节点分析图
3.分析图要点

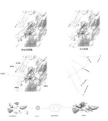

方案表达
正图的完善
图纸最终表达

结课评图,成果展示
2012. 4. 12

汉文化艺术馆设计
--三年级建筑设计教案与教学成果展示(建筑设计3)

设计简介

设计中抓住"石头"这一主题。石头历经风雨受食逐渐风化,根据这一具象形成本设计的核心构思理念——"碎石的堆砌"。在平面布局中心融入一水池作为整体的空间核心,把"散落"的各部分进行有机地组织起来,并沿着水池周边虚置面上的参观流线。在功能空间的设计上,除了展览宽空间之外,还设有管造多的公共空间(如休憩平台、室外广场、餐厅等),以提供更大的参观舒适性。本设计在材料构造选上,这种体现汉文化的厚重感、悠久性而选择了石材的外墙面,并使墙面和屋顶形成统一的材料质感,形成良好的第六里面效果。

方案点评

该设计构思巧妙,以山、石为灵感,创造出了丰富的建筑形态,以一种近乎自然的形态与山体融为一体,建筑整体感较强,在实体之间巧妙的厚插虚空间是整个建筑层次更加丰富。但建筑在流线组织等方面还需进一步思考。

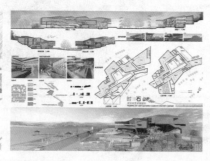

《学生作业2》

设计简介

设计将建筑主体以逸台的方式进行布局,层叠的石墙围绕山体放调,并调融在山体森树丛中,建筑以"山中漫步"作为主题,通过对展览流线的组织,使参观者在游览的过程中感觉到历史的厚重和自然的美妙。

方案点评

该设计构思十分巧妙,以流线设计为线索,将建筑的体量进行分解并融汇在自然山水之间,并回答了建筑功能、环境设计以及文化传承等设计问题。方案设计思路清晰,功能组织基本合理,建筑造型自然明快,但在部分细节处理上的需进一步的推敲。

设计简介

本设计通过对徐州老城区城市肌理的分析,整体吸收传统建筑的空间布局而对传统公共建筑进行了解读,力求契合如展现出当代建筑的需求,通过传统建筑文化,且与自然环境协调的建筑风格。在建筑空间上,并没有采用封闭的矩形式布局而是将这些组织起来形成了一种"宫卷式"传统公共空间附入现代建筑。

方案点评

该方案架势从城市空间整理介入建筑设计,明确发展分考虑山体环境对建筑的影响,有意识的用传统建筑空间和尺度来模式建筑的问题。功能清晰,表达规范,但对报告厅等大尺度空间的附属处理上略显不足。

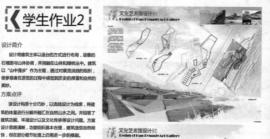

《学生作业3》

设计简介

本设计以置造"市民公共空间"为核心,在建筑整体构思中,借鉴汉画像石中的线刻手法,使建筑呈现出线条的肌理,在其中利用水公一主题,贯穿整个体块空间,极大地提取空间的趣味性。在部空间的设计中,充分利用地形的高差,形成了内部多变的空间,便采用逸台的方式,建立与云龙湖的视廊空间关系。

方案点评

该设计较好地分析了基地的自然和人文元素,以营造"城市走廊"的核心,很好地选择了艺术馆在基地环境中城市中所应起到的衔全面的作用。在平面设计中,利用线形公间作为内部的核心,是展览交通,内外等空间较好地联系在一起,形成了丰富的空间展示,给游览者提供了心理和视觉上的美妙享受。

设计简介

该方案选址位于徐州云龙山下和云龙湖边,将山水自然要素与建筑实体相结合,使建筑有机入环境之中,并且对建筑具有较多分析,建筑形布局更清洁,制图严谨,空间的式变化丰富,空间列列较有序,形体上突出建筑造景丰富,富有创意,构思精巧,符合博物馆的特征,体现出设计者具有较强的空间塑造力,综合处理功能和形式关系的能力。

方案点评

在尊重自然条件和文化条件的基础之上,将建筑融入自然环境之中,在色彩和体量对比上寻求平衡。设计以简洁有序的流线组织空间,在空间处理上引入了自然要素,使空间丰富灵动。在节能构造方面考虑节能的要素,采用双层建筑皮解决其基地的保温问题以及在墙体内部做一定的保温构造并且建筑墙体采用新技术和材料,以及中水处理回收雨水再利用等等。

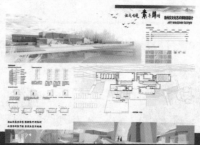
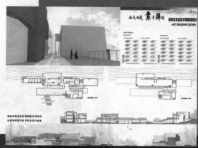

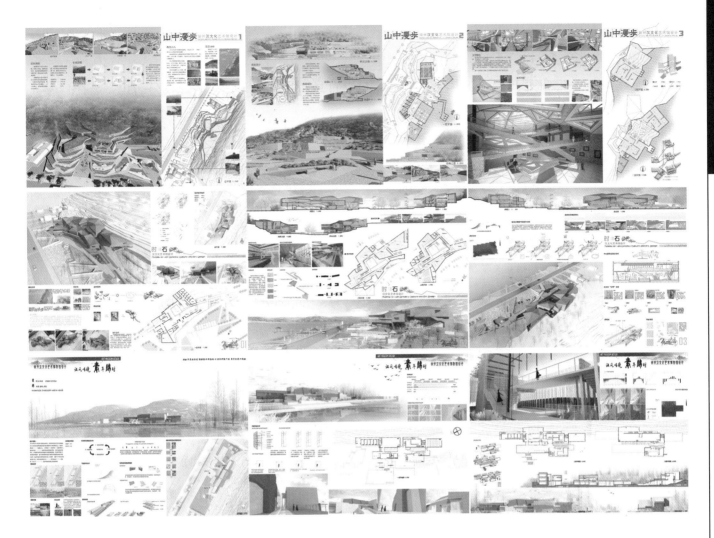

茶室设计
——基于水平两维空间和单层结构的形态生成
（二年级）

教案简要说明

1. 建立以"生成"观念为核心的教学体系

1.1 同济大学建筑学基础教学的4个学期各有侧重点，二年级上学期的教学即从分项训练到设计综合。我们将各种分项训练通过简单叠加就能让学生自动获得建筑设计的系统知识，让学生"重新审视"这些分项训练内容之间的相互关联，逐渐掌握从简单到复杂的设计方法。

1.2 另一方面，从分项训练到设计综合这个过程就"建筑设计方法"层面而言，是需要让学生从这些"要素之间的关系"入手，了解"各要素之间相互作用"的机制，逐渐掌握"各要素之间协同演进"的方法和步骤，最终生成建筑形态。

2. 建构以"生成模型"为平台的设计教学框架

2.1 基于主体的模型

主体 以"生成"观念为核心的建筑生成模型，主要是通过其中具有决策能力的个体即"主体"间的相互作用来进行描述的。在生成设计中，仅仅是物质性的要素，如"空间"本身是没有自主决策能力的，因此我们在生成设计的教学体系中需要把"空间"这个概念进行延伸，既将设计者投射到"空间"实体上的"意识"也作为"空间"集合的一部分。为此，我们将包含了"物质性的空间"和设计者的"空间意识"的集合称为"空间主体"。

规则与适应性 在生成的模型中，具有能动性的"空间意识"其实是设计者认知物质性空间的一种图式，为了方便地对这种图式进行描述，引入"规则"的概念。所谓"规则"，就是设计者将对空间的认知，如空间构成的规律、空间感知的经验等通过条文的形式确定下来，具有一定的客观性和普遍性，同时对空间的属性和行为也具有一定的制约性。因此可以将生成设计模型看成是由规则描述的，相互作用的主体组成并趋向最终稳定的系统。这些主体随着时间的进程，靠不断变换其规则来相互适应。

2.2 受限生成过程

生成模型的过程我们将其称为"受限生成过程"。

首先受限生成过程将由一系列状态所定义，按照系统的迭代周期，每个周期又可分为"初始状态、衍生状态和稳定状态"三个阶段。

相应地，主体也将随着系统状态的演化，经历"元主体、衍生主体和介主体"三个环节。

在受限生成过程中，系统将从一个状态转换为另一个状态，为此，每个状态我们都用相应的规则来定义该状态下的主体，随着主体的迭代，规则也在不断衍生，因此我们借用"机制"来描述规则衍生的过程。

有鉴于此，受限生成过程可以通过"机制"来这样描述：

首先，"机制"可分为使主体发生变化的"转换机制"和对主体进行评估的"评价机制"两种类型。

系统的初始状态："机制"根据其他主体的行为（或信息）作出反应，使元主体的规则对输入进行接受；

系统的衍生状态："机制"使元主体的规则来对输入的信息进行处理，并产生新的规则，衍生出新的主体；

系统的临界状态："机制"通过新的规则将衍生主体的行为（或信息）输出给其他主体，以便其他主体也作出相应地调整，并暂时达成系统中各主体相对稳定的临界状态。

新的迭代周期：系统到达暂时的稳定状态后，通过系统的"评价机制"对各主体的"效能"进行评估，并标示信用等级，并通过向系统 "相关"主体输入新的信息，使其作出进一步反应，从而激活下一轮的初始状态。

由此可以看出，机制就是规则的"生成器"，它的作用原理就是不断调整规则，改变规则，并输出规则。因此，正是"机制"让不同的规则发生相互的作用，从而产生了主体间复杂的有组织的行为，并最终构成了一个完整的受限生成过程。

（编者按：由于版面有限，本教案只截取了全文的一部分。若有意深入探讨，请与作者联系。）

茶室设计——基于水平两维空间和单层结构的形态生成 设计者：袁野
茶室设计——基于水平两维空间和单层结构的形态生成·水韵 设计者：吴欣阳
指导老师：董屹 关平
编撰/主持此教案的教师：戚广平

建筑学二年级(上)教案

案例设计——基于水平两维空间和单层结构的形态生成

（一）建立以"生成"观念为核心的教学体系

（二）建构以"生成模型"为中心的教学框架

（三）设计的设计

分层空间主体：

分层空间主体：

空间与路径：

元结构主体：

元结构主体：

LECTURE
STUDIO
一年级
FIRST SEMESTER

LECTURE
STUDIO
一年级
SECOND SEMESTER

LECTURE
STUDIO
二年级
FIRST SEMESTER

LECTURE
STUDIO
二年级
SECOND SEMESTER

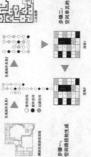

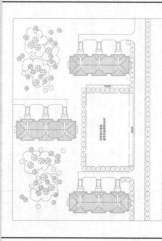

案室设计——基于水平两维空间和单层层结构的形态生成

3、设计任务书

- 设计题目：茶室设计
- 基地条件：

地块位于上海的某住宅小区内。本项目基地概况详见建筑总平面图。

建筑要求：茶室建在四周无完全封闭的围合性质的场地中，不同屋后亦不得建造出新的围合性质的场地。本次设计的茶室除永久性建造物外可以有两个出入口及窗口环。其余方向均不得有封闭形式的围合。出入口的口数宽度不得大于3米。

- 功能要求：

总建筑面积 500-550平方米，其中：
a. 室内茶区：250平方米，包括服务台区 50平方米；
b. 棋牌室：20平方米×4，共 80平方米；
c. 管理用房：20平方米；
d. 卫生间：40平方米

- 设计要求：

设计需结合清晰的墙体结构（slab-wall structure）或框架结构（frame construction）为基本结构形式，最小不小于3米。各柱结构为外墙面建筑，最大高度不超过3米，墙面及屋顶每两者可以变化，但不得出现现网及两网层间出入的空间，不同基顶标高之间可以以地的相互联系在一起。

- 成果要求：

a. 一层平面图；
b. 总平面图，包括屋顶平面，及室外绿地、景地与场地布置比例 1/200；
c. 立面图（2个）1/100；
d. 剖面图（2个）比例自定；
e. 剖面图（1个）比例自定；
f. 生成轴测爆炸图，比例自定；
g. 工作模型，比例1/100

4、教学计划

生成模型	WEEK 1	WEEK 2	WEEK 3	WEEK 4	WEEK 5	WEEK 6
	主体、裸墙、机构分析	中国江南古典园林分析	网络要素的研究	图解式工作机制的设定	图解式工作模型的动态	正图形的制作与最终制作
初始状态 1	初始状态生成	机构特征、规则网格	逻辑分析、效能评价与反思	主体、规划、机制重新设定	机制转换、模型动态的再生成	逻辑评价、效能评估
衍生状态 1						公平图形
临时状态 1						
初始状态 2						
衍生状态 2						
稳定状态 2						
成果状态						

（四）教学过程分析

1、元空间主体规则的产生

在茶室设计中生成概规则的初始形态。由于学生在一年级的分项训练中只掌握了空间构成的基本方式，因此对教案中关于元空间主体的构成规则为建筑组织的范围。在实地教学中，我们着重引入"中国江南古典园林的形态生成"作为设计的案例分析。在这个环节中，茶室设计要求学生掌握园林一端50米见方的园林形态此类两个步骤的分析初步...

- 通过以米为单位的网格将园林地面状态表征，以此为基础，运用"现"和"面"的形态构件表征，抽象出该园林空间。
- 流畅再现该园林空间。
- 从图解反复对"形"力入，将园林空间转换为发生状态。通过分析、归纳、抽象出该园林的主构件。

2、形态特征的机制的生成。

学生通过以米为单位上构"步空间"等。将对中国江南典园林的空间组织方式如"序列空间、并列空间的机制布局特征，并以此规则进一步规定对初始状态的元空间主体。

附着初始状态上的各构件，即通过对网格的组织，把一年级第一个步骤得到的各种组织主体机制的初始网格，介入10-15张过渡图里，使两种网格图案之间形成动态的渐变演进。要求在过程中每一个网格不得是不得生成新各自的黑白图案，其初始状态为一个8×8的白色网格...

两张设计一套颜色变换规则控制初始图案中的两个局部变化的过程图案。在介绍式设计里向输出过渡图案末端图案，最终、一步结果是网络渐变，保做不同的网格图案，仿动不同的图案过程中，两张十分简明的演变网格，一步结果...

教室设计——基于水平两维空间和单层结构的形态生成

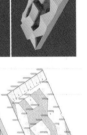
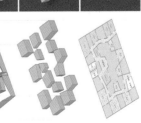

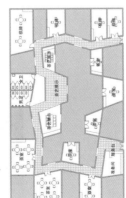

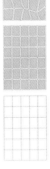

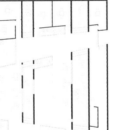

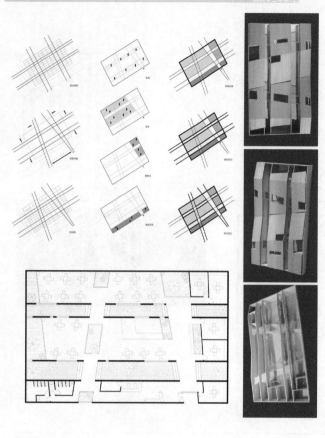

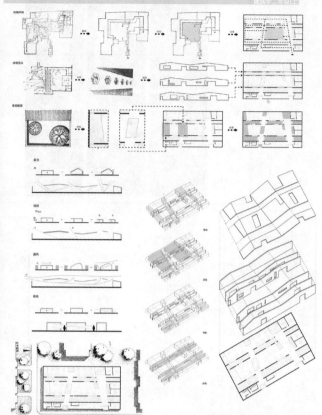

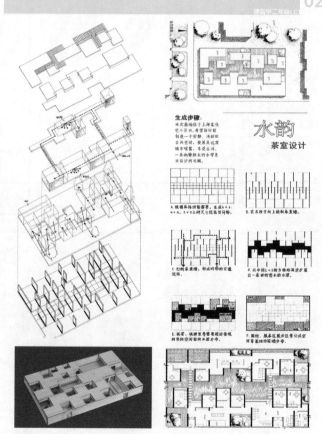

水韵
茶室设计

生成步骤：

A. 根据具体功能需要，生成以4
×4、2×3种尺寸双向铺网格。

B. 在东西方向上搭制承重墙。

C. 打断承重墙，形成呼形的交通
流线。

D. 以中间2×3的方格向两边扩展
出一条曲折悠长的水带。

E. 添置、调整需要考虑好景观
的实体空间和水器分布。

F. 附加、服务区展示区等公共空
间等基地的衔接部分。

山地体育俱乐部建筑设计

（三年级）

教案简要说明

1. 本设计题目的教学目标

学习山地建筑的设计方法，培养复杂地形条件下的建筑空间与形体组合的能力，处理好建筑与自然环境及景观的关系。

掌握俱乐部类建筑设计的基本原理，了解娱乐体育的一般常识。

以工作模型作为思考、构思及设计的手段，加深对建筑空间尺度及地形环境的感性认识。

2. 本设计题目的教学方法

2.1 运用模型来思考设计，加深对三维环境空间的感性认识。

2.2 通过文献阅读、案例分析增长建筑知识，加深对建筑、自然环境的理解，提高建筑意识。

2.3 采用在一定程度上学生可以自主选择建设用地、自主选择运动项目的方式，提高学生学习的主动性，加强自主决策的能动性。

2.4 设计原理课的安排密切配合学生的设计进度，尽可能让知识的传输发挥最佳的效用。

2.5 通过年级讲评、大组讲评和最后公开评图的方式作为设计教学进度的控制节点，一方面促进学生达到相应的设计进度并创造相互学习的机会，同时教师之间也可以了解整个年级的教学进展情况并交流与协商教学中的问题。

3. 设计题目的任务书

江南某市郊山地拟建一体育俱乐部，设计要求反映文体娱乐建筑的特点，处理好建筑与自然环境景观及地形的关系，充分反映作者的思考与创意。

可将基地内任选部分用地用于建造建筑，其余用地可根据设计者对娱乐体育项目的理解自行布置相关内容，从总体上统一考虑建筑与活动场地的设计。（不可将建筑全部布置在水面或平地上）

建筑面积控制在3000 m²左右。

地形图中的岸线为水面的常年水位，汛期最高水位+1.5m，枯水期水位−1m。

4. 设计内容

自行设计体育项目及内容，但至少应包括以下四部分：

（1）体育活动用房若干，并根据活动内容确定空间及场地的大小、数量；

（2）沐浴更衣、理疗等体育活动辅助用房；

（3）咖啡、简餐等餐饮休息空间；

（4）行政办公、库房及设备用房等。

还应考虑门厅、走道、服务台等相应的公共空间，道路、广场、绿化小品以及沙滩排球场地、游艇码头、钓鱼台、网球场等室外场地也要结合具体构思内容统一规划设计。

考虑4~6个室外停车位。

设计者对于具体的功能可充分发挥想象，但必须与指导教师进行讨论协商。

MAX山地攀岩俱乐部 设计者：周雅芸
山地游泳俱乐部 设计者：桂薇琳
山地体育俱乐部—登山俱乐部 设计者：张弛
指导老师：阮忠 沐小虎 张凡
编撰/主持此教案的教师：孙光临

建筑学三年级 山地体育俱乐部建筑设计 教学教案 1

设计地块地形平面图

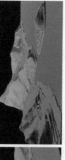

设计地块三维模型

表格（五年级课程设计题目的结构关系分析图 / Structural Analysis of the Courses for Program of Architecture）

学年	学期	课程名称	教学重点	选题
3	1th	公共建筑设计	功能、流线	社区图书馆、社区文化站
		建筑与人文环境	形式、空间	民俗博物馆、展览馆
	2th	建筑与自然环境	环境设计、创造环境的设计能力	山地俱乐部
		建筑群体设计	空间组合、城市设计	高层综合体、综合教学设施
4	1th	城市环境设计	城市现象、结构、设施、规范、防灾	城市住宅区设计
		住区规划设计	修建性详细规划设计	居住建筑、居住区设计
	2th	建筑设计专门化	各类建筑设计、原理与设计方法	城市设计、园林、旅游、建筑改造、室内环境设计等
5	1th	建筑设计专题实习	拓展专业设计知识	社会适应性
	2th	毕业设计	综合设计能力	综合设计能力

本设计题目与前后题目的衔接关系

1、本作业在五年教学中的定位

建筑学三年级是设计课程在五年的设计教学中是一个关键阶段，在整体教学体系中起到承上启下的作用。学生的设计主体能力在这时开始培养与逐步拓展与提高。他们的设计建筑意识也开始逐步走向相对全面。

除了常见的教学内容以外，在教学过程中对能力、空间形态的教生相对全面的功能意识，如环境意识、历史意识、建造意识等的培养，强调与鼓励师生之间的主次全面设计意识上更好地促进师生之间的正向交流及意识交流的积极反馈。

2、与前后设计题目的关系

通过建筑功能的设计，流线组织与前面分析了建筑功能的布局，流线组织的城市现象与特征征进行深入分析，在民俗博物馆的设计中也体验到了建筑空间与真实的城市基地的关系。山地建筑空间与真实构成环境已有的建筑的前提下，进一步有复杂内容的建筑设计问题，尤其是三维的空间设计能力，对复杂的建筑空间的设计。为下一步复杂集群组织和环境空间感知和立体环境空间设计以及复杂集群建筑群体组设计打下良好的基础。

本设计题目的教学目标

1. 学习山地建筑的设计方法，培养复杂地形条件下的建筑空间形体组合的能力，处理好环境及景观的关系。
2. 掌握山地体育乐部类型建筑设计的基本原理，了解复杂地形设计的手段，构思及设计方法的常识。
3. 以工作模型作为方案设计的前提，了解类型建筑，提高建筑意识，加强自主决策的能动性。

本设计题目的教学方法

1. 运用模型来思考设计，加深对空间的感性认识。
2. 通过文献阅读、案例分析加深长建筑知识，自然环境的理解，加深对复杂设计的前置性。
3. 采用自主决策的方式，自主选择建设用地，加强自主决策的能动性。
4. 设计原理课的安排密切配合学生的传输发掘最佳的效果。
5. 通过设计进程，大组讲评和最后公开评图也作为公开评图的方式作为设计教学进度的控制节点，一方面促进学生达到相应的设计进度并创造相互自学习的机会，同时教师之间可以了解每个年级的教学进展情况并交流共享进行协商学中的问题。

设计题目的任务书

江南某市郊某山地拟建一体育乐部，设计要求反映文体娱乐建筑的特点，处理好环境景观及地形的关系，充分反映作者的思考与创意。可在基地内任选适宜的用地子建造建筑，其余用地可根据设计者对娱乐体育项目的理解在水面或平地上。

关内容，从总体上统一考虑建筑全部布置在水面或平地上。地形图中的岸线为水面的常年水位 +1.5m，枯水期为位 −1m。

● 设计内容

自行设计体育项目及内容，但至少应包括以下四部分：
1、体育活动用房若干，并根据活动内容确定其空间及地的大小；
2、沐浴更衣、库房等体育活动辅助用房；
3、行政办公、走道、服务台等相应的公共空间，数量；
4、还应包括门厅、走道、茶餐等室外绿化小品以及沙滩排球场地、游艇码头、钓鱼台、网球场等室外场地。

考虑基地 4~6 个室外停车位。

● 成果要求：

a. 图纸规格   一号图纸   不透明手绘正图 2 张（可增加 1：1000 的总体规划图）
b. 图纸内容   总平面图   1：500
            建筑各层平面   1：200（不少于 2 个）
            建筑立面   1：200（不少于 2 个）
            建筑剖面   1：200（不少于 2 个）
            建筑外侧（相对山体而言）外墙节点构造及内侧接地   >1：20

   设计说明及相关技术指标

3. 模型   1：300

注：鼓励徒手绘制正图，评分时奖励 1～5 分。在史上与导师交流制禁止学生无草图仅使用电脑显示。

b、文字、研究作业：
b1、设计任务书   至少与导师讨论并制定
b2、实例分析   结合建筑选出对所选基地做出特征征进行深入分析，须附实例布局与剖面分析；
b3、场地分析   外的山地建筑实例一例，须附实例布局与剖面分析；
b4、构成、形态分析   对所做各专体场的功能、空间、流线、景观等构成体系进行理性分析，表达设计意图；
b5、读书报告   分析实例，服务台等室外专位
b1、b2、b5 为强制制作业；b3、b4 由任课导师自行安排，方案评述及自我认识评论，以充分发挥指导教师的个人特点。展现学生的个性与潜质为作业所追求的目标。数则不少于 3000 字（不包括图片）

参考书目：
1.《建筑设计资料集》[6]（第二版）   山地建筑部分   中国建筑工业出版社
2.《山地建筑设计》[7]（第二版）卢济威 王海松 著   山地建筑部分   中国建筑工业出版社
3.《建筑设计资料集》   体育建筑部分   中国建筑工业出版社

*备注：*2012 年 4 月 15 日（周日）交图，4 月 16 日（周一）1：30-5：00 公开评图，作业不得迟文。

大课讲课内容简介

山地建筑设计原理讲课及实例分析

一、山地建筑概述
1. 山地与山地建筑
2. 山地建筑的影响因素
3. 山地建筑的综合特点

二、地貌环境与山地建筑设计
1. 地貌形态
2. 单体建筑与地形

三、山地建筑设计的一般原理
1. 对合地貌环境分析的建筑构思与立意
● 对地貌分析的形态定位
● 对建筑的形象定位
● 对建筑功能组织的布局定位
2. 建筑组织与构成设计
● 不定重复与空间层面
● 空间组织形态
3. 道路线形与道路纵坡
● 道路线形与道路纵坡
● 道路与山体坡度
● 道路的断面形式

四、充分利用地形、地貌，创造有特色的建筑形象，保护生态。
● 充分利用地形、地貌，创造有特色的建筑形象。
● 重视景观与观察者的视点，加强外部空间的参与作用，保护生态。
● 减少技术上的复杂性。

环境与生态
● 环境与可持续发展观
● 5R原则
● 相关设计策略

山地建筑相关建筑
覆土建筑
挡土墙形式与构造设计

● 教学心得：
学生在本课程设计过程中创新的积极性很高，自主学习能力提高较快，他们对空间感知能力有所提高，但仍暴露出明显的不足，这也是本题目重要关注的内容，需任课教师投入较大的精力。
该课题对学生现的校外具有技巧要求，基本设计技能的掌握应具有一定的弹性，以适应具有不同设计能力学生。

教学进度控制节点

图纸（模型）	文字作业	教师工作	阶段
	讲评	讲课 讲题	构思阶段
一草	任务书 场地分析	原理课	
		原理课	
一草	建筑构成分析	构造课 交流	深化阶段
正草图	读书报告	年级讲评 绘图讲解	绘图阶段
正图		公开评图	交图

教学进度安排

周数	时间	课程	课题	内容备注
一	2月20日（下）	讲课	讲课	大课讲题，班级讨论
	2月23日（上）	总体构思		总平面草图—概念草图，基地模型
	2月27日（下）			交b1设计任务书
二	3月1日（上）		总体构思	总平面草图，小组改图，b3/b5地块分析
	3月5日（下）			交b2实例分析，山地建筑设计原理讲课及实例分析
三	3月8日（上）	深化设计		小组改图—深化平面，形体草模
	3月12日（下）		深化设计	小组讨论，全年级讲评，交流（2课时）
四	3月15日（上）	讲课	讲课	讲课：环境与生态
	3月19日（下）	深化设计		小组改图—深化平面，形体推敲，立面构思
	3月22日（上）		深化设计	交b4模型改图，b5形态分析，形体草模
五	3月26日（下）	讲课	讲课	讲课：山地建筑相关建筑
	3月29日（上）	深化设计	深化设计（小班）	小组改图—深化平面，形体推敲，立面构思
六	3月31日（六）	正草图		小组改图—深化平面，细部与构造设计，构造制作
	4月5日（四）	深化设计	深化设计	小组改图—方案整体深化，细部与构造设计，交互模
七	4月9日（四）	深化设计	全年级讲评	全年级讲评—方案整体深化，模型制作
	4月12日（四）	绘制正图	绘制正图	小组改图—绘制正图（钟屋注意事项），绘制正图
八	4月16日（一）	公开评图	公开评图	交b6读书报告—绘制正图，模型制作

一草模型

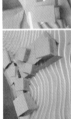

正草模型

评分标准说明及课后总结

● 评分说明：
作业成绩的评定以及同学之间的反馈也是教学的重要环节。本题目以学生成绩单以及公开评图的方式达成这一过程，更不同于建筑设计竞赛，更以建筑教育要求本身的要求作为评判的根本。课程设计的评定以评图评定，根据教学大纲评分的基础，要求学生在设计专业训练中，回归对建筑本体意义的思考和建造意识的关注，希望学生带来良好的设计。

分，鼓励向以利于他们今后的发展。

通过成绩单上的一个分项打分让学生了解自己在设计方面的长处与短处，同时在公开评图的过程中也要求校外具有丰富实践经验的专家了解教学过程与教学要求，以他们的经验感受给学生以启迪，既对学生作业进行评判，也对学生设计相得益彰的合力。

发展给予指导，形成与教学相得益彰的合力。

建筑学三年级　山地体育俱乐部建筑设计　教学教案

3

学生作业分析

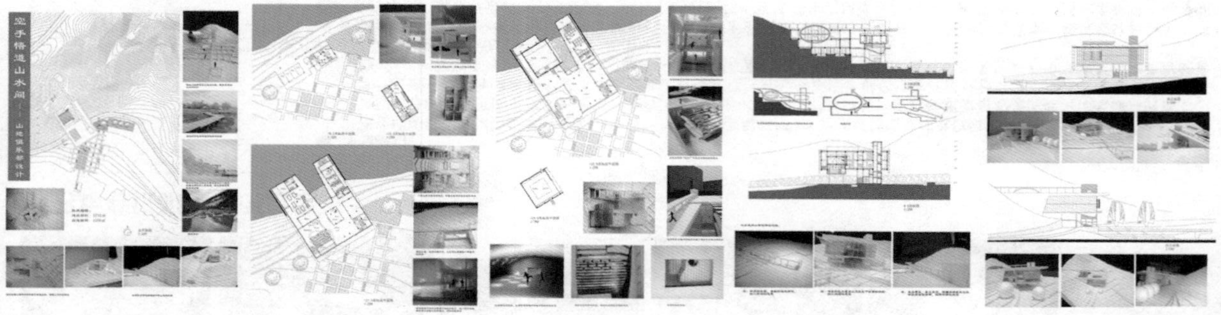

● 作业 A

教师点评：该生具有较强的设计深化能力，在具体的空间设计上运用了多种手法，设计上也投入了较大的创作热情与精力，图面表达也较为完善。然而在总的设计概念构思上与建筑所处的环境的对话以及建筑形态的表达上略显不足，使得总体的建筑意向趋于平淡。

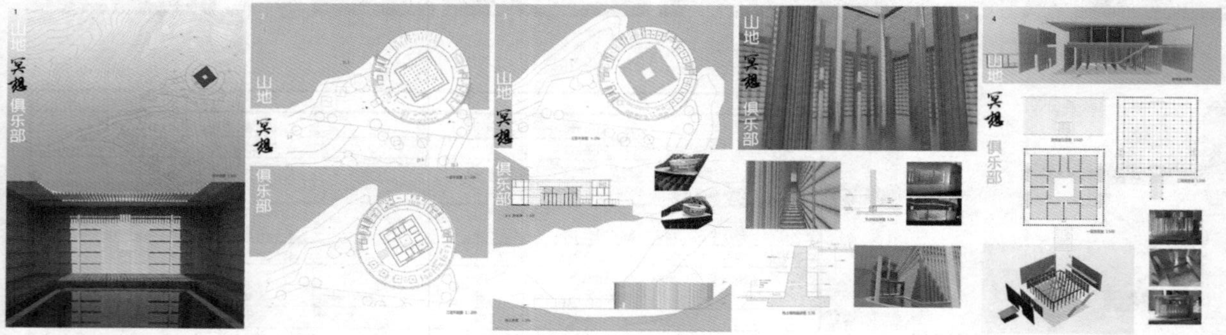

● 作业 B

教师点评：借鉴中国传统的空间意象来构思是该设计的特色，这也是在教学中值得大力提倡的。该生对建筑空间意境的把握较好，设计图面也都充分表达了这一设计追求，但在建筑与环境地形的结合度上还应更上一层楼，同时也会创造出更加有特色的建筑内部空间。

● 作业 C

教师点评：该设计表达了作者强烈的建筑构成意识。如何将一个有特色的概念进行深化并固化在一个具体的建筑方案上，除了形态控制技巧以外，还需要扎实的建筑处理功夫和相对全面的建筑意识及其背后的价值判断，这是该生应深入思考的问题，也是建筑学习无法逃避的训练。

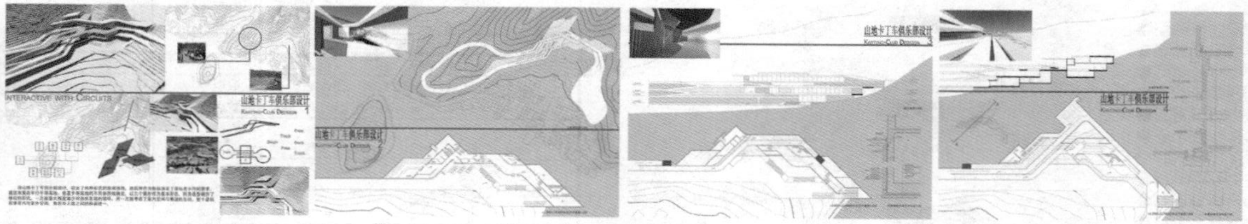

● 作业 D

教师点评：绘图软件的发展带来建筑形式的巨大变化。这一类的建筑形式探索需要一定的建造知识来支撑，而此时的学生并不完全具备控制和把握这类设计的能力，在有限的时间内会削弱教学大纲所要求的基础训练。但教师有义务对学生的探索给以客观的指导，该生也完成了基础的教学训练。

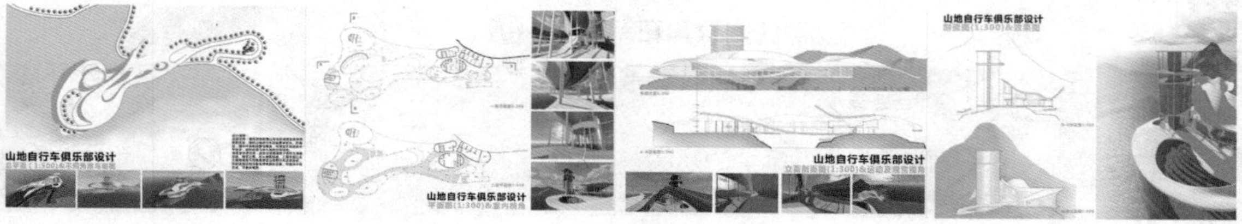

学生读书报告节选

这次山地俱乐部的设计与以前的几次课程设计有所不同，经历了任务书的拟写，案例的调查分析，再到方案的设计到深化的过程，而在此过程中我也学习到了很多新的知识与方法，这也是自身学习提升的一个过程。

山地建筑这个题目一拿上来对我有一种手足无措的感觉。山体是基地的基础，建筑用自己的语言去融合山地的语言，更多的利用自然条件去创造丰富的空间感受。山体本身的高差有利于空间的趣味性，但如何去利用，如何去改造与再创造，比平地建筑思考得要多很多。并且设计理念要鲜明果断，有自己明确的态度，对于山体采用回避或者共生的态度值得深思。

山地建筑设计从一开始的案例分析和基地调研到最后的模型制作和图纸表达，都证明了从一开始就强调的山地建筑和自然环境之间关系的重要性。山地建筑不同于平地建筑，在平地建筑中，基地更多是一个平台，建筑是主要的表现体；但是在山地建筑中，基地本身的形势和建筑都是设计的主角，形成了一种二元关系。

对于概念的贯彻是需要彻底而坚决的，不仅仅是一种形式上的东西，更多的是空间的感觉，材料的质感等等综合的处理，通过各方面的设计，让建筑能够营造一种氛围，深深的影响到在其中活动的人。

以上学生作业反映了我国建筑思想多元化以及当代建筑流行趋势在一定程度上对建筑教育的影响，然而建筑教育毕竟与建筑实践存在着根本的不同。建筑教育应以建筑本体的要求为核心，学校的建筑教育是为未来的建筑师夯实基础，应该对学生的未来负责。

以上教师点评更多的是表明我们的教学理念，是从建筑教育的角度表达的设计观念，而非一般意义上的建筑评判。

基于设计思维培养的基础综合训练

（一年级）

教案简要说明

1. 教学目标

1.1 课程通过对大师代表性作品的介绍与分析，对各种建筑风格和流派有初步了解，初步了解建筑的生成背景，初步认识建筑与外部环境的关系，初步认识建筑的功能与形式的关系，初步了解建筑空间的创作方法。

1.2 通过各阶段模型的制作和分析，了解利用草模学习建筑的创作方法，培养学生从二维到三维空间的转换能力。通过最终的图纸表达，了解图示与图解的分析方法，了解形式美法则和表达方法，初步掌握图面构成与排版技巧。

1.3 通过对大师作品的学习和解读，逐步掌握建筑方案创作的基本步骤和方法，培养学生独立思考建筑问题的能力，培养学生分析问题和解决问题的能力，初步掌握中小型建筑方案设计的创造能力。

2. 教学方法

2.1 强调基础，注重教学过程。教师在课堂教学中注重基本理论和基础知识的传授，通过课后一系列的作业和课堂点评，为学生打下扎实的专业基本功，注重过程成果的讨论和评定，引导学生分析问题和解决问题的能力。

2.2 强化模型，注重从二维向三维空间转换。教师在课程教学中，针对低年级学生空间想象力不足的特点，强调动手，尤其是草模的运用，强调从二维向三维空间的转换。

2.3 教学内容多样，激发学生兴趣。教师在课程教学中，注意引导学生选题的多样性，学生根据自己的兴趣和爱好，选择自己喜欢的大师和作品进行分析，内容丰富，信息量大，有利于学生之间的相互交流与学习，而且也更能激发学生的兴趣和热情。

2.4 教学手段多样灵活。教师在课程教学中，以教师为主导，既有集中的多媒体课程讲解，也有分组的指导和讨论，还有学生的多媒体汇报和模型展示，教学形式多样灵活。

3. 设计题目的任务书

一年级建筑设计作业三（2011级建筑学）
解读建筑——建筑名作赏析

3.1 教学目标

3.1.1 课程通过对大师代表性作品的介绍与分析，对各种建筑风格和流派有初步了解，初步了解建筑的生成背景，初步认识建筑与外部环境的关系，初步认识建筑的功能与形式的关系，初步了解建筑空间的创作方法。

3.1.2 通过各阶段模型的制作和分析，了解利用草模学习建筑的创作方法，培养学生从二维到三维空间的转换能力。通过最终的图纸表达，了解图示与图解的分析方法，了解形式美法则和表达方法，初步掌握图面构成与排版技巧。

3.1.3 通过对大师作品的学习和解读，逐步掌握建筑方案创作的基本步骤和方法，培养学生独立思考建筑问题的能力，培养学生分析问题和解决问题的能力，初步掌握中小型建筑方案设计的创造能力。

3.2 教学要求

教学分成三个阶段：

第一阶段，根据自己的兴趣选择大师作品，收集相关资料，努力寻找大师的思想核心和形成轨迹，找到建筑作品的发展脉络，对其进行相关分析并汇报结果。

第二阶段，运用已经掌握的基本原理，通过实体模型的制作过程，熟悉该作品的形态特点和空间特征，掌握图纸表现与模型表现的方法。

第三阶段，课程要求同学通过对经典案例模型的研究，除了根据任务书规定的内容进行分析外，还必须根据自己的认识和理解进行各种分析，把被分析的建筑层层剥离，分析建筑生成的逻辑概念，学习并领会建筑设计的基本方法，并最终通过多媒体汇报、模型和图纸展示设计成果。

大师作品分析——经典解读：美国国家美术东馆 设计者：林夏冰 王雅涵 李梦楠 唐琪 芦佳
大师作品分析——玛利亚别墅 设计者李倩 李思玄 钟天博 陶曼丽 美尔依·黑扎提 粟洋
大师作品分析——芝浦住宅和施罗德住宅 设计者梁喆 谢宇琛 吴凡 张胤哲
指导老师：苏剑鸣 严敏 任舒雅 桂汪洋
编撰/主持此教案的教师：桂汪洋

基于设计思维培养的基础综合训练 一年级设计基础教案之大师作品分析

Based on the design thinking of comprehensive training -- master of architecture works analysis

总体教学思路框图 >>> THE OVERALL TEACHING FRAMEWORK

总体教学思路

重：重视拓宽基础与加强基础训练，重视全面素质的培养

放：以开放式的教学，培养学生创造性思维能力与创造性设计能力紧密结合

强：强化专业训练中的理想与现实，艺术与技术的有效结合

综：联系实际，立足培养学生的综合设计能力及职业建筑师基本素质。

一年级	**基础训练阶段**
二年级	注重学生对建筑和环境的认识，强调建筑设计入门方法的训练，重视基本艺术素养的培养，强化基本表现技能的训练。注重开发和保护学生的创新意识。本阶段的教学目的是使学生了解建筑设计的程序和一般方法，了解空间、功能、尺度、体量等概念，初步培养学生的设计能力。

专业基础训练阶段（二年级、三年级）
主要安排专业课、专业技术课程和实验环节的教学，教学计划中逐步扩大了建筑设计综合教学内容，加强理论素养的培养，提高学生的综合设计能力。本阶段着重提高学生的方案设计能力，掌握室内到外的设计方法，通过建筑构造、建筑物理等相关课程知识的运用，增强学生的工程意识，提高分析问题、解决问题的能力。

综合训练阶段（四年级、五年级）
主要安排专业课和实践教学环节，进一步培养学生的整体环境观，着力培养综合分析和解决建筑相关问题的能力，强调建筑师的职业训练，结合实际工作培养学生的全面创作和设计能力。该阶段要使学生在设计过程中对所学到的技术、材料、设备、结构等各方面知识进行综合运用，使其进一步受到建筑师的基本技能训练，掌握与相关专业协调的方法，掌握建筑设计各阶段的工作内容、要求及其相互关系，提高在设计中综合解决实际问题的能力。

本课程教学思路框架图 >>> THE TEACHING FRAMEWORK

本课程的教学思路

教学目标

1、通过对大师代表性作品的介绍与分析，对各种建筑风格和流派有初步了解，了解建筑生成背景，初步认识建筑与外部环境的关系，初步认识建筑功能与形式的关系，初步了解建筑空间的创作方法。

2、通过各阶段模型的制作和分析，了解利用草模学习建筑的创作方法，培养学生从二维到三维空间的转换能力。通过最终的图纸表达，了解图示与图解的分析方法，了解形式美法则和表达方法。

3、通过对大师作品的学习和解读，逐步掌握建筑方案创作的基本步骤和方法，培养学生独立思考建筑问题的能力，培养学生分析问题和解决问题的能力，初步掌握中小型建筑方案设计的创造能力。

教学难点与重点

难点一：基本功的培养
传统的建筑设计基础课是以严格的技法训练为主要取向，强调动手基本功训练，而这些也是作为专业学习的基础，因此如何在重视逻辑培养的同时，强化基本功训练必将是本课题的一个难点。

难点二：建筑基础知识的培养
大师作品分析，要求学生必须探究其风格产生的缘由，而建筑史知识的缺乏，为教学带来了困扰，学生很容易片面的理解建筑，因此教学中建筑史知识的灌输必将成为本课题的一个难点。

难点三：空间想象力的培养
一年级学生空间想象能力较弱，而大师作品的空间相对复杂，帮助学生对其空间的理解与分析，也必将成为本课题的一个难点。

难点四：兴趣的培养
兴趣是最好的老师，对于一年级学生兴趣的激发，应该是本课题的重点。如何通过选题、教学方法和教学手段来激发学生的兴趣必将成为本课题的一个难点。

教学方法一：
强调基础，注重过程教学
教师在课堂教学中注重基本理论和基础知识的传授，通过课后一系列的作业和课堂点评，为学生打下扎实的专业基本功，注重过程成果的讨论和评定，引导学生分析问题和解决问题。

教学方法二：
强化模型，注重从二维向三位空间转换
教师在课程教学中，针对低年级学生空间想象力不足的特点，强调动手，尤其是草模的运用，强调从二维向三维空间的转换。

教学方法三：
教学内容多样，激发学生兴趣
教师在课程教学中，注意引导学生选题的多样性，学生根据自己的兴趣和爱好，选择自己喜欢的大师和作品进行分析，内容丰富，信息量大，有利于学生之间的相互交流与学习，而且也更能激发学生的兴趣和热情。

教学方法四：
教学手段多样灵活
教师在课程教学中，以教师为主导，既有集中的多媒体课程讲解，也有分组的指导和讨论，还有学生的多媒体汇报和模型展示，教学形式多样灵活。

核心教学模块
基础知识的传授，基本功的培养，为后面的建筑设计课程奠定扎实的基础。

开放式题目选择
选题给出范例，但不做限制，允许学生根据自己的兴趣和爱好选择自己喜欢的大师作品，调动了学生学习热情。

讨论式过程控制
课程在教学过程中，老师参与讨论，既有小组讨论，也有小班讨论，互相学习与进步，有利过程成果的控制。

汇报式过程控制
采用汇报式的过程控制，有利于学生的知识面的扩宽。

点评和成果控制
最终的模型、图板、PPT进行集中汇报与展示，有教师点评，问题及时反馈。

教学方法

教学反馈

任务与目标 | 过程控制 | 成果控制

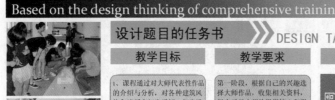

基于设计思维培养的基础综合训练 —— 一年级设计基础教案之大师作品分析 **02**

Based on the design thinking of comprehensive training -- Master of architecture works analysis

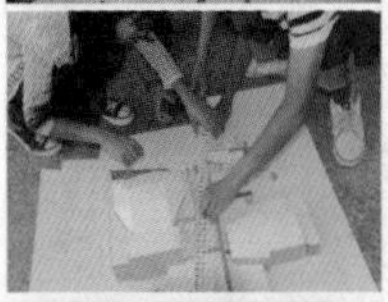

设计题目的任务书 》》 DESIGN TASK

教学目标	教学要求	教学过程	节点控制	教学方式	成果

教学目标

1、课程通过对大师代表性作品的介绍与分析，对各种建筑风格和流派有初步了解，初步了解建筑的生成背景，初步认识建筑与外部环境的关系，初步认识建筑的功能与形式的关系，初步了解建筑空间的创作方法。

2、通过各阶段模型的制作和分析，了解利用草模研究建筑的创作方法，培养学生从二维到三维空间的转换能力。通过最终的图纸表达，了解图示与图解的分析方法，了解形式美法则和表达方法，初步掌握图面构成与排版技巧。

3、通过对大师作品的学习和解读，逐步掌握建筑方案创作的基本步骤和方法，培养学生独立思考建筑问题的能力，培养学生分析问题和解决问题的能力，初步掌握中小型建筑方案设计的创造能力。

教学要求

第一阶段，根据自己的兴趣选择大师作品，收集相关资料，努力寻找大师的思想核心和形成轨迹，找到建筑作品的发展脉络，对其进行相关分析并汇报结果。

第二阶段，运用已经掌握的基本知识，了解实体模型的制作过程，熟悉该作品的形态特点和空间特征，掌握图纸表现与模型表现的方法。

第三阶段，课程要求同学通过对经典案例模型的研究，除了根据任务书规定的内容进行分析外，还必须根据自己的认识和理解对建筑进行各种分析，把被分析的建筑层层剥离，分析建筑生成的逻辑概念，学习并领会建筑设计的基本方法，并最终通过多媒体汇报、模型和图纸展示设计成果。

教学过程

0-1周	201204-201204
1-2周	201204-201205
	201204-201205
2-3周	201205-101205
	201205-101205

成果要求一
任务一：小组共同完成资料收集、初步汇报PPT和经典案例草模模型的制作。

成果要求二
任务二：讨论大师作品生成原理和设计风格，分组完成相应阶段的分析图纸和正式模型。

成果要求三
任务三：每组对以上模型进行编辑，同时补充相应的文字及图片，并以powerpoint的形式作为成果。绘制最终成果图纸并作PPT汇报。

节点控制

开始

任务书发放 → 讲课
资料收集 → 模型制作

图纸绘制 → 模型制作
资料收集 → 分组讨论

分析判断

图纸绘制 → 正模制作
PPT汇报 → 成果展示

最终成果

教学方式

引导

点评与讨论

点评与讨论

点评与讨论 展示 教师评价

分析判断

成果

一草图纸的绘制，明确平、立、剖和图纸比例，草模的制作，多媒体10分钟汇报文件

学习分析图的绘制方法并正确绘制，掌握分析模型的制作和正模的制作，初步排版

正模的制作，强调建筑与环境的关系，正图的绘制和版面设计，最终10分钟PPT汇报，图纸展示和点评

模型制作过程

作品选择

序号	大师	作品
1	扬罗皮乌斯	法古斯制鞋厂、包豪斯校舍、哈佛大学研究生中心
2	勒柯布西耶	萨伏伊别墅、卡彭西耶别墅、朗香教堂
3	密斯·凡德罗	巴塞罗那博览会德国馆、伊利诺工学院建筑及设计系馆、范斯沃斯之家
4	赖特	"草原住宅"、"流水别墅"
5	阿瓦瓦·阿尔托	玛利亚别墅、芬兰赫尔辛基罗市政厅、贝克大楼
6	理查德·迈耶	史密斯住宅、道格拉斯住宅、千禧教堂
7	路易·康	罗恩斯特第一基督教教堂、耶鲁大学艺术中心、母亲住宅
8	安藤忠雄	住吉长屋、光的教堂、水的教堂、风之长廊
9	伊东丰雄	中野本町之家、银色小屋、Tod's销售店
10	扎哈·哈迪德	维特拉消防站
11	路易斯·巴拉干	圣克里斯特博马场与别墅
12	马里奥·博塔	提契诺菲利住宅区、圆教堂、波罗尼住宅

参考书目

1.《世界建筑大师名作分析》罗杰·H·克拉克、迈克尔·波斯 中国建筑工业出版社
2.《建筑：形式、空间和秩序》程大锦 天津大学出版社
3.图解思考（建筑表现技法）保罗·拉索 (Paul Laseau) 邱贤丰 中国建筑工业出版社
4.《建筑语汇》爱德华·T·怀特、林敏哲、林明毅 大连理工大学出版社
5.《建筑的设计方略——形式分析的方法》巴克 著，王玮 等译 中国水利水电出版社
6.《全国大学生优秀作业集》中国建筑出版社
7.《世界建筑师的思想和作品》中国建筑工业出版社
8.《现代建筑理论》中国建筑工业出版社

图纸要求

1. 过程模型和成果模型
2. Powerpoint的ppt文件
3. A1（594*841）图纸2张：表现不限
1）各层平面：1：100（绘制各层平面图）
2）立面：1：100（视地段情况绘制2~3个）
3）剖面：1：100（1~2个）
4）相应的分析图（以图示和图例进行分析，辅以少量文字）

题目与前后题目的衔接关系 》》 THE RELATIONSHIP BETWEEN CURRICULUM

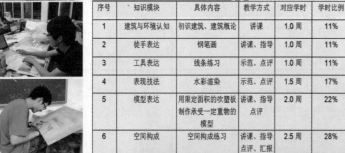

序号	知识模块	具体内容	教学方式	对应学时	学时比例
1	建筑与环境认知	初识建筑、建筑概论	讲课	1.0周	11%
2	徒手表达	钢笔画	讲课、指导	1.0周	11%
3	工具表达	线条练习	示范、点评	1.0周	11%
4	表现技法	水彩渲染	示范、点评	1.5周	17%
5	模型表达	用限定面积的吹塑板制作承受一定重物的模型	讲课、指导 点评	2.0周	22%
6	空间构成	空间构成练习	讲课、指导 点评、汇报	2.5周	28%

序号	知识模块	具体内容	教学方式	对应学时	学时比例
7	设计表达	平、立、剖抄绘练习	讲课、指导	1.5周	17%
8	基本空间单元设计（内部空间设计）	宿舍设计	讲课、指导 点评	2.0周	22%
9	解读建筑	大师作品解析	讲课、指导 点评、汇报	3.5周	39%
10	初步设计	小型公共建筑设计	讲课、指导	2.0周	22%
11	建筑实测	建筑实测	点评	课后完成	不占学时
12	基础作业	钢笔画、表现技法	点评	课后完成	不占学时

■ 一年级建筑基础课程之大师作品分析教案展示

作业摘选与教师评价 >>> DESIGN SELECTION & TEACHER'S COMMENTS

一 美国国家美术馆东馆

作业选取美国国家美术馆东馆这一优秀的建筑作品作为分析对象，从作品的总体环境入手进行认知与解析，了解了作品形态生成的缘由，进而通过手工模型的制作，深化对这一经典作品的设计手法的理解。图纸排版严谨，分析深入，建筑表现能力和模型制作能力均较好。

二 芝浦住宅和施罗德住宅

作业通过对比的分析方式，选取了两个不同年代、不同设计师但却同样对建筑空间关注的两个经典作品——芝浦住宅和施罗德住宅。重点分析了两个作品对建筑空间的不同阐释，从功能、结构、流线、采光等方面进行了较为全面的分析与比较。图纸表达清晰，模型制作尤为突出，展现了一年级学生良好的手工制作模型和计算机排版能力。

三 玛利亚别墅

玛利亚别墅是建筑大师阿尔瓦.阿尔托的代表作品，作业分析较好地把握住建筑师"人性化"与"人情味"的设计理念，分析方法合理而且逻辑清晰，分别从场地、功能、流线、材料、空间等方面展开较为深入的解析。模型制作充分尊重场地环境，图纸表达深入而且排版良好。

四 新协和图书馆

作业选取美国建筑大师理查德迈耶的作品新协和图书馆作为分析对象，从模型制作入手，分析关注白色派建筑的纯净体块与光影变化的互动关系，抓住建筑师设计的本质，从多方面进行了剖析。作业分析较为合理，排版严谨，图纸表达较为清晰。

作业精彩局部摘选二、三

优秀作业一

  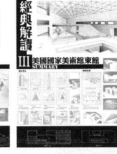 

优秀作业二

优秀作业三

作业摘选一

■ 一年级建筑基础课程之大师作品分析教案展示

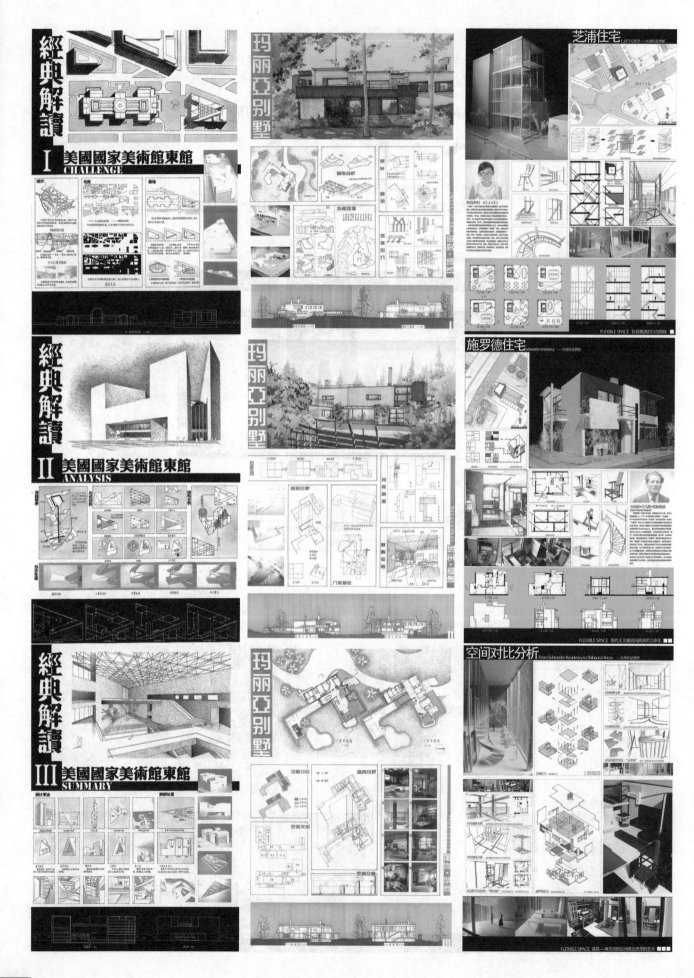

1+N课程设计教学模式

（三年级）

教案简要说明

1. 教学目标

1.1 通过课程设计进一步认识建筑设计的步骤和方法。

1.2 掌握旅馆建筑设计相关内容及相关规范。

1.3 对建筑空间有进一步认识，并掌握旅馆建筑空间的设计方法。

1.4 了解既有建筑改造的相关内容，尤其是改造利用的方法。

1.5 了解绿色建筑设计的相关内容，尤其是绿色建筑技术在建筑中的运用。

1.6 掌握建筑总平面设计及表达。

2. 教学方法

2.1 启发式教学：引导正确思维方法；强调创造性发挥。

2.2 开放式教学：以教师为主，学生广泛参与；以建筑为主，多种技术参与。

2.3 过程控制：不仅注重结果，而且考察过程；突出过程认知，强化过程训练。

3. 衔接关系

第一阶段：基础训练阶段——包括建筑设计基础一、二、三（时间为一、二年级）；

第二阶段：专业基础训练阶段——包括公共建筑设计一、二、三（时间为二、三年级）；

第三阶段：综合训练阶段——包括居住区规划，城市设计，设计院实习，毕业实习（时间为四、五年级）。

4. 教学过程

设计前期：调研—基地环境—任务书分析（提交调研报告）；

平面关系：总体布局—功能组合—气泡图（阶段草图一）；

形式空间：平面组合—造型设计—空间构思（体快模型，阶段草图二）；

技术介入：材料—构造—技术（阶段草图三）；

完善方案：综合调整—设计完善（定稿图）。

5. 任务书

5.1 项目地点

该项目基地区位于合肥市旧有的商业副中心——南七商业圈，用地北侧紧邻城市干道望江路，东侧约100m处为城市高架交通干道及匝口，具有良好的交通条件。场地内多为旧有工业厂房及少量办公用房，地势较为平坦。基地总用地面积约为19400㎡。

5.2 设计要求

5.2.1 掌握旅馆设计的基本原理，妥善解决各部分的功能关系，满足其使用要求。

5.2.2 建筑按三星级标准进行设计，各部分设计满足规范要求。

5.2.3 充分分析区块的现状与发展趋势，密切建筑与环境的关系，安排好建筑与场地、道路交通等方面的关系。

5.2.4 了解既有建筑改造利用和绿色建筑相关知识。

园居——城市旅馆建筑设计 设计者：赵亚敏 薛晨望
合院变奏曲——城市旅馆设计 设计者：汪宇宸
记忆·再生——城市旅馆设计 设计者：孙霞
指导老师：陈丽华 王旭 刘阳 曹海婴
编撰/主持此教案的教师：刘阳

1+N 课程设计教学模式 TEACHING MODEL OF COURSE DESIGN

三年级城市旅馆建筑设计教案 1

教学衔接

年级	阶段	课程
一年级	基础训练阶段	建筑设计基础一
		建筑设计基础二
二年级		建筑设计基础三
	专业基础训练阶段	公共建筑设计一
三年级		公共建筑设计二
		公共建筑设计三
四年级	综合训练阶段	居住区规划
		城市设计
五年级		设计院实习
		毕业设计

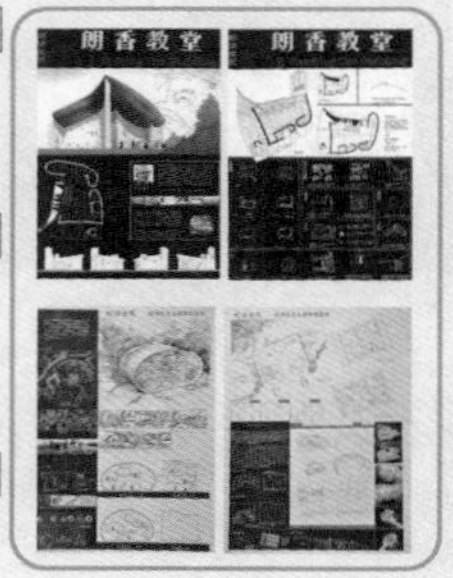

第一阶段——基础训练阶段

时间为一、二年级

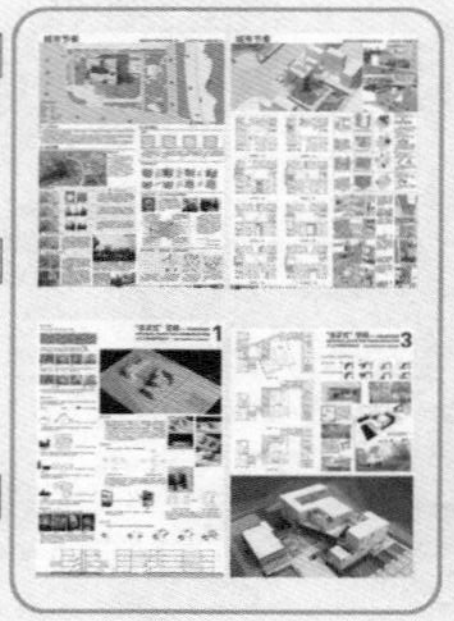

注重学生对建筑和环境的认识，强调建筑设计入门方法的训练. 重视基本艺术素养的培养. 强化基本表现技能的训练.

注重开发和保护学生的创新意识。本阶段的教学目的是使学生了解建筑设计的程序和一般方法，了解空间、功能、尺度、体量等概念，初步培养学生的设计能力。

第二阶段—专业基础训练阶段

时间为二、三年级

主要安排专业课、专业技术课程和实验环节，教学计划中逐步扩大了建筑设计综合教学内容，加强理论素质的培养，提高学生的综合设计能力。

本阶段着重提高学生对方案的设计能力，掌握由内到外的设计方法，通过建筑构造、建筑物理等相关课程知识的运用，增强学生的工程意识，提高分析问题、解决问题的能力。

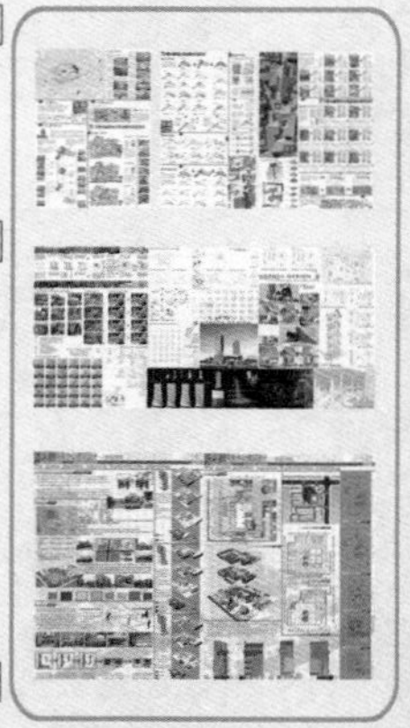

第三阶段——综合训练阶段

时间为四、五年级：

主要安排专业课和实践教学环节，进一步培养学生的整体环境观，着力培养综合分析和解决建筑相关问题的能力，强调建筑师的职业训练，结合实际工作培养学生的全面创作和设计能力。该阶段要使学生在设计过程中对所学到的技术、材料、设备、结构等各方面知识进行综合运用，使其进一步受到建筑师的基本技能训练，掌握与相关专业协调的方法，掌握建筑设计各阶段的工作内容、要求及其相互关系，提高在设计中综合解决实际问题的能力。

公共建筑设计三教学框图

教学题目 → 教学目标 → 教学内容 → 教学过程 → 教学方法

教学题目：城市旅馆设计；城市办公楼设计；观演建筑设计；图书馆建筑设计；体验馆设计；… …

教学目标：
- 运用科学的方法收集资料及调查方法
- 培养处理复杂功能及环境的能力
- 了解建筑设计相关结构，设备，法规等问题
- 掌握职业建筑师所具备的基本知识
- 评图标准　成图标准
- 设计表达　成果（模型）

教学内容：
- 设计方法 — 理性思维分析解决问题的能力；感性思维发展鼓励创造性
- 场所 — 设计的参考依据
- 空间 — 建筑师空间的艺术
- 建构 — 建筑形式产生的重要依据
- 基本概念 — 环境概念；结构概念

教学过程：
- 设计前期 — 调研-基地环境-任务书分析；提交调研报告
- 平面关系 — 总体布局-功能组合-气泡图；阶段草图一
- 形式空间 — 平面组合-造型设计-空间构思；体块模型　阶段草图二
- 技术介入 — 材料-构造-技术；阶段草图三
- 完善方案 — 综合调整-设计完善；定稿图

教学方法：
- 启发式教学 — 引导正确思维方法；强调创造性发挥
- 开放式教学 — 以教师为主学生广泛参与；以建筑为主多种技术参与
- 过程控制 — 不仅注重结果而且考察过程；突出过程认知强化过程训练

教学特点

“重”——重视拓宽基础与加强基础训练，重视全面素质的培养 + “放”——开放式的教学，培养学生创造性思维能力与创造性设计能力紧密结合 + “强”——强化专业训练中的理想与现实，艺术与技术的有效结合 + “综”——联系实际，立足培养学生综合设计能力及职业建筑师基本素质

建筑设计方法

强调设计过程的完整性

每个设计从前期准备到成果展评，都形成一个完整的系统，使学生熟悉设计过程和阶段要求，使学生的思维得到训练，强调方案的构思，建立、完善过程的重要性。

注重设计方法教学

在设计中强调理论联系实际的意义，强调收集资料、参观调研和协作等方法，在设计过程中培养学生的综合分析能力。使学生初步掌握联系实际调查研究、群众参与的工作方法，有能力在调查研究与收集资料的基础上拟定设计目标和设计要求。在教学过程中重视正确设计思维的训练，培养学生辩证地解决复杂问题的能力。

综合采用多种教学方法

参与、讲座式教学法，将教学过程与阶段讲评讨论相结合，开展小组自评互评，教学针对典型作业讲评等方式，提高学生的分析判断能力。

注重模型推敲

在教学过程中，要求学生设计方案前期采用草模进行推敲。让学生通过草模的推敲更加深入掌握设计的方式方法。

强调评图过程

在不同设计阶段注重引导学生公开介绍自己的设计方案，同学之间相互评图，培养学生积极思维和分析与判断能力，同时锻炼学生语言表达的能力，提高教与学的互动。

1+N课程教学模式

“1+N”教学模式中的“1”是指以功能空间为教学主线，“N”是指在教学阶段，根据不同年级，不同教学阶段，不同类型课程设计有针对性地安排相应理论和知识来融入教学过程。

环境心理学 → 功能 空间 ← 建筑改造

地域文化 → 功能 空间 ← 绿色建筑

数字化应用 → 功能 空间 ← 建筑设备

…… → 功能 空间 ← ……

任务书

一、项目地点：

该城市旅馆基地位于合肥市旧有的商业副中心——南七商业圈，用地北侧紧邻城市干道望江路，东侧约100米处为城市高架交通干道及匝口，具有良好的交通条件。场地内多为旧有工业厂房及少量办公用房，地势较为平坦。基地总用地面积约为19400㎡。

二、设计要求

1、掌握旅馆设计的基本原理，妥善解决各部分的功能关系，满足其使用要求。

2、建筑按三星级标准进行设计，各部分设计满足规范要求。

3、充分分析区块的现状与发展趋势，密切建筑与环境的关系，安排好建筑与场地、道路交通等方面的关系。

4、了解既有建筑改造利用和绿色建筑相关知识

三、设计内容

该旅馆设置床位400床，总建筑面积约为18000㎡允许有±5%的增减幅度，建筑高度不超过100m。

（一）客房部分：

1、标间　180间　　2、单人间30间

3、套 间 10间

4、客房各层设置服务员工作间、贮藏间等。

（二）公共部分：

1、大堂500平方米（含服务台、休息厅等）

2、商场200平方米　　3、行李间60平方米

4、商务中心45平方米　　5、咖啡厅200平方米

6、茶室200平方米　　7、值班室30平方米

（三）餐饮部分

1、中餐厅450平方米（含大宴会厅300平方米，4-5小单间）

2、西餐厅250平方米　　3、风味餐厅100平方米2个

4、厨房450平方米（包括主副食库、粗加工、精加工、冷菜间、面点间、洗碗间等）

（四）康乐部分

1、健身房150平方米

2、乒乓球室三间，每间50平方米

3、台球室50三间，每间平方米

4、棋牌室50三间，每间平方米

5、游戏室50三间，每间平方米

6、舞厅200平方米

（五）会议部分

1、报告厅300平方米

2、大会议室二间，每间100平方米

3、小会议室四间，每间50平方米

（六）行政管理用房

1、管理办公室八间，每间20平方米

2、男女更衣室/淋浴室60平方米

3、职工餐厅50平方米　　4、库房50平方米

（七）技术用房

1、消防控制室40平方米　　2、配电室100平方米

3、空调机房200平方米

4、消防泵房 80平方米（消防水池400立方米）

四、图纸内容与要求

（一）、图纸规格

1、图纸尺寸：841MM*594MM

2、表现方式：不限。

（二）、图纸内容

1、总平面图：

要求：画出详细的总体室外环境布置（包括道路、广场、绿化、小品等），正确表现新老建筑、建筑与环境的关系；注指北针，画出准确的屋顶平面并注明层数，注明各建筑出入口的性质和位置；

2、各层平面图：

要求：注明房间名称：一层平面图应表现局部室外环境，画剖切标志；同层中有高差变化时须注明标高。

3、立面图：

要求：不少于两个，至少一个应看到主入口，制图要求区分粗细线来表达建筑立面各部分的关系。

4、剖面图：

要求：不少于一个，应选在具有代表性之处，应注明室内外、各楼地面标高。

5、透视图：

要求：具有代表性角度，表现方式不限。

6、设计说明及分析：

A、设计构思说明

B、技术经济指标：

总用地面积、总建筑面积、建筑容积率、绿化率、建筑密度等

C、必要的分析图

五、参考书目

《建筑设计资料集》《旅馆建筑设计》

《城市旅馆建筑》《建筑资源的再利用策略》

《公共建筑设计原理》《旅馆建筑设计法规》

《生态设计》《建筑学报》、《世界建筑》等杂志

教学目标

1、通过课程设计进一步认识建筑设计的步骤和方法。

2、掌握旅馆建筑设计相关内容及相关规范。

3、对建筑空间有进一步认识，并掌握旅馆建筑空间的设计方法。

4、了解既有建筑改造利用的相关内容，尤其是改造利用的方法。

5、了解绿色建筑设计的相关内容，尤其是绿色建筑技术在建筑中的运用。

6、掌握建筑总平面设计及表达。

教学重点与难点

1、建筑与区域环境、城市环境的关系。

2、旅馆建筑较复杂的流线组织和空间处理。

3、既有建筑的改造利用及新旧建筑的合理结合。

4、绿色建筑理念在旅馆建筑设计中的体现。

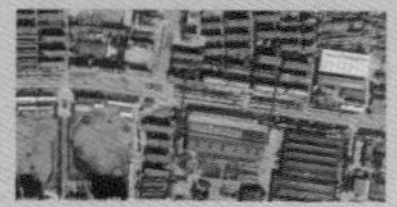

1+N 课程设计教学模式

TEACHING MODEL OF COURSE DESIGN

功能 + 空间 （主线）

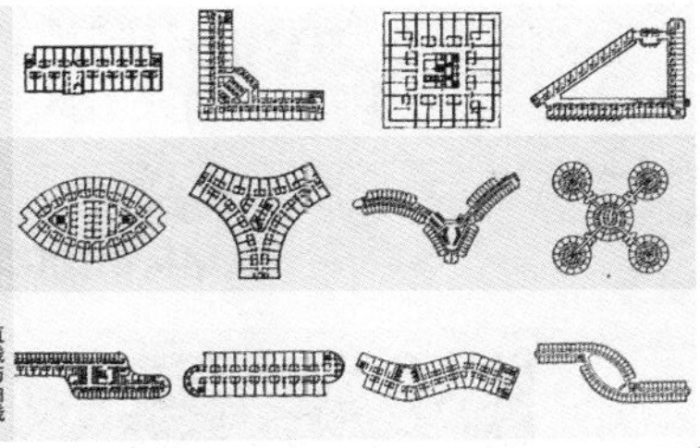

绿色建筑 辅线二 (N2)

概念

绿色建筑是指在建筑的全寿命周期内，最大限度地节约资源（节能、节地、节水、节材），保护环境和减少污染，为人们提供健康、适用和高效的使用空间，与自然和谐共生的建筑。

策略

- "硬技术"策略 → 设计策略的技术维
- "软技术"策略 → 设计策略的社会维 → 策略多维发展阶段

方法

- 绿色生态设计
- 建筑围护结构节能设计
- 第五立面设计
- 来自地底的能源
- 随着科技的发展、热源、其实效率水平

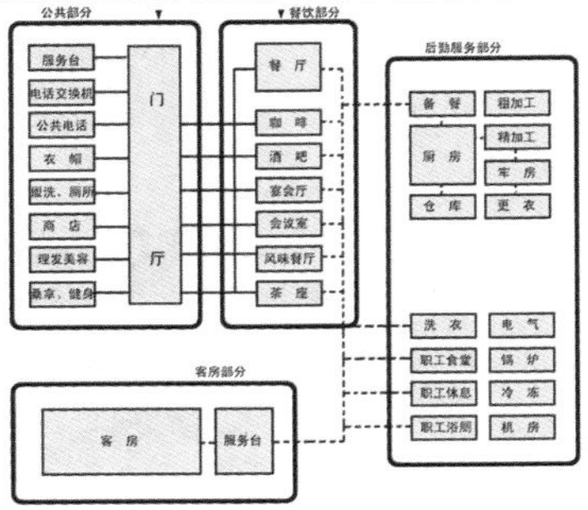

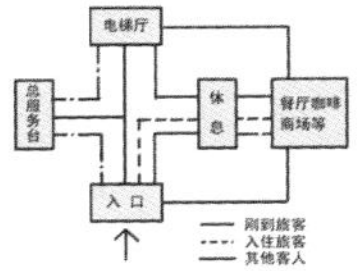

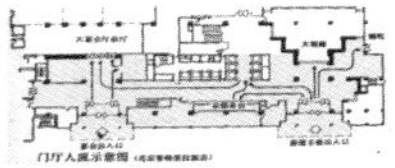

既有建筑改造利用 辅线一 (N1)

概念

在保留原建筑历史人文或外观特色的前提下，通过结构利用、材料利用，改变其功能空间配置，使其适应新的使用要求。

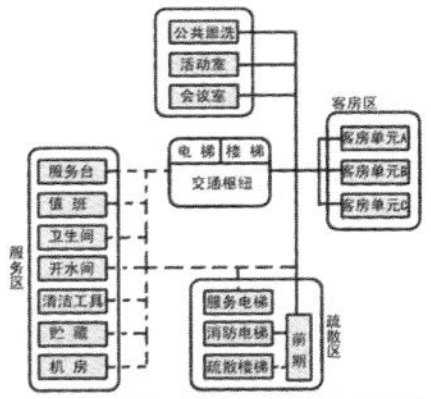

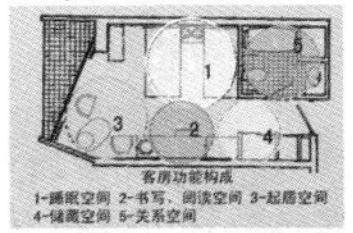

策略

- 重复叠合法
- 水平增加法
- 界内同构法
- 表皮整合法
- 片断保留法

方法

空间策略
- a. 空间流改造策略
- b. 空间置换对建筑使用的影响

结构策略
- a. 结构改造选择
- b. 新旧结构关系

材料策略
- a. 材料利用

优化提升
- a. 使用性能、物理性能
- b. 空间氛围与活度
- c. 材料、结构与性能

教学内容

概念
策略
方法

现代旅馆的功能特点 —— 多功能综合体

功能流线分析

门厅 → 客房

门厅设计

客房层设计

客房及套房单元设计

现代旅馆的空间特点 —— 舒适性与特色并重

总平面的空间需求

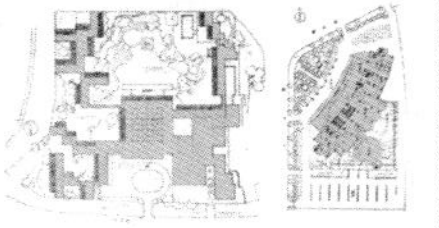

总平面的空间布局方式

中庭空间设计

标准层平面类型
真线型平面
曲线型平面
相互结合型平面

57

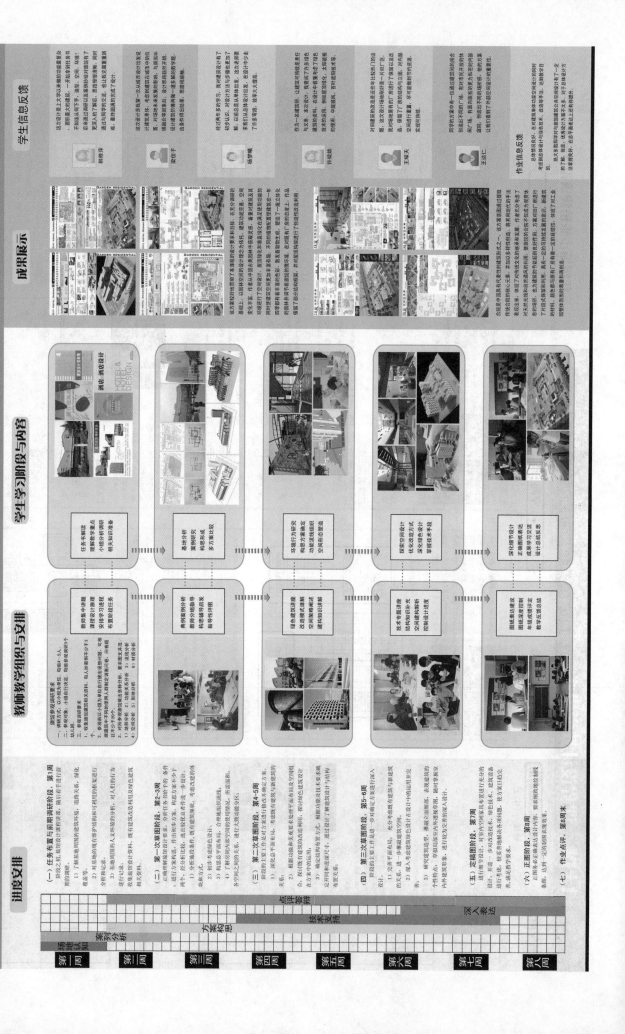

（……）的幼儿园——二年级建筑设计练习三——幼儿园建筑设计教案

（二年级）

教案简要说明

1. 教学目标

关注特殊人群、弱势群体是整个社会文明进步的一个标志，作为未来的建筑师，我们的义务是什么？我们能否在设计中多付出一点关爱？本课题旨在为未来的建筑师提供展示其设计潜能的机会，通过对特定人群、特定环境的调研与考察，创作出富有挑战意义的建筑设计。通过对儿童心理和行为、建筑环境和社会环境的分析和解构，提出一系列个性和共性问题，并寻找解决策略，从使用者——儿童的角度出发，以建筑师的语言化解和设计空间。

2. 教学方法

社会调研、外教参与、示范教学、模型制作、节点控制。

3. 任务书

本设计拟针对特定人群和特定环境，建一所全日制六班幼儿园，每个班30人左右。具体建造地段及地形图由同学根据兴趣和熟悉程度自选自定。所选地形必须考虑新建幼儿园的可行性，必须满足幼儿园基本功能要求和安全要求，工程地质情况良好。建筑结构为混合结构或框架结构，亦可选用适用经济美观的其他结构。总建筑面积不超过1800m^2，建筑层数为二层或局部三层，房间组成见任务书。地段范围按照幼儿保育要求布置活动场地、道路及绿化设施等。

4. 与前后题目的衔接关系

二年级的设计主题是"建筑与环境"。二年级上学期的设计主题强调物质环境—硬环境—可见性，二年级下学期的设计主题强调精神环境—软环境—不可见性。这是一年级"建筑与空间"的深入，并和三年级的设计主题"建筑与文化"衔接起来，是一个承上启下的教学环节。

5. 教学过程

分为破题阶段、构思阶段和表达阶段。

乐巢 设计者：薛楚金
Building Blocks 设计者：杨何木
指导老师：童乔慧 张霞 李溪喧 郭翔
编撰/主持此教案的教师：童乔慧

幼儿园建筑设计教案

——二年级建筑与环境系列之练习三

教学时间：第一周至第八周

（……）的幼儿园

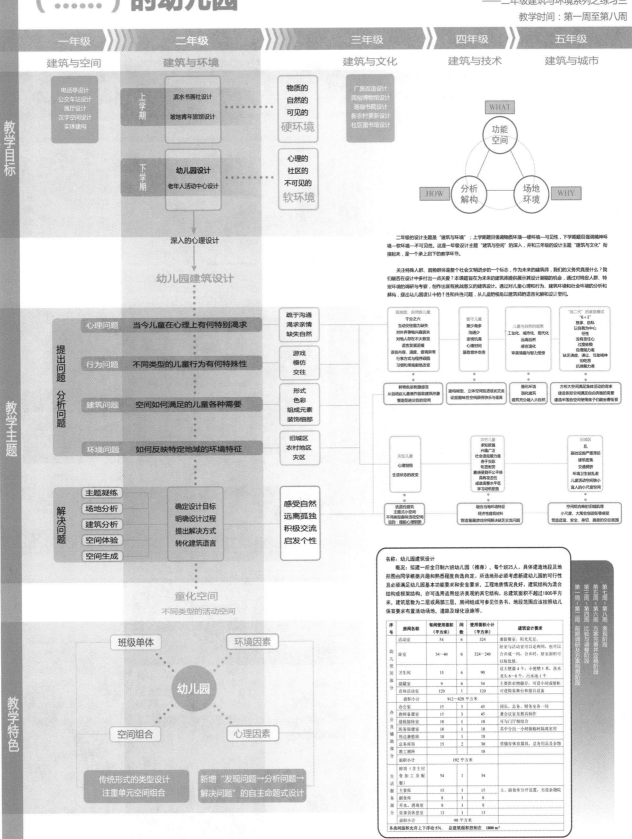

	一年级	二年级	三年级	四年级	五年级
	建筑与空间	建筑与环境	建筑与文化	建筑与技术	建筑与城市

教学目标

一年级 建筑与空间：电话亭设计、公交车站设计、展厅设计、汉字空间设计、实体建构

二年级 建筑与环境：
上学期 滨水书画社设计、坡地青年旅馆设计
下学期 幼儿园设计、老年人活动中心设计

物质的 自然的 可见的 **硬环境**
心理的 社区的 不可见的 **软环境**

三年级 建筑与文化：厂房改造设计、民俗博物馆设计、珞珈书院设计、新农村更新设计、社区图书馆设计

深入的心理设计

幼儿园建筑设计

WHAT 功能空间　分析解构 HOW　场地环境 WHY

二年级的设计主题是"建筑与环境"；上学期题目强调物质环境—硬环境—可见性，下学期题目强调精神环境—软环境—不可见性。这是对一年级设计主题"建筑与空间"的深入，并和三年级的设计主题"建筑与文化"衔接起来，是一个承上启下的教学环节。

关注特殊人群、弱势群体是整个社会文明进步的一个标志，作为未来的建筑师，我们的义务究竟是什么？我们期盼在设计中多付出一点关爱？本课题旨在为未来的建筑师们提供展示其设计潜能的机会，通过对特定人群、特定环境的调研与考察，创作出富有挑战意义的建筑设计。通过对儿童心理和行为、建筑环境和社会环境的分析和解构，提出幼儿园设计中的个性和共性问题，从儿童的视角以建筑师的语言诠释和设计空间。

教学主题

提出问题 分析问题：
- 心理问题　当今儿童在心理上有何特别渴求
- 行为问题　不同类型的儿童行为有何特殊性
- 建筑问题　空间如何满足的儿童各种需要
- 环境问题　如何反映特定地域的环境特征

解决问题：
- 主题凝练
- 场地分析
- 建筑分析
- 空间体验
- 空间生成

确定设计目标、明确设计过程、提出解决方式、转化建筑语言

疏于沟通、渴求亲情、缺失自然
游戏、模仿、交往
形式、色彩、组成元素、装饰细部
旧城区、农村地区、灾区

感受自然、远离孤独、积极交流、启发个性

童化空间
不同类型的活动空间

教学特色

班级单体　环境因素
幼儿园
空间组合　心理因素

传统形式的类型设计、注重单元空间组合
新增"发现问题→分析问题→解决问题"的自主命题式设计

名称：幼儿园建筑设计

概况：拟建一所全日制六班幼儿园（推荐），每个班约25人，具体建造地段及地形图由同学根据兴趣和熟悉程度自选自定。所选地形必须考虑新建幼儿园的可行性且必须满足幼儿园基本功能要求和安全要求，工程结构为混合结构或框架结构，亦可选用适用经济美观的其它结构。总建筑面积不超过1800平方米，建筑层数为二层或局部三层，房间组成可参见任务书。地段范围应该按照幼儿保育要求布置活动场地、道路及绿化设施等。

序号	房间名称	每间使用面积（平方米）	间数	使用面积小计（平方米）	建筑设计要求
幼儿使用部分	活动室	54	6	324	兼做餐室，阳光充足。
	寝室	54-40	6	324-240	除寝室活动可以连为两间，也可以合并或一间，合并时，寝室面积可以取低值。
	卫生间	15	6	90	设大便器4个，小便槽1米，洗水龙头6~8个，污水池1个
	储藏室	9	6	54	主要供衣物储存，可设小间或壁柜
	音体活动室	120	1	120	可设置舞台和器具设备
	面积小计	912-828平方米			
办公及辅助部分	办公室	15	3	45	园长、总务、财务室各一间
	教师备课室	15	3	45	兼会议室及教具制作
	晨检接待室	18	1	18	可与门厅结合
	医务保健室	18	1	18	其中设一小间隔临时隔离室用
	传达兼值班	18	1	18	
	总务库房	15	2	30	储备体育器具、总务用品和杂物
	教工厕所				
	面积小计	192平方米			
生活服务部分	厨房（含主付食加工及配餐）	54	1	54	
	主食库	15	1	15	主、副食库分开设置，另设杂物院
	副食库	8	1	8	
	开水、消毒室	8	1	8	
	炊事员休息室	13	1	13	
	面积小计	98平方米			

各房间面积允许上下浮动5%，总建筑面积控制在 1800 m²

第七周-第八周 表现阶段
第五周-第六周 方案完善并定稿阶段
第三周-第四周 比较与深化阶段
第二周 方案构思阶段
第一周 前期调研及方案构思阶段

幼儿园建筑设计教案 2

——二年级建筑与环境系列之练习三

教学时间：第一周至第八周

（……）的幼儿园

| 社会调研 | 外教交流与示范教学 | 模型制作 | 节点控制 |

社会调研

学生针对特定人群、特定环境（自然环境与人文环境）进行实地调研考察，切身感受当地居住环境氛围，访谈收集第一手资料，发掘出幼儿生活与学习方面的各种问题，为下一步将问题需求转化为建筑语言提供素材。

调研老城区儿童　　调研特殊儿童　　调研农村留守儿童　　调研流动幼儿园

外教交流

邀请具有多年设计经验的建筑师Saif Haque先生参与为期一个月的建筑设计教学过程，分享中、孟建筑设计的经验，让学生认识到不同地域文化背景的建筑师对于特殊人群和特殊心理的理解，从而对于空间生成的影响。

示范教学

示范教学分为历届优秀作业示范和教师现场示范两种形式。

一方面，将往届学生的段性成果和最终成果向本届学生进行展示，激发学生向优秀看齐的创作热情，促进学生不断创新和超越自我。另一方面，教师现场示范手绘草图、电脑模型等，达到师徒相授的效果。

历届优秀作业示范

模型制作

模型制作过程是对建筑意图的进一步理解分析，也是对空间可行性的进一步考察。模型制作伴随着方案的整个过程，是设计过程中十分重要的环节。

模型分类

初期草模——分析体块

中期模型——分析空间

成果模型——表达整个建筑与环境

可拆卸模型、环境模型、地形模型等

建模方式

建模可以采用手工模型和电脑模型两种。手工制作利用各种不同的材料例如：卡纸、木板、PVC板、橡皮泥、钢丝等，反映其空间效果和立面肌理；也可以利用电脑软件例如Sketchup和Revit进行建模

模型展示

在整个设计过程中，鼓励学生用模型表达自己的设计理念和想法。在最后成果中，要求学生须完成一定比例的成果模型（电脑或手工），并拍摄成照片附在图中。

草模与工作模型

手工地形地质成果模型

节点控制

通过节点控制，合理调整方案进度，有效促进设计的进一步完善，积极促进方案的生成。节点控制在不同阶段的形式各有不同，各有侧重。

前期

主要形式为案例的调研汇报，强调团队合作精神，学生挑选幼儿园案例进行对比分析，对实际调研所得的资料进行整理归纳，分析其优缺点，并与老师同学们交流。

1/2阶段与3/4阶段

采取个人方案汇报形式，强调对设计过程的把握与所设计空间的分析。通过两次PPT的方案汇报让每位同学充分接受老师与其他同学的意见，进一步完善建筑设计。

其中3/4阶段汇报成果已经接近正式方案。

期末评图

期末年级组综合评图，并请校外专家和知名建筑师参与评图。由于学生人数多，综合评图时会挑选部分学生作业进行点评，其余的学生作业由任课教师另外点评。并对设计过程与成果做出评分与评图，让学生能够清楚认识设计与表达的优缺点，为下一阶段的学习打好基础。

方案推敲

1/2阶段与3/4阶段

幼儿园建筑设计教案 **3**

——二年级建筑与环境系列之练习三

教学时间：第一周至第八周

（……）的幼儿园

武汉大学

| 破题 | 构思 | 表达 |

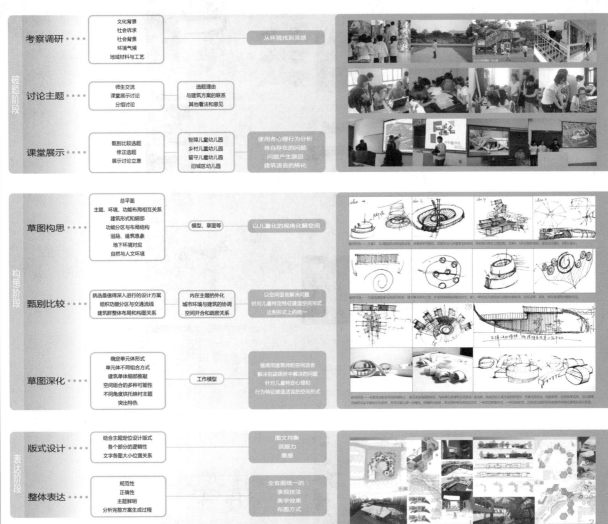

破题阶段

考察调研 ····
- 文化背景
- 社会诉求
- 社会背景
- 环境气候
- 地域材料与工艺

→ 从环境找到灵感

讨论主题 ····
- 师生交流
- 课堂展示讨论
- 分组讨论

→ 选题理由 与建筑方案的联系 其他看法和意见

课堂展示 ····
- 甄别比较选题
- 修正选题
- 展示讨论立意

→ 智障儿童幼儿园 乡村儿童幼儿园 留守儿童幼儿园 旧城区幼儿园

→ 使用者心理行为分析 各自存在的问题 问题产生原因 建筑语言的转化

构思阶段

草图构思 ····
- 总平面
- 主题、环境、功能布局相互关系
- 建筑形式和细部
- 功能分区与布细结构
- 道路、建筑意象
- 地下环境对应
- 自然与人文环境

→ 模型、草图等 → 以儿童化的视角化解空间

甄别比较 ····
- 挑选最值得深入进行的设计方案
- 组织功能分区与交通流线
- 建筑群整体布局和构图关系

→ 内在主题的外化 城市环境与建筑的协调 空间的开合和疏密关系

→ 以空间语言解决问题 针对儿童特定特征建造空间形式 达到形式上的统一

草图深化 ····
- 确定单元体形式
- 单元体组合方式
- 建筑单体细部推敲
- 空间组合的多种可能性
- 不同角度烘托映衬主题
- 突出特色

→ 工作模型

→ 强调用建筑师的空间语言 解决前期调研中解决的问题 针对儿童特定心理和 行为特征建造适宜的空间形式

表达阶段

版式设计 ····
- 结合主题定位设计版式
- 各个部分的逻辑性
- 文字图各图大小位置关系

→ 图文均衡 说服力 美感

整体表达 ····
- 规范性
- 正确性
- 主题鲜明
- 分析完整方案生成过程

→ 全套图统一的： 表现技法 美学效果 布图方式

课程小结

　　此次设计教学的主题是（……）的幼儿园，教学成果显著，通过提出问题、分析问题、解决问题的方式，使得学生从问题出发，针对幼儿园分析不同地段的环境特征，不同儿童的心理诉求，并用建筑师的语言解决问题，从使用者儿童的角度出发化解空间。设计主题丰富多样，有的关注自然缺失症儿童，有的关注独二代，有的关注旧城区幼儿园，有的关注农村地区幼儿园，有的关注旧建筑改造。这种让学生自主命题的教学组织模式使得学生较好的解读设计题目，寻找用建筑语言阐释设计思想的方式，为下一步的设计教学打好基础。

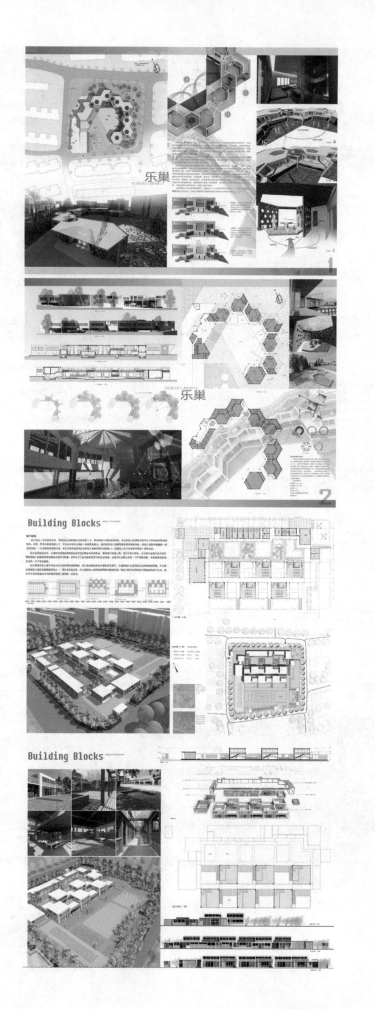

山水营筑

（三年级）

教案简要说明

　　经过大一学年对建筑与空间的认知，大二学年对建筑与环境的掌握，大三学年开始转向对文化与社会的探索。大三对建筑学的教育起到了至关重要的承接作用，建筑设计教学目标已不能单纯从建筑功能与形式寻求突破，更要注重引导学生关注建筑的文化属性和对建筑精神层面的探求。

　　本学期希望通过"建筑与文化"这一主题，结合相关设计任务，引导学生关注当代社会的现实问题，理解建筑与文化二者之间的关系。并且将建筑设计放在大的社会背景下，通过多种因素的综合考虑，寻求设计中的社会属性。从文化的角度，进一步发掘建筑与社会、建筑与使用者的相互关系，运用建筑语言回应社会与文化的主题。

人生简牍 设计者：王战　孟东　尹咏
不了残局 设计者：刘溪　杜娅薇　彭强
指导老师：王炎松　庞辉　胡思润
编撰/主持此教案的教师：王炎松

山水营筑——传统文化体验中心设计教案

教学目标

教学总体目标

经过大一学年对建筑与空间的认知，大二学年开始转向对文化与社会的探索。大三学年的教育旨在起到了至关重要的承上启下式突破点。建筑设计教学目标已不能单纯从人建建筑的能力形成上寻求突破，更要注重引导学生去主建建筑的文化属性和对建筑精神层面的探求。

本学期希望通过"建筑与文化"这一主题，结合相关设计任务，引导学生去主地域文化和山水环境，理解建筑与文化、与人之间的关系。并且引导建筑设计放在社会文化背景下，通过多种层面的综合考查，从文化的角度，运用建筑与社会、建筑与使用者的相互关系，进一步挖掘地域文化和地域建筑环境特有的契合与呼应，达文化内涵来去社会问题的综合性命名目标。

本设计主题目标

以建筑与文化为教学主题，交流讨论、真题构思和教师辅导等方式进行方案创作，以达到提出和表达文化内涵去社会问题的综合性命名目标。

前后课题关系

教学框架

教学前后关系

第一学年 → 第二学年 → 第三学年 → 第四学年 → 第五学年
建筑与空间 建筑与环境 建筑与文化 建筑技术 建筑与城市

课题设置

本次设计任务书

主题阐释

本次设计基于一个村落的山水和文化环境，在基地范围内确立符合时代要求的建筑类型题材性形式。其总体目标更重要求学生通过实地调研了解场地现状和村落历史。结合当地山水环境，运用多种水表达方式满足特定人群需求的传统文化体验中心。

教学目标

掌握社会调查与分析的方法，并将其运用到建筑设计中；尝试从不同角度和多元表达方式解读社会和山水环境的契合关系；了解历史社会的契合的基础。基地位于村林村林村，它们均是历史悠久、风貌秀美、拥有众多古建筑的村落。

项目背景

本次设计场地位于浙江省宁海县茶宫村和余家市林村村村中山水风景胜地，与古村落相连。

设计要求

1. 场地背景认知：通过实地调研及资料收集，全面了解场地地理地形特征、结合村落发展规划，提出可行的场地发展方向。
2. 场地规划：在充分分析场地肌理与文脉的基础上，结合设计主题，对场地进行统一的整体布局规划。保留重要的历史建筑及发展的建筑群。根据场地特点去设计不同发展模式的聚落建筑，以探索山水环境中的文化体验建筑。
3. 建筑设计：结合调研成果和设计主题，设计符合当地需求及发展的建筑群。根据场地特点去设计不同发展模式的聚落建筑，以探索山水环境中的文化体验建筑。

成果要求

设计说明：设计主题阐述。
调研报告：经济效益分析、社会效益分析、所提出的居住及商业模式的合理性。
图纸要求：总平面图、2-3种主要建筑类型（居住建筑及公共建筑）单体或组合平面图、立面图；主要公共空间、1至两种房型大样。
建筑剖面图：主要公共空间、街巷节点或广场整体效果图1个、村落整体效果图1个、特色单体空间。
平面及流线：场地分析及设计构思草图。
其他要求：流线分析及特色分析视图若干。

场地照片

贰

山水营筑 —— 传统文化体验中心设计教案

三年级建筑设计教学 · 建筑与文化 · 教学目标与定位

主题探究

抽象 — 具象 | 理念
制度 — 礼制 规则
器物 — 商隐象棋

教学方法

实地考察
根据任务书要求，对基地现状进行考察和调研，基地认识，对基地进行实地考察，测绘并记录。
通过图画表达、准备基础图纸以及各种现场的分析图。
调研报告：根据考察目标结果，编写调研报告，形成设计思路，并为明确设计概念。

案例分析
学生通过搜集文化体验中心典型案例，实地考察等方式，进行九项要素，共调文化时空要落与生活设计实例，分析要点评的设计理念和设计手法，提炼设计中文化元素的内涵表达方法，总结该类乡村建筑表达以及本地的发展趋势。
教师点评讲的方式来加深同学们对该类集聚空间和氛围特征的理解。

合作交流
从调研搜集到设计成果都经由小组协作完成，在设计过程中中小组成员通过交流磋商、分工合作，共同完成该类设计及成果。
专业分工中期成果验收、交流，让学生体验不同的乡村背景下建筑设计成果。

节点控制

阶段	时间轴	设计成果
破题	第九周	调研报告
叙变	十二周	模型一章
整合	十五周	二草三草
完善	十七周	图纸表达
表达	十八周	成果提交

阶段展示
基图通过该列举案例，对图示范学方式和方法对学生设计构思，同时辅助因素反范与基地环境、地域文化和社会调查等方面，并展以设计A3绘手插图，总平面图、基本功能。

设计过程
在设计的指导中下手，找出设计的突破口，通过对当地传统文化分析，以设计文化传统特色，表达解读的，从构思设计切题，从确立主题到设计表达进行公开评议。

作业案例
不了揭格。将场地改为水景观。建筑作为棋子，在山水之间的一盘中国象棋棋局，是对中国传统文化的具象隐喻。提取《论语》"天天开，科礼礼，成乎哀" 文人三境界，以象有育美院作为空间意象，以象之间的园放置在一起，用竹起长卷，山水之间所有棋山长卷。

教学环节

教学进度

设计阶段	时间进度	学习内容	主要目标和学习形式
任务解读与基地调研	第九周	详解授课 集中授课、任务讲解、启发主题思维，进行地形解读、场地构思分析 调查分析 实排、组织学生分析地形、分组调研的因素。 同组讨论 在调研的基础上，进一步进行有针对性和深入的案例分析、社会现状分析	学生分组，每组三人，开展基础调研。调研内容包括：相关文化社会背景等。文化历史沿革，现实案例解读并考察当地山水环境的特征，社会及现状调研
初步构思与主题修正	第十周	形成概念 引导学生进行理念解析，学生小组讨论并开正式理确主题设计师交流，老师注意引导，提炼主题重要，不可忽视案例和基地特色 一草设计 指导学生根据解析出主题来概括基本总思想，初步确定总平面，并明作体块梳理 型辅助表达	根据调研成果进行小汇报，并提出拟建场的问题进行课堂讨论。提出文化场地中的设计思路，进行初步构思绘图
	第十一周		强调特殊地形环境、场地文脉内涵，学习从地理理环境、地域文化和社会调查等方面出发进行破题的，老师讲评并形成设计A3绘手插图，总平面图、立面功能
	第十二周		学习总平面如何反应当地特色与外环境契合，形成的构思，方法从实到深化主题方向。提交调研报告、尊重汉手工模型展示，ppt汇报，全班讨论，教师讲评
方案深化与技术设计	第十三周	二草设计 指导学生进行方案再深化，进一步细化和细化主题与特色，紧紧结合设计和主题，进一步设计模型和空间组合情境。 例切制例	掌握与主题特色相适应的合适适应的室外水部空间，以及单体空间向与细部特性方法，并要求对造型深入人文水环境相协调的基础模型，要求拉对，提设计A3来表现基地地形特征表达制例
	第十四周	方案深化 对构思过程和补料社主体的变化，再一次综合回顾构思过程，满补化整个半构想过程，并采用建筑结构作进行相加以表达	进行pot的年级汇报，年级组教师审议及评。外向单位进行公开评议，同学之间互相学习，促进互相学习
方案完善与图纸表达	第十五周	三草设计辅导 深化结构、构造，物理等技术和调整 配套表达	提交A3尺寸绘半绘图纸，包括设计分析图。及建筑单体设计于的所有绘图。进一步在班级讨论过程中发现各类技术问题
	第十六周	正图辅导 针对修改的细节，师生讨论交流、方案细修整最后的图面效果	推动学生将收集的成具体化，对图面美达如以具体化，相互交流学习互查的成果达方式
	第十七周	成果表达 按全班例的图面放在一起，由同学互相展评。老师总结本次设计	进一步修改、完善具体效果，突出和以A3主题特征，同时注意渲染图和标书绘的图面处理
	第十八周		提交正式成果，进行公开展图

山水营造——传统文化体验中心设计教案

三年级建筑设计教学·建筑与文化·教学目标与定位

关注文化 思考社会 勇于创新

本次设计着力于对中国传统文化的关注。在满足建筑功能和形式要求的同时，希望通过设计实践，提高同学们对文化的理解和设计的能力。因此，要求同学们分组合作，通过实地调研和收集相关资料为基础，挖掘当地的特色文化元素并加以提炼，寻求在深入分析乡村场地肌理和场地资源的方法，以准确和尊重的态度进行设计。

当今中国正经历着巨变与变革，经济的快速发展，社会的巨大变革，历史印迹的快速抹除。传统城市与风貌的缺失是我们始终自觉思考的起点。让传统文化的使命，通过本次设计，探寻当代中国传统文化元素装载所结合的问题与困境，并尝试未来解决的办法。先后设计与表达。

整体点评

从设计的结果来看，本次设计大多数了同学对中国传统文化的兴趣。理解了同学们对传统文化，立足于中国特色的现代建筑。

设计回顾 整体点评

据两了同学们的小组合作，第一次合作设计，摩擦、争执在所难免，但最终的成果。作为历经的必须具备与人沟通交流的能力，而不是闭门造车。我们印证明了地域设计导向的前提下，我们才能够获得别人的认可。

同学的话

大三的设计主要围绕"建筑与文化"展开，通过这次的学习，理解了建筑与文化的关系，意识到了在建筑设计中的重要性。作为当代中国建筑师，我们要有自身特色的设计，立足于本身中国特色的现代建筑。

作业展示

不丁残局——中国象棋体验园

设计通过对基地环境形态的分析，敏锐地观察到水中分，"愚于两间"——旅游规划设计引导。

人生简牍——传统诗礼文化体验园

设计通过对场地的实地考察，围绕龙首村落的历史建筑展开了主题。

竹里馆——竹文化体验园

设计通过反思身中的竹文化正道和传统文化要素的方式，决定要营一个人的竹的传统生活的场所。

云影书痕——古籍爱好者基地

设计通过对设计基地——种林式的传统文化走廊，在一条传统的"林语书屋"的优秀民风上。

北京建筑大学

都市综合体

（四年级）

教案简要说明

　　教案全面细致地记录了本科四年级上学期工作室选题（一）大型公共建筑设计课程设计题目的教学目标、教学方法、教学过程等内容，体现了近些年不断的教学改革、调整、充实的结果。

北京新景商务综合体方案设计　设计者：刘黛依
北京清河营住区综合体方案设计　设计者：李硕
北京新景商务综合体方案设计　设计者：郝建泽
北京清河营住区综合体方案设计　设计者：赵汐
北京新景商务综合体方案设计　设计者：刘雪琪
指导老师：马英　孙克真　晁军　俞天琦
编撰/主持此教案的教师：马英

北京建筑大学

都市综合体 工作室选题（一）·大型公共建筑设计·教案·四年级上学期

教学衔接 认知基础 + 空间场所 + 功能技术 + 城市综合 + 实践运用

基础 提升 综合 实践

| 认知基础 → 一年级 | 建筑基本语汇
（设计初步一、二） | •观器十品
•四界——界上建造
•十字院宅抄绘
•居器六品
•九宫格造园 |

| 空间场所 → 二年级 | 建筑组织句法
（建筑设计及原理一、二） | •石膏造——浇注与镂刻
•棋格四宅
•机关——活动博物馆
•路径、空间、游戏 |

| 功能技术 → 三年级 | 建筑结构谋篇
（建筑设计及原理三、四） | •炒豆胡同客馆
•车流中的教堂
•望徽山房——私人博物馆
•绿色与再兴——图文信息中心 |

| 城市综合 → 四年级 | 建筑综合方法
（工作室选题一）
（工作室选题二） | •工作室选题（一）
 •城市创意办公
 •城市社区中心
•工作室选题（二）
 •城市居住区与住宅建筑设计 | 教学要点：
城市环境、城市调研
总体设计、场地分析
环境文脉、建筑策划
高层大跨、功能组织
空间建造、交通流线
结构技术、建筑规范
绿色生态、建筑设备
团队合作、综合表达 |

| 实践运用 → 五年级 | （建筑师业务实习）
（毕业设计） | •设计院实习（BIM项目、方案设计、
 初步设计、施工图设计、现场服务）
•毕业设计（联合毕设、分组毕设） |

教学目标 基本目标 + 特色目标

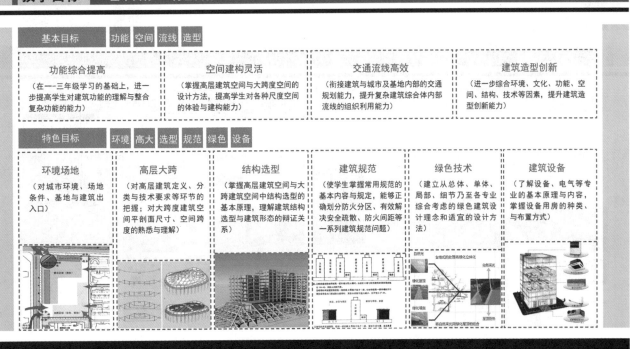

基本目标 功能 空间 流线 造型

功能综合提高	空间建构灵活	交通流线高效	建筑造型创新
（在一—三年级学习的基础上，进一步提高学生对建筑功能的理解与整合复杂功能的能力）	（掌握高层建筑空间与大跨度空间的设计方法，提高学生对各种尺度空间的体验与建构能力）	（衔接建筑与城市及基地内部的交通规划能力，提升复杂建筑综合体内部流线的组织利用能力）	（进一步综合环境、文化、功能、空间、结构、技术等因素，提升建筑造型创新能力）

特色目标 环境 高大 选型 规范 绿色 设备

环境场地	高层大跨	结构选型	建筑规范	绿色技术	建筑设备
（对城市环境、场地条件与基地与建筑出入口）	（对高层建筑定义、分类与技术要求等环节的把握；对大跨度建筑空间平剖面尺寸、空间跨度的熟悉与理解）	（掌握高层建筑空间与大跨建筑空间中结构选型的基本原理，理解建筑结构选型与建筑形态的辩证关系）	（使学生掌握常用规范的基本内容与规定，能够正确划分防火分区、有效解决安全疏散、防火间距等一系列建筑规范问题）	（建立从总体、单体、局部、细节乃至各专业综合考虑的绿色建筑设计理念和适宜的设计方法）	（了解设备、电气等专业的基本原理与内容，掌握设备用房的种类与布置方式）

都市综合体

工作室选题（一）·大型公共建筑设计·教案·四年级上学期

教学任务书　真实性 + 综合性 + 策划性 + 选择性

真实性
1. 真实题目：题目均取自于实际工程项目，根据教学目标进行局部调整；
2. 真实环境：场地选在城市既有环境之中，条件真实；
3. 真实场地：规划条件如容积率、用地红线、退线、控高、场地周围及内部保留建筑、树木真实，市政管网等外部条件完善。

综合性
1. 题目的外部条件复杂，体现出总体设计的综合性；
2. 题目的功能要求多样，一般为综合体建筑；建筑功能组合多样，如商业、观演、餐饮、娱乐、机动车库等多种类型；
3. 题目的空间要求多变，涵盖平面尺寸与剖面高度要求各异的大、中、小型室内外空间，某些特殊空间还要求相应的视线设计、声学设计等技术要求。

选择性
1. 根据题目的不同特点进行自由选择；
2. 可在规定时间内选择调整题目、更改选题；
3. 难度基本相同，满足基本内容要求前提下，保持一定灵活性。

选题	用地规划要求	建设规划要求	建筑单体要求	成果要求	参考书目
选择性 **选题一：** 北京新景商务综合体方案设计	1. 建筑基地选址于北京市崇文门外大街与广渠门内大街交口东北角；2. 总用地规模7347.589㎡；3. 规划建设用地性质为C2商业金融用地；4. 容积率≤3.0；5. 拨地红桩成果文号：2008拨地0140号	1. 建筑使用性质：商业服务业；2. 可兼容使用性质：办公；3. 建筑控制规模：地上建筑规模≤22043㎡；4. 建筑控制高度：≤45m；5. 建筑控制层数：商业、办公建筑标准层为大空间式的层高一般不应超过4.5m，标准层为单间式的层高不应超过4.2m……	1. 地面面积放宽，达容积率上限22043平米。最高建筑高度45米（含顶层机房）2. 功能要求：地下一层、首层、二层为商业；地下二、三层为车库、机电用房。建筑内设500座剧场、200座剧场、展厅，展厅需800~1000平米10米高无柱空间，主楼三至十一层为办公，艺术家loft工作室。地下广场与地铁相接，可设下沉广场结合商业作地铁独立出口……	（1）设计图纸文件（594×841mm）（2）每人设计图纸总张数不多于4张，采用计算机出图。（3）各图纸标题统一为："大型公共建筑设计——北京XXX综合楼方案设计"，字体为20mm×20mm粗黑体字，每人图纸须加注序号或序标。（4）每人须同时提交包含全部设计文件的光盘。（5）图示内容、比例根据方案表达需要自行确定。	《民用建筑设计通则》JGJ37-87《办公建筑设计规范》JCJ96—86《商店建筑设计规范》JGJ 48—88《旅馆建筑设计规范》JGJ 62-90《绿色建筑评价标准》GB/T 50378—2006《城市居住区规划设计规范》GB 50180—93(2002年版)《高层民用建筑设计防火规范》CB50045-95《汽车库、修车库、停车场设计防火规范》(B 50067-97《汽车库建筑设计规范》JGJ 100-98
选题二： 北京清河营住区综合体方案设计	1. 场地位于北京市朝阳区来广营乡清河营村，北至清河营中路、西邻清河营东路、南部小区域九园（地块东南为小学和中学），东邻小区住宅；2. 规划建设用地性质为居住区公共服务设施用地R02；3. 总用地规模15000平方米；4. 容积率≤3.0。	1. 项目采结合居住社区中心配套功能，安排商务金融办公、旅馆、餐饮、服务和社区活动、停车车库等综合项目；2. 综合解决好居住区与配套中心的关系，各功能分区之间的流线关系，建筑空间关系，满足建筑功能、安全疏散、防火、节能保温、通风日照等生态要求，并处理好同场地周边建筑的关系。	单项组成面积要求：总建筑面积为18000平方米，其中地上建筑面积为40000平米，地下停车库8000㎡，商务办公12000㎡，商业服务；超市8000㎡，旅馆12000㎡，老年活动中心2500㎡，餐饮1500㎡，娱乐休闲4000㎡，地下停车库8000㎡……	2. 模型（1）设计过程中可根据需要使用实物工作模型推敲设计思想；（2）工作模型比例根据不同设计阶段的实际需要确定，所有模型均可作为设计成果的一部分；（3）各阶段工作模型照片可作为分析图示素材。	《城市道路和建筑物无障碍设计规范》(JGJ50—2001)《全国民用建筑工程设计技术措施·规划与建筑》2003《高层办公综合建筑设计》许安之等编著 1997《地下汽车库建筑设计》章林旭著《全国民用建筑工程设计技术措施·节能专篇》建工版

策划性
1. 对任务书基本条件的解读与思考；
2. 根据现场调研、专题教研与相关案例分析，对功能与空间进行相关的策划，形成个人建筑任务书，并以其为标准进行差异性设计，体现建筑策划的理念与过程，学生不仅是任务的完成者，也是详细任务的制定者；
3. 形成设定-设计-反馈-修正的动态思维过程，体现出设计题目的研究性。

教学方法　方法：讲授·讲座·讲评 + 辅导·汇报·讨论 + 总结　对象：学生 + 教师·建筑师·工程师

课题讲授	调研汇报	设计辅导	专题调研	专题讲座	外请讲座	课堂讲评	课程总结
1. 课题概述 2. 理论讲授 3. 题目讲解 4. 题目分组	1. 环境调研 2. 场地调研 3. 数据采集 4. 资料整理 5. 相关建筑	1. 课堂辅导 2. 草图训练 3. 过程模型 4. 阶段成果	1. 场地设计 2. 结构选型 3. 规范标准 4. 交通停车 5. 设备设施 6. 绿色技术	1. 总体设计 2. 结构选型 3. 防火规范 4. 绿色技术	1. 专业拓展报告 2. 设备专题报告	1. 阶段成果 2. 学生汇报 3. 教师点评 4. 专业指导	1. 最终成果 2. 教师联评 3. 经验总结

教学方法—环节模块

教学方法—对象研究

都市综合体

工作室选题（一）· 大型公共建筑设计·教案·四年级上学期

北京建筑大学

教学任务书　真实性 ＋ 综合性 ＋ 策划性 ＋ 选择性

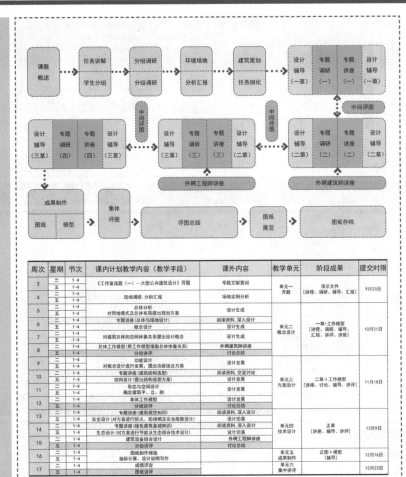

周次	星期	节次	课内计划教学内容（教学手段）	课外内容	教学单元	阶段成果	提交时限
3	二 五	1 4 1-4	《工作室选题（一）—大型公共建筑设计》开题	专题文献查阅	单元一 开题	演示文件 [讲授、调研、辅导、汇报]	9月23日
4	二 五	1-4 1-4	现场调研、分析汇报	场地实例分析			
5	二 五	1-4 1-4	总体分析 对用地模式及总体布局提出规划方案	设计生成	单元二 概念设计	一草·工作模型 [讲授、调研、辅导、 汇报、讲评、讲座]	10月21日
6	二 五	1-4 1-4	专题讲座（总体与场地设计） 概念设计	阅读资料,深入设计 设计生成			
7	二 五	1-4 1-4	对建筑总体的空间体量关系提出设计概念	设计生成			
8	二 五	1-4 1-4	总体工作模型（用工作模型推敲总体体量关系） 分组讲评	外聘建筑师讲座 讨论总结			
9	二 五	1-4 1-4	功能设计 对概念设计进行发展，提出功能组合方案	设计生成	单元三 方案设计	二草+工作模型 [讲座、讨论、辅导、讲评]	11月18日
10	二 五	1-4 1-4	专题讲座（建筑结构选型） 结构设计（提出结构选型方案）	阅读资料,交流讨论 设计发展			
11	二 五	1-4 1-4	形态与空间设计 确定建筑平、立、剖	设计发展			
12	二 五	1-4 1-4	单体工作模型 分组讲评	设计发展 讨论总结			
13	二 五	1-4 1-4	专题讲座（建筑规范知识） 安全设计（对方案进行防火、防水绵和及安全疏散设计）	阅读资料,深入设计 设计完善	单元四 技术设计	正草 [讲座、辅导、讲评]	12月9日
14	二 五	1-4 1-4	专题讲座（绿色建筑基础知识） 生态设计（对方案进行节能及生态综合技术设计）	阅读资料,深入设计 设计完善			
15	二 五	1-4 1-4	建筑设备综合设计 分组讲评	外聘工程师讲座 讨论总结			
16	二 五	1-4 1-4	图纸制作排版 指标计算、设计说明写作		单元五 成果制作	正图+模型 [辅导]	12月16日
17	二 五	1-4 1-4	成绩评定 图纸讲评		单元六 集中讲评		12月23日

教学重点　场地 ＋ 结构 ＋ 规范 ＋ 绿色

专题讲座	题目	内容重点
专题（一）	建筑场地设计	1. 了解制约场地设计的各项因素：城市规划要求、相关规范要求、项目自身要求、基地条件要求等； 2. 掌握场地构成要素之间以及场地构成要素与周边环境的相互关联； 3. 熟练进行场地设计：合理进行用地分区、有效控制建筑布局、系统组织交通流线、整合配置绿化景观。
专题（二）	建筑结构选型	1. 掌握高层建筑的基本结构类型与结构选型； 2. 掌握大跨建筑的基本结构类型与结构选型； 3. 掌握建筑形态与结构选型矛盾统一的辩证关系； 4. 如何在建筑设计创作阶段正确运用合理的结构形式； 5. 如何从合理的结构形式中进行建筑创作； 6. 如何是建筑形态与结构形式达到高度统一。
专题（三）	建筑防火规范	1. 建筑防火设计按高度分类与建筑高度； 2. 民用建筑的耐火等级、防火间距和防火分区； 3. 消防车道与安全疏散； 4. 防烟与排烟、特殊房间的防火设计。
专题（四）	绿色建筑知识	1. 绿色建筑标准、绿色建筑技术； 2. 低能耗、可再生、以人为本、可持续发展； 3. 软件模拟、交互分析、动态优化、系统设计； 4. 表皮性能、材料使用、日照与节地、实例总结。

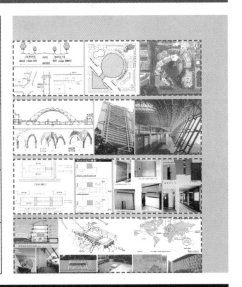

教学案例 1

该方案设计从周围环境与建筑体量出发，考虑到噪音、风向、采光以及营造商业气氛等因素，建筑平面采用中心对称的构图，构筑了自相环顾的空间，形成腔体建筑，创造了流动的空间感受和可变的功能布局。回环的通路使裙房与高层紧密相连，空间变得充满趣味。

建筑底层的斜线元素呈主导地位，高层部分力求简洁，并与底层形成斜线的呼应关系。

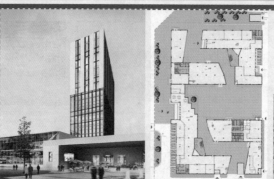

一方面：场地因素会对设计的可能性、任意性造成限制，使设计不能完全按照设计者的主观随心所欲地展开，从而造成了设计的难度；

另一方面：场地因素也是设计构思和灵感的激发条件，是形成设计特色的个性突破口。

周边建筑分析　　噪音分析

教学案例 2

本方案创造了一个亲切、绿色、包容的社区商业中心环境。其突出特点是将绿色建筑和以人为本的设计思想融入建筑空间组织之中。通过一条连通的绿色平台走道连接了底层的商业空间和高层的办公、公寓空间。

盘环而上的"绿色"走道不但形成了生动、开敞的建筑立面形式，更有利于夏季建筑通风和建筑节能。并为立体绿化提供了一个理想平台。

建筑分区布局合理，内外空间组织有序，建筑技术应用得当。主要问题是建筑的整体感略显不足，建筑材料和色彩的运用比较单调。

教学案例 3

建筑策划能够考虑社区中心特点，功能分区与布局基本合理；

场地总平面设计能够考虑分区与交通流线，环绕建筑设有环形消防通道，消防通道的转弯半径不足，未考虑大型消防车转弯半径9m的要求；

建筑形体具有变化，锥形坡面有利于建筑的接地性，锥形基座形体形成室外露台，有利于人员疏散；

地下室防火疏散能考虑利用场地下沉空间，设有直通室外天井的疏散口；

防火间距与防火分区、防烟与排烟、特殊房间的防火设计基本符合要求。

教学案例 4

该方案将保护树木与建筑主出入口有机结合，形成贯穿南北的步行交通通道，同时很好地解决了观演厅人流密集处的交通疏散问题。将城市空间延续渗透。结构采用框架剪力墙的结构形式，观演厅局部采用井字梁的大跨结构，造型合理、经济有效；立面生成有逻辑性，简洁而有韵律。运用相应软件进行绘图与相应分析，制图规范严谨、表达充分，较好地达到了相应的教学目标。

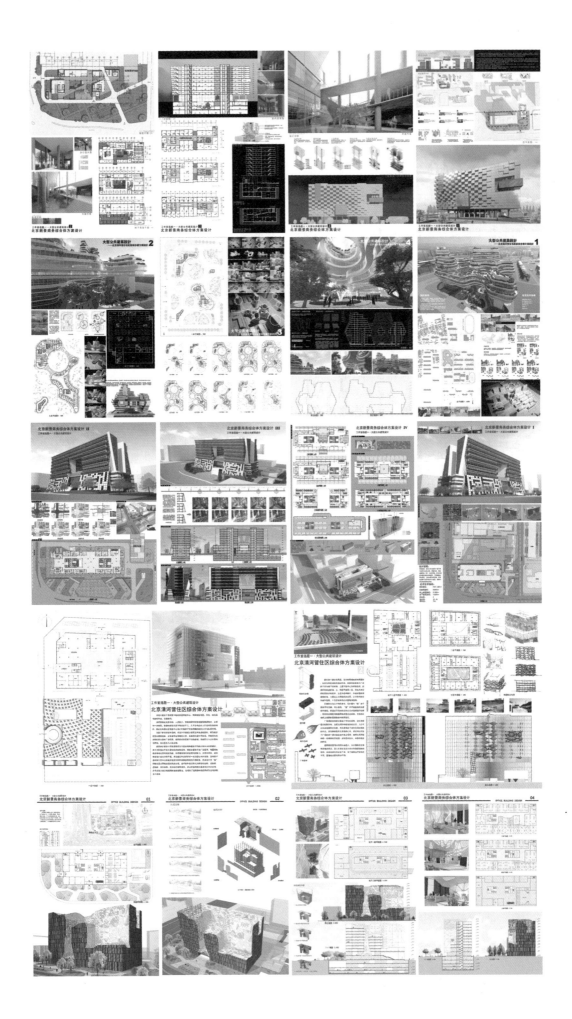

一年级建筑设计基础空间训练教案

（一年级）

重庆大学

教案简要说明

1. 空间体验、认知与分析

用目测或人体固有尺寸（身高、步幅、臂长等）以及三角板等绘图工具，对校园建筑进行实物测绘，并制作模型还原测绘对象以检验测绘数据的真实性。通过本课题，使学生体验测绘对象内外空间环境与人体尺度的关系，全面、逻辑地表述测绘对象的空间、形体与环境的关系，掌握工程图绘制的方法，注意布图的形式美感。

在上学期对建筑二维形式表达和三维形体操作的基础上，开始对既成建筑及其内外环境进行实地测绘和空间认知，不仅使学生掌握测绘技巧，而且在测绘中体验建筑生成与人体尺度的关系，有意识培养学生对建筑本体、历史、文化、技术等相关属性的认识，为下阶段对空间操作和空间建构打下坚实的基础。所选作业思路清晰、条理清楚、解析准确，较好地还原了测绘对象的真实尺度与环境，表达出学生扎实的基本功。

2. 限定环境要素的空间构成

在给定的环境条件下，考虑空间基本的使用要求、尺度，运用构成原理及点、线、面、体等形式构成要素，进行空间组合设计和形体设计，要求必须将已给定的环境要素——树、石、水、墙融入整体的空间构成之中，从而为基地提供一个具有景观价值和满足人们某种特定需求的空间场所。

通过本课题策划，训练学生在限定的地形条件下，从环境分析入手进行空间组织和把握空间构成关系的能力；初步培养学生在设计中的环境景观意识，体会空间、形体、人的行为以及环境要素在设计中的互动关系；理解和掌握空间限定和空间组合的基本方法以及与空间关系相对应的形式审美规律；认识空间尺度与人体尺度，建立尺度和比例的设计概念，运用专业图示语汇与工作模型，推进和表达设计构思与分析。

课题在上阶段空间认知的基础上，由两个学生一组进行空间操作。使学生了解空间与形体的逻辑关系，掌握空间的各种基本属性以及空间效果的具体体现。所选方案重视设计的生成逻辑，始终围绕设计主题逐步推进，思路清晰，条理明确，基本功较强。

3. 空间建构

通过对经典建筑的解析，了解方案的概念生成逻辑。在此基础上，根据学生的设计理念，由教师指定一处场所，或者选择给定的场所进行设计方案的概念生成。

通过本课题策划，使学生在典例分析中关注"概念生成逻辑性"与"形式生成逻辑性"；学习和掌握将构成原理与方法运用到具体的行为空间设计中；强化环境意识与空间生成逻辑；进一步学习空间与结构、材料、构造的关系。

课题在上阶段空间操作的基础上，进一步把空间与使用功能、人体尺度、环境要素结合起来，让学生理解建筑空间的适用性，并对建筑的结构逻辑、形式逻辑、材料逻辑与空间的真实性有初步认知。所选作品提出的设计概念及功能组织模式较好地体现了其对特色地域环境中概念建筑设计任务的理解，并对建筑与周边场地关系的作了恰当的解答。

3A沙龙——建筑空间认知、测绘与分析 设计者：唐文琪 李芝蓓 蒋思予
廊踪树影——限定环境要素的空间构成 设计者：周金豆 庞妍
峰巅·山顶缆车站——概念性建筑设计 设计者：韩轩豪
指导老师：马跃峰 戴秋思 戴彦 徐苗 刘志勇
编撰/主持此教案的教师：阎波

空间建构课题策划
一年级建筑设计基础空间训练教案

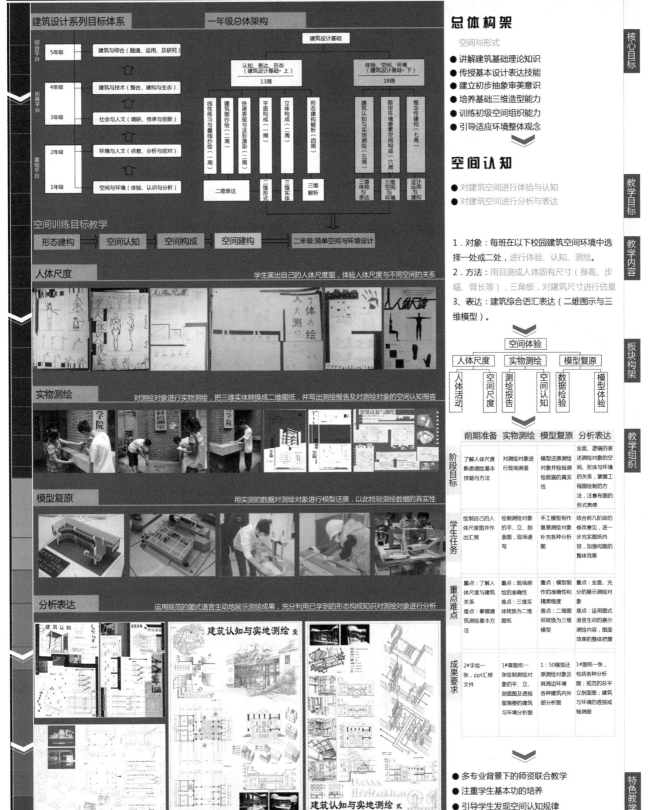

建筑设计系列目标体系

一年级总体架构

建筑设计基础

综合平台 5年级 — 建筑与综合（融通、运用、及研究）

拓展平台 4年级 — 建筑与技术（整合、建构与生态）

3年级 — 社会与人文（调研、传承与创新）

基础平台 2年级 — 环境与人文（点差、分析与应对）

1年级 — 空间与环境（体验、认识与分析）

认知、表达、形态（建筑设计基础·上）13周

体验、空间、环境（建筑设计基础·下）18周

线性练习与重线抄绘（二周）
建筑图抄绘（二周）
快速表现与淡彩渲染（二周）
平面构成（二周）
立体构成（二周）
形态建构解析（四周）

二维表达 二维形式 三维实体 三维解析

建筑认知与实地测绘（五周）
限定环境要素空间构成（六周）
概念性建构（七周）

三维体与表达 三维空间与环境 设计运用与建构

空间训练目标教学

形态建构 → 空间认知 → 空间构成 → 空间建构 → 二年级:简单空间与环境设计

人体尺度 — 学生画出自己的人体尺度图，体验人体尺度与不同空间的关系

实物测绘 — 对测绘对象进行实物测绘，把三维实体转换成二维图纸，并写出测绘报告及对测绘对象的空间认知报告

模型复原 — 用实测的数据对测绘对象进行模型还原，以此检验测绘数据的真实性

分析表达 — 运用规范的图式语言生动地展示测绘成果，充分利用已学到的形态构成知识对测绘对象进行分析

建筑认知与实地测绘 壹

建筑认知与实地测绘 贰

下一阶段：空间构成

1

重庆大学

总体构架

空间与形式

- 讲解建筑基础理论知识
- 传授基本设计表达技能
- 建立初步抽象审美意识
- 培养基础三维造型能力
- 训练初级空间组织能力
- 引导适应环境整体观念

空间认知

- 对建筑空间进行体验与认知
- 对建筑空间进行分析与表达

1. 对象：每班在以下校园建筑空间环境中选择一处或二处，进行体验、认知、测绘。

2. 方法：用目测或人体固有尺寸（身高、步幅、臂长等），三角板，对建筑尺寸进行估量。

3、表达：建筑综合语汇表达（二维图示与三维模型）。

空间体验

人体尺度 实物测绘 模型复原

人体活动 空间尺度 测绘报告 空间认知 数据检验 模型体验

	前期准备	实物测绘	模型复原	分析表达
阶段目标	了解人体尺度，熟悉测绘基本技能与方法	对测绘对象进行现场测量	模型还原测绘对象并检验测绘数据的真实性	全面、逻辑的表述测绘对象的空间、形体与环境的关系，掌握工程图绘制的方法，注意布图的形式美感
学生任务	绘制自己的人体尺度图并作出汇报	绘制测绘对象的平、立、剖面图，现场速写	手工模型制作复原测绘对象补充各种分图	结合前几阶段的修改意见，进一步充实图纸内容，加强构图的整体效果
重点难点	重点：了解人体尺度与建筑关系 难点：掌握建筑测绘基本方法	重点：现场测绘的准确性 难点：三维实体转换为二维图纸	重点：模型制作的准确性和精美程度 难点：二维图纸转换为三维模型	重点：全面、充分地展示测绘对象 难点：运用图式语言生动的展示测绘内容，图面效果的整体把握
成果要求	2#手绘一张、ppt汇报文件	1#草图纸一张绘制测绘对象的平、立、剖面图及透视图简要的建筑与环境分析图	1:50模型还原测绘对象及其周边环境各种建筑内外分部分图	1#图纸一张，包括各种分析图；规范的总平立剖面图；建筑与环境的透视或轴测图

- 多专业背景下的师资联合教学
- 注重学生基本功的培养
- 引导学生发现空间认知规律
- 在教学中实现对历史、社会等多重教学目标的讲解

空间建构课题策划

一年级建筑设计基础空间训练教案

空间生成
从环境分析出发进行空间构思与设计，将树、石、水、墙等环境要素融入整体的空间构成中

环境条件控制　环境要素分析　　　　　　　　　环境空间生成　环境空间体验
树：精确空间限定，信息信息空间
墙：空间关系变化，分隔直线空间
石：水中独标景观，分隔直线水域
水：等高线变化，引导空间分布

空间组织
认识一元空间的限定方式和多元空间的组织方式，结合起、承、转、合进行空间秩序的编排

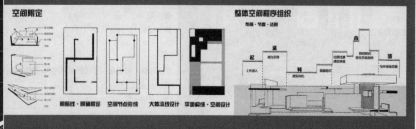

空间限定　　　　　　　整体空间程序组织
照射线·朝南眺望　空间节点形塑　大纵流线设计　平面构成·空间设计
起　承　转　合

空间行为
结合具体设定的行为模式进行环境与空间的划分和创造，认识空间尺度与人体尺度的关联性

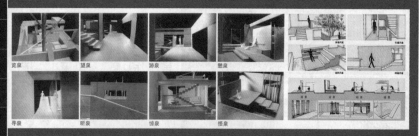

览泉　望泉　游泉　憩泉
寻泉　听泉　惊泉　悟泉

空间体验
利用DV影像和系列照片等方式进行模拟性空间体验，结合分析图进行空间设计的分析与验证

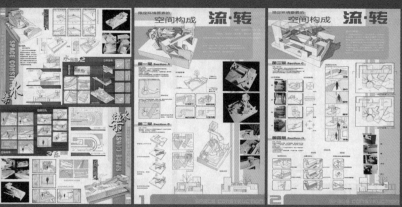

下一阶段：空间建构

2

空间构成

教学目标

- 训练学生在限定的地形条件下，从环境分析入手进行空间组织和把握空间构成关系的能力；
- 初步培养学生在设计中的环境景观意识，体会空间、形体、人的行为以及环境要素在设计中的互动关系；
- 理解和掌握空间限定和空间组合的基本方法以及与空间关系相对应的形式审美规律。
- 认识空间尺度与人体尺度，建立尺度和比例的设计概念，运用专业图示语汇与工作模型，推进和表达设计构思与分析。

教学内容

- 在给定的环境条件下，考虑空间基本的使用要求、尺度，运用构成原理及点、线、面、体等形式构成要素，进行空间组合设计和形体设计，要求必须将已给定的环境要素——树、石、水、墙融入整体的空间构成之中，从而为基地提供一个具有景观价值和满足人们某种特定需求的空间场所。

- 在给定的基地条件中包含以下几种环境要素：
树：一棵高10m，树冠直径为6m的古树。
石：一块长宽高均不大于2m的奇石。
墙：一片高2m，长6m的青石片墙，可加长。
水：一条小溪（或一片水面），可用适当结构形式与水面产生联系。

- 环境与空间的组织应结合具体设定的行为模式进行考虑，结合点、线、面、体等形式元素的构成关系，运用连锁、邻接、向心、线性、辐射、群聚等方式对空间进行组织，建构以基本几何形体为基础的具有整体感的空间场所。

空间构成

空间·环境	空间·行为	空间·形态
环境分析	行为模式	形体逻辑
空间构思	空间组织	空间分析

课题定位：限定环境要素的空间构成
强调在环境要素的限制条件下进行空间环境的整体构成，试图解决以往"九宫格"空间构成中基于形式规律的抽象几何空间和建筑设计整体性、综合性、功能性相脱离的问题，加强构成教学与设计教学的关联度。

教学过程

阶段1：空间联想——借助文字性的空间想像与游历进行空间场景的预先感知与描述，为即将进行的空间设计勾勒一个若隐若现的轮廓。

阶段2：空间设计——通过不同比例、不同性质的模型制作来研究不同的空间设计问题，对空间、形体、人的行为、环境要素的互动关系展开思考，进而推动设计发展。

阶段3：空间体验——借助DV影像和系列照片等多种媒介进行模拟性空间体验，进而展开空间系列分析。

教学方法

- 感性与理性：采取感性与理性相交织的教学过程
- 思维与设计：从环境要素分析切入空间构成设计
- 草图与模型：借助草图和模型研究空间设计问题
- 分析与体验：模拟性空间体验辅助空间系列分析

右侧栏标签：教学目标　教学内容　板块构架　教学过程　教学方法

空间建构课题策划

一年级建筑设计基础空间训练教案

课题讲解　　　　　　　　　　　　　了解概念生成的意义

方案推敲　　　　　体验多方案比较的设计过程，了解方案构思生成和优化的过程

形态转化
场地分析
区位图
形体演变

分析表达　　　　　　　　　　准确表达设计概念，工程图纸的规范性

空间意境　　分析轴测图

星·空间
星·空间 II

现代造型语言G
AURORA 极·光

建构优秀成果

教学交流活动

下一阶段：二年级简单空间与环境设计

3

空间建构

- 通过典例分析关注"概念生成逻辑性"与"形式生成逻辑性"。
- 学习和掌握将"形式构成"原理与方法运用到具体的行为空间设计中。
- 强化环境意识与空间生成逻辑。
- 进一步学习空间与结构、材料、构造关系。

- **对象：**根据设计方案的概念生成，假定一处场所，或者选择给定的场所进行设计。
- **方法：**通过对经典建筑的解析，了解方案的概念生成逻辑，并进行概念性建筑设计。
- **表达：**建筑综合语汇表达（二维图示与三维模型）。

空间建构

课题讲解	方案推敲	分析表达
讲解设计任务书	中期讲评 与学生一对一交流方案 组织分组讨论	方案表达讲解 模型制作技法及仪器使用讲解
经典建筑概念生成讲解		

	课题讲解	方案推敲	分析表达
阶段目标	通过案例分析，了解设计方案概念生成的方法。	针对具体设计条件，提出方案的概念生成逻辑。掌握草图、体量模型等基本的沟通方法。	全面、清晰的表现设计概念，结合工程图纸的绘制和方案模型的制作，掌握方案表达的基本方法和逻辑。
学生任务	资料收集和整理经典建筑分析	构思方案，就设计概念与老师交流，确定设计思路。绘制草图，制作体量模型，分组讨论绘制二草。	正模制作，拍照正图绘制。
重点难点	重点：了解概念生成的意义。难点：理解经典建筑概念生成的意义。	重点：体验多方案比较的设计过程，了解方案构思生成和优化的过程。难点：理解设计概念对于方案生成作用。	重点：准确表达设计概念，工程图纸的规范性。
成果要求	模型（1：50），表现案例的空间组织和形体关系，表达必要的外部环境，必要时制作可拆装模型，材料不限。	体量模型（1：100），图纸1张A1图，设计构思及分析，总平面，平面草图。	图纸（1-2）张A1图方案总平面图（1/500-1/300）平、立、剖面图（1/50-1/100），分析图透视图或轴侧图，必要的剖轴侧图或剖透视图模型照片（7寸），设计说明（100字左右）和各部分指标。

- 个人总结
- 班级总结
- 年级总结
- 教师发言
- 作业展示

全日制幼儿园建筑设计教案

（二年级）

教案简要说明

在重庆大学建筑城规学院建筑设计系列课程体系中，一、二年级共同构成了专业基础平台。

1.二年级教学体系

二年级课程内容设置的主题是"建筑与环境"。以建筑与环境为主题，通过渐进式的设计课程安排，培养学生完成从环境分析、构思形成、完成功能造型设计到完整表达设计的整个过程训练，形成了以环境为核心的多课题进阶式训练模式。

2.幼儿园课程设置

幼儿园建筑设计课程是二年级关于环境与空间设计训练的第三个教学环节。在二年级下期开课，教学时间为9周。

课题继续深化环境与空间训练的同时强调对儿童的生理和心理特点进行设计。课题涉及儿童心理、建筑功能、建筑与环境三个主要方面，其中，对儿童心理的了解、研究与运用是幼儿园建筑与其他民用建筑设计的主要区别之一。单元式空间的功能分区明确，流线关系清晰，但引导学生通过建筑手段（空间、视觉造型、室内外环境）来满足和强化儿童的心理需求则需要学生对内外空间环境与儿童心理及行为的关系有足够的认识，从而进行细致深入的空间组织。从心理学角度探讨建筑空间的形式及组合，从视线和心理角度对建筑空间的分析研究拓宽了学生设计的视野，使其在设计中更加关注人的使用状况和心理需求，而不再是简单的建筑外部造型设计。

3.教学过程综述

幼儿园设计教学过程以学生为主体进行教学安排，围绕着建立学生整体设计观念和提高学生空间应对能力两条主线展开教学过程，采取目标教学模块的方式安排教学活动。

3.1 环境认知与调查分析模块

学生在本阶段进行任务书研读和相关知识的准备，以集中授课、师生交流、分组讨论的方式理解教学重点、组织环境调研，针对设计主题和学习的重点环节做好前期准备工作，并完成场地分析相关图纸和调研报告。

3.2 案例研究与设计构思模块

建筑设计是一门实践性的学科，对设计案例和建成作品的研究对初学者显得尤为重要。因此，在教学中特别强调学生要养成进行相关案例的收集、分析及交流讨论的习惯。

3.3 功能组织与空间应对模块

教学中安排内部空间组织专题讲座，详解内外空间模式，启发空间策略，同时控制好教学节奏，督促学生确定构思方向，深入空间设计。在此阶段安排设计二草评图，是由三位老师参与的师生答辩过程，二草评图的侧重点在于对学生方案的纠偏、优化和深入方面给出建议。

3.4 整合设计与技术建构模块

设计深入与完善阶段。针对学生基础知识不牢固，片面追求形式，空间造型手段不足，设计深入度差，结构技术知识欠缺等问题，在教学上加强一对一指导，督促其设计进度。同时组织技术专题讲座，补充结构知识，让学生加强建筑造型能力，学会推敲空间细节，认识建筑材料和技术措施，从而推进课题设计综合深入，完善各项技术性图纸。

3.5 设计表达与评价反馈模块

教学中注意控制图纸深度，对图面表达和建筑表现方式给出建议。本阶段安排正图评图，学生介绍方案并答辩，由三位评图老师评定成绩。每个教学小组的代表性图纸参与全年级的作业对比和最终成绩评定。

在每个教学阶段完成后，要求学生对教学过程作出总结与反思，并在最后一次课堂时间组织全年级师生交流会，师生一起畅谈设计过程的得失，并观摩课题优秀作业展。通过这些教学总结、教学交流与教学反馈活动让学生相互交流相互带动，体会到课程设计过程的重要性，也让教师能够直观地检验教学成果、审视教学过程、反思教改得失。

那年的故事，今天的场景 设计者：王玉鑫
漫步森林 设计者：唐佳
自然的怀抱——全日制幼儿园设计 设计者：束逸天
指导老师：左力 刘剑英 陈安 刘彦君 张翔 林桦
编撰/主持此教案的教师：李骏

单元式空间中的人文关怀

—建筑环境意识进阶训练系列课程之三：全日制幼儿园 建筑设计教案 1

教学阶段：二年级下期　教学周期：9周　教学专业：建筑学、城市规划、景观建筑学　教学时间：第1教学周至第9教学周

以环境为核心的多课题进阶式训练

建筑设计系列课程体系

教学平台	教学阶段	阶段目标	阶段教学重点
综合平台	五年级	实践与综合	融通、运用及研究
拓展平台	四年级	城市与技术	整合、建构与生态
	三年级	社会与人文	调研、传承与创新
基础平台	二年级	环境与行为	调查、分析与应对
	一年级	空间与形式	体验、认知与分析

目标教学模式下的多课题训练

二年级教学背景介绍

二年级学生刚刚完成建筑美术、建筑构成、建筑制图、建筑表现等设计基础课的训练，开始具备一定的建筑鉴赏能力，以饱满的热情进入二年级的课程学习。但同时面临建筑识图、制图、表现、功能、规范、构思、环境等诸多问题，迎来了学习道路上的瓶颈阶段。

二年级建筑设计课程是建筑学专业学生的入门学习内容，对学生今后设计思维和方法论的形成及其对建筑与城市空间的理解，具有基础性的培养作用。

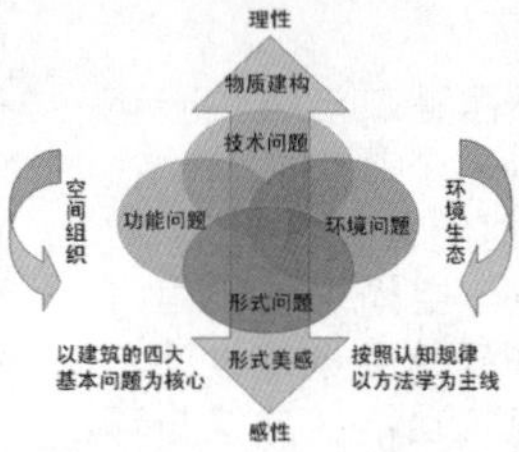

二年级设计课程教学理念

■ 以学生为主体的教学观念

在教学目标上，改变以往教学过程中教学内容针对性不强、学生被动学习的状况，从“以教师为主”向“以学生为主”的方向转变，最大限度地调动学生学习的兴趣和主动性，鼓励和强化学生的创造性思维能力，使学生对建筑设计的理解从注重结果向注重过程转变、从被动的建筑类型学习向掌握完善的设计方法转变。

■ 以环境为核心的教学内容

在教学内容上，由单纯的建筑功能及造型训练向以空间形态为核心、以环境行为分析为出发点的整体建筑设计观念转变，将二年级建筑设计题目的场地选在学校和城市周边真实的环境中，提高学生对场地的直观感受，加深对课题训练内容的理解。

■ 以团队为基础的教学组织

在教学工作组织上，特别组织了不同专业背景的教师参与教学课题的选定、编制和教学工作，明确教学的重点和难点，并通过集中备课，协调各任课教师之间以及各课程之间在教学内容和方法上的衔接与相互补充，按先易后难的原则，组织教学工作，实现教学目标。

二年级总体教学目标

■ 强化专业基本功和设计构思训练

作为设计入门的基础阶段，注重专业基本功和设计构思训练，使学生逐步树立功能意识、空间意识和环境意识。

■ 培养行为研究为基础的整体环境观念

重点在保持一年级构成训练成果的基础上，形成基本的建筑功能及技术概念。以行为研究为原点，训练从整体环境观念出发的总体设计构思和功能应对能力，从而为三年级以人文为核心的设计课教学打下良好基础。

■ 做到功能、空间、环境的初步整合

培养学生注重学习方法、广泛吸收知识、打好坚实的基础，在设计中强调功能的合理性，空间的丰富性，造型的艺术性，环境的整合设计及设计表达的严谨性。

教学支撑平台与教学组织特色

■ 双向选课制度和小组教学模式

从2年级开始在所有主干设计课程体系中实行教师与学生双向选择制度和以设计小组、多课题为主要特征的Studio教学模式。

■ 阶段目标教学责任制

以阶段教学目标为核心确定年级责任教师和课题组责任教师组织教学工作。

■ 阶段评图制度和年级评定制度

阶段评图以三位教师组成评图小组，分别在二草完成阶段和正图完成阶段对学生成果进行综合点评与评定。年级评定阶段综合全年级的课程设计成果，选取最优和最差的成果样本，年级内综合评定，并组织年级优秀作业汇展。

■ 集体备课的团队教学制度

全体任课教师集体参与教学组织与教学改革讨论，每4-5个教学小组形成成一个教学团队，在年级责任教师的组织下，各团队教师共同备课和授课，形成统一的教学计划和教学安排。

空间认知、空间构成与空间体验

整体设计观念　环境（自然与城市）　课程设计　空间（功能与形式）　空间应对策略

专业基本功训练

■ 跨专业混合教学模式

二年级设计课教学采取建筑、规划、景观三个专业学生混合编组制度，专业教师的设置同样采取建筑、规划、历史、技术、景观背景的教师混合教学的模式，发挥教学专长，满足训练需求。

■ 教学实践环节

二年级假期的美术实习和聚落调研环节；学校组织的大学生科研训练计划及学院的计算机实验室、模型实验室、陶艺实验室对设计课形成实践支撑。

■ 相关课程支持

在二年级同期开设的《建筑设计理论与方法》、《建筑构造1》、《建筑表现》等课程从理论基础、技术概念和表现能力上对设计课形成理论支撑。

二年级课程设计体系

■ 总体教学任务

1. 完成从建筑形体教学向综合性教学的过渡，使学生掌握基本的建筑设计基础知识；
2. 初步掌握从环境和建筑空间两方面入手的建筑设计方法；
3. 初步掌握建筑设计的基本表达手段；
4. 了解基本的建筑理论知识，加强理论修养，逐步养成理论学习和探讨的良好学风。

建筑与环境

二年级核心目标

■ 基本教学途径：基于环境意识的空间设计训练

	建筑设计01	建筑设计02	建筑设计03	建筑设计04
■阶段目标	环境与空间构思	环境与空间功能	环境与空间组织	环境与空间行为
■课题大类	校园环境认知与分析 —小型服务设施及外部空间	城市环境解析与空间应对 —中小型公建中的内外空间关系	明确环境限定下空间组合方式 —单元式空间中的人文关怀	特定城市环境中的建筑空间策略 —环境、功能、空间初步整合
■课题选择	建筑师沙龙 学生服务中心 校园书吧 校园运动吧 山地别墅 建筑师工作室	城市公园游客中心 社区活动中心 高速路休息站 汽车4S店 城市观景台 缝隙空间-城市街区地块更新	全日制幼儿园 中、小学校 青少年宫 老年托管中心	中型旅馆 山地院落—旅游度假宾馆 滨水院落—会议培训中心 国际青年旅馆 外国专家招待所 田园休闲度假中心

单元式空间中的人文关怀

—建筑环境意识进阶训练系列课程之三：**全日制幼儿园** 建筑设计教案

2

教学阶段：二年级下期　　教学周期：9周　　教学专业：建筑学、城市规划、景观建筑学　　教学时间：第1教学周至第9教学周

■ 阶段目标与教学重点

课题阶段目标：环境与空间组织训练

幼儿园是对三至六岁幼儿进行保育和教育的社会服务设施，应针对儿童的生理和心理特点进行设计。幼儿园设计涉及儿童心理、建筑功能、建筑与环境三个主要方面，其中，对儿童心理的了解、研究与运用是幼儿园建筑与其它民用建筑设计的主要区别之一。

本课程设计的功能组合较简单，但引导学生通过建筑手段（空间、视觉造型、室内外环境）来满足和强化儿童的心理需求则难度较大；建筑总体布局及功能设计应做到功能分区明确、方便管理、室外游戏场地与绿化庭园布置合理紧凑、建筑形象新颖并体现幼儿园建筑特征。

教学重点难点：

1、怎样在教学过程中，通过递进式环节的训练，使学生掌握单元组合式的设计方法和造型手段？

2、通过这样创新性的教学活动组织，有效地引入儿童心理学的基础知识，使学生对建筑人工环境对人的心理感受的影响方式和特征有初步的认识？

3、通过这样创新性的教学环节的设计，引导学生运用基本的心理学常识去组织建筑空间，并针对儿童的心理特点进行功能与空间设计？

课程环境载体：

递进式课程目标体系与训练目标演变：

环境认知与空间功能 ← **以使用对象为核心的环境行为特征研究与空间组织训练** → **环境整合与空间行为**

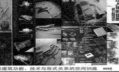
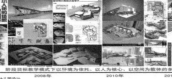

2000年　　2002年　　2004年 全日制幼儿园设计　　2008年　　2010年　　2012年

■ 教学内容与教学组织模式

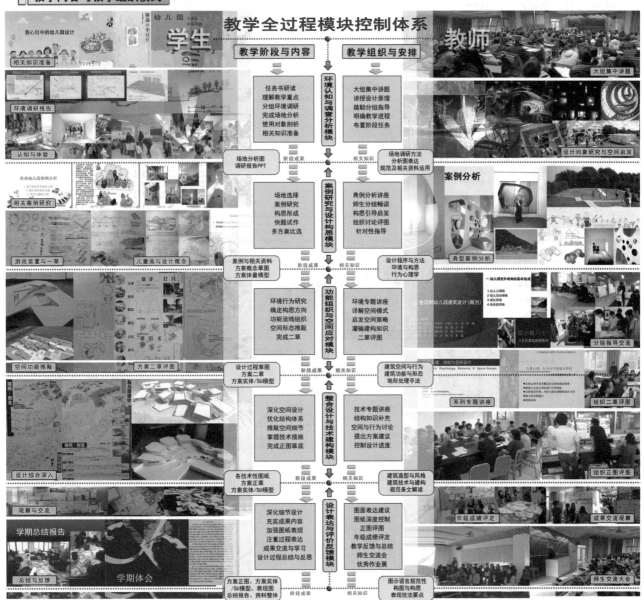

单元式空间中的人文关怀

—建筑环境意识进阶训练系列课程之三：全日制幼儿园 建筑设计教案

3

教学阶段：二年级下期	教学周期：9周	教学专业：建筑学、城市规划、景观建筑学	教学时间：第1教学周至第9教学周

我的幼儿园
—课程设计全过程跟踪

听讲课 ▶ 看电影 ▶ 查资料 ▶ 再体验 ▶ 找童心

课程设计任务书摘要

一、教学目标：

1. 初步掌握一般民用建筑的设计原则和方法，了解单元重复式空间的组合方法及特点，提高分析空间、组合空间的能力；
2. 深入认识使用功能在建筑设计中的决定作用，培养学生具备初步的分析和解决问题的能力；
3. 进一步了解环境对建筑设计的重要影响，认识绿化景观、外部空间等环境要素与建筑的密切关系；
4. 掌握幼儿园建筑设计的要点及其背景知识，培养学生初步了解对环境认知的基本规律，了解建筑心理学的基本常识，并针对儿童心理特点进行特定的尺度设计和空间建构。

二、设计用地条件：

本次设计课题选择地形图中位于居住区中的两个地块（见地形图），地块一用地面积：6500M²，地块二用地面积：6757M²，用地条件宽松，学生选择任一地块作为本次幼儿园课程设计建设用地。

三、设计规模：

1. 班级规模：6班　20人／每班　共120人
2. 建筑面积：2000M²
3. 建筑层数：三层及以上

建筑间距及后退要求按当地《城市规划管理技术规定》执行

四、建筑主要功能及面积参考指标：

五、教学阶段成果及节点控制：

二年级教学成果主要包括图纸、实体模型和数字成果三个部分。

教学阶段节点控制表

课程衔接关系

作为二年级教学的第三个课程设计，全日制幼儿园设计在二年级的教学体系中具有承上启下的作用。以空间形态为核心、以环境分析为出发点的整体建筑设计观念的建立，最大限度地调动学生学习的兴趣和主动性，鼓励和强化学生的创造性思维能力，使学生对建筑设计的理解从注重结果向注重过程转变、从被动的建筑类型学习向掌握完善的方法转变。

学生在设计中开始学会关注空间的使用者，从使用状况和心理需求角度对建筑空间进行深入的思考，为后续课题中关注人文、关注社会的内容作了良好的铺垫。

学生作业点评

■ **主要设计构思**
以幼儿在空间中活动的流动性为核心，选取"墙"作为要素展开空间叙事，在串起环境与建筑关系的同时为儿童提供了多样化的空间类型。

■ **课程目标完成情况**
该设计基本完成了本次教学的阶段目标，通过设计过程掌握了以行为和心理研究为基础，以环境和空间建构为核心的教学内容。

■ **反映出的普遍问题**
在设计深化的过程中，表现出学生对建筑内外环境对儿童心理及行为影响的认识仍流于形式，对空间仍缺乏细致深入地思考与安排。

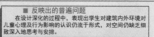

全日制幼儿园建筑设计 1

全日制幼儿园建筑设计 2

全日制幼儿园建筑设计 3

教学总结与反馈

■ **教学总结**
本课程教学中从心理学角度探讨建筑空间的形式及组合，引起了学生极大的学习兴趣，与指导教师的交流明显增加，从视线和心理角度对建筑空间的分析研究拓宽了学生设计的视野，使其在设计中更加关注人的使用状况和心理需求，而不再是简单的建筑外部造型设计。在循序渐进的学习过程中初步掌握了正确的设计程序和良好的学习习惯，同时，使学生养成通过收集和研究大量设计案例丰富自身建筑空间组织技巧和空间营造手法的学习习惯。

■ **教学反馈**
课程结束后，安排了优秀作业展评和年级总结大会，组织二年级参与本课程教学的老师集体讨论，回顾教学过程，分享教学经验。任课老师也与组内学生进行交流，总结得失。对课题提出了针对性的意见。课题源自的地形环境由最初的真实环境抽象为虚拟环境过后学生的关注点集中在了"相对单纯和宽松的用地条件"的人文关怀主题上来，但场地的可选择性仍然不够丰富，应适当增加设计用地的多样性。

城市既有环境及建筑改造与更新设计教案

（三年级）

教案简要说明

自20世纪90年代末以来，重庆大学建筑城规学院建筑系在本科教学中以人文与技术为两翼，以设计课程为核心主轴，形成一轴两翼的教学框架，建立由一、二年级"设计基础平台"、三、四年级"设计拓展平台"、五年级"设计综合平台"构成的三级进阶平台的"2+2+1"模式。三年级教学作为"2+2+1"模式中承上启下的拓展平台，其重点是在设计教学过程中逐步融入"社会与人文"的观念，通过对建筑所属的不同社会人文背景的深入研究，强调设计与相关学科(特别是人文学科)知识的紧密结合，引导学生从形体构成和形式美感的基础培养逐渐转向对建筑的社会性和人文内容的关注和了解，赋予建筑设计更深层次的文化内涵。

其中，"城市既有建筑改造与更新"作为四个设计课题中最后一个，是选取城市中具有一定文化价值与空间形态的既有旧建筑或特色街区为载体，植入与之相适应的新功能，发掘并创造性地再现既有建筑所具有的独特精神内涵与风貌特色，探索新旧建筑与环境间的有机协调共生，使学生深入地理解建筑设计中所理应蕴含的丰富社会与人文精神，对三年级设计课题的总体建构思路有一个明确的回应与深化。

课题的主要特色

1. 多样化载体与功能交叉的组合式命题系统

以各类既有建筑为设计对象，根据其自身特点植入各种新的功能和要求，随着两方面内容的不断拓展，通过两者的多样化交叉组合形成丰富多样的组合式命题。通过载体与功能两者的交叉组合，形成多样化的课程选题。目前已基本建立系统化、模块化、组合菜单式的课题架构，形成围绕三年级总体教学目标的多样化命题和选题系统，极大地提高了学生的学习热情和积极性。

2. 本设计与多学科的并行式教学

城市既有建筑改造与更新，所牵涉到的建筑类相关学科的范畴较多，所应用到的相关知识点也比较复杂，如历史遗产保护，建筑结构、生态、光学、表皮设计等内容。在课程的安排上，我们会选择与之相关的理论课作为补充，同周期地进行教学，并以多次专题讲座的形式，将相关知识点与主干课相结合，有效地拓展了学生的知识面与兴趣点，丰富了设计的内容，扩展了设计的深度。

3. "社会与人文"贯穿设计全过程

建筑的本质是社会文化的产物，物质形态只是其表象，在教学过程中，以"社会人文"为主轴贯穿各个环节，要求学生在对既有建筑的物质形态和技术条件进行考察研究的基础之上，了解设计对象特定地域历史和社会人文背景，重点研究社会人文环境对建筑形态、空间以及建构技术等方面的影响，做到"知其然，更知其所以然"，通过从技术、形态到人文关注的提升，进一步培养学生在设计中的社会人文意识，从而在建筑设计观念中建立建筑与社会文化的有效关联；同时在方案设计中，最大限度地保护和再现该对象原有特色和所处地段、环境和城市的社会文化特色，用设计的手段创造性地表达自己对改造对象的历史人文背景及其当代发展的理解和认知，培养学生更为全面的建筑观念，对建筑的理解从单纯的物质技术层面上升到社会人文的层面。

生长的巴扎——自主营造体系下的吾斯塘博依街区更新改造设计 设计者：伍利君 李晓迪
旧堂新生——南川区天主教堂改扩建设计 设计者：郑星 肖蕴峰
高墙变奏曲——从看守所到市民活动中心 设计者：董董
指导老师：田琦 陈科 陈俊
编撰/主持此教案的教师：田琦

多元载体下的"建筑与人文"课题建构
—————城市既有环境及建筑改造与更新设计教案 01
Teaching plan of renovation and update of urban existing environment and building design

重庆大学

建筑学本科总体教学体系 》》
ARCHITECTURE UNDERGRADUATE TEACHING SYSTEM

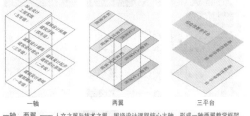

一轴

两翼

三平台

一轴、两翼 —— 人文之翼与技术之翼，围绕设计课程核心主轴，形成一轴两翼教学框架。

三级进阶平台 —— 一、二年级所构成的"设计基础平台"；三、四年级所构成的"设计拓展平台"；五年级所构成的"设计综合平台"。

阶段目标体系：

综合平台 5年级	实践与综合（融通，运用与研究）
拓展平台 3.4年级	城市与技术（整合，建构与生态）
	社会与人文（调研，传承与创新）
基础平台 1.2年级	环境与行为（调查，分析与应对）
	空间与形式（体验，认知与分析）

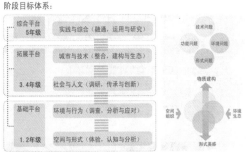

《《 本科三年级教学体系
TEACHING SYSTEM OF UNDERGRADUATE GRADE THREE

既有环境及建筑改造与更新设计

主要目标

总体目标	阶段目标
1.加强大类系列课程的横向与纵向交流	1.强调社会调研、实地测绘与传承创新
2.将"社会与人文"相关课程设置成系统化、多元化的开放式的教学系列课程	2.学习和掌握场地、空间、结构、功能与相关的社会人文背景互动的设计方法
3.培育学生对建筑的社会性和人文性的认知，增加学生的建筑人文相关的知识	3.建筑技术、建筑物理、计算机辅助设计等相关专业技术知识融合和强化训练

建筑的社会性研究 三年级上学期（18周）　　建筑的人文性研究 三年级下学期（18周）

研究方向

居住空间与模式研究	人居环境与公共空间研究	公共文化性建筑研究	历史建筑传承与创新
住宅建筑设计	居住区规划设计	文化展示类建筑设计	既有环境及建筑改造
新居住模式探讨	生态居住新区规划	民俗文化博物馆	旧工业厂房等改造
中低收入住宅	定制私人美术馆	教堂、监狱改造	
城市集合住宅	开放式居住社区规划	大学生实验艺术中心	传统街区改造更新

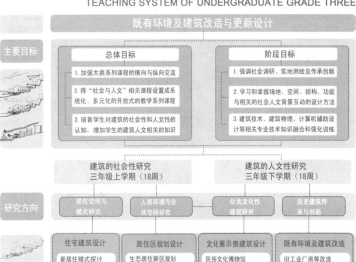

选题背景 》》 TOPIC BACKGROUND

城市人文社会环境变革：

建筑是城市的书卷记载了城市的文化和历史.是社会、经济、文化发展的产物.城市中一些留存的既有建筑是不同时期文化遗留下来的生动展示.记载了城市历史.文明.经济发展的历程.用建筑的语言诉说着过去的回忆.

当前.我国既有建筑面积超过400亿平方米.在经历了动辄大拆大建的盲目城市发展的过程后.对城市有价值的既有建筑的关注.并对其中一些已失去原本功能或不能满足新时期需求的既有建筑进行改造与更新设计.已逐步成为建筑设计人员和理论研究者解决既有建筑现存问题的有效途径.从城市角度来说这有助于复活城市记忆.展现城市底蕴.并在高技术高商业化社会中满足人们对历史情感的需求.

我院三年级建筑学专业设计主线为"社会与人文".将城市既有建筑改造与更新设计"作为重点课程纳入其中.不仅能通过既有建筑自身的文化及社会底蕴使

2012年教学课程选题

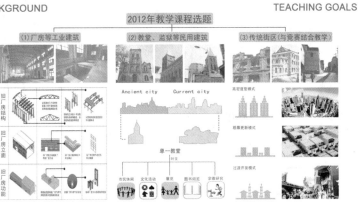

（1）厂房等工业建筑　　（2）教堂、监狱等民用建筑　　（3）传统街区（与竞赛结合教学）

TEACHING GOALS 《《 教学目标

掌握旧建筑改造的基本方法

综合考虑对功能性较强的建筑类型的功能、流线、造型、空间环境等因素的相互关系。

大空间内部的合理重组与建构。

结构体系的认知与重建。

综合体系能力的培养与提高。

多元载体下的"建筑与人文"课题建构
——城市既有环境及建筑改造与更新设计教案 02
Teaching plan of renovation and update of urban existing environment and building design

课程与竞赛结合 COMPETITION

每年选择国内与本课题的内容及训练目标联系较紧密的大学生设计竞赛，与教学课题并列形成多元选题的不同方向组，让学生在本课题的总体目标要求下提炼内容参与竞赛，形成课题与竞赛的良好互动。

设计题目	既有环境及建筑改造与更新设计	中联杯老社区，新生活
课程目标	教学目标主导 1.既有环境与建筑文脉研究 2.改、扩建策略的分析研究 3.生态、技术性问题的研究	竞赛借鉴引导
成果要求	1.≥6张A1图纸 2.各项工程图 3.分析图	1.三张图纸 2.分析性表达
成果展示		

SOLUTIONS TO SOME PROBLEMS 《 课程内容的具体问题应对

环境问题 城市公园 社区 城市公园
建立文脉意识，深入认知场地，学习环境分析法并在设计中溶入文脉观念。

空间问题
运用空间建构的基本手法与技巧，寻求特质空间的塑造与文化背景的融合。

文化问题
结合课程设计的文化背景，提供针对性的文化课题进行相关的探讨和构思。

功能问题
功能与空间的互动，源自功能关系解析的空间组织"转换"及其"变形"

结构问题
树立设计中的结构、建造意识，训练从建筑设计角度建立完整的建筑体系。

社会问题
关注当下社会现实，注重设计成果的社会效益以及与城市之间的内在联系。

教学特色 》 SPECIAL TEACHING METHODS

年级 三年级教师组 教师团队
建筑专业 6名
规划专业 2名
景观专业 1名
技术专业 1名
历史专业 3名

教师 街区改造课题组 教室改造课题组 厂房改造课题组
Group1 Group2 Group3 Group1 Group2 Group3 Group1 Group2 Group3
双向选择

学生 教学团队制 小组负责制 双向选择制

混合教学 多专业师资 多背景教学 多模式协调
团队教学 教学团队制 小组负责制 双向选择制
实践教学 注重实际操作 提供实践机会 训练动手能力
讨论教学 讨论互动性 教学开放性 师生融洽性
集体评图 小组评图 交叉评图 开放评图
辅助培训 辅助训练专题 专项强化能力 名家选题讲座
网络教学 多手段 灵活性 即时性
并行教学 多课并行课题 多种专题训练 多种教学模式

多元选题 》 DIVERSE RESEARCHES

2012年课题
往期课题

改造载体
- 片区整体改造
- 单层厂房改造
- 多层厂房改造
- 构筑物改造
- 传统街区改造
- 宗教建筑改造
- 一般建筑改造
- 历史建筑改造

置入功能
- 图文信息中心
- 图书馆
- 天主教堂
- 宗教研究中心
- 大学生艺术中心
- 文化综合体
- 新型创意社区

课程题目
- 北碚天府煤矿产业遗址改造设计
- 大学城某厂房改造设计
- 某高校某厂房改造设计
- 重庆市丝纺厂改造设计
- 白象街老社区改造设计
- 南川区天主教堂改扩建设计
- 某公园天主教堂改扩建设计
- 某地区传统社区改扩建设计
- 大学文字斋改扩建设计

ACHIEVEMENTS 《 试做情况及成果要求

试做情况

选题 Topic selection	选址 Location	时间 Time	成果 Results	反馈 Feedback
城市既有环境及建筑改造与更新	白象街	2008年		A.规模过大，编制城市设计，深度及方法达到建筑设计要求。
	文字斋	2009年		B.功能设置混乱，应给设置具有一定复杂性、逻辑性的功能，避免方案简单随性过渡。
	旧工厂	2010年起		C.关注新旧的异类，应建立有较重的评价体系，合理的把握改造的程度。
	教堂	2011年起		D.缺乏技术储备，改扩建的观察点在技术上要有储备。

成果要求

A 强调分析过程的表达——如场地、人文、方案生成、形体、功能、交通、生态、技术等方面的分析。
强调分析过程的表达 场地分析 方案生成 人文分析 形体分析 功能交通 生态技术

B 总图、平、立、剖等技术图纸——要求绘制符合国家规范的工程图纸，要求标有两道尺寸线。
表现图 鸟瞰图 低点透视 室内图 特色空间 周边环境 人的行为

C 表现图——要求有鸟瞰、低点、室内空间等等透视图。
技术构造 根据每个方案的特点，要求选取某重点部位，对结构、构造或生态等方面内容进行详细设计。

D 技术构造等——根据每个方案的特点，要求选取某重点部位，对结构、构造或生态等方面内容进行详细设计。
要求绘制符合国家规范的工程图纸 总图、平、立、剖等技术图纸 1:500，平、立、剖 1:200—1:300，要有两道尺寸线

成果展示 》 ACHIEVEMENTS EXHIBITION

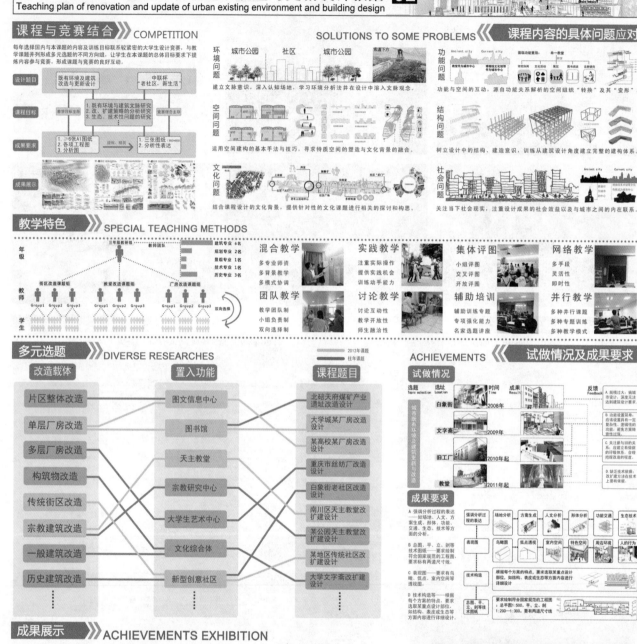

多元载体下的"建筑与人文"课题建构
——城市既有环境及建筑改造与更新设计教案 03
Teaching plan of renovation and update of urban existing environment and building design

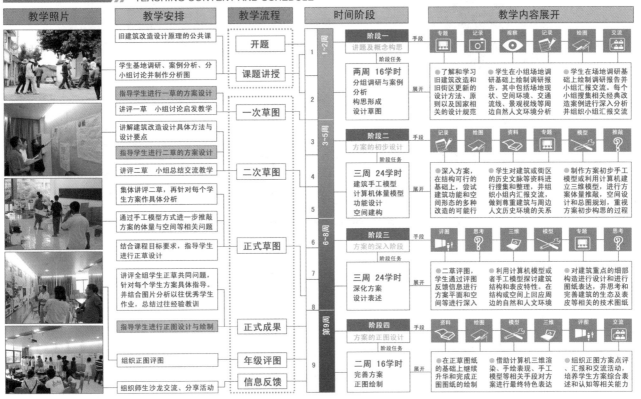

教学内容与安排 >>> TEACHING CONTENT AND SCHEDULE

教学照片	教学安排	教学流程	时间阶段	教学内容展开

阶段一 讲题及概念构思
手段：专题 记录 观察 记录 绘图 交流

旧建筑改造设计原理的公共课 — 开题

学生基地调研、案例分析、分小组讨论并制作分析图 — 课题讲授

1-2周
阶段任务
两周 16学时
分组调研及案例分析
构思形成
设计草图

● 了解和学习旧建筑改造和旧街区更新的设计方法、原则以及国家相关的设计规范
● 学生在小组地调研基础上绘制调研报告，其中包括场地现状、空间环境、交通流线、景观视线等周边自然人文环境分析
● 学生在场地调研基础上绘制调研报告并小组汇报交流，每个小组搜集相关经典改造案例进行深入分析并组织小组汇报交流

阶段二 方案的初步设计
手段：记录 绘图 资料 专题 模型 推敲

指导学生进行一草的方案设计 — 一次草图
讲评一草 小组讨论启发教学
讲解建筑改造设计具体方法与设计要点
指导学生进行二草的方案设计 — 二次草图
讲评二草 小组总结交流教学

3-5周
阶段任务
三周 24学时
建筑手工模型
计算机体量模型
功能建构
空间建构

● 深入方案，在结构可行的基础上，尝试建筑功能和空间形态的多种改造的可能行
● 学生对建筑或街区的历史文脉等资料进行搜集和整理，并组织小组内汇报交流，做到尊重建筑与周边人文历史环境的关系
● 制作方案初步手工模型或利用计算机建立三维模型，进行方案体量推敲、空间设计和总体规划，重视方案初步构思的过程

阶段三 方案的深入阶段
手段：评图 思考 三维 模型 专题 思考

集体讲评二草，再针对每个学生方案作具体分析
通过手工模型方式进一步推敲方案的体量与空间等相关问题
结合课程目标要求，指导学生进行正草设计 — 正式草图
讲评全组学生正草共同问题，针对每个学生方案具体指导。并结合图片分析以往优秀学生作业，总结过往经验教训

6-8周
阶段任务
三周 24学时
深化方案
设计表述

● 二草评图，学生通过评图反馈信息进行方案平面和空间等进行深入
● 利用计算机模型或者手工模型探讨建筑结构和表皮特性。在结构或空间上回应周边的自然和人文环境
● 对建筑重点的细部构造进行设计和测绘图纸表达，并思考和完善建筑的生态及表皮等相关的技术图纸

阶段四 方案的正图设计
手段：资料 绘图 模型 三维 评图 交流

指导学生进行正图设计与绘制 — 正式成果
组织正图评图 — 年级评图
组织师生沙龙交流、分享活动 — 信息反馈

第9周
阶段任务
二周 16学时
完善方案
正图绘制

● 在正草图纸的基础上继续升华和完成正图图纸的绘制
● 借助计算机三维渲染、手绘表现、手工模型等相关手段对方案进行最终特色表达
● 组织正图方案点评、汇报和交流活动，培养学生方案综合表述和认知等相关能力

教学课程安排 >>> TEACHING ARRANGEMENT

周期安排

专题教学

分阶段专题教学

一草阶段	经典案例分析	历史文脉、旧建筑改造理论及方法
二草阶段	特色作业点评	功能分布、流线组织、建筑结构
正草阶段	方案综合表达	分析图、效果图、图面整体效果

课时安排

并行教学

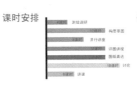

学生作业点评 >>> EVALUATION OF STUDENTS' WORK

学生作业评价体系：

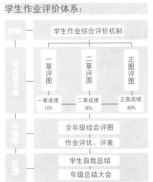

学生作业综合评价机制

| 一草评图 | 二草评图 | 正图评图 |
| 一草成绩 10% | 二草成绩 30% | 正图成绩 60% |

全年级综合评图
作业评优、评差

学生自我总结
年级总结大会

作业信息：
所在年级：三年级
作业耗时：9周
作业张数：3
学生姓名：王迪超
指导教师：孙天明 于群力

作业评价：
此设计为旧建筑改造与更新，分别对兵工厂内有历史价值的建筑单体进行改造，和对厂房外部环境进行改造设计，以给原408工厂注入新的活力。此方案在功能空间布局良好，室内空间丰富而不失秩序，良好体现了基于人行为模式下的概念构思。建筑功能组织有序，形体简介纯粹。是在相关限定条件下对旧有建筑更新传统思路的创新和成功落实。

特色村落保护与更新设计教案

（四年级）

教案简要说明

1. 教学目标

1.1 掌握特色村落保护与更新的主要理念、方法；

1.2 培养综合处理环境与体形、功能与空间、建构与实体等复杂问题与技术手段的设计能力；

1.3 协调好村庄发展与特色保护的问题、发展旅游与村落保护的正确关系；

1.4 注重引导学生对设计对象的分析思考和提炼策划。

2. 教学方法

2.1 教学以特色为导向，重视设计课与地域性的关联；

2.2 教学以问题为导向，秉承"设计、实作、研究"三位一体的教学模式，着重培养学生发现问题、分析问题和解决问题的研究性设计思维能力；

2.3 教学与科研实践相结合，深化系统理论知识在设计实践中的综合运用。

3. 教学要求

3.1 运用特色村落保护和更新的相关知识，能对村落形成的自然和社会条件进行分析；了解村落空间结构及村落不同区域的空间和功能特点；挖掘村落历史文化背景，对村落作出准确的定位；从而确定保护与整治模式和具体维修改善的方法。

3.2 收集相关基础资料、背景材料和村落概念规划的相关要求，分析基地与周围环境的关系，提出相应规划的项目内容、规模等指标；

3.3 规划设计要求体现旅游区功能系统和特色传统村落的文化环境，突出鲜明的传统村落空间特色，统一有序的空间肌理和浓厚的文化氛围；

3.4 合理规划村落内部道路，道路线型、宽度应结合现状和村落空间要求，应符合规范要求，并应考虑适量的停车场地；

3.5 分析村落的景观特点和景观构成，对不同的景观特点进行梳理和表现；

3.6 规划范围的建筑单体可根据旅游及村落自身的需要自行设计，应对现状中的民居建筑按使用要求采取保留、保护、功能置换、局部改造、拆除、新建等保护与更新模式；

3.7 规划成果的表现应明确、清晰并富有特色；

3.8 现场调研收资，解读场地、场所特征，对其自然、人文资源特色进行整体把握；

3.9 对村落作出准确的定位，从而确定保护与整治模式和具体维修改善的方法；

3.10 规划设计要求体现完善的旅游区功能系统，突出鲜明的传统村落空间特色与浓厚的文化氛围，整合空间肌理秩序；

3.11 对现状中的民居建筑按使用要求选择保留、保护、功能置换、局部改造、拆除、新建等保护与更新模式。

4. 教学体系承接

建筑设计课程实施"2+2+1"模式，主要分为"基础训练"、"深化拓展"、"综合提高"三个阶段，贯穿于建筑学本科一至五年级，涵盖了"基本建筑"、"组合建筑"、"复杂建筑"等三个层面的15个设计专题。课程体系强调整体互动、循序渐进、多维关联的特色。依据我系建筑学专业四年级"基于整体观的城乡视域下强调地域、人文、绿色、技术的四年级设计课架构"教学定位，本课题结合欠发达地区的地域性特征，寻找以丰富的传统文化、民族文化为内涵，以良好的自然生态环境为基础，融独特人文景观与自然景观为一体的云南典型的民族村落、历史文化村落为课题依托，展开基于旅游开发下的特色村落保护与更新的研究性设计。凸显场所与地域建筑、生态与地域建筑、平民生活与地域建筑的建筑设计课地域化教学特色。教学中强调环境连续性、内容复合性、人文空间研究、绿色乡土建筑适宜技术探索等教学训练要素，重视跨学科研究模式，重视整体观和人文观下的聚落秩序整合。

在云端的村寨——云南普洱惠民乡景迈大寨保护与更新设计　设计者：王飞　孙泽　田申
"晶彩"盐村——云南大理诺邓村落保护与更新设计　设计者：穆童　赵阳　郭峰
追忆本真——时间的回忆　空间的重生　设计者：马雪智　罗鑫　杨学思　栗兴
指导老师：李莉萍　华峰　马杰　忽文婷　李倩　吕彪　郭伟　施红
编撰/主持此教案的教师：李莉萍

本科四年级课程

基于整体观的城乡视域下强调
地域·人文·绿色·技术的课题架构

特色村落保护与更新设计教案

Teaching plan of protect and update of Characteristic village design

昆明理工大学

1. 教学体系承接

建筑设计课程实施"2+2+1"模式，主要分为"基础训练"、"深化拓展"、"综合提高"三个阶段，贯穿于建筑学本科一至五年级，涵盖了"基本建筑"、"组合建筑"、"复杂建筑"等三个层面的13—15个设计专题。课程体系强调整体互动、循序渐进、多维关联的特色。"基于整体观的城乡视域下强调地域、人文、绿色、技术的四年级设计课架构"教学定位，凸显地域化教学特色。

2. 教学目标

（1）掌握特色村落保护与更新的主要理念、方法；

（2）培养综合处理环境与体型、功能与空间、建构与实体等复杂问题与技术手段的设计能力；

（3）协调好村庄发展与特色保护的问题、发展旅游与村落保护的正确关系；

（4）注重引导学生对设计对象的分析思考和提炼策划。

3. 教学要求

（1）现场调研收资，解读场地、场所特征，对其自然、人文资源特色进行整体把握；

（2）对村落做出准确定位，从而确定保护与整治模式和具体维修改善方法；

（3）规划设计要求体现完善的村落功能系统，突出传统村落空间特色与浓厚的文化氛围，整合空间机理秩序；

（4）对现状中的民居建筑按使用要求选择保留保护、功能置换、局部改造、拆除、新建等保护与更新模式。

4. 教学内容

（1）结合欠发达地区的地域性特征，寻找以丰富的传统文化、民族文化为内涵，以良好的自然生态环境为基础，融独特人文景观与自然景观为一体的云南典型的民族村落、历史文化村落为课题依托，展开基于旅游开发下的特色村落保护与更新的研究性设计。凸显场所与生态、平民生活与地域建筑的建筑设计课教学特色。

（2）基地选择：

基地1：以普洱茶文化为特色的
景迈大寨的傣族村寨——

基地2：以古滇文化为特色的
彝族村寨——乐居村

基地3：以盐文化为特色的
白族村寨——诺邓村

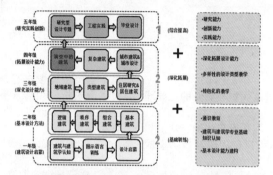

■ 本课程在建筑学本科五年教学中的定位

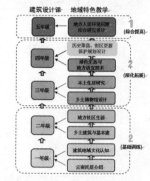

■ 地域特色教学体系

1.教学目的：
通过本次课程设计，掌握特色村落保护和更新的相关知识，能对村落形成的自然和社会条件进行分析；了解村落空间结构及村落不同区域的空间和功能特点；挖掘村落历史文化背景，对村落做出准确的定位，从而确定保护与整治模式和具体维修改善的方法。

2.教学要求：
（1）运用特色村落保护和更新的相关知识，能对村落形成的自然和社会条件进行分析；了解村落空间结构及村落不同区域的空间和功能特点；挖掘村落历史文化背景，对村落做出准确的定位：从而确定保护与整治模式和具体维修改善的方法。

（2）收集相关基础资料和村落概念规划的相关内容，分析基地与周围环境的关系，提出相应规划的项目内容、规模等指标。

（3）规划设计要求体现旅游区功能系统和特色传统村落的文化环境，突出鲜明的传统村落空间特色，统一有序的空间机理和浓郁的文化氛围。

（4）合理规划村落内部道路，道路选型、宽度应结合现状和村落空间要求，应符合规范要求，并应考虑适量的停车系统。

（5）对村落的景观特点和景观构成，应对不同的景观特点进行梳理和表现。

（6）规划范围的建筑单体可根据旅游及村落自身的需要自行设计，应对现状的民居建筑按使用要求采取保留、保护、功能置换、局部改造、拆除、新建等保护与更新模式。

（7）规划成果的表现应明确、清晰并富有特色。

3.设计成果要求：
1、图纸内容指标：
（1）区位图（2）规划总平面图 1/500
（3）主要功能或特色节点建筑组群、局部环境的平面规划设计（任选其二），要求单体建筑实测，室外场地的详细设计和效果表达。
（4）建筑单体方案
主要公建（旅游服务、文化娱乐活动等）典型民居户型（结合不同产业类型的生活模式的适应性户型，房不少于三种）
（5）主要地段鸟瞰图（6）相关分析图 规划结构分析/道路交通分析/绿化系统分析/空间形态分析/景观分析
（7）设计说明书
说明：前期分析、设定定位、设计理念、设计依据、设计构思、技术经济指标
基本指标：总用地面积、总建筑面积、容积率、建筑密度和绿地率。

2、图纸表现要求
所有图纸均为标准A1图纸，图纸数量根据设计需要自行安排。

■ 设计任务书

基地1：以普洱茶文化为特色的
傣族村寨——景迈大寨

基地2：以古滇文化为特色的
彝族村寨——乐居村

基地3：以盐文化为特色的
白族村寨——诺邓村

■ 基地选址

阶段	教学内容	教学要点把握	实施情况
第一阶段 第1周 前期调研	资料及基础研究 现场调研	■介绍保护与更新理论与方法的相关知识； ■优秀及失败案例的分析； ■现状研究方案引导； ■总结调查研究成果。	完成调研报告
第二阶段 第2—4周 设计概念 的形成	立意与构思	■确定设计思路，引导学生按照自己的理解进行判断，从而确定设计策略； ■指导学生建立村落空间逻辑秩序，形成方案空间形态。	完成一草
第三阶段 第5—6周 设计深化	方案深化	■处理设计过程中出现的具体问题，重要空间节点； ■单体建筑设计的深化设计。	完成二草
第四阶段 0.5周中期 师生交流	学术沙龙，方案交流	■教师不同的相关研究项目与成果交流； ■学生方案阶段性成果讨论。	完成正图
第五阶段 2.5周中期 成果制作	方案完善、成果制作	■对设计内容表达深度的把控 ■强调设计逻辑与表达形式的关联性。	完成正图
第六阶段 成果总结	学生成果点评	■校内外教师对学生方案成果进行点评； ■评出"恰成"奖学金。	公开评图

■ 教学组织流程与控制

本科四年级课程
基于整体观的城乡视域下强调
地域·人文·绿色·技术的课题架构

特色村落保护与更新设计教案
Teaching plan of protect and update of Characteristic village design

5.教学引导机制

(1) 教学以特色为导向，重视设计课与地域性的关联；

(2) 教学以问题为导向，秉承"设计、实作、研究"三位一体的教学模式，着重培养学生发现问题、分析问题和解决问题的研究性设计思维能力；

(3) 教学与科研实践相结合，深化系统理论知识在设计实践中的综合运用。

6.教学重点、难点

(1)关键环节：抓住两条线索，寻找处理村落保护与更新矛盾的平衡点

群山	德宏近山·大山小山·山连山·山叠山	佛寺	佛车·佛塔·文化艺术的殿堂
云海	宣据环宇·心潮起·浩然呼唤	神树	生产矿野·保佑苍生
蓝天	碧波如洗·引人畅想	竜山	竜神居住的地方
村寨	望着山园寨·国泰以入家	茶马古道	古道漫漫引人思
居民	传之古层·世代相传	茶	千年古茶·茶之始祖
哎冷	普洱茶祖，文化之源。	……	古树参天·万树峥嵘·群岛争鸣·万物有灵

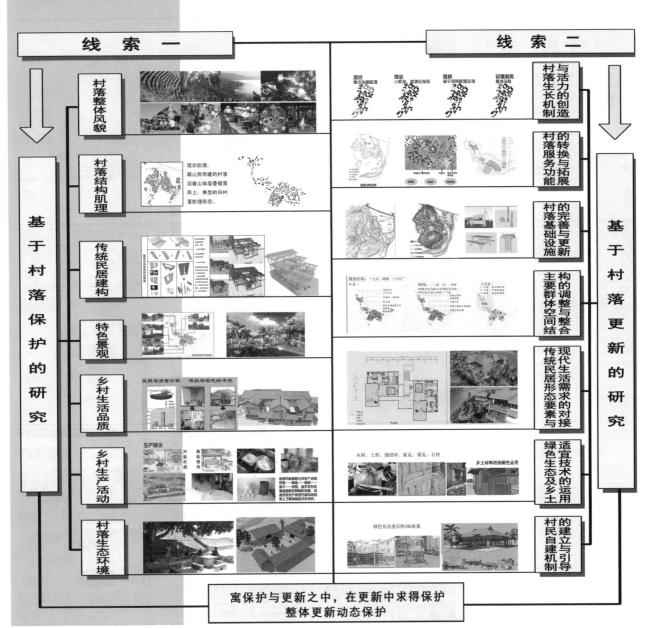

本科四年级课程
基于整体观的城乡视域下强调
地域·人文·绿色·技术的课题架构

特色村落保护与更新设计教案
Teaching plan of protect and update of Characteristic village design

7.教学成果评价

（1）设计成果要求除常规的图纸表达方案以外，要求学生对自己的设计思维过程进行图文并茂的表达，展现设计研究过程。

（2）评阅要点：文献运用能力；综合运用所学知识，发现与解决实际问题的研究能力；得出有价值的结论；设计的严谨性、逻辑性；方案创新性，提出独到见解；图纸表达整体质量、工作量。

8.教学成果展示

方案一
（基地1：傣族村寨景迈）

教师点评：

基地选自云南"普洱茶祖圣地"——普洱市惠民乡景迈大寨大坪掌旅游度假区，用地内主要分布有傣族村寨和古茶园。方案要求以"古茶文化、傣族文化和茶马古道文化"为背景，以"云海、茶山、傣居"为依托，基于旅游开发对其进行保护与更新设计。

该方案对现状分析系统全面，对村落特色旅游资源挖掘充分，着重对村落保护与更新、旅游开发模式等策略进行研究性探讨。强调"村落保护要与村民的生产、生活形态相适应"的设计理念，设计者清楚地意识到保护的目的是为了促进乡村功能的复兴，并提出了不同类型居民目的保护、更新措施，在处理保护与更新的矛盾中找到了恰当的平衡点，设计方方法整体连贯，思路清晰，逻辑性强，设计内容有一定程度，成果整体质量较高，反映出设计者具有较强的综合运用所学知识，发现与解决实际问题的研究、设计能力。

方案二
（基地2：彝族村寨乐居）

教师点评：

基地选自昆明市团结镇乐居村。村寨历史悠久，依山而筑，村民以彝族为主，民居多为传统木结构的山地"一颗印"，泥墙灰瓦，错落有致，木墙、石刻相美，具有较高的建筑艺术价值，本作业要求基于旅游开发对其进行保护与更新设计。

该方案前期调研充分，对基地自然人文要素分析到位，从国内外优秀案例的学习中得到较好的启示，提出了三种村寨旅游开发模式构想，重点探讨了山地"一颗印"民居建筑单体的保留、改造、修缮与新建的具体方法，设计从村落肌理、单体建筑材料、结构、构造、民居建构模式、生态智慧等等多方土建筑适宜技术方面进行了深入的研究性探索。设计思路清晰，方法得当，设计内容完整、深入，成果整体质量较高，具有较好的实际运用价值。

方案三
（基地3：白族村寨诺邓）

教师点评：

我国传统文化的根基在农村，传统村落保留着丰富多彩的文化遗产，是承载和体现中华民族传统文明的重要载体。由于保护体系不完善，同时随着工业化、城镇化和农业现代化的快速发展，一些传统村落不断消失或遭到破坏，保护传统村落迫在眉睫。本届同学通过对千年古村镇物质性和非物质性文化遗产的系统调研，以积极保护文化遗产为基础，以传统特色产业转型升级拓展为主线，以体验型休闲度假旅游开发为导向，探索性地提出了村传统产业处于窘境的古村落如何保护与发展的策划理念、规划原则、设计策略和概念方案。课题设计具有较好的现实性、针对性及启示性。

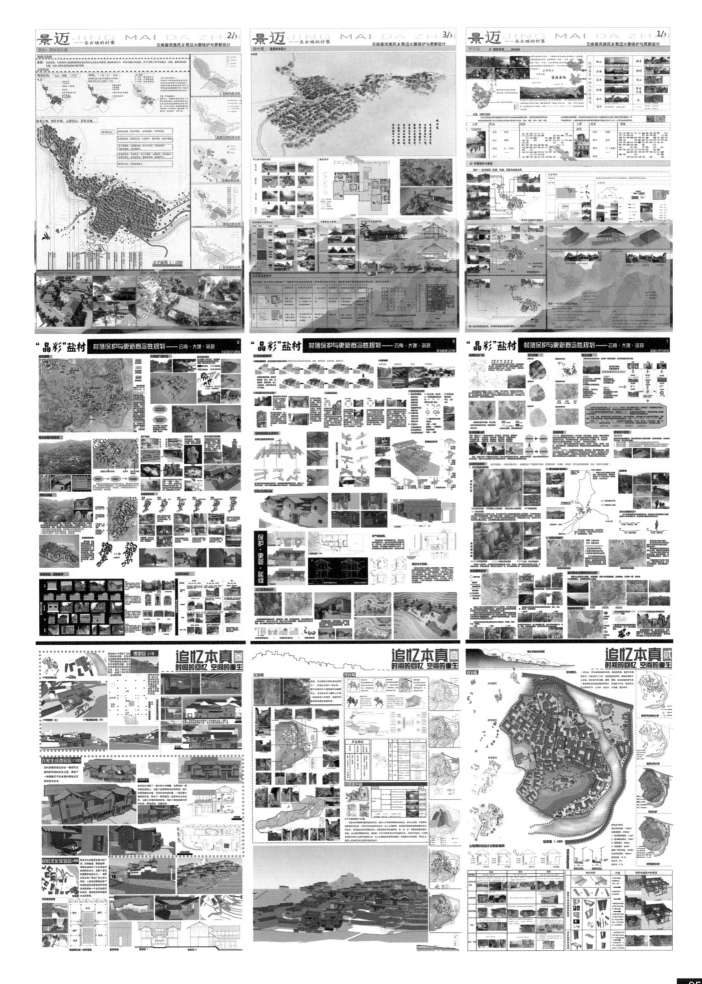

既有建筑改造设计系列
——沈阳铁西区旧厂房改造设计
（三年级）

教案简要说明

既有建筑改造设计系列是三年级教学的特色课程，其中涵盖两个设计范畴，分别是民用建筑更新和工业建筑更新，每个范畴下设一个或者多个设计题目和设计任务书，学生可以任意选择，同时配备相关研究领域的老师为设计指导教师，以便学生可以对改造更新体系下的各类方法有较为系统的认识。

训练目的其一是初步了解旧工业建筑改造的背景和一些具体措施、手法。掌握办公文化建筑的建筑特征和造型特点。其二是加强建筑空间设计与环境设计观念，全面考虑建筑与环境要素的关系。强化创造性的构思能力的培养以及多功能、多空间、多因素限制下处理建筑的能力和技巧。其三是能综合处理建筑功能、建筑技术的矛盾和统一，重点强调建筑设计的基本相关概念。强调建筑艺术，通过模型了解形式与内容在视觉上的效应关系。

为了使得学生更好地了解和认知"改造方面"的设计方法和技术，2011年我教研组成员针对改造项目的设计过程，编制了"专题性化教学设计体系"（详情见教案展板），并在2012年的改造设计课进行试用，取得较好效果。

游走于历史与现实之间——文化交流中心设计 设计者：姜爽 刘长君
绿地计划——文化交流中心设计 设计者：吴寻 钱晨
指导老师：张宇 王津红 姜旭
编撰/主持此教案的教师：张宇

I 三年级设计课程体系

公建设计初步　　　　　　　　　　　　　　　　　　　　　熟练运用设计原理进行公建设计

学时：8周　　　　　学时：8周　　　　　学时：8周 Ⓐ Ⓑ Ⓒ Ⓓ Ⓔ　学时：8周

小型文化类公建设计 少年宫设计

- 能综合处理建筑功能、建筑技术与建筑艺术各方面的矛盾和统一，培养较复杂空间的组合能力。
- 重点强调建筑设计的基本相关概念。加强环境设计观念和城市设计的意识，能全面考虑建筑的群体关系和环境要素。
- 初步掌握文化类建筑的造型特点，通过模型，了解形式和内容在视觉上的效应关系。

中型滨水类公建设计 海滨旅馆设计

对应通识类课程—建筑设计原理二（居住建筑设计原理）

- 了解建筑的类型和规模、设计功能分区、流线组织、应院设计等核心问题。
- 了解国内外各类型建筑的发展概况和动态，建立环境设计概念与城市设计的意识。
- 掌握多层结构体系的表达，并对相应的技术问题和建筑细部有所考虑，掌握大堂、餐厅、康乐设备等重点部位的处理以及以标准客房的布置等关键性的技能和技巧

既有建筑改造设计系列

对应通识类课程—建筑设计原理三（上）（既有建筑改造）

- 初步了解旧工业建筑改造的背景和一些具体措施、手法，掌握办公文化建筑的建筑特点和造型特点。
- 加强建筑空间设计与环境设计观念，全面考虑建筑与环境要素的关系，强化创造性的构思能力的培养以及多功能、多空间、多因素照制下处理建筑的能力和技巧。
- 能综合处理建筑功能、建筑技术的矛盾和统一，重点强调建筑设计的基本相关概念，强调建筑艺术，通过模型了解形式与内容在视觉上的效应关系。

中大型文化公建设计 文化遗产体验馆设计

对应通识类课程——建筑设计原理三（下）（建筑形态与细部设计方法）

- 了解建筑文化的多元性，建立建筑设计与环境、文脉、历史、传统、文化等相关因素相互影响的概念，提高学生的创造性思维能力。
- 全面考虑文化建筑的相关因素，注重解决建筑的生态、节能和可持续发展等问题，深入发展和完善设计方案。
- 着重建筑的绘制与表现，掌握多方面的绘图技能和模型制作。

》题目设置

既有建筑改造设计系列是三年级教学的特色课程，其中涵盖两个设计范畴，分别是民用建筑更新和工业建筑更新，每个范畴下设一个或者多个设计题目和设计任务书，学生可以任意选择，同时配备相关研究领域的老师为设计指导教师，以便学生可以对改造更新体系下的各类方法有较为系统的认识。

既有建筑改造设计系列		总题目
民用建筑更新	工业建筑更新	涉及的类型
建筑系馆改扩建设计	沈阳铁西区旧厂房改造——文化中心设计	设计题目
	大连十五库改造——创意中心设计	

Architectural Design, 3rd Year ●　　　　　　　　RENOVATION&REGENERATION

II 旧厂房改造设计任务书

● 原厂区设备

● 原厂房内部

● 原厂区乌瞰

● 原厂区设备

● 原厂房内部

》项目概述

原沈阳铁西某工厂，今进行厂区整体搬迁，整个厂区被新规划为三块用地，其中A区已建成居住小区，B区被规划为城市绿地，C区为文化创作家园，该区所有工程由政府和私人开发商联合投资，所有建筑除5#楼为新建二层建筑外，其余都是原有厂区的办公建筑与厂房改造项目，其中2#3#5#楼为艺术创作室，对外出租和出租，1#4#楼为原厂区主体厂房之一，目前已破旧，现需将其改造成文化交流中心，服务于整个C区，并对外承办研讨、会议、展览等活动。

● 设计条件总图、现场照片以及原有建筑设计图纸

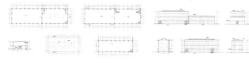

》设计要点

1、强调建筑设计构思和理念。
2、加强学生徒手能力的培养和建筑学基本功的训练。
3、要求空间、功能、造型、结构有整体的认识。
4、模型辅助设计贯穿于整个设计过程之中。

5、对办公文化建筑结构形态有一定的认识和掌握。
6、学习有一定限制条件的建筑设计。在一定的总体构思下，如何将单体建筑融于整体规划中。
7、创造良好的室内外建筑环境景观。

8、进一步加强建筑结构知识的运用，实现结构选型合理、经济、推广节能构造。
9、图面清晰，表达正确，制图规范，效果良好。
10、掌握建筑设计规范。

》设计内容

一、功能改造

现需建设一个主题为"非已主流"的文化交流中心。总建筑面积控制4500 M²以内。

序号	分区	名称	单个面积	数量	总面积
1	会议和交流部分	学术报告厅	400	1	400
		小型会议室（研讨室）	40	8	320
		中型会议室（研讨室）	80	2	160
		贵宾接待室	40	1	40
		咖啡厅（西餐厅）	200	1	200
		中餐厅（含厨房）	300	1	300
2	展览部分	主要展厅	——	6~10	1000
		工作间	80	2	160
		贮藏间	200		200
3	办公部分	BOSS办公室（含卫生间）	80	1	80
		助理室	40	1	40
		办公室	20	4	80
4	其他部分	门厅、走廊、卫生间、设备用房及其他辅助用房			1520
5	总建筑面积				4500

二、外维护结构以及造型改造

由于原有外维护结构体系已经破旧，现要求在保留原有建筑主体结构体系（即支撑结构体系）的前提下，对外维护结构进行重新设计（包括外墙和屋顶），材料需自行选定确定。同时外部造型要结合功能进行设计，设计要求既需要丰富有创造性，又有现实可实施性。

注释：
原4#厂房建筑面积约为2200 M²，其中由大炉车间和生产车间组成，原1#厂房建筑面积约为740 M²，要求在保护两个厂房主体结构的前提下对其进行重新改造。

》成果要求

- 总平面图 1：500（要求标明道路、绿化、小品、停车位出入口位置）
- 各层平面图 1：200（要求标注房间名称,主要房间及卫生间布置）
- 立面图 1：200（不少于2个）
- 剖面图 1：200（不少于2个,剖切位置应选择在楼梯间,或能最大限度地表现建筑内部空间关系的位置上,并注明层高与标高）

- 建筑外观效果图或者手工模型表现
- 构思分析文字,说明设计分析过程,注明用地面积、建筑面积、覆盖率、容积率、绿化率等技术经济指标
- 正图大小为A1图纸不少于2张
- 建筑面积一律按轴线尺寸计算

大连理工大学

Ⅲ教学过程----"专题化设计教学体系"

》专题化设计教学体系简介：

● **概述**：本次既有建筑改造设计系列教学为了使学生能更加有效和循序渐进的认识设计过程，在整体安排上并未采取传统的"一、二、三草"模式，而是设置了"五专题"即五个阶段，更加贴切和细化了设计内容及目标。

● **传统设计教学与专题化设计教学比烈：**

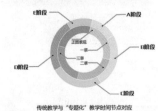

传统教学与"专题化"教学时间节点对应

	周 期	阶 段	训练方式
传统教学模式	8周	三个阶段（一、二、三草）	按设计深入程度，层递式训练
专题化设计教学体系	8周	五个专题（ＡＢＣＤＥ专题）	按不同的设计对象与目标，独立式训练

》教学具体流程及方法：

厂房原始模型

厂房改造调研报告
调研报告示例

A阶段：改造对象认知专题 **Ⓐ**

时间：1周

培养目标：训练学生对和项目相关的基础信息与需要改造建筑的务实调查与研究

设计对象及设计要求：原始建筑手工模型1:50制作、场地绘制、项目历史背景研究与案例收集

专题一调研报告内容：现基地分析，同类建筑参观调研情况，相关国内外案例总结（PPT汇报形式）

设计教学辅助环节：
①讲座：青木茂讲演会--关于再生建筑
②典型案例研究：●上海8号桥--上海汽车制动器厂的老厂房改造而成
●798艺术区--原为国营798厂等电子工业的老厂区所在地
③现场调研：大连港15库，亿达杰座售楼处

青木茂再生建筑讲演会

15库现场调研

环境功能空间改造草模

B阶段：环境与功能空间改造设计专题 **Ⓑ**

时间：2周

培养目标：训练学生了解新旧建筑的功能转换，同时处理建筑与室外环境的关系以及室内空间的形态效果

设计对象及设计要求：针对现有室外环境和室内空间在新功能要求下进行改造设计（模型与分析图纸）
●对该场地与文脉的基本认知
●对该种类型建筑的功能了解
●对该种类型建筑的空间分析

专题二汇报内容：总平面 1:1000平面 1:300--1:500 徒手单线草图（扫描整理PPT汇报形式）

设计教学辅助环节：
① 功能空间方面：考虑原始厂房的结构柱网，结合9m×9m空间训练，根据任务书各功能空间特质进行功能体量的分隔
②环境设计方面：对应课程--场地设计原理案例分析--上海苏州河梦清园，在总体规划上以水体的净化再生为主题，把景观轴线和历史轴线用活水的主题串联起来

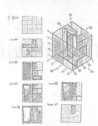
9×9空间训练

结构和设备改造平面及轴测分析

C阶段：建筑结构与设备改造策略专题 **Ⓒ**

时间：2周

培养目标：训练学生熟练认知建筑结构与设备体系，及了解其与建筑空间和形态的关系处理

设计对象及设计要求：针对现有建筑内部结构体系与设备提出可行性改造策略（意向提案与描述）
●空间形态与结构
●空间形态与设备

专题三汇报内容：总平面 1:500 平面、立面、剖面 1:200--1:400 徒手单线草图（A1草图纸平图）

设计教学辅助环节：
① 讲座：土木工程学院李祥立老师介绍改造类建筑中结构与设备方面专业知识
●美国绿色建筑设计师林志超介绍绿色建筑技术应用及案例
②典型案例研究：以法国蓬皮杜文化艺术中心为例，介绍建筑设计中空间、结构与设备的完美结合

绿色建筑的理念与实践讲座

外围护结构改造室内透视

D阶段：建筑外维护结构改造设计专题 **Ⓓ**

时间：2周

培养目标：训练学生对立面设计的系统研究，以及了解新旧材料的表象与内涵

设计对象及设计要求：针对现有建筑屋顶、外立面等外维护结构，进行形式设计（模型与分析图纸）

专题四汇报内容：总平面 1:500 平面、立面、剖面 1:200--1:400 CAD图纸（A1 草图纸平图）

设计教学辅助环节：
①针对性技能培训：参观材料与构造实验室
②典型案例研究：●伊比利亚当代艺术中心：保留原立面元素，加建新立面
●上海8号桥时尚创作中心：立面材质延续原有，纹理重新拼贴
●音乐中心：利用原立面改建，增加时代感，新旧产生强烈对比

材料与构造实验室

典型案例研究

E阶段：最佳方案1:50手工成果模型制作 **Ⓔ**
（结合A阶段现有模型）

时间：1周

培养目标：训练学生对改造手法的认知与验证
●与最初的场地模型呼应
●最终的设计成果与最初的模型同比例对比

专题五汇报内容：成果模型及成果图纸

改造成果

设计教学辅助环节：
①针对性技能培训：模型室重要工具使用培训

整个设计过程
前后相连

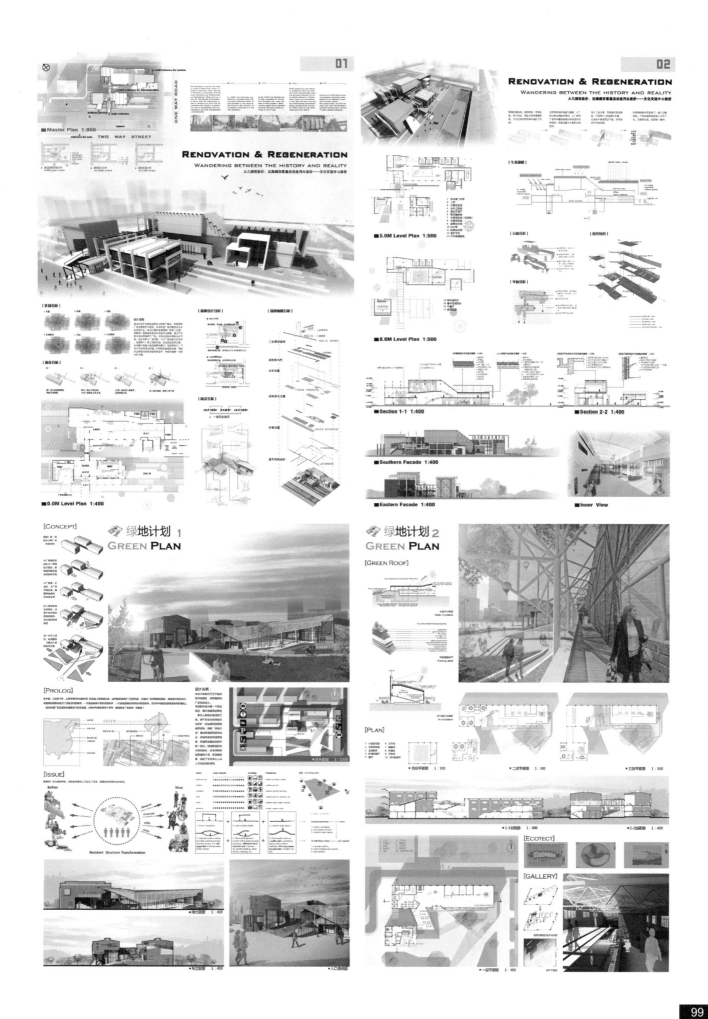

建筑设计3⁺:
国际视野下的"海天"创新设计教学体系与实践
2012同构co-opolis:
大连市采石工业废弃地再利用计划
（三年级）

教案简要说明

本课程以建筑学三年级为中心，旨在建立国际化创新设计的教学体系，通过组成外教参加的教学体系课题组，以12周左右的课时为一个教学周期，并以创新设计为主线，培养环境认知、城市调研分析、概念设计提案、建构制作、视频制作与展示等能力。经过三年的实践，课程体系趋于完善，2010、2011年教学成果都已编辑出版。2012年选题上着眼于高速城市化遗留的问题（城市采石场废气地），与澳大利亚UTS联合，经过广泛的调研，以及先进的设计思维的培养方法，圆满地完成了课程。

2012"海天学者"同构——新城市农场 设计者：金旖旎 陈灿
2012"海天学者"同构——绿色细胞 治愈 设计者：钱晨
2012"海天学者"同构——绿色桥接 设计者：兰升青 曹千
指导老师：范悦 山代悟（日本） 张宇 Joanne（澳大利亚） 陈岩
编撰/主持此教案的教师：范悦

建筑设计 3⁺：国际视野下的 "海天" 创新设计教学体系与实践
International Design Thinking education system for innovation

2012 同构 co-opolis：大连市采石工业废弃地再利用计划 Rehabilitation Plan of the Brown Field

课程概况与特色 BACKGROUND & FEATURES

What is Haitian studio?
关于建筑设计 3⁺

- **"海天" 创新设计教学体系的由来**
  运用校级海天国际化基金，聘请东京大学、悉尼科技大学等知名大学的外教组成教学组，引进新型设计思维与教学模式，在培养具有国际视野的设计人才的同时，探索本土化创新设计教学体系自 2010 年春季学期启动，课程已有三年的历史和积淀；

- 每年课程（作为建筑设计 3 ）学时为 12 周（4月~），以建筑学三年级学生为中心招收约二十~三十名，其中还包括规划、艺术工业设计专业的部分学生；

- **课程内容和环节涵盖：**环境认知、城市调研与分析、概念与设计提案，建构制作及空间体验等；

- **课程形式：**个人设计，分组多人数合作设计，全员参加的建构制作等；

- **设计技能：**设计提案与发表（英语），手工模型与表现，视频制作，集体展示等；

- **教学方式：**外教全程主持的英语教学，聘请校内外专家参加课程指导以及中间公开评图，最终作品展示与评图；

2010 Design & Realization
环境建构

- **概况**
  培养未来建筑师的责任感，构想自己的空间，通过设计、试做，不断地推敲和发展设计，并通过团队合作，从材料选择到采购、制作，实现真实空间的创造。为了进一步展示空间的魅力，邀请社会人士的参与和体验，并将这种体验纳入到整个设计体系中来实现。

环境建构概念平面

- **成果**
  城市调研与环境装置设计作品
  "动·森林" 环境建构作品
  环境建构——适应性建筑环境的构想与实践（中国建筑工业出版社 2011 ）

2011 Urban Research & Design & Realization
融构

- **概况**
  融构的过程浓缩了城市调研、设计概念抽出、设计提案、建构制作，以及通过空间体验获取新的反馈等循环和过程。
  注重用自己的眼睛观察城市并衍生出相应的新的设计概念，通过快速的形态化操作，不断地提升和优化设计。

- **成果**
  城市调研分析报告、个人分析与设计
  以 "灰色空间"（Grey Space）为设计概念的建构作品
  融构——眼睛与手脑并用的设计坊（中国建筑工业出版社，2012 ）

课程目的与计划 PURPOSE & PLAN

	设计主体	设计重心	设计评价	培养目标
传统设计教育 Traditional Design Education	个人	宽泛	快乐	有天赋和艺术感的设计师
	ALONE	WIDER	HAPPY	GENIUS ARTIST
	GROUP	DEEPER	SERIOUS	EMERGENCE FROM GROWD
思辨设计教育 Design Thinking	团队	深入	严肃	群体优秀与突出

教学步骤		前期调研 Background Research	联合设计 / 大连 Design Thinking Joint Workshop in Dialan	深化设计 Design Development Study by DUT	联合设计 / 悉尼 Presentation Development Joint Workshop in Sydney
参与学校	**DUT**（中方）	● 实地调研照片及录像资料 ● 采访文稿及录音资料 ● 1:500手工基地模型	● 5×5活动过程图纸及草模 ● 各小组设计成果A1图板4张（包括方案经营模式、总图布局、平面功能分区、剖面示意、效果图）	● 方案发展模型与推敲 ● 回访悉尼展览资料 ● 前三阶段回顾视频资料	● 5×5讨论活动过程图纸 ● 英文汇报演讲文稿 ● 各组视频制作资料 ● 方案展示视频成果文件 ● 交流心得体会座谈
	UTS（澳方）				
教学方式		个人主题调研 小组讨论 集体评图	小组讨论（共六组，每组4个中国学生，2个澳洲学生） 5×5头脑风暴 校内外专家集体评图	分组设计深入（共六组，每组4个来自不同专业中国学生） 模型推敲和图纸 校内外专家集体评图	方案表达视频制作（分成6组展示） 英文汇报技巧练习 中外专家集体评图
时间（周数）		3 周	1 周	6 周	2 周

课题概述 BRIEF INTRODUCTION

2012 New Design Education Method
同构 CO-OPOLIS

基地位于大连机场北部的工业地带，被很多工厂和采石场包围。大连市的近郊现在大型的露天石矿开采遗留地超过百余处。
由于快速的城市化发展和居民区的不断接近，石矿开采被政府禁止，矿采遗留地的问题以及如何有效利用成为了新的课题。

建筑设计 3⁺：国际视野下的 "海天" 创新设计教学体系与实践
International Design Thinking education system for innovation

2012 同构 co-opolis：大连市采石工业废弃地再利用计划 Rehabilitation Plan of the Brown Field

联合设计·大连

第一阶段 [1周]
Design Thinking Joint Workshop in Dalian

概况

联合设计坊延续小组制，由四名中方和两名澳方学生组成。来自建筑学、信息技术、商务学专业。在联合设计小组中双方学生的交流开阔了设计思路。紧密安排日程，提高了学生短时间内认识问题，解决问题的能力。5×5活动的进行激发学生去探索不同的解决方式，并形成各组最初的设计思想。

教学方式
- 1. 分组讨论（共6组，每组4名中国学生，2名澳洲学生）
- 2. 5×5 头脑风暴（5个步骤，每步骤5分钟）
- 3. 校内外专家集体评图

讲座现场照片

5×5头脑风暴活动

讲座现场

CO-OPOLIS 工作坊大连阶段

各阶段成果汇总
- 实地调研照片及录像资料
- 5×5活动过程图纸及草模
- 采访文稿及录音资料
- 各组设计成果A1图板4张
- 1:500手工模型

基地调研

场地模型

扶梯端景

深化设计

第二阶段 [6周]
Design Development Study by DLUT

概况

对前阶段成果进行总结，通过一个月时间深入发展方案，从总平面设计、平面功能设计、造型设计、剖面设计、景观设计等方面完善方案。每周两次指导学生以PPT形式汇报进程，老师给予方案发展意见，进行引导。此过程中，锻炼各小组不同专业学生的分工合作相互协调能力。

教学方式
- 1. 模型推敲（手工模型及电脑模型）
- 2. 图纸绘制（A1图纸，每组4张图版）
- 3. 校内外专家集体评图

资料整理分析

各组同学讨论

设计方案深化研讨课程

CO-OPOLIS 工作坊深化阶段

- 方案发展过程草模
- 过程图纸
- 中期展示图纸（每组4张A1图板）
- 回访悉尼展板（每组4张A1图板）
- 前三阶段回顾视频资料

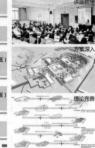

讲座教学

方案深入

理论完善

联合设计·悉尼

第三阶段 [2周]
Design Development Study by DLUT

概况

在视频制作过程中，通过4×5 5×5等讨论活动，学生再次对方案内容进行整理，并与澳洲同学进一步交流。经过为期一周的共同设计坊活动，学生掌握了视频制作技巧，完成各组视频制作，同时探索了方案表达的不同方式。此外，学生的英文汇报演讲能力也在此过程中得到锻炼。

教学方式
- 1. 视频制作方法
- 2. 英文汇报技巧
- 3. 中外专家集体评图

汇报现场

课前准备

汇报与视频展示

CO-OPOLIS 工作坊悉尼阶段

专家点评

- 5×5讨论活动过程图纸
- 英文汇报演讲文稿
- 各组视频制作资料
- 视频成果文件
- 交流心得体会座谈

视频制作

最终成果

各组成果展示

第一组 Group 1 [新城市农场]

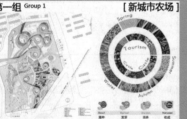

Tourism / Spring / Summer / Winter / Autumn

- 我们针对于这块基地的改造提案 是建造一个以城市农场为特色的生态公园它不仅以第一项旅游设施 更是为了让当地居民和游客通过这种新型的城市农场进而感受一种新的休闲旅游方式 生态公园旨在将矿坑基地这块城市负空间重生 改造成为绿色的生态的 并且能够产生经济效益的区域

第二组 Group 2 [深发展]

SPREADING IN THE DEEP
建筑IN矿坑
ARCHITECTURE IN FINAL WORK FROM GROUP 2

第四章：发展
CHAPTER IV: SPRE

- 滴入清水的墨汁 在水中可以无限扩散 "深发展" 正如城市中的一滴墨汁 我们希望它可以在城市中不断扩散生长 参数化设计是 "深发展" 的核心理念 它可以适应于各种复杂的地形条件 同时拥有变化灵活 施工迅速等优点我们在基地中加入了绿色，水，和建筑这三种元素

第三组 Group 3 [工厂上的绿色生活]

- 我们方案的提出不是由场地地形决定 而是来自于场地的利益分析：它涉及的利益相关者有政府相关部门 环嘉公司和周围居民 三者之间存在着一定的利益矛盾 我们提案是将矿坑开发成一种不仅能满足所有利益相关者 同时能让三者之间产生良好的互动的综合设施

第四组 Group 4 [绿色细胞 治愈]

- 我们的提案 旨在创建一个 "治愈" 作用的场地 来平衡居民和工厂的关系 这是一个用绿色的细胞盒子 来创造更好居住环境的 三阶段提案 随着我们对建筑景观系统的设计及功能考虑 绿色细胞逐渐蔓延 工厂的功能实现了转变 居民对场地的态度从失望变成满意 工厂居民双方的关系也得到了缓解

第五组 Group 5 [绿色桥接]

- 我们希望通过 "绿色桥接" 的方式 创造 "绿色" 的公共活动空间以此逐步协调环嘉公司与居民之间的关系 同时针对基地生态土壤环境贫瘠的现状采用 "土壤自我更新" 技术 使方案具有可持续性 希望通过这样一个土壤更新方案和桥系统的连接 解决矿坑现有的环境问题 满足双方各自的利益需求

第六组 Group 6 [乐源]

- 改造方案旨在利用矿坑的地形建立一个可以让人们在都市中享受悠闲生活的生态都市桃花源 都市人们的生活压力过大 高密度的建筑 污染的空气 缺乏属于自己的一片安静之地 而矿坑的空间恰好可以提供给人们一个安静的私密空间 供人们暂时逃离喧嚣的都市生活创造一种生态健康的新生活方式

重构空间

（一年级）

教案简要说明

　　该题目是一年级建筑初步课程最后一个题目，共四周时间，人数要求是两人一组。

　　作为建筑初步课程的最后一个题目，要求学生既能复习建筑初步课程先修内容，又能为二年级建筑设计课程打下良好的基础，完成对于学生建筑表达、感知、造型和设计能力的全面训练。

　　教学上采用现场调研、测绘、课堂阶段讲评，阶段模型与过程的互动等手段充分调动学生的积极性，取得了较好的效果。尤其是阶段模型的介入，使得教学环节环环相扣，增强了教学过程的紧密度与学生的积极性。

记忆中的青石板——重构空间　设计者：刘庚　林晓伟
指导老师：徐维波　张颖宁
编撰/主持此教案的教师：徐维波

一至五年级教学大纲

整体框架

一年级	二年级	三年级	四年级	五年级

建筑初步

建筑感知基础
建筑表达基础
建筑造型基础

建筑设计基础

熟知空间 · 单一空间 · 单元空间组合 · 综合空间 · 功能与空间 · 建筑与环境 · 建筑与城市环境 · 材料与建筑 · 建筑与城市设计 · 文化建筑与场地 · 高层建筑与综合 · 大跨建筑与泛观 · 建筑师业务实践 · 毕业设计

功能与空间
场地与环境
建造与技术
技能与职业

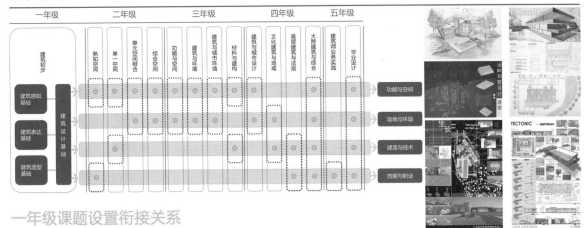

TECTONIC

生长

一年级课题设置衔接关系

				建筑初步一			建筑初步二		124 重构空间
题目	111 印象·体验·表达	112 色彩认知与练习	113 渲染练习	114 建筑抄测	115 建筑形态构成	121 外部空间体验与分析	122 先		重构、空间
关键词	认识、描述、表达	色彩	光影、渲染	测绘、制图	空间、形态、分析	外部空间、体验、分析	分析、关		场地测量基地 分析 各项因素
任务	参观调研 查阅资料 确定主题 表达对建筑的认识	认识色彩属性 绘制色相环、色彩渲染 绘制色彩对比练习	对建筑进行光影分析 渲染体现	现场测量小建筑 绘制基本图纸	测量建筑实例 将1:1的操作方法 空间单体案例	体验、感知校园外部空间 具体案例分析外部空间	分析造型体、体 建筑空间 间等要素		利用现有构筑物的结构框架进行分析与设计中的图素
问题	认识表达建筑		掌握渲染的方法 深入细致地观察建筑	掌握测量、记录和表达的	加强建筑形态及操作方法 掌握塑造空间形态的构成方法	分析方法			重构的概念 练习多个空间的设计
建筑表达	徒手表达 尺规运用 工具运用	水粉渲染	水彩渲染	尺规表达 工具运用	徒手快速表达 尺规表达 口头表达	徒手快速表达 尺规表达 分析表达	尺规表达 分析表达		尺规表达 模型表达 调研报告 建筑表现
建筑感知	建筑的初步认识	建筑的色彩感知	建筑的色彩感知	建筑的深入认识	空间感知分析	外部空间感知、分析	空间分析	人体尺度 人的活动	内部空间 外部空间 人的活动
建筑造型		建筑立面的空间关系	建筑构件尺寸	造型与空间关系	造型与外部空间关系	造型与相关因素的关系	空间界面处理与造型		建筑结构与造型
建筑设计				空间与设计	空间与设计	相关要素	初步了解建筑设计过程		初步了解建筑设计过程

课题概述

该题目是一年级建筑初步课程最后一个题目，共四周时间，人数要求是两人一组。

作为建筑初步课程的最后一个题目，要求学生既能复习建筑初步课程先修内容，又能为二年级建筑设计课程打下良好的基础，完

教学上采用现场调研、测绘、课堂阶段讲评、阶段模型与过程的互动等手段充分调动学生的积极性，取得了较好的效果。

教学目的

建筑设计基础	了解与设计有关的因素：功能、空间、环境、结构等
建筑造型基础	复习并扩展空间构成的概念，练习多个空间的设计手法
建筑表达基础	了解设计的基本过程，能针对不同设计阶段运用恰当的表现手法

教学过程中提出的问题

建筑与人的关系如何理解和把握？

如何理解功能、结构、空间、环境之间的关系

建筑与什么因素有关？

教学任务

目标确立	在校园现有构筑物的结构框架内进行空间的**重新组织构成**，尽量设计出丰富统一的室内外空间。
要求提出	1) 建筑功能：消息"吧" 核心功能——信息发布； 辅助功能——管理、盥洗如厕、休闲、小卖等，可自行组织； 2) 建筑面积：自行设计（有围护结构的建筑面积不大于120平方米）； 3) 建筑高度：自行设计，但须与原有构筑物的结构发生关系并和周围环境得到协调； 4) 建筑环境：要求结合构筑物进行基地内整体环境设计； 5) 人员要求：两人一组； 6) 时间要求：4周。

基地概况

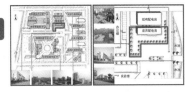

郑州大学

教学过程

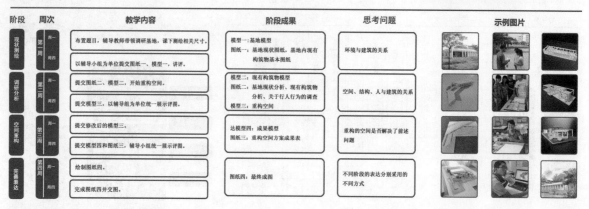

阶段	周次	教学内容	阶段成果	思考问题
现状测绘	第一周 周一—周四	布置题目，辅导教师带领调研基地，课下测绘相关尺寸。 以辅导小组为单位提交图纸一、模型一，讲评。	模型一：基地模型 图纸一：基地现状图纸，基地内现有构筑物基本图纸	环境与建筑的关系
调研分析	第二周 周一—周四	提交图纸二、模型二，开始重构空间。 提交模型三，以辅导组为单位统一展示评图。	模型二：现有构筑物模型 图纸二：基地现状分析、现有构筑物分析、关于行人行为的调查 模型三：重构空间	空间、结构、人与建筑的关系
空间重构	第三周 周一—周四	提交修改后的模型三。 提交模型四和图纸四，辅导小组统一展示评图。	达模型四：成果模型 图纸三：重构空间方案成果表	重构的空间是否解决了前述问题
完善表达	第四周 周一—周四	绘制图纸四。 完成图纸四并交图。	图纸四：最终成图	不同阶段的表达分别采用的不同方式

各阶段成果形式及要求

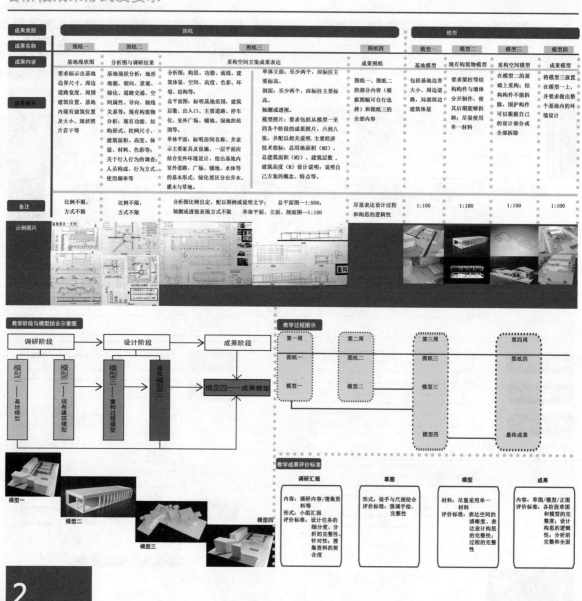

成果类别	图纸				模型			
成果名称	图纸一	图纸二	图纸三	图纸四	模型一	模型二	模型三	模型四
成果内容	基地现状图	分析图与调研结果	重构空间方案成果表达	成果图纸	基地模型	现有构筑物模型	重构空间模型	成果模型
成果要求	要求标示出基地边界尺寸、周边道路宽度、周围建筑位置、基地内现有建筑物位置及大小、现状照片若干等。	基地现状分析：地形、地貌、朝向、景观、绿化、道路交通、空间属性、导向、轴线关系等；现有构筑物分析：现有功能、结构形式、柱网尺寸、建筑面积、高度、体量、材料、色彩等；关于行人行为的调查：人员构成、行为方式、使用频率等。	分析图：构思、功能、流线、建筑体量、空间、高度、色彩、环境、结构等；总平面图：标明基地范围、建筑层数、出入口、主要道路、停车位、室外广场、铺地、绿地的范围等；单体平面：标明房间名称、并表示主要家具及设施，一层平面应结合室外环境设计，绘出基地内的基本形式，绿化区分出乔木、灌木与草地。	单体立面：至少两个，应标注主要标高。剖面：至少两个，应标注主要标高。轴测或透视。模型照片：要求包括从模型一至四各个阶段的成果照片，六到八张，并配以相关说明。主要经济技术指标：总用地面积(M2)、总建筑面积(M2)、建筑层数、建筑高度(M)设计说明：说明自己方案的概念、特点等。	图纸一、图纸二的部分内容（根据图幅可自行选择）和图纸三的全部内容	包括基地边界大小、周边道路、局部周边建筑体量	要求梁柱等结构构件与墙体分开制作，使其后期能够拆卸；尽量使用单一材料	在模型二的基础上重构：结构构件不能拆除，围护构件可以根据自己的设计部分或全部拆除	将模型三放置在模型一上，并要求做出整个基地的环境设计
备注	比例不限，方式不限	比例不限，方式不限	分析图比例自定，配以图例或说明文字；总平面图—1:500；单体平面、立面、剖面图—1:100	轴测或透视表现方式不限 尽量表达设计过程和构思的逻辑性	1:100	1:100	1:100	1:100

示例图片

教学阶段与模型结合示意图

调研阶段 → 设计阶段 → 成果阶段

模型一 基地模型 → 模型二 现有建筑模型 → 模型三 重构过程模型 → 修善模型三 → 模型四——成果模型

模型一
模型二
模型三
模型四

教学过程图示

第一周	第二周	第三周	第四周
图纸一 模型一	图纸二 模型二	图纸三 模型三 模型四	图纸四 最终成果

教学成果评价标准

调研汇报	草图	模型	成果
内容：调研内容/搜集资料等 形式：小组汇报 评价标准：设计任务的细分度、分析的完整性、针对性、搜集资料的契合度	形式：徒手与尺规结合 评价标准：强调手绘、完整性	材料：尽量采用单一材料 评价标准：表达空间的清晰度、表达设计构思的完整性、过程的完整性	内容：草图/模型/正图 评价标准：各阶段草图和模型的完整性、设计构思的逻辑性；分析的完整和全面

2

优秀作业

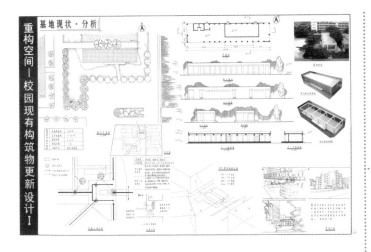

重构空间—校园现有构筑物更新设计Ⅰ

基地现状·分析

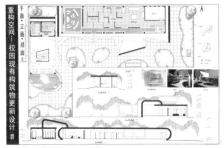

重构空间—校园现有构筑物更新设计Ⅳ

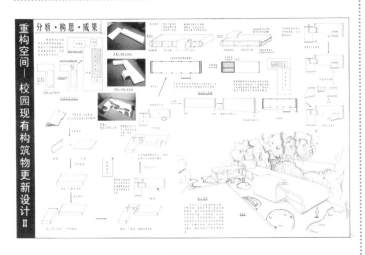

重构空间—校园现有构筑物更新设计Ⅱ

分析·构思·成果

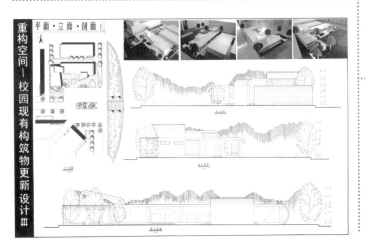

重构空间—校园现有构筑物更新设计Ⅲ

平面·立面·剖面Ⅰ

学生感悟

这个设计作业包涵了我们很多第一次：第一次完全自掌握设计思路，第一次熬夜，第一次经历了如此漫长的设计过程。更重要的是第一次体会到了设计的兴奋和心动。

开始方案并不理想，草图与模型天天不离左右。最终方案以卷轴为原型进行调整，这使我们意识到好的方案是灵感不断撞击产生的火花，并在此过程中学会了与他人的合作。

在模型的制作过程中我们遇到了极大困难，PVC板无法完成曲面。通过坚持和实验，我们最终还是交出了满意的成果模型。

我们体会到了设计不是轻轻松松的就可以完成的，它需要超常的耐心、毅力和精力。设计不是一个人的事情，需要合作与交流，才能成功。

作品主题：卷览天下，轴承四方，取灵感来源：卷轴。

教师评语

基地位于郑州大学新校区工科园内，基地面积1706m2，基地上现有一层废弃的配电房，面积为370m2，高度为5m。本设计分析全面、详细、有针对性，构思从古代卷轴获得灵感，提取主要元素进行组合，并能很好结合现有构筑物的结构形式。在空间形态、体与面的结合、空间限定的多样化等方面均有较好的协调。另外，成果图图表达过程完整，各阶段模型制作均完成较好，是一份不可多得的佳作。

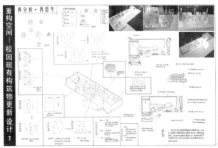

重构空间—校园现有构筑物更新设计Ⅴ

再分析·再思考

3

郑州大学

优秀学生作业

建筑初步 124
重构空间
优秀作业

优秀学生作业

建筑初步 124
重构空间
优秀作业

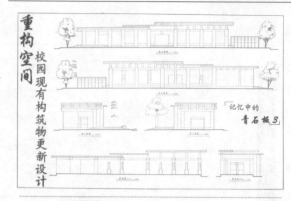

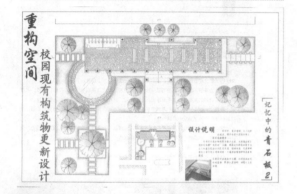

1

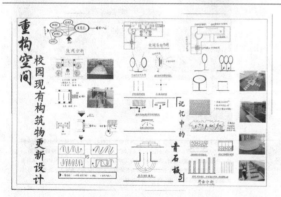

2

3

城市住宅设计

（三年级）

教案简要说明

1. 教学目标与重点

了解城市住宅种类、构成与特点

掌握不同层次人的行为与空间形态和组织之间的关系；

训练应对具体问题的城市住宅的功能组织、空间布局、设计手法等能力；

了解与掌握在复杂城市环境下城市住宅群体组织方法与环境设计。

2. 设计任务

为改善郑州城中村居民的生活环境，优化城市形象，拟对郑州市火车站西广场北侧、京广北路与西中和路之间的东蜜蜂张村约16460m²用地进行改造。新建住宅一部分用来解决原有村民的回迁，另一部分用来满足其他城市居民的居住生活。

3. 教学的方法与革新

3.1 教学的困扰

题目涉及的空间层次较多，教学重点容易被弱化。本题目教学重点在于集合住宅户型与建筑本体的设计。由于题目涉及的空间层次较多，容易导致教学的重点不突出。

现有住宅设计素材的丰富性与低门槛获取，对教学过程产生了一定干扰。其中，表现最为明显的是在住宅户型设计中，部分学生将此环节转变为了户型选型，致使教学目标难以达到。

3.2 解决的方法——分阶段的任务与设计

三个阶段：将教学过程分为"认知、调研与研讨阶段"、"户型设计与组合阶段"、"建筑群体组织与综合调整阶段"三个阶段。分阶段的任务：对应每个阶段，设置明确的设计任务，提供给学生相应的阶段性任务书，任务书含相应的设计条件以及设计任务。分阶段的设计：根据各阶段的任务书以及时间节点，学生在教师的指导下完成相应的工作。贯穿始终的问题驱动设计：在第一阶段，每个学生需要明确一个设计中具体解决的问题。在此后的设计中，这个问题是不同层次设计的驱动，不得更改。

4. 教学过程（共计8周）

4.1 认知、调研与研讨阶段：

4.1.1 给定条件

设计题目：城市住宅设计

基地位置：郑州市火车站西广场北侧，京广北路、蜜蜂张路、西中和路与西中和路前街所限定的街区中的东蜜蜂张村中的某限定范围内用地。

4.1.2 任务

综合调研：基础条件的认知

研讨与分析：问题的提出——分组讨论，讨论城市住宅中居民生活方式与空间的关系；从不同层面对基地环境进行分析。分析在现有的城市环境下，存在着的与居住以及居住建筑相关的问题。确定问题，在辅导老师的帮助下，明确本课程设计力图解决的问题。

4.2 户型设计与组合阶段

4.2.1 给定条件

户型类型与比例：50m²（一室一厅）——20%，80m²（两室一厅）——50%，100m²（两室两厅/三室一厅）——10%，120m²（三室两厅）——15%，150m²（四室两厅）——5%

住宅类型：11~18层集合住宅

4.2.2 任务

户型的设计：户型——功能分区、流线、采光、通风、面积、人的行为

户型的组合：交通空间与户型组合——视线、采光、通风、防火规范。

住宅建筑的设计——建筑形态

4.3 建筑群体组织与综合调整阶段

4.3.1 给定条件：基地边界位置与基地占地面积，住宅面积及户数分配，商业以及服务设施面积，容积率，停车位。

4.3.2 任务

建筑群体组织：建筑的内容、形态、位置，建筑群体与城市道路的关系，日照、通风等问题。

交通系统布局：组团主要出入口、道路系统、停车场。

室外绿化环境的布置意向。

城市住宅设计——邻居 设计者：曹森

城市住宅设计——韵律&"格调" 设计者：原野

指导老师：周晓勇 黄晶

编撰/主持此教案的教师：黄晶

1. 总体框架与课程设置

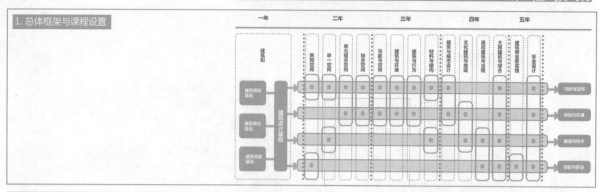

2. 教学衔接与重点要求

2.1 教学衔接：

2.2 重点要求：

2.2.1. 了解城市住宅种类、构成与特点；

2.2.2. 掌握不同层次的人的行为与空间形态与组织之间的关系；

2.2.3. 训练应对具体问题的城市住宅的功能组织、空间布局、设计手法等能力；

2.2.4. 了解与掌握在复杂的城市环境下城市集合住宅群体的组织方法与环境设计；

3. 设计任务

3.1 为了改善郑州城市城中村居民的生活环境，优化城市形象，今拟对居于郑州市火车站西广场北侧、京广北路与西中和路之间的东蜜蜂张村的约 16460M² 用地进行改造。改造的内容包括，对原有的村民自建的住宅进行适时拆迁，并建造新的城市住宅以及相关配套设施。新建城市住宅一部分用来解决原有村民的回迁问题，另一部分用来满足其他城市居民的居住生活。

3.2 3.2.1. 充分合理考虑不同城市人群对住宅以及外部空间的使用要求：

3.2.2. 住宅户型功能分区明确，流线顺畅，采光、通风良好，各功能房间面积分配合理，能够与使用者的日常起居行为相匹配。

3.2.3. 建筑的消防疏散、日照要满足国家的相关要求，并具有合理的结构形式。

3.2.4. 组团内交通系统组织合理，并设置适当的绿化与游憩设施。

3.2.5. 建筑的形式与所处城市环境相协调。

3.2.6. 安置与开发建筑面积在 1:1.5 与 1:2 之间。

设计指标：

□住宅户型与户数分配：

50M2（一室一厅）—20%

80M2（两室一厅）—50%

100M2（两室两厅/三室一厅）—10%

120M2（三室两厅）—15%

150M2（四室两厅）—5%

□地上与地下设施面积：2000M2

□容积率：2.0

□绿化率：>30%

□建筑高度：<50M

□停车位：1.0 车位/户，地面 15%

成果要求：

□ 总平面图（1:500）

□ 一层平面图（1:200/1:300）

□ 户型平面图（1:50）

□ 立面图（1:200/1:300）：1~2 张典型建筑的正立面与侧立面

□ 剖面图（1:200/1:300）：1~2 张典型的建筑的剖面

□ 沿环立面图（1:500）：沿蜜蜂街立面

□ 鸟瞰图

□ 表现图

□ 分析图

□ 设计说明及经济技术指标

□ 图纸尺寸：594*840

4. 教学方法与革新

4.1 教学的困扰：

4.1.1. 题目涉及的空间层次较多，教学重点容易被弱化。本题目教学重点在于集合住宅户型的设计与组合。由于题目涉及的空间层次较多，容易导致教学的重点不突出。

4.1.2. 现有住宅设计素材的丰富性与低门槛获取，对教学过程产生了一定干扰。其中，表现的最为明显的是在住宅户型设计中，部分学生的将此环节转变为了户型选型，致使教学的目标难以达到。

4.2 解决的方法——分阶段的任务与设计

4.2.1. 三个阶段：将教学的授课与辅导过程划分为三个阶段，分别是"认知、调研与研讨阶段"、"户型设计与组合阶段"、"建筑群体组织与综合调整阶段"。对每个阶段设置若干时间节点，引导学生完成相应工作。

4.2.2. 分阶段的任务：对应每个阶段，设置明确的设计任务，提供给学生相应的阶段性任务书（不同学生提供完整的课程设计任务书），任务书含相应的设计条件以及设计任务。

4.2.3. 分阶段的设计：根据各阶段的任务书以及时间节点，学生在教师的指导下完成相应的工作。

4.2.4. 贯穿始终的问题驱动的设计：在"认知、调研与研讨阶段"，通过调研以及分组讨论研究，每个学生需要在教师的帮助下，明确一个设计中具体解决的问题。在此后的设计中，这个问题是不同层次设计的驱动，不得更改。

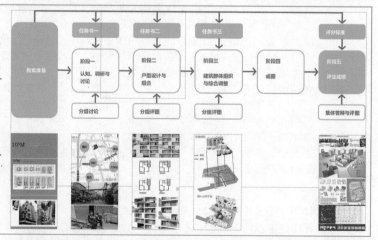

5. 教学过程

5.1 认知、调研与研讨阶段（1.5周）：

5.1.1 条件与任务

□ 给定条件：
设计题目：城市住宅设计
基地位置：京广北路、蜜蜂张路、西中和路与西中和路前所限定的街区中的东蜜蜂张村中的某限定范围用地（此阶段不提供基地的具体位置以及面积大小，只给出基地所在街区）。

□ 任务：
综合调研——基础条件的认知：对城市中居住单位的调研，了解一般城市住宅中居民生活在不同尺度层次上与空间的对应关系。对基地周边城市环境、基地地形、建筑现状、基地人口构成、人的生活方式、相关资料的集整理，了解城市住宅种类、构成与特点。
研讨与分析——问题的提出：分组讨论，讨论城市住宅中居民生活方式与空间的关系；从不同层面对基地环境进行分析，分析在现有的城市环境下，存在着的与居住以及居住建筑相关的问题，确定问题，在辅导老师的帮助下，明确本课程设计力图解决的问题。

5.1.2 教学程序与进度

第一周上：授课与调研
第一周下：调研、资料的收集与整理，呈交调研报告。
第二周上：分组讨论、确定问题

提出问题类型
关于原住村民的生计的问题
关于城市养老的问题
关于邻里关系疏离的问题
关于施工对城市生活的干扰的问题
关于不同家庭对住宅多样化需求的问题

5.2 户型设计与组合阶段（2.5周）：

5.2.1. 条件与任务

□ 给定条件：
户型类型：
50M²（一室一厅）
80M²（两室一厅）
100M²（两室两厅/三室一厅）
120M²（三室两厅）
150M²（四室两厅）
住宅类型：11-18层集合住宅

□ 任务：
户型的设计：
户型——功能分区、流线、采光、通风、面积、行为
户型的组合
交通空间与户型组合——视线、采光、通风、防火规范
住宅建筑的设计——建筑形态

5.2.2. 教学程序与进度

第二周下：初步提出解决问题的方法
第三周下：1:100 户型平面、1:100 户型组合平面、建筑造型基本意向草图
第三周下：1:100 户型平面、1:100 户型组合平面草图、建筑造型、sketch up 模型
第四周上：1:50 户型平面、1:50 户型组合平面图、家具布置、楼梯楼间设计、sketch up 模型
第四周下：1:50 户型平面、1:50 户型组合平面草图、sketch up 模型、分组评图。
备注：在此过程不强调户型设计的先行。

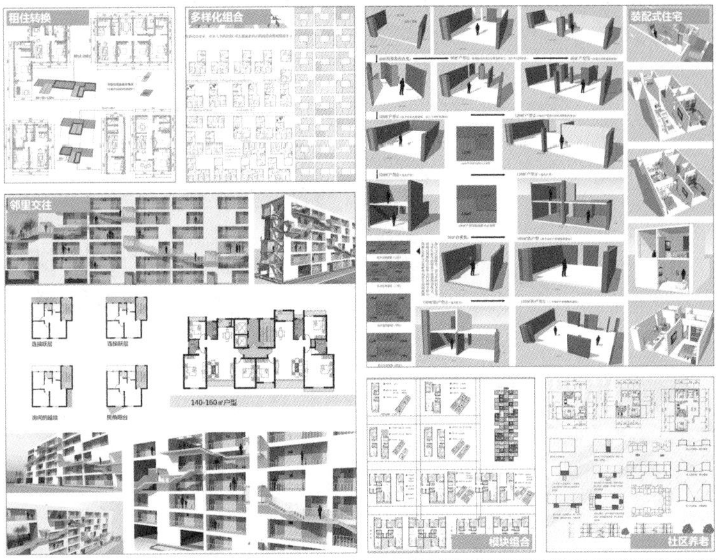

租住转换 **多样化组合** **装配式住宅**

邻里交往

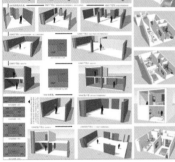

140-160 m² 户型

模块组合 **社区养老**

5.3 建筑群体组织与综合调整阶段（2周）：

5.3.1. 条件与任务

□ 给定条件：
基地边界位置与基地占地面积：
住宅户数分配：
商业以及服务设施面积（内容以及面积分配自定）：2000M²
容积率：2.0 绿地率：>30% 停车位：1.0 车位/户，其中地面停车为15%
成图图纸要求

□ 任务：
建筑群体组织——建筑的内容、形态、位置、建筑布局
建筑布局——城市道路的关系、日照、通风等
交通系统布局——组团主要出入口、道路系统、停车场
室外绿化环境的布置——室外绿化环境意向
综合调整与平衡——综合调整
备注：在此过程不强调"建筑群体组织"或者"交通系统布局"的先行。

5.3.2. 教学程序与进度

第五周上：提出建筑群体组织、交通系统布局以及交通系统布局的设计构思。
第五周下：绘制与修改1:500的总平面图以及总体 sketch up 模型。
第六周上：完成修改1:500的总平面图以及总体 sketch up 模型。分组评图。
第六周下：整合调整与平面方案。

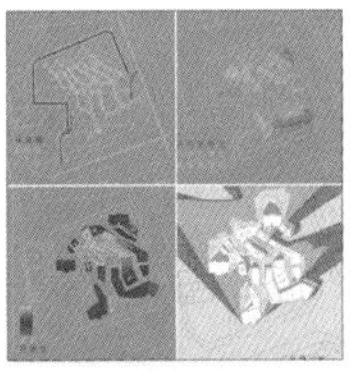

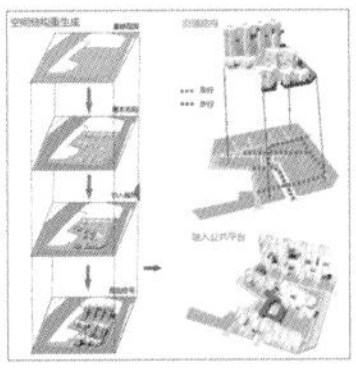

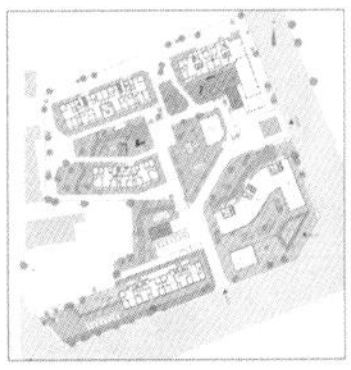

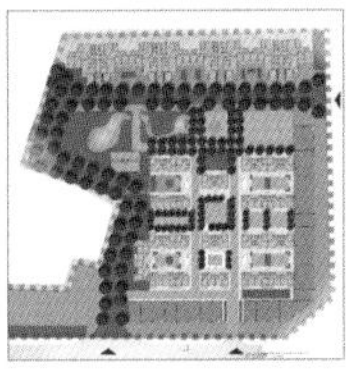

6. 评分方法与标准

6.1 评分方法：公开、集体的评分

6.2 评分标准：

平时成绩：20%，指导教师评定。
图纸成绩：80%，所有指导教师评定。分为 A 优秀，B 良好，C 一般，D 及格，E 不及格，五档。
每个学生的图纸为平均分。

等级	A+	A	A-	B+	B
分值	93	90	88	86	85	81

等级	C+	C	C-	D+	D
分值	78	75	71	68	65	61

等级	E+	E	E-
分值	58	55	51

02

建筑名作分析:作为认知建筑和设计的手段

（一年级）

教案简要说明

　　建筑名作分析是建筑设计基础课程《建筑分析》环节的练习内容，作为知识、能力、表达合一的综合性教学单元，它的目标是通过建筑作品的分析解读，增长建筑作品和历史知识，认知建筑设计的各种影响因素和设计结果的关系，通过"分析"掌握关于建筑和建筑设计过程的基本理论框架，树立建筑设计与空间语言的理性思维。同时进一步巩固建筑表达和表现技能，尤其是分析图和分析模型的表达。本教案的三个主要创新点在于：

　　1.认知层面

　　除静态的传统建筑图纸和照片外，利用动态的建筑实地视频加强学生对作品空间的感知，大大加深了学生对选例的空间认知和理解。引导学生阅读建筑师本人的写作和文字，与空间影像相为映衬，理解建筑师的思想和意趣；

　　2.分析层面

　　通过分析框架、分析表达方式，有意识地建立学生对建筑和设计理解的基本框架和概念体系。以空间的塑造为核心，通过对场地–空间、功能–空间、建造–空间三对建筑基本问题以及空间–形式生成过程的定向分析，抓住每个作品的不同特质，建立基本设计理性；而不再是由学生自由发挥分析的内容。

　　分析的表达方式，除分析图解外，新加入"分析模型"的制作，例如建筑的结构骨架系统，建筑的交通空间，体量/空间的生成演变过程等，大大加强了分析教学的效果，加深了学生对作品的理解。

　　3.表达层面

　　过程成果和最终成果有序安排：再现/表现—分析/抽象—综合。加强分析图和模型表现同时，将传统水墨、水彩表现和现代建筑空间的光影和氛围表达结合起来，获得了良好的效果。建筑内部空间表现和外部透视被放到同等重要的地位。

建筑名作分析——达尔亚瓦别墅 设计者：伍佳 雷梦燕
建筑名作分析——1931年柏林建筑展览会住宅 设计者：刘炜宇 刘杨
建筑名作分析——圣本尼迪克特教堂 设计者：任一方 谢昕
指导老师：曹勇 李路
编撰/主持此教案的教师：曹勇

建筑名作分析:作为认知建筑和设计的手段

建筑名作分析：作为认知建筑和设计的手段

——建筑设计基础《建筑分析》环节教案

1

▶课程结构/教学环节

一年级上学期　　　　　一年级下学期

建筑初识 → 建筑认知 → 建筑空间 → 建筑分析 → 小型建筑设计 → 建造实践

认知（知识）	建筑概论	建筑空间建筑构造	空间的概念、限定和组合	现当代建筑师和作品；建筑的要素与建筑设计过程	unit1 场地—体量 unit2 功能—空间 unit3 材料—建造	从设计到营造：材料、连接、结构
表达（技能）	测量、观察草模制作	建筑制图模型制作	建筑草图过程模型	分析图分析模型	水彩渲染：体块、空间、结构模型	节点模型实物建造
设计（能力）	《教室座位练习》	《建筑测绘》	《空间限定与空间组合》	《建筑名作分析》	《校园小建筑设计》	《环境建构》

▶教学目标

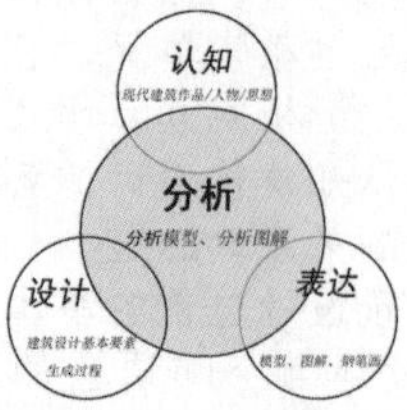

—— "作品分析作为认知 **建筑** 的手段"：
通过收集资料、阅读相关书目，对现代建筑经典作品和建筑师的相关知识进行学习

—— "作品分析作为理解 **设计** 的手段"：
通过对优秀建筑案例的分析，初步理解设计各种影响因素（环境、功能、技术）和建筑的构成要素（空间/体量/表皮/结构/构造/材料/色彩/形式/等）的相互关联，建立初步的建筑设计和构思方法形式理性

—— "作品分析作为设计 **表达** 的方式"：
掌握建筑分析的典型图解表达方式；利用分析模型加深对于建筑作品特点、要素和方法过程的理解

认知
现代建筑作品/人物/思想

分析
分析模型、分析图解

设计
建筑设计基本要素生成过程

表达
模型、图解、种类泛

关键词：

认知、

媒介、

静态/动态、

视频、

文字

A　认知 / 媒介

（ Cognition & Media ）

　对国外著名建筑实例的体验与认知，实地参观是最为直接和有效的手段，国内教育条件下尚无法实现。

　如何在现有条件下充分利用信息社会的各种资源，达到对建筑实例的内部空间和设计特点深入了解？除了传统建筑学基础教育的媒介手段（图纸或照片drawing and photo），建筑现场的动态影像资料（movie）以及建筑师本人或他者的写作（text）也为我们提供了更深入感知、解读空间的媒介。在从静态图纸或照片到动态的影像或动画、从图形到语言的跨越中，对建筑、空间、设计概念的认知也获得了新的发展。

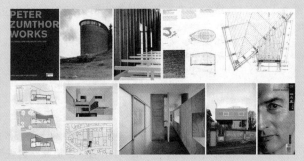

新的认知建筑与空间的媒介：▼　　传统认知建筑与空间的媒介：▲
视频/文字 Movie & Text　　　　图 / 像 Drawing & Photo

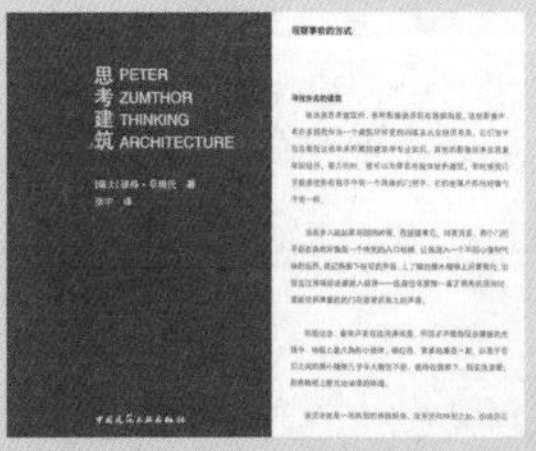

客观——主观：

　图（drawing）反映了对建筑认知的某种客观方面；建筑师或观者的文字（text）则表达了更多主观的感受和理解。瑞士建筑师卒母托的文字，和他所建造的空间同样精彩，描述了图上不可感知的那些听觉、触觉、嗅觉等空间感受；

作业所选案例和建筑师（部分）

静观——动观：

　照片（photo）反映了建筑空间场景的某个局部的静态图像；而电影和视频（movie）则以动态的连续的影像展示建筑的空间，它虽然和身临其境还有差别，但能够给观众更为完整的空间认知和体验。在youtube上不同拍摄者对同一建筑的影像叙述方式，有趣地反映了不同人对建筑的感知差异。

Movie 1：旅行者拍摄的圣·本尼迪克特教堂　（来源 http://www.YouTube.com ）

教学过程与要点解析 ▌

认知/媒介 Cognition & Media

建筑名作分析：作为认知建筑和设计的手段

2

——建筑设计基础《建筑分析》环节教案

▶ 作业任务

要求： 二人为一组，选取的一个著名现代建筑案例，通过收集资料、制作模型、分析讨论建筑的特点，增长建筑历史和理论知识，初步理解建筑设计的一般要素与过程。最后以分析模型+图纸的形式反映分析和认知的成果。

内容： a、通过多种媒介（图、照片、影片、文字等）来认知建筑案例的环境特征、空间和形体面貌；
b、掌握建筑及建筑师的相关知识背景；
c、理解建筑设计分析的基本框架和表达方法；掌握分析图的表达技巧，并通过分析模型提炼出原作某一方面的主要特点。

参考书目： 1.《世界建筑大师名作图析》（美）克拉克·罗杰，H·波斯·迈克尔 汤纪敏译 中国建筑工业出版社 1997年；
2.《建筑大师经典作品解读：平面·立面·剖面》（英）威斯顿编著 牛海英、张雪珊译 大连理工大学出版社 2006年；
3.《图解思考》（美）保罗·拉索著 邱贤丰译 中国建筑工业出版社. 1988年；
4.《大师作品分析：解读建筑》 王小红编著 中国建筑工业出版社 2005年；
5.《设计与分析》（荷）伯拉德·卢本等著 林尹星译 天津大学出版社 2003年；

▶ 教学进度

认知	公共课	大师作品分析作业的目的/要求/表达方式。选用案例的基本素材介绍。分析的基本内容与要素。	2.0 周
	资料收集与模型制作	学生分组，收集相关材料：图、文、影像资料。通过制作再现性模型，深入了解建筑作品的基本情况和特点。	
分析	分析的框架	理解建筑设计的基本影响因素（环境、功能、技术）和设计语言构成要素（空间、体量、表皮、结构、构造、材料、色彩）的相互影响关系。探索建筑空间形式生成的逻辑。建立分析的框架。	3.5 周
	分析模型	将案例中某方面突出的特点通过分析性模型加以表达。（如：如建筑的空间形态关系、体量构成、结构骨架、表皮构造、构思发展过程等各方面特点）	
	分析图	利用分析框架全面理解建筑设计的要素、建筑语言的表达和建筑设计过程中的关系。学习对基本平、立、剖面图纸进行提炼，配合各种符号、色块、图例等进行分析图的表达。	
表达	汇报交流	各案例介绍、解释、分析所作情况。	1.5 周
	成果图纸	整理分析成果，完成整套成果。	

关键词：

建筑的要素、
设计过程、
分析图、
分析性模型

B 分析 / 框架

(Analysis & Framework)

1 分析 analysis

可理解为"分类"与"解析"。对一件建筑作品的要素做出分类，就作品的某一方面或某一因素做出提炼与剖析，总结在该方面的特征。

2 要素 element

对建筑名作的分析学习不只是为了"再现"其形体、空间形象，而是为了找到它的内在特点和规律。如何进行分析，取决于我们的视点和框架。现阶段教学中分析的视点和要素来自于现代主义建筑理论框架，它关注的概念重点主要有以下类别：
1、功能与使用（建筑的目的方面——建筑与人）
2、结构与建造（建筑的手段方面——建筑与物质）
3、环境与文脉（建筑的背景方面——建筑与城市、自然和社会）
4、空间与形式（建筑的最终实现面貌——建筑与建筑师）

3 框架 Framework

四者的关系如右图。建筑空间居于分析的核心位置，它是前述三者的影响通过建筑师个人的创造性活动——"设计"产生的结果。
"分析"教学间接显示了建筑"设计"和"生成"的过程，它分为2个层面：
——在分解的层面，它需要找到建筑的各种影响要素（场地、功能、建造）与建筑的空间形式语言间的关系。称为"要素-语言的分析"；
——在整体的层面，它需要探索建筑师的设计理念和构思，如何发展为最后的建筑空间形式，可以说分析是一个"回溯设计"的过程。称为"设计过程的分析"；

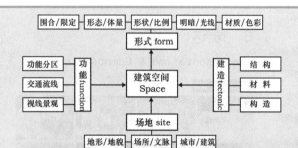

围合/限定	形态/体量	形状/比例	明暗/光线	材质/色彩

形式 form

功能分区 — 功能 function — 建筑空间 Space — 建造 tectonic — 结构 / 材料 / 构造
交通流线
视线景观

场地 site

地形/地貌 — 场所/文脉 — 城市/建筑

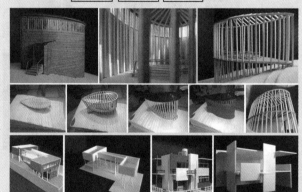

分析模型 Analytical Model

结构分析模型

分析图 Diagram

流动空间生成分析

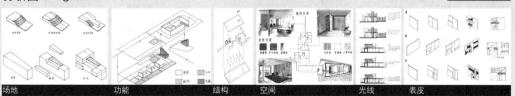

场地   功能   结构   空间   光线   表皮

教学过程与要点解析 ▌▌

分析/框架 Analysis & Framework

建筑名作分析：作为认知建筑和设计的手段

3

————————建筑设计基础《建筑分析》环节教案

▶ 成果要求

图纸每人提交一套，模型每组提交一套。

图纸：
1、A1图幅2张，建筑平、立、剖图纸；分析图；建筑外观和内部空间透视；模型照片；

模型：
2、以分析性模型为主，再现性模型应注意简化概括；

分析选项：
3、分析图内容可参考从以下列出的各项，根据作品的特征选取数项（无须全选）：

A 要素的分析：
　a、用地环境与场地；b、功能分区；c、交通流线；d、视线景观；
　e、通风遮阳；f、结构体系；g、材料构造；

B、形的分析：
　h、空间限定；i、空间组合/序列；j、空间感受；k、模数/比例；
　l、体量构成；m、材质色彩；

C、生成的分析：
　n、空间/功能对应关系；o、空间/结构对应关系；p、空间/环境对应关系；q、空间/体量转化关系；r、空间/表皮转化关系；s、空间/体量/表皮生成的过程等

▶ 教学方法

1、内容的综合性：认知、分析、表现合一的综合性教学模块；

2、认知媒介：由静态视觉转向动态视觉（图、照片——视频、动画）、由视觉转向非视觉（影像——文字）；

3、分析框架：与建筑学本体基本理论框架结合，

4、分析成果表达：由分析图转向分析模型。

▶ 后续环节

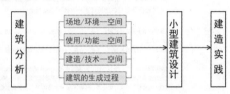

建筑分析 → 场地/环境—空间 / 使用/功能—空间 / 建造/技术—空间 / 建筑的生成过程 → 小型建筑设计 → 建造实践

关键词：

建筑表达、
"再现"、
"抽象"、
过程成果、
"综合"

C 表达／综合
(Representation & Composition)

作为综合性的教学环节，建筑表达和表现技能的训练是本课题一项重要内容。它既包含了对于建筑"再现"（reprentation）的表达能力，如模型再现和建筑空间的钢笔画表现，也包括了对建筑进行"抽象"（abstract）的分析表达能力，如分析性的模型和分析图。这2种表达和表现能力，首先通过教学过程的一系列过程成果得到，并在最终图纸中得到综合（composition）；

过程成果

Unit1 模型再现：深入了解建筑的实体和空间面貌

1 再现 representation

Unit2 建筑表现：以钢笔画、水墨等再现建筑的空间和外观场景

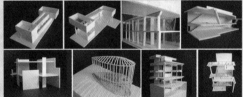

Unit3 分析模型：用模型对建筑某一方面的特征进行提取和表达

2 抽象 abstract

Unit4 分析图：对建筑要素、建筑空间特点、建筑创作过程作出用抽象的图解表达

最终成果

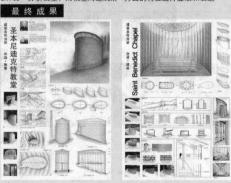

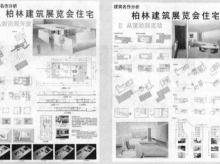

3 综合 composition

教师评语：
作者以场地/体量和空间/建造两组建筑基本问题作为分析出发点，从探讨了建筑外部形象与环境的关系，分析了建筑内部空间意向与建造密不可分的联系。建筑外观和内部空间的水墨表现较好的传达了建筑的性格和气质。模型制作揭示了建筑的构造体系和结构特点，较好达到了本环节的各项教学要求。

教师评语：
作者以密斯柏林展览会住宅中的"流动空间"理念的核心，从横向（从传统住宅到流动空间住宅）和纵向（流动空间从德国馆-展览会住宅-范斯沃斯住宅的发展）两条线索，比较了传统封闭空间住宅和柏林展览会住宅的差异，揭示了流动空间在结构、功能、流线限定等多个方面的特点。进一步比较了密斯流动空间手法从德国馆到范斯沃斯的发展演化。

教学过程与要点解析 ▮▮▮ **表达/综合 Representation & Composition**

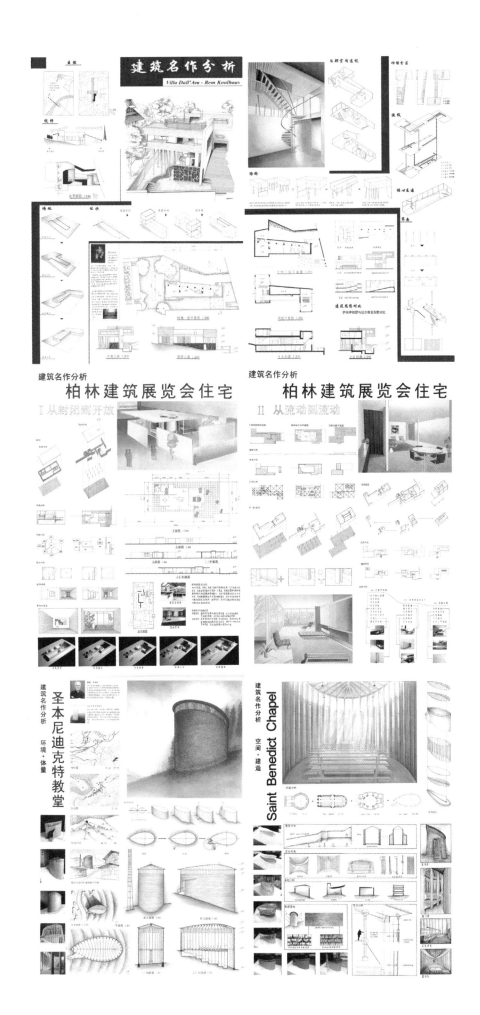

建筑设计（一）小型公共建筑设计

（二年级）

教案简要说明

　　本教案承接建筑设计基础训练和三个短周期设计练习。作为本科阶段第一个综合设计训练，任务书将建筑功能设定得较为简单，重点训练学生理解物质环境与建筑空间生成、功能组织的关系，坡度、坡向条件是建筑空间生成的主要因素，因此场地选择了城郊风景区内一处临水的丘陵坡地。同时，学生也必须将之前在建筑设计基础的单项训练中掌握的建筑知识与表达手段综合运用于设计过程中。

　　本教案的教学时间为七周，在此过程中，学生通过纸质模型、手绘草图、计算机模型，逐步对场地与任务书进行解读，根据景观、地形的限定划分空间、组织功能与流线，设定空间质感并进行构造设计。教案特别强调了学生要在设计过程中综合运用之前所学的建筑表达方式来帮助推进设计的深入。

建筑设计1-小型公共建筑设计：风景区茶室设计　设计者：刘文沛
建筑设计1-小型公共建筑设计：风景区茶室设计　设计者：王琳
指导老师：刘铨　冷天
编撰/主持此教案的教师：丁沃沃

作为新生建筑设计入门的课程，第一堂课尤为重要。本教案认为尽管从专业上看学生们是新生，然而，作为普通人他们早就有18年的生活经验，有18年的建筑体验，这就是学习建筑最好的起点，也是可以利用的教学资源。作为普通人大学生们或多或少也都有欣赏建筑和表现建筑的经验如画画或摄影，建筑往往成了主题，这就是建筑表达的起点，虽然并非专业，但是行为过程并不陌生。因此，利用已有的建筑体验，学会"专业地理解"建筑；利用可知的表达过程，学会"专业地表达"建筑。

认知建筑
徒手平立剖面图绘制

基于从现象到本质，从具象到抽象，从整体到细部，从经验到知识的认知路径，将建筑认知过程分为三个步骤，通过对实体建筑不同内容的观察，用徒手线条的方法，按规定的比例绘制专业图纸。

建筑的图示语汇是建筑专业人员进行专业交流的基本语言和方法，也是建筑设计要掌握的基本功之一。虽然学习语言的方法有多种，但从真正理解图示语言的实际意义的角度上看，都按图示进行操作是最轮专业图示学习效果的最佳办法。建筑物是三维物体，然而建筑从最初设计到最终建成的整个过程中，二维图示语言是主要的交流语言，它包括了建筑设计专业各不同时段的不同图示的表达，也包括了建筑建成中各不同专业之间图示语言的交流，也就是说二维的建筑专业图示语言是生成三维实体的重要手段。因此，学习的关键不在于认识和记住图示，而在于是否能够通过阅读图示来熟知相应的实体与空间。

认知图示
手工实体模型制作

本阶段沿用建筑认知阶段的知识，选取不同类型的图纸，让学生做一次认知上的反馈，进一步强化实体建筑中形体、空间、构件、材料、尺度与图纸表达中的线型、比例之间的关系。

场所（Site）是建筑物赖以生存的基础，直接影响到建筑的组织策略、形式策略以及建设策略。工业文明带动城市化进程的加速，城市取代自然成了人们主要的聚集地和居住地。在全球化的今天，中国已经告别了传统的农耕时代，更加高速地进入了城市化的高潮期。为此，更是建筑师面对的现实。单一的讨论建筑的形式问题已经显得太为幼稚，认知城市环境、理解城市空间特色是建筑师不可缺失的任务，也是建筑设计最基础的重要内容。就城市空间而言，可可分为物质空间和非物质空间（社会空间），其中物质空间的形态问题直接影响到建筑的场地位置及其相对形式的生成。因此，对物质空间形态问题的认知是城市认知的基础。

认知环境
计算机建模与绘图

基于形态特征和建筑学应对策略两方面考虑，教案将城市物质形态分成四大类。通过实际调研和照片记录获得感性认识，通过电脑建模与分析图纸的表达以及ppt演示文件、文本制作加深对不同城市空间形态的理解。

设计的基本目的是解决问题，建筑设计的基本目的是解决人们对建筑的需求问题。因此，正确认识设计本质是学习建筑设计的首要观念。建筑问题具有综合性，场地、功能、材料、施工、造价和安全使用等因素对于最普通的建筑都不可避免，需要建筑师在设计过程中加以考虑。同时，建筑形式是建筑设计价值的一个重要方面，它直接影响到人们的生存环境，又不可避免地承载了历史和文化的因素，并与建筑形态自接联系。建筑设计是一操作过程，操作的内容是综合运用建筑知识，根据对象的具体情况，优选出相对合适的形式处理手法，形成合理的建筑设计方案。就建筑设计入门而言，首先要认识建筑的基本要素，这就是：功能与空间、场所与环境、材料与建造。

认知设计
表达方式的综合运用

使用需求是建筑产生的第一要素，场地是建筑物形体决策的测定因素，材料和结构构是建筑物体的基本构成，此三者是缺一不可。虽然建筑设计是最复合问题，但对初学者，由单项切入能较好地理解和体验解决问题的过程。

建筑设计基础

建筑表达：包括对实体建筑的纪录和对未建建筑的专业性表述，其媒介包括二维图示和三维模型。传统建筑学中建筑的表达以二维图示为主，随着工具进步和技术手段更新，现代的建筑表述技术非常丰富。表述不仅是表达，而且可以帮助认知。作为媒介它不仅是建筑师和他人之间交流的工具，还是自身记忆和知识交流的工具，对于学生来说后者更有意义，即建筑表达是学习建筑认知的重要工具。因此，用表达技能表述学到的知识，用理解的知识帮助提高表达的技能。

建筑认知：不同的教案对于建筑认知有着不同的理解，其要点在于对建筑内涵的设定。在西方古典建筑学中，建筑作为艺术表达了形而上的美学观念，因此建筑认知的重点在于对建筑柱式、建筑立面比例的研习；而西方现代建筑认为建筑的核心价值在于建筑空间，因此作为空间分割构成的墙体和楼板的组合方式和组合逻辑成了建筑认知的重要内容。在中国的传统观念中，建筑是"器"，作为"器"的建筑有特定的类型、类型与做法、形式以及使用者的身份都互相关联，因此建筑行业并非属于形而上的学问，而是形而下的操作，其入门方式就是在建筑工地实际操作。当代中国建筑学是"西学"的基础"中学"的观念，建筑作为学问引入大学，整个行业知识化了。然而，对建筑本体的理解仍然是基于本民族建筑是"器"的观念。因此，对于建筑认知的理解，本教案认为应该将本民族的建筑观念与西方理论化的建筑知识与方法结合，构建自己独立的建筑学认知体系。

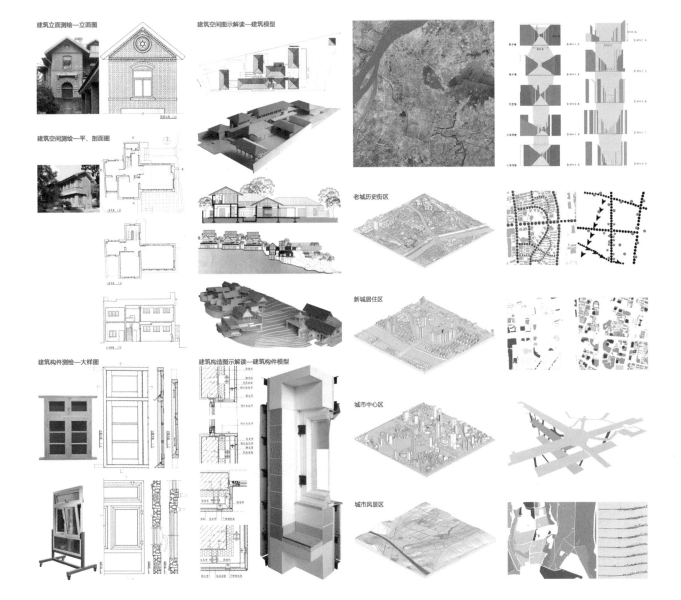

建筑立面测绘—立面图

建筑空间图示解读—建筑模型

建筑空间测绘—平、剖面图

老城历史街区

新城居住区

建筑构件测绘—大样图

建筑构造图示解读—建筑构件模型

城市中心区

城市风景区

设计练习 1 — 空间与功能

训练目标：

本练习的对象是历史街区城市肌理中具有商住复合功能的小型建筑单体。在南京城南门西地区（即第三阶段练习一"历史街区认知"的范围）挑选了 10 个代表性的地块，并设定了相应的用地红线范围。每个学生选取其中一个地块，在地块内现存建筑物已被拆除的假定条件下，独立完成一次完整的小型建筑单体方案的设计认知任务。本练习的教学目的有二：一是使学生通过平、剖面设计，学习在空间中合理分配各功能、有效组织交通流线；二是通过对建筑外部空间的处理，与基地所处的特定城市肌理与环境取得联系。

图纸要求：

4 张 A3 图纸（竖排），其中包括：各层平面图、纵横向剖面图、主要立面图及总平面图；技术经济指标统计表（包括用地面积、总建筑面积、容积率、建筑密度等）；清晰表达设计意图的各种分析图（如功能分析、流线分析等）。

时间进度：

本练习共三周时间。第一周，现场调研，基地周边城市环境模型制作，建筑体量与外部空间布局和基本使用功能的确定；第二周，初步方案的成形与深化；第三周，正式方案的推敲完善与成果图纸的绘制。

  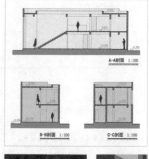

设计练习 2 — 形式与构造

训练目标：

本练习通过对沿街建筑的立面进行研究和改造来认知立面设计问题。建筑立面是建筑设计中的重要内容，它可以理解为建筑物表层的包裹。首先，立面区分了建筑的内外，因此它有其自身的功能属性：内外围护（遮风、挡雨、保温）；内外交流（出入、通风、采光）；承载附属构件（广告、空调机）等。其次，立面也是建筑形象的最直观体现，影响到对外在的公共环境，因此在设计中除了解决立面的功能问题，还要注重体现建筑物内在的空间及空间构件组合的逻辑，以及体现自身的几何划分关系和构造材料质感的逻辑。练习以新街口与龙江的沿街商业和办公类建筑为城市背景，要求学生在分析其问题后进行改造设计。

图纸要求：

4 张 A3 图纸（竖排），其中包括：改造方案的立、剖面图（1：50）；墙身大样详图（1：5）；清晰表达设计意图的各种分析图。

时间进度：

本练习共三周时间。第一周，现场调研，寻找问题，确定改造方式，形成多个初步设计方案；第二周，选择材料与构造方式，分析比较多个初步方案的优劣，确定最佳的设计方案并加以改进；第三周，正式方案的推敲完善与成果图纸的绘制。

 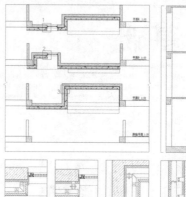 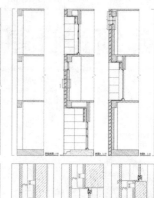

设计练习 3 — 小型公共建筑设计

训练目标：

建筑所处的场地，既是进行建筑设计的重要前提条件，也是建筑设计中的重要内容。首先，场地本身包含了许多信息，对建筑形成了限定，这包括了场地的物质空间信息（如区位、地形坡度与朝向、植被、气候、周边建筑等）、非物质空间条件（如历史沿革、文化习惯、社会生态等）以及技术支撑条件（如交通与基础设施状况等）。其次，在进行建筑设计的过程中，要将建筑的功能、形态塑造与场地条件的重新组织结合起来，这时就需对场地进行必要的改造。

本练习着重训练学生理解物质环境与建筑空间生成的关系，作为第一个综合训练，本次练习选择了紫金山风景区内一处临水的丘陵坡地，同时将建筑功能也设定得较为简单，坡度、坡向条件是建筑空间生成的主要因素。

图纸要求：

2 张 A1 图纸（竖排），其中包括：建筑方案的总平面图（1：500）；各层平面图与剖面图、立面图（1：100）；墙身构造大样图（1：20）；能够表达空间内构思的透视渲染图；必要的分析图；模型照片、构思草图等。

1. 在给定的四块用地中选定一块进行设计，每一块用地的面积均在 500㎡ 左右，建筑不得超出用地范围，但场地的设计范围在必要情况下可适当突破；

2. 建筑功能为风景区茶室，包括大厅和若干雅座，以及操作间、休息室、洗手间等必要的辅助用房，总建筑面积不超过 200㎡；

3. 在地形条件解读的基础上，形成场地环境布局和建筑形体；

4. 在综合考虑建筑内外功能与流线的情况下，对场地环境景观进行再组织；

5. 综合运用 SketchUp、纸质模型、草图等工具分析理解地形以辅助设计。

时间进度：本练习共七周时间。

环境分析与空间划分

第一周：现场调研，制作 1:200 纸质模型，研究分析场地地形；从地形特征出发，多方案构思空间并以模型表达；

第二周：通过 A3 图幅 1:200 比例的平面与剖面草图，在确定方案的基础上调整空间划分、功能流线与场地的关系；空间设计与结构尺度

第三周：制作 1:100 纸质模型和 SketchUp 模型来帮助建筑空间与场地的空间深化设计；

第四周：通过 A3 图幅 1:100 比例的平面与剖面草图，在尺度和结构方面对空间进行细化；空间质感与构造设计

第五周：通过模型的透视角度，研究立面材料与构造，绘制 1:20 墙身剖面图，完成立面与墙身节点的设计；设计成果的整理表达

第六周：渲染、排版与正式成果图纸、模型的制作；

第七周：练习成果的整理与答辩准备。

 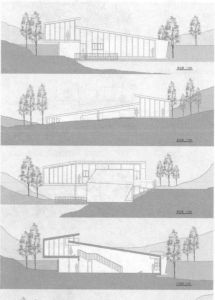
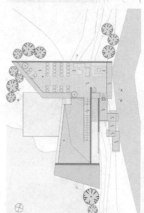 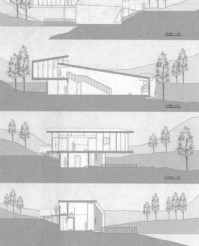 

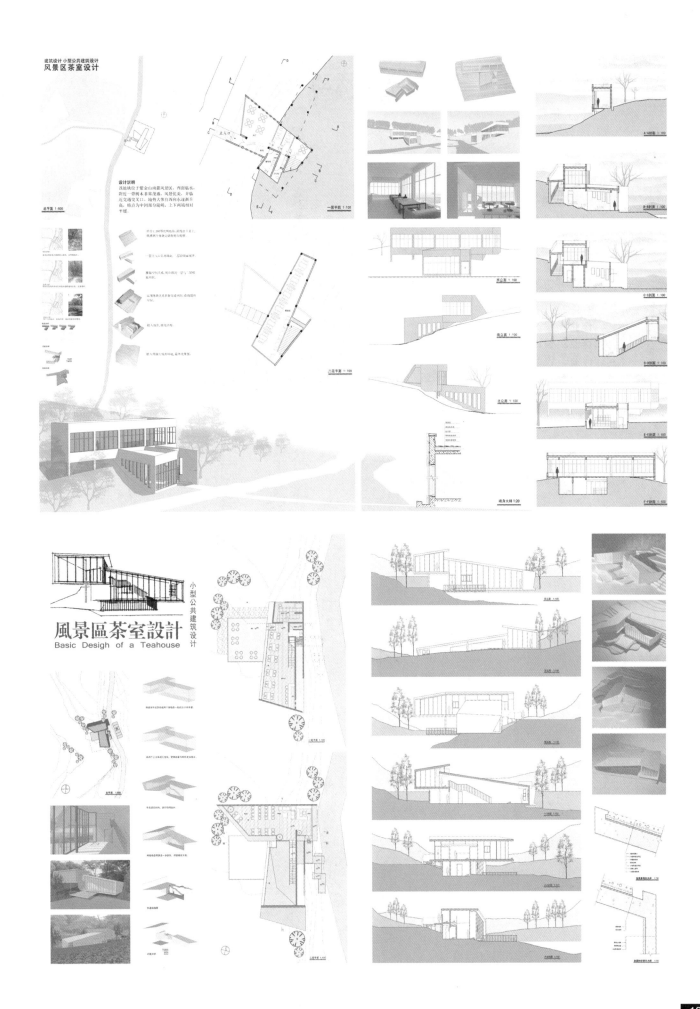

建筑设计 小型公共建筑设计
风景区茶室设计

设计说明

風景區茶室設計
Basic Design of a Teahouse

小型公共建筑设计

建筑设计（三）大学生活动中心设计

（三年级）

教案简要说明

　　此作业为三年级上学期第二个作业，设计题目是"大学生活动中心"，作业主题是"空间"，课题训练空间组织的技巧，掌握空间组织的方法。基地位于校园宿舍区中心轴线花园一角，建筑面积约2500平方米，作业时间8周。要求区分公共与私密空间、服务与被服务空间、开放与封闭空间，训练重点是空间秩序、流线安排、功能配置。要求系列剖面、剖透视、轴侧展开图、是捏透视图来表达空间，完成系列图纸，让学生理解图纸不仅是表达工具，也是辅助设计和推敲方案的手段。

作业1 设计者：陈凛
作业2 设计者：郑金海
作业3 设计者：陈观兴
指导老师：周凌 童滋雨 钟华颖
编撰/主持此教案的教师：周凌

南京大学

整体课程大纲

设计课程大纲

设计问题 →

| 视觉设计 | 设计基础 | 设计一 | 设计二 | 设计三 | 设计四 | 设计五 | 设计六 | 设计七 | 毕业设计 |

场地 (SITE)　建造 CONSTRUCTION　空间 (SPACE)　功能与流线 (FUNCTION & CIRCULATION)　住区 RESIDENCE　城市 (URBANISM)　大型综合体 (Urban Complex)

设计题目 →
匹配讲课 →

大学生活动中心设计

学期：2011 秋季　　年级：三年级上学期　　学制：4 年　　时间：9 周（2011.11.1-2011.12.30）
学生人数：32 人　任课老师：周凌 童滋雨 钟华颖　上课时间：（周二 10:00——18:00）（周三 10:00——18:00）

课程目标 Aim

　　此作业为三年级上学期第二个作业，设计题目是"大学生活动中心"，作业主题是"空间"，课题训练空间组织的技巧，掌握空间组织的方法。基地位于校园宿舍区中心轴线花园一角，建筑面积约2500平方米，作业时间 8 周。要求区分公共与私密空间、服务与被服务空间、开放与封闭空间，训练重点是空间秩序、流线安排、功能配置。要求系列剖面、剖透视、轴侧展开图、是揣度视图来表达空间，完成系列图纸，让学生理解图纸不仅是表达工具，也是辅助设计和推敲方案的手段。

课程方法 Method

　　空间问题是建筑学的基本问题，本课题基于复杂空间组织的训练和学习，从空间秩序入手，安排大空间与小空间，独立空间与重复空间，区分公共与私密空间、服务与被服务空间、开放与封闭空间。训练重点是空间组织，包括空间的秩序、空间的内与外、空间的质感及其构成等。以模型为手段，辅助推敲。设计分阶段体积、空间、结构、围合等，最终形成一个完整的设计。

任务书 Program

一、空间组织原则 The Principle of Organizing Space
空间组织要有明确特征，有明确意图，概念要清楚。并且满足功能合理、环境协调、流线便捷的要求。
　　注意三种空间：
　　　　1、聚散空间（门厅、出入口、走廊）；
　　　　2、序列空间（单元空间）；
　　3、贯通空间（平面和剖面上均需要贯通，内外贯通、左右前后贯通、上下贯通）。
　　二、空间类型 The Type of Space
　　　　1、多功能空间：
　　200 座报告厅；容纳80 人会议的活动室 *2 间；容纳40 人研讨的活动室 *2 间
　　　　2、展示空间：
　　　　展厅 180 平方米
　　　　3、专属空间：
文体类：舞蹈房 60 平方米 *1 间；画室 60 平方米 *1 间；讲座教学类：教室 60 平方米 *2 间
办公类：学生社团活动用房 20 平方米 *8 间；教师指导办公用房 20 平方米 *8 间
　　　　4、休闲空间：
　　咖啡厅 120 平方米（附带操作间）
　　　　5、服务空间：
　　卫生间、储藏间等
　　　　6、交通组织空间：

门厅、走廊等
总建筑面积控制在 2500 平方米以内，层数控制在 4 层以内。

三、成果
1、空间与环境：总平面（1:500）；序列人眼透视（环境融入）。
2、空间基本表现：平立剖面（1:200）。
3、空间解析与表现：分层轴测；水平楼板秩序轴测；垂直墙体秩序轴测；仰视轴测；剖透视；人眼透视。
4、手工模型：1:500 总图体量模型；1:300 带环境模型；1:50 单体模型（包含室内空间）

四、时间：9 周
第1周：基地与环境。场地模型（卡纸），认知基地，分析环境
第2周：空间意向。概念模型（不限），草图（概念）
第3周：空间操作。空间模型（卡纸），草图（概念），skp，着重内部空间，提出概念，人眼透视
第4周：环境置入。空间模型（卡纸），草图（矢量），skp，功能和流线
第5周：功能置入。草图（矢量），skp 着重功能布置
第6周：结构选型。结构模型（不限），草图（矢量），skp，cad
第7周：制图。平立剖总图，人眼透视，室内透视，分层轴侧，剖透视，cad，skp
第8周：排版。A1 竖排，4 张
第9周：评图。每组评委四人，其中外请一人

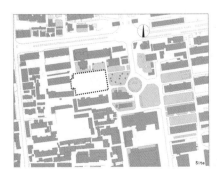

南京大学

进度和成果

Step1——基地与环境
Site and Context
要求：基地模型，全班32个人，分为3大组，每组制作一个整体基地模型，要求包括周边相邻建筑环境。
成果：整体基地模型，比例1：500，灰色卡纸制作基底与建筑现状。包括周边相邻建筑环境。底盘统一尺寸和高度；基地分析图，肌理、交通、视线、植被分析，A3草图纸。

Schedule:2011.11.01-2011.11.02
周二上午：布置作业1；任务书讲解，分组。
周二下午：参观基地，现场调研。需要调研建筑层数、屋顶形式、交通状况、人流密度、周围植被等内容。
周三上午：制作总体基地模型，制作个人基地模型。
周三下午：个人工作。16：00 点，评讲作业1，布置作业2。

Step2——空间意向
Space Images
要求：每位同学对校园都曾有美好想象，回忆当初想象中的南大校园，尤其是建筑空间。做出一个能表达此想象空间的概念模型。并用简短文字形容这个空间。
成果：模型材料，A3 折纸或石膏立体表达

Schedule:2011.11.08-2011.11.09
周二上午：作业2评图。分组评图，11人一组，每个同学讲解约5分钟，教师评讲3分钟。
周二下午：个人工作。
周三下午：个人工作。16：00 点，作业2评图。布置作业3。

Step3——空间操作
Space Operation
要求：用叠加、并置、包裹、折叠、切分、挖空、推拉等方法，转换作业2的空间，完成一个空间模型。需要有大小两种空间的组织，有行进过程效果的设想。
成果：空间模型，单色材料。A3 草图，轴侧图。

Schedule:2011.11.15-2011.11.16
周二上午：作业3改图。
周二上午：改图。
周三上午：改图。
周三下午：个人工作。16：00 点，作业3评图。布置作业4。

Step4——环境置入
Space Placement
要求：把作业3发展出来的空间放置到场地中，进行调整和选择，确定一个符合场地尺度和特性的空间形态。完成体积模型。
成果：体积模型，KT 板，单色材料，A3 草图，轴侧图。

Schedule:2011.11.22-2011.11.23
周二上午：作业4改图。
周二上午：改图。
周三上午：改图。
周三下午：改图。16：00 点，作业4评图。布置作业5。

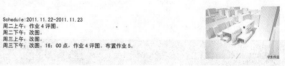

Step5——功能置入
Fuction Placement
要求：在作业4发展出的形态基础上，将任务书要求的功能对应进来。可以调整尺度和形态。完成平面图布置。
成果：平面图1:100，剖面图

Schedule:2011.29-2011.11.30
周二下午：个人工作。
周二下午：改图。
周三下午：改图。布置作业6。

Step6——结构选型
Structure Selection
要求：为前面形体配置结构，以钢筋混凝土框架和钢结构框架为主，做出结构模型。
成果：结构模型，木框或金属丝。

Schedule:2011.12.06-2011.12.07
周二上午：作业6评图。
周二下午：个人工作。
周三上午：改图。
周三下午：改图。布置作业7。

Step7——制图
Drawing
图纸要求：平立剖总图，内部空间渲染，外部体量拼贴，剖轴侧，剖透视

Schedule:2011.12.13-2011.12.14
周二上午：作业7评图。
周二下午：制图。
周三上午：制图。

Step8——排版
Typesetting
要求：A1 竖排，彩色图表达
成果：A1 正图，4张，成果模型一个

Schedule:2011.12.20-2011.12.21
周二上午：制图-排版。
周二下午：制图-排版。
周三上午：制图-排版。
周三下午：制图-排版。

Step9——评图
Reply
邀请学院教师、校外老师、职业建筑师参加评图。学生分为三组，每组评委不少于四人，其中外请评委不少于一人。学生每人陈述5分钟，讲解基地、空间、功能问题。教师评述10分钟。

Schedule:2011.12.28
周二：9:00-18:00

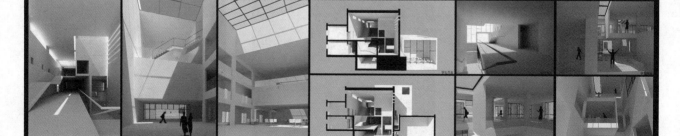

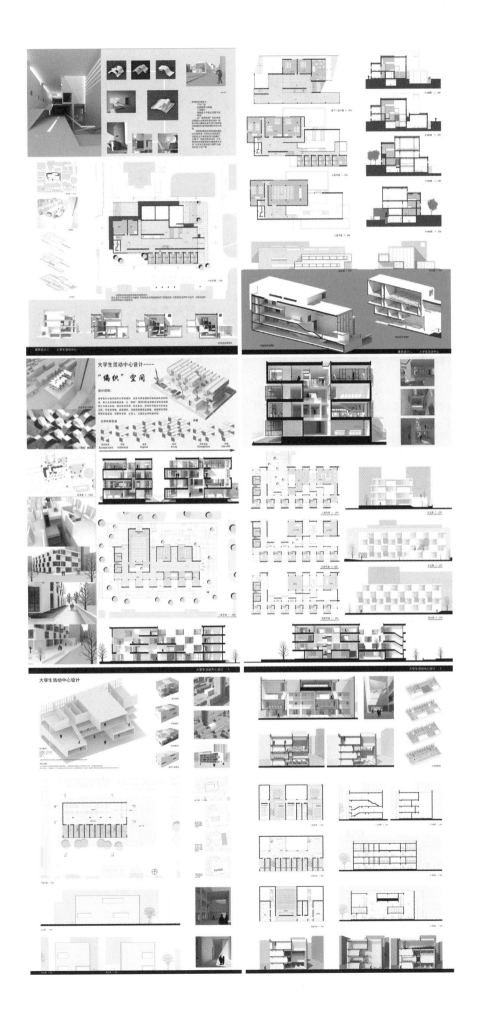

校园记忆—空间构成

（一年级）

教案简要说明

建筑名作分析是建筑设计基础课程《建筑分析》环节的练习内容，作为知识、能力、表达合一的综合性教学单元，它的目标是通过建筑作品的分析解读，增长建筑作品和历史知识，认知建筑设计的各种影响因素和设计结果的关系，通过"分析"掌握关于建筑和建筑设计过程的基本理论框架，树立建筑设计与空间语言的理性思维。同时进一步巩固建筑表达和表现技能，尤其是分析图和分析模型的表达。本教案的三个主要创新点在于：

1. 认知层面

除静态的传统建筑图纸和照片外，利用动态的建筑实地视频加强学生对作品空间的感知，大大加深了学生对选例的空间认知和理解。引导学生阅读建筑师本人的写作和文字，与空间影像相为映衬，理解建筑师的思想和意趣。

2. 分析层面

通过分析框架、分析表达方式，有意识地建立学生对建筑和设计理解的基本框架和概念体系。以空间的塑造为核心，通过对场地–空间、功能–空间、建造–空间三对建筑基本问题以及空间–形式生成过程的定向分析，抓住每个作品的不同特质，建立基本设计理性；而不再是由学生自由发挥分析的内容。

分析的表达方式，除分析图解外，新加入"分析模型"的制作，例如建筑的结构骨架系统，建筑的交通空间，体量/空间的生成演变过程等，大大加强了分析教学的效果，加深了学生对作品的理解。

3. 表达层面

过程成果和最终成果有序安排：再现/表现—分析/抽象—综合。加强分析图和模型表现同时，将传统水墨、水彩表现和现代建筑空间的光影和氛围表达结合起来，获得了良好的效果。建筑内部空间表现和外部透视被放到同等重要的地位。

窗格·构成 设计者：王梓童 徐佳楠 廖程天宇
废墟·重构 设计者：罗杰夫 何梦雅 刘怡洋
指导老师：钟力力 邹敏
编撰/主持此教案的教师：钟力力

校园记忆——空间构成

一年级教案 campus memory

【教学目标】

校园记忆·空间构成为2011级建筑学一年二期设计基础课程的一个课程作业，由空间认知入手，通过空间构成最后完成模型建构，过程中采用基地调研、原型提取、模型推导等多样手段，最终完成空间构成形态设计和模型建构。

教学目标是：

1、学习空间认知的系统方法、感知并理解场所精神；

2、了解空间构成，尝试“把要素打碎进行重新组合”的创作方法；

3、强调原型与概念，通过模型方式建构。

【教学过程】

第一阶段：空间认知与场所体验

在湖大校园内了解校园空间以及相关的场所，了解所处的城市和建筑脉络，掌握校园的历史文脉以及感受校园的整体氛围。通过平时不同的时段来观察和感受校园，形成自己对校园空间的独特认知与记忆；通过多方式的参与和体验场所，观察和聆听场所传递的信息，才能对场所精神有所感悟。

1.资料收集：通过资料查找，了解湖南省及长沙市的地域特点，了解湖南大学的历史发展及人文氛围，以及基地周围的区位、城市结构和脉络。

2.基地体验与分析：分小组进行现场踏勘，不同的小组根据个人的理解和思维特点，要求反复多次感受校园，寻找校园内有意味的场景和形态。需要感性地体会和长时间沉浸在基地内，还可理性地分析校园历史文脉及与城市结构的关系、形成自己对校园空间的独特认知与记忆，提交对基地的认知报告。

3.课堂讲授：通过多媒体课件，理论讲述基地分析方法以及场所精神的意义。

【教学方法】

通过明确的循序渐进的阶段化训练，理解设计初步中有关于形式与空间方面的内容，把握造型要素及其相互关系、建立起对有关建筑空间的认知并在此基础上初步完成空间模型的建构。

1、教学中强调对设计过程的把握，进行分阶段教学目标控制。

2、采用互动式的教学方法，通过亲身认知与体验强调记忆与感受，在教学中关注学生的不同思维与概念方向，注重互动的过程。

3、设计强调概念与原型，在空间认知与体验的基础上，找到概念与原型，再通过原型的转换与构成，探讨空间构成与模型建构的多种可能性。

【教学进度安排表】

周次	教学安排	设计进程及成果
1	课程设计任务书布置，	收集及阅读相关资料 空间环境调研报告提交
2	空间构成理论讲授； 原型提取及讨论会	原型的提取与确定
3	建构概念的确定；草模的调整与修改	草模制作与讨论
4	方案确定，制作正式模型，提交正式文本； 作业讲评	正模制作，文本提交， 作业讲评

【题目任务书】

说明：

构成便是“把要素打碎进行重新组合 ”。在校园内进行空间认知与体验，以抓住校园某些场景为目的拍摄几组照片，从中提取形态的基本要素，试着把形态打碎，进行空间构成，重构校园记忆。

1、了解校园、基地与设计者的关系。

2、在校园的建筑与环境中，提取有代表性的符号，用这些符号表达个人对校园的某种记忆。

3、培养空间构成的思维能力，理解并运用形式与空间的基本原理和基本方法。

4、尝试概念性空间形态的构成。

要求：

1. 以空间认知为基础提取“原型”，在一限定的空间范围内进行空间构成，把握自己对空间认知的某个主题或概念。

2. 该空间构成以点、线、面、体等构成元素来分隔限定空间，运用分割、增加、消减、变形、分裂、扭曲等手法，表达对内部空间的构成与特定氛围的塑造。注意空间及实体的形态、层次感及开口与封闭部位之间所形成的虚实对比。

3.空间构成强调过程的可能性和不确定性，体现对原型的空间认知和体验，构成注重模型和建构环节。并要求与前一个作业的研究成果有很好的延续性。

内容：

两张或两张以上A1图纸（黑白或彩色均可），可图文并茂，比例自定。

1.空间认知的调研照片及分析。

2.概念构思及过程模型（草图或照片）。

3.正式模型成果的表达及图解。

教学组织及时间安排：

2~3人一组，分工协作完成。

时间为四周。

第1周：空间认知与场所体验，提交调研报告。

第2周：校园记忆提取与原型确定。

第3周：多方向的空构草模探讨。

第4周：空构主题的确定，正式模型及文本提交。

【教学难点】

空间认知与构成：学习单一空间和空间组合的构成与分化，学会对空间进行限定，采用不同方向的实体要素，对空间进行围合，分割引导和联系。

重点：空间的形式与秩序

难点：空间的限定方式，空间的形态与概念意象的吻合。

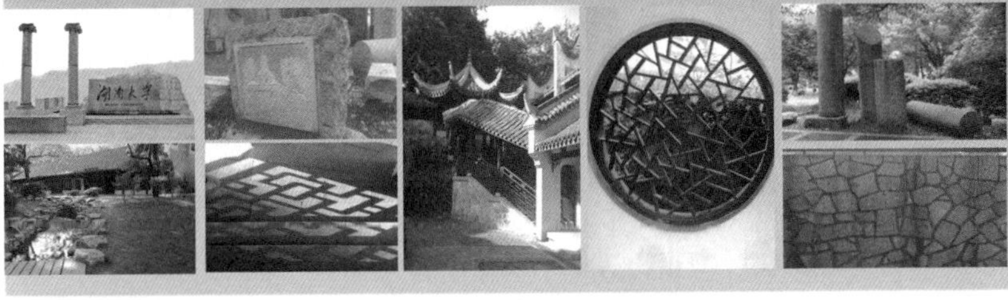

第二阶段：校园记忆提取与强调原型

在空间构成时，为免因抽象而使同学们无从下手，引入“原型”的概念，要求将来自同学们记忆深处的对校园的认知和印象作为原型素材，从亲身体验出发，通过感性的叙述和交流，提取校园记忆的形态“原型”。并对其抽象变形，寻找空间的意象表达和创造的可能。以类似“讲故事”的方式形成空间，同时，强调直觉与形象思维，不依赖推理。

1.开放的题目：这次作业为空间构成，但只给出了基本任务书，也就是说，这份任务书是不确定的，可以在校园认知的基础上，根据学生个人的理解和思维特点，以“讲故事”的方式及感性的叙述来表达其校园记忆，寻找和截取校园中富有意味的“原型 ”。学生不再是被动的接受者，可以通过对任务书的理解来主动寻找设计概念，从而启发思维的发散性和创造性。

2.课堂讲 授：通过多媒体课件，讲授相关空间构成的理论：空间的构成要素；空间的构成手法如空间的限定形式、限定条件、限定程度；空间形体的变换方式；空间意向的表达等。

3. 同学从校园记忆中提取“原型”（原型可为某具体实物形态，也可将其抽象成形态视觉或感受）。原型通过扭转、切割、加减、重复、连接、聚合、仿生、变异等多种构成方式，从而转化成空间构成形态。

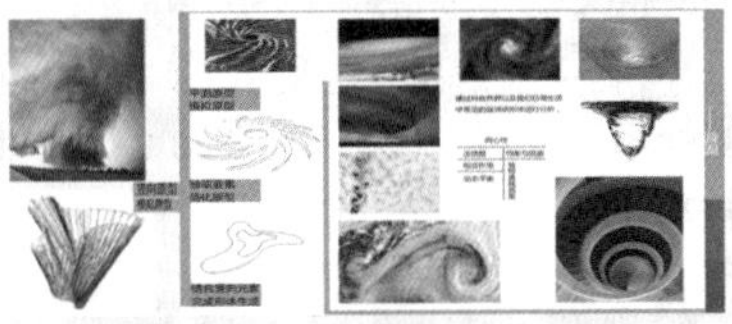

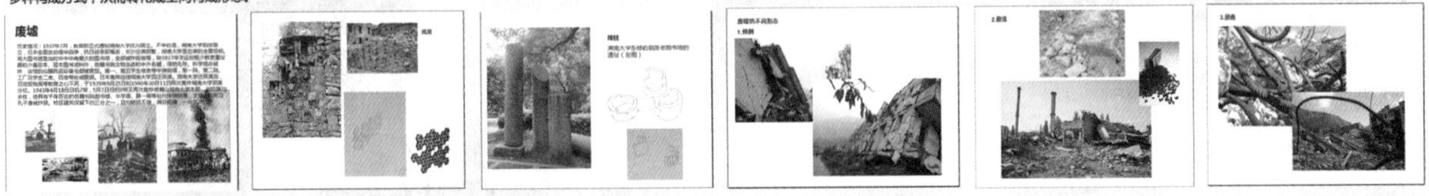

第三阶段：多方向的草模探讨与构成的可能性

空间构成形态具有多样性以及不确定性。设计中的草模往往更是具有多种可能与方向。在原型提取的基础上，强调草模发展过程性与原型转换思维过程的结合，构成的多样可能与思维的多维发散相结合使得空间构成具有记忆的片段性、复杂性、多样性等特点。

1.头脑风暴：在前阶段理解校园和提取原型的基础上，分小组进行头脑风暴的设计思维拓展，尝试空间构成的各种可能意向，并且画出带有想象意味的设想草图。这一环节要求在学习了空间构成的基本知识的条件下，重新把思维“归零”，回到构成的最初，把要素打碎重组，并思考：空间如何表达和限定？空间的本原是什么？空构是否有某种意象的表达？

此阶段在整个作业过程非常重要，并为学生传递一个教学理念：设计并不仅仅是画图和做模型的过程，更是感受和分析的过程，发现问题是解决问题的前提，当充分理解了设计的前提条件，设计的立意原点可以随时在这一过程中“冒”出来，一旦找到了设计的切入点，接下来的就是如何将头脑中的意象用构成的要素和语言来表达。

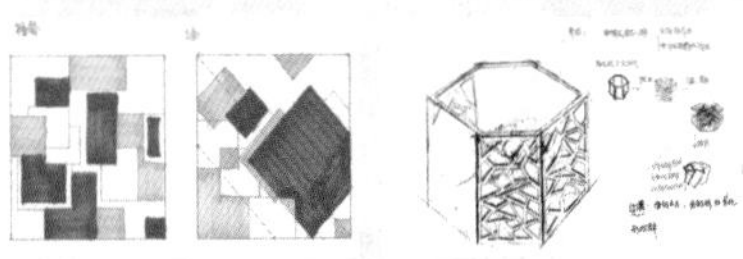

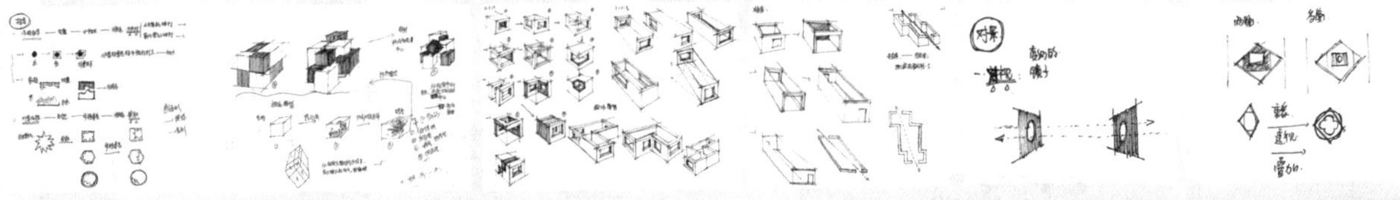

2.构思阶段：以草图与草模相结合的方式，初步把设计构想表达出来，要求多方案比较，对设计图和模型不要求做美化处理，但要求留下思维痕迹，在实际操练中慢慢学习手与脑的连接，使得所想能够通过草图或模型表现出来。鼓励以模型的方式直接呈现空间构成的三维形态。教学中以引导的方式，从学生的思维痕迹中发现思维特点，发现他们头脑中的意象来源，启发他们用构成的形态来表达。鼓励学生的尝试和失误，在限制中找突破点。

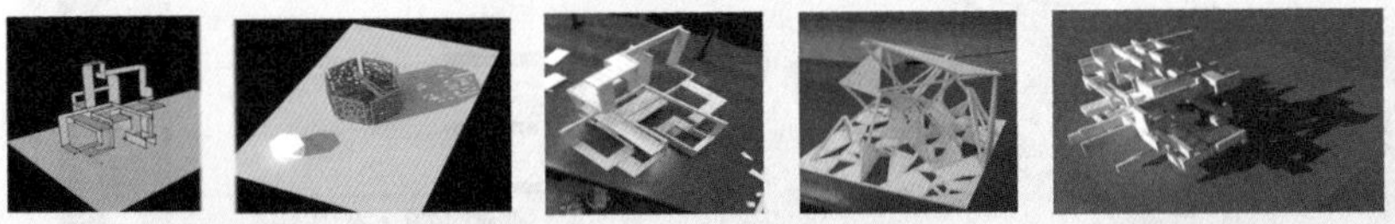

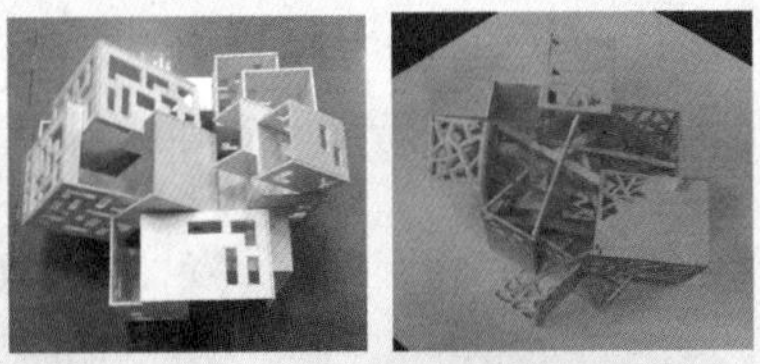

3.发展阶段：通过多方面的讨论、交流及比较，可逐步明晰自己的概念主题，开始深入发展空构，推敲各个要素的关系、位置、尺度，对空间进行围合和限定、分割、引导和联系，达到空间的形态与概念意象的吻合。教学中采用集中评图和个别辅导相结合的方法。

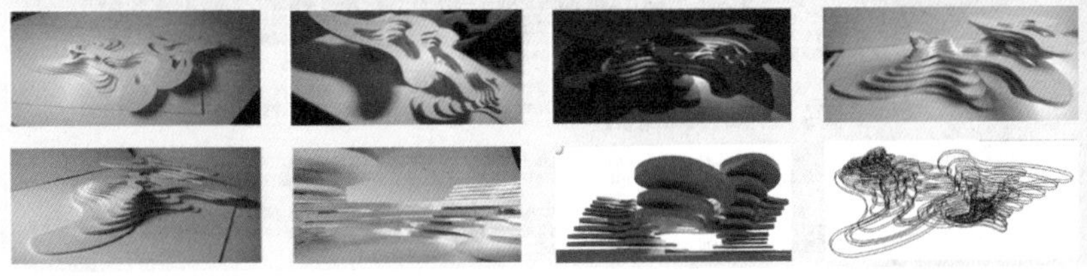

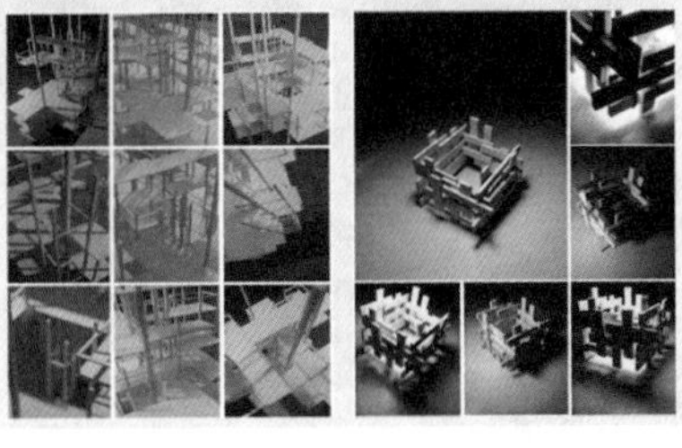

校园记忆——空间构成

一年级教案 campus memory

第四阶段：空间构成表达与模型建构、展示与交流

在前三阶段的基础上，进一步理解空间构成的限定、比例、对称、分解、层次、对比、虚实等，空间构成表达追求概念与意向的表达，最终完成模型推导与空间建构。并对同学的最终设计成果进行展示、交流和讲评。

1.在空间构成达到了一定的完成度之后，可以开始从艺术的角度来表达，尝试制作"综合艺术文本"。也就是说，空间构成的文本可以用绘画、模型、影像、文字、音乐等艺术形式来表达。不离空间本体，但使空间构更具表现力，更加符合其设计概念或设计意象。

2.作业展示：在建筑学院专教布展，将作业文本和模型实体展示，供全体师生评价，师生意见可以通过即时帖粘在学生作业墙上边上，学生能够及时得到反馈意见。

3.交流、讲评阶段：不同年级的老师和学生自由观展，同学们分组介绍自己的设计概念和方案，由其他的同学和老师提问，对问题进行解释和回答，由讲评小组给出综合评价及评分。

【教学总结】

"校园记忆—空间构成"课程教学延续上一阶段的空间认知环节，注重校园的认知与体验，挖掘校园中记忆片段作为空间原型，通过构成与转化，完成空间形态的塑造。再承接后一阶段的模型建构环节，从而达到从"空间认知-空间构成-模型建构"的空间设计训练。本课题教学过程采取了：现场调研、多媒体讲述、分析图解、草图评图、模型点评等多种方式，过程生动活泼。特别是一年级学生从熟悉的校园生活出发寻找空间构成的"原型"，容易上手并找到亲切感；并对形象思维和直觉思维起到了较好的训练作用。

值得引起重视的是，对于一年级同学来说，如何从以往的理性和逻辑思维转为为形象和直觉思维就成为教学的难点；空间构成较为抽象，概念如何切入并予以把握，"原型"的提取不失为一种有效的方式，也鼓励对其倡其他设计方式和思考模式。另外，本次课程作业关注的是思维的过程性和构的开放性和可变性，所以有些同学的最终设计成果不够完整和成熟，有待在后续教学中进一步强化此环节。

【部分学生作业及点评】

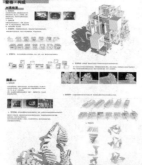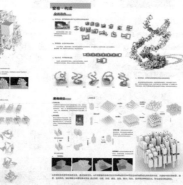

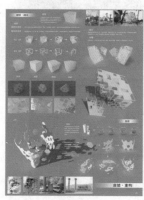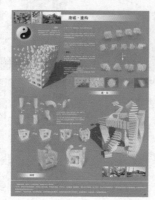

【与前后题目的衔接】

这个作业在一年级下学期非常关键，处于教学阶段的中期，并对前后教学内容起到中间衔接的作用，前面阶段为"空间认知与名作解析"，探讨与理解空间认知，从建筑理论和现实环境两个角度来认知空间，本阶段的空间构成则在原有认知方法基础上，亲身体验重新认识空间，挖掘个人记忆，进行空间重构，强化空间构成在空间理解与塑造上的关键作用，加强并延伸拓展空间构成与模型建构的关联。下一阶段为"模型建构"则侧重于空间构成的模型制作实践，完善节点和构造细节。整个学期的这三个阶段的教学体现了从"空间认知—空间构成—模型建构"的过程，通过不同环节的训练初步建立起空间的理解与建构，实现"空间—形式—建构"的转化。

前一作业：空间认知与名作解析

1、通过对已知空间的认知体验和已建成的经典建筑解析，使学生初步了解并掌握基本的空间认知方法和步骤，培养学生独立思考、分析问题的能力及良好的空间构思、立体造型能力；并对建筑与文化、建筑与人、建筑与技术、建筑与气候等关系有初步的了解。

2、认知分析既是一种重要的学习手段，正确的观察分析取决于正确的设计观和空间观，掌握认知体验的方法，可以为我们提供一种深入学习、理解空间与建筑的工具，由此而为设计提供有价值的想法。

3、要求选择一个已知空间与体验的对象。从几何形态、构成关系、空间用光、与环境的对话、材料的理解与应用、交通与路径、场所与空间等方面认识空间。

4、另外，选择一已建成的现代建筑大师的建筑，从空间与形式角度出发，了解其中的场所环境、建造背景、设计师的设计哲学对其具体构思的影响。对建筑的功能分区、空间形态、建筑形体、材料色彩处理等方面进行分析，对经典建筑提出自己的认知想法。

Tadao Ando & Kazuyo Sejima
architects dance with minimalism

李子林住宅 · House in Plum Grove

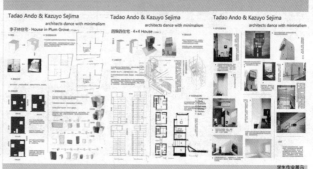

Tadao Ando & Kazuyo Sejima
architects dance with minimalism

西柏西住宅 · 4×4 House

Tadao Ando & Kazuyo Sejima
architects dance with minimalism

学生作业展示

后一作业：模型建构

延续上一课程作业——空间构成，对空间构成形态进行深入表达，着重通过大比例模型制作实践，完成对材料与建构的深入理解和把握，对建筑与空间的"物质性"有更深的认识和把握。选择空间构设计中单体（可以是整体或是局部）制作大比例模型，可根据需要优化和调整原有的空间构成形态；合理选定模型材料，鼓励学生材料的创造性使用；分析空间构成受力特点，注重模型思维方式；重点放在模型的整体结构关系、骨架体系或是局部的节点构造（连接、搭接或是交接的形态）；关注材料的物质属性和地域性；合理使用工具，制作正式模型。

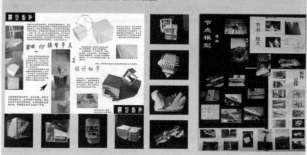

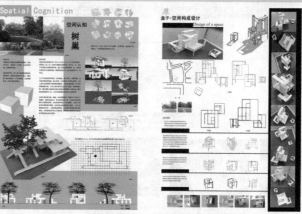

Spatial Cognition

空间认知

树巢

盒子·空间构成设计
Design of a space

"窗格·构成"点评：该课程作业敏锐的抓住校园记忆中的窗格概念展开设计，要表达的空间感受是界面的的通透感及空间形态中的各种对应关系和虚实变化。成果采取四个空间组合的系列形式，比较新颖且具有一定拓展性。窗格的概念中框架对景、漏景、空间导向、错位等分类和把握较为合理，也体现出设计者良好的生活观察能力，整个空间形态也丰富地呈现了点、线、面、体要素的特质和意向的表达。

"废墟·重构"点评：该课程作业较好地体现了其概念的推导和生成过程。废墟重构作为概念既较好契合了校园的过往历史，又表达了校园新的体验。其空间构成的虚实关系丰富、具有动感，层次性较为丰富。缺点是废墟概念的理解表达不够全面，空间形态本身不够准确。

"树巢"点评：设计在网格法基础上展开空间构成，空间形态的虚实统一。通过围合、架空、倾斜、悬挑等形态处理表达"树"的空间。美中不足的是：形体处理手法上建筑痕迹较重，使得空间构成显得过于具象。

"盒子·空间"点评：该设计对校园中常见的现代建筑作为概念的出发点，以现代主义经典的方盒子展开设计，形体较为舒展、虚实处理较为丰富，体现出计者较好空间感觉和形体把握能力。不过，在个别角度虚实关系较为单薄、空间理处理稍粗糙，对原型的提取和转换也不够到位。

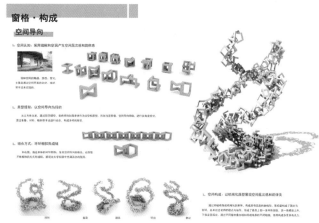

窗格·构成

对景框景

空间记忆

空间认知

原型提取

原型特征

漏景

空间认知

空间构成

原型提取

构成方式

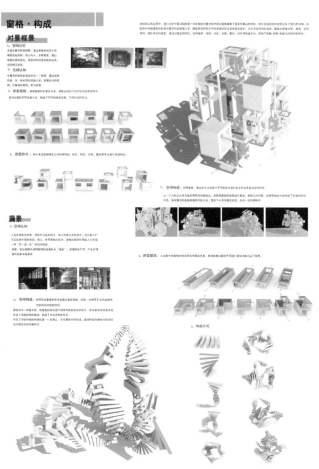

窗格·构成

空间导向

空间认知

原型提取：以空间导向为目的

错合方式：环环相扣形成链

空间构成：以机械化原型展现空间层次感和律美

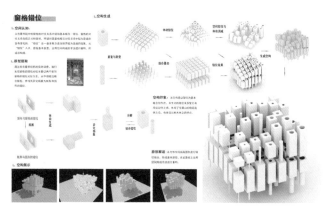

窗格错位

空间认知

原型提取

空间生成

空间展示

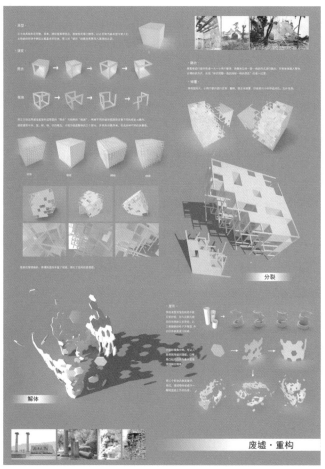

原型

演变

分裂

解体

废墟·重构

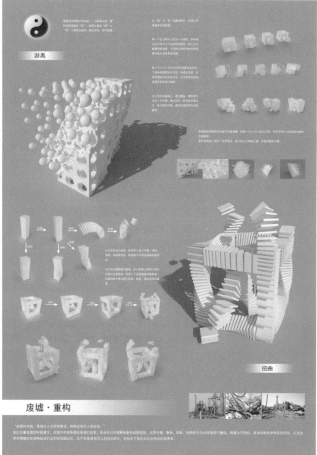

游离

扭曲

废墟·重构

以建构文化研究为导向的建筑设计

（三年级）

教案简要说明

建构文化研究教学真意——回归本源，探索建筑。

1．"建构文化"在整体教学中的定位和教学目标

理论定位——连接的艺术

教学目标1——建构文化思维

教学目标2——建构技术思维

2．教学模式

2.1 阶段专题训练1——材料研究

对材料性能、肌理质感、构法的专题研究：以木、竹、秸秆、砖等原生材料为主要研究对象，注重生态材料的使用。

2.2 阶段专题训练2——"骨"、"皮"、"结"细部构造研究

从结构选型来确定建筑的空间和体量，并对建筑表皮肌理和细部构造节点设计两方面进行建构研究。

2.3 综合练习

将建构研究方法结合环境文脉分析、功能和空间分析方法，运用到大中型公共建筑设计中，完成建筑的全过程设计。

2.4 实践操作环节1——调研分析

2.5 实践操作环节2——方案设计

2.6 实践操作环节3——劳作实践

2.7 成果汇报与讲评

3．整体教学模块控制

设计载体一：小型构筑物设计——书报亭、售货亭、赈灾临时庇护所等建筑设计。（二年级下或三年级上）

设计载体二：中小型建筑设计——公寓、办公楼、旅馆等，使更多精力投入建构研究之中。（三年级上）

设计载体三：文化建筑设计——基督教堂、图书馆、博物馆等设计。

1：50实物模型——表现建筑体量，并体现表皮的真实质感。

1：20～1：5细部模型——体现特殊部位的细部构造做法，并可用材料试块模型研究材料性能。

1：1实物模型——体验建筑尺度；感受空间形态；掌握构造节点；了解结构选型。

电脑细部大样模型——让学生主动投入设计，对材料、构造节点有直观的认识。

4．教学过程及手法

4.1 第一阶段：文化建构——调研分析及概念构思

设计结合分析——场地文脉建构分析

设计结合模型——第一次草图完成：基地环境概念模型+总体构思概念模型+方案空间模型

要点：了解城市文脉环境对建筑生成的制约因素，并从分析角度引导方案生成。

4.2 第二阶段：物质建构——建构概念研究及方案完善

4.2.1 建构概念研究——（1）建构理论知识讲授、建构文化研究理论知识简述、结构体系知识简介、材料与构造知识、建筑构造细部设计实例介绍；（2）结构和材料性能研究、结构选型和材料性能调研分析、材料建筑案例分析、材料试块模型制作、调研报告汇报

4.2.2 方案深入推敲

设计结合结构——结构选型：主要功能空间结构选型

设计结合模型——主要大空间的结构骨架模型+结构老师课堂指导

设计结合材料——材料及细部构造设计材料调研及选择

材料构法在方案中的表现：材料表皮肌理分析及表达+重要节点设计和模型制作

要点：了解建筑材料性能、架构技术、节点构造设计对建筑形式的影响作用。

4.3 第三阶段：成果表达与汇报讲评——设计结合交流

和院基督教堂设计 设计者：周怡雯
时空漫溯——城市发展博物馆 设计者：王墨涵
指导老师：张蔚 向昊
编撰/主持此教案的教师：张蔚

以 *建构文化研究* 为导向的建筑设计——城市教堂、博物馆建筑设计

湖南大学

三年二期文化建筑课程设计训练

建构文化研究教学真意
－回归本源，探索建筑

"爱既是创造与救赎的基础，也是真教育的基础。……"
"我们所从事的各种研究，只要专诚以追求真理为目的，就能与那位在冥冥中贯乎万有且在万有之内运行的全智全能者相接触。……"

建筑是从建造开始的："建筑学是关于建造活动的技术和艺术的知识体系""动手直接接触操作材料和进行建造活动的体验决定了我们对结构和构造的认识，并最终决定了建筑的空间形式"。

"劳作的高贵性在于创造的福乐，是使人得能力、得发展、得快乐的途径。最有益于青年学生的活动，莫过于有用的工作中"，并能教学学生明了人生应有的殷勤、责任和操劳"。

"建构文化"在整体教学中的定位和教学目标

理论定位 - 连接的艺术	建造中材料连接的艺术，起源于原始的编织艺术。将建造中的材料、施工工艺、构件及连接方式展现在人前，成为构成空间的重要因素，体现了"诗意建造"之工艺美。
教学目标1 建构文化思维	从建构文化的角度来研究建造技术、结构体系、材料肌理及构造节点等对建构空间和形态生成的引导作用而言，强调建构技术的艺术性和文化性的表达，包含地域建构文化、生态性建构文化等。
教学目标2 建构技术思维	以"建造"带动设计思想，设计方法从单纯的功能感知和形体感知提升至理性的建构逻辑，培养学生的建构技术思维。引导学生重视地域历史建构艺术的现代再现，加深对建筑本质的认识。

教学模式

阶段专题训练1 材料研究	对材料性能、肌理质感、构法的专题研究：以木、竹、秸秆、砖等原生材料为主要研究对象，注重生态材料的使用。
阶段专题训练2 骨皮结研究	建筑"骨"、"皮"、"结"的细部构造研究：从结构选型来确定建筑的空间和体量，并对建筑表皮肌理和细部构造节点两方面进行建构研究。
综合练习	将建构研究方法结合环境文脉分析、功能和空间分析方法，运用到大中型公共建筑设计中，完成建筑的全过程设计。

实践操作环节1 调研分析	要求学生进行基地考察、实物参观、资料收集、问卷调查、案例分析等，同时鼓励大家针对材料性能、构法做调查，甚至深入建材市场做经济调查，使设计更有实际意义。
实践操作环节2 方案设计	在调研基础上提出方案概念，并结合草图和模型进行方案设计和交流，提升大家对方案概念的认识。
实践操作环节3 劳作实践	分组实作模型制作。了解材料构法，对小型建筑以材料和结构形态为研究对象，实物模型为主要方式中小型公共建筑以表皮肌理和细部构造为主要研究对象，生成细部电子模型。

| 成果汇报与讲评 | 本课题属于跨专业的交叉学科，所以在课堂辅导和作业讲评时请请其他相关专业的老师共同辅导，不仅解决技术问题，更为培养学生的技术感知力。 |

整体教学模块控制

设计载体一：小型构筑物设计
二年级下至三年级上
书报亭、售货亭、赈灾临时庇护所等建筑设计。
"赈灾临时庇护所"功能内容：
1、每个空间单位考虑3~4人的基本起居、餐食及卫生空间。主要为一些独立父母及生老病给予即的救灾别所。公共服务别内的人员组合自由设计
2、每15个空间单位构成一组，一组灾民营造行总平面设计

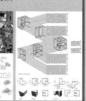

设计载体二：中小型建筑设计
三年级上
公寓、办公楼、旅馆等，使更多精力投入建构研究之中。
"学生公寓"简要功能内容：

设计载体三：文化建筑设计
三年级下
基督教堂、图书馆、博物馆设计
"大学城文化信息中心"图书馆设计"简要功能内容

Construction Design of Library

1:50 实物模型
表现建筑体量，并体现表皮的真实质感。
大学城文化信息中心 · 图书馆设计

1:20-1:5 细部模型
体现特殊部位的细部构造做法，并可用材料试块模型研究材料性能。

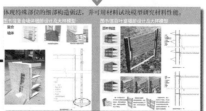

1:1 实物模型
体验建筑尺度，感受空间形态，掌握构造节点，了解结构选型。

电脑细部大样模型
让学生主动投入设计，对材料、构造节点有直观的认识。

任务书 1

设计目标 - 空间建构

尝试以建构的手法来推敲建筑的空间生成和细部设计，使学生理解技术因素对当代建筑设计的意义，并尝试将技术因素的被动转化为设计中的积极资源。

建构理论的核心在于将建筑结构、材料、构造等技术因素与建筑空间和形体设计相结合，这种思路有利于培养学生对于技术的理解，并引导学生深入探讨建筑技术与空间生成、形体设计相结合的设计方法。

功能载体1：城市基督教堂设计
（4000-5000m²）

（一）信仰空间（2500～3000m²）
1、会堂空间（1000～1100m²）
（1）大堂（讲堂、祭坛、会众、走廊、夹层等）400～500人/700～800m²
（2）小堂：150人/200～250m²
（3）查经室（儿童为主，周日教学、聚会）50人/70～80m²
2、查经空间（90m²：讨论、交流圣经经义）
（1）中、青年聚会：25人一间/30m²×2间
（2）老年聚会：25人一间/30m²
3、祷告空间（140m²）
（1）会众祷告室（大）100m²×1间
（2）会众祷告室（小）：20m²×2间
4、行政空间（100m²）
（1）神职人员祷告室：20m²×2间
（2）办公室：20m²×2间
（3）值班：15～20m²）
5、接待、会议室：（与慕道友交流）20m²，1～2间
6、明话班练习室：80～100m²
（二）公共开放空间（1500～2000m²）
以下部分分为自行发挥的任务书，要求包括以下几个部分，但细化的功能空间需要自行完善：
1、宗教文化展示空间
2、信仰文化阅览空间
3、教学影视空间
4、体验交流空间

功能载体2：旧城文明博物馆设计
（±5500m²）

旧城文脉 -
"建筑及其环境的演进构成建筑的基本动态背景，建筑也不断延续或重迭这种背景。城市乃至城市区域是历史过程的沉淀与反映，建筑设计正是在这样的背景下开始的。"

场所精神 -
从城市整体环境出发，保护、延续和拓展地域文化特征，切合时代发展需求，在用地制约中创造具有特定意味的空间形象与场所氛围，同时满足功能使用要求。

功能载体 -
尝试以旧城文明博物馆、社区图书信息交流中心、社区文化活动中心等建筑为文化功能载体，凝聚街区周边城市居民，形成文化活动平台，激活老街区时代文化活力，为老城区注入新的生命。

设计命题 -
设计以体现城市记忆、旧城文明、市民生活等为主题的博物馆、美术馆、文化展示中心建筑，设计者经过调研确定某些内容和设计命题，例如"城市记忆博物馆"、"旧城文明博物馆"、"长沙近现代公馆博物馆"、"现代艺术博物馆"等等，将此处理成一个集展览、教育、休闲为一体的城市博物馆文化场所空间。

设计内容 -
（一）功能分区及面积指标：
1、展览陈列区：±2000～4000m²
（1）展览总面积2000m2-3000m2（占总面积的40%-50%）包括常设展厅、临时展厅、互动展示区、室外展示场等，各种展示空间的面积自定。（室外展场不算建筑面积）
（2）文献资料中心：约150m²
（3）150入报告厅：约250m²
（4）展品储藏：约100m²
（5）80座专业放映厅：约150m²
2、库藏区：±500m²
（1）藏品库：220m²（封闭式管理）
（2）工作间：2×40=80m²（包括登记整理、办公）
（3）技术研究部：200m²
工作间：4×50=200m²（包括摄影、修复、模型、制作）
3、行政办公区：±200m²
办公室：3×20=60m²
会议室：1×100=100m²
保安值班室：1×20 = 20m²
4、公共服务及交通部分：面积自定
（1）门厅、进厅、过厅、走廊、楼电梯等：面积自定
（2）咖啡吧或快餐厅：±200m²
（3）艺术书店：±80m²
（4）旅游纪念品商店：±80m²
（5）卫生间（按厅和内部分公区分设）
5、扩展的功能内容（视需要设置，面积自定）：古玩和手工艺品商业街、室外展场、儿童游乐场地、手工艺加工坊（开放式的）、绘制室或教室、艺术家工作室、图书阅览室等等。
（二）环境设计：
市民文化广场、绿地设计、停车场等。

以 建构文化研究 为导向的建筑设计——城市教堂、博物馆建筑设计

三年二期文化建筑课程设计训练

基地地形图

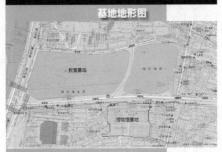

教堂基地

博物馆基地

教学要点

场所营造

场所精神

诺伯舒兹和瑞尔夫对"场所精神"的定义都共同承认从"场所"所具有的某种特定意义，以及由此"意义"而产生的"记忆"，加以破碎的语话，经过去某件事意义之事时"记忆"就是人们常说的"怀旧情感"。

安藤忠雄对"记忆场所"精神的理解

(1) 自然要素——"建筑室内与室外是分离的，而是关同构成一个场所的场所，建筑反应被操作是对场地的深刻而凝重的控制，同时又与环境保持持续的关系。"

(2) "城中之园"——"栖居精神"、"归属感与认同感"

"安藤还认为在公共建筑设计同样应该体现"栖居"的场精神，例如在建筑中，他无比崇尚着将自然景观，而是创造地心中的场所，即"城市空间"。"街道"和"广场"——记忆可以促进人们与自然对话和发现的场所。"这就是他所"城之魂"，它是建筑中的"城市空间"，并借助于它使建筑与外部城市连接。"

(3) 城市精神——"文脉结构和时空连续"

"90年代以来，安藤认识到城市中文脉结构和时空连续性的问题……所谓"城市精神"就存在它的历史中。一旦这种精神被破坏不易，它就成为历史的标志记号，记忆成为触动结构的引导，于是记忆代替了历史。"

①场所营造：通过建筑设计和外部环境设计营造符合基地特有文化主题的场所，以体现博览建筑较高的文化和艺术内涵。

②尊重环境：建筑应与环境密切结合，使建筑群体融入环境中，建筑内外环境产生良好互动，并注意新建筑与老建筑的协调与对话关系。同时注意第五立面的设计。

③空间创造：强调室内、外空间的创造以及相互关系的良好结合，观赏者不仅欣赏馆内收藏品，同时也欣赏馆户外宜人的景色。各类展示空间宜有视觉上的流通，使彼此有密切的联系。

建构表达

结构骨架体系

材料表皮肌理及构造设计

1、利用线、面、体等建筑要素，以简明的方式进行空间建构。

2、对各单元空间进行组合，表明主要空间的结构体系骨架模型图，并关注支撑体系和围护体系连接点的构造设计。

3、对线、面、体实体的材质肌理进行分析与表现。注意空间建构过程与材料的密切关系与形式感受，并对重要表皮构造进行设计，用大样图和轴测模型表达。

正图内容

1、设计说明：基地分析、构思分析及说明（包括经济技术指标）
2、技术图：
总平面图 1：500
各层平面图 1：100 1：300（其中首层平面应表现环境设计内容，且各层平面主要空间应布置家俱和绿化）
立面图 1：100 1：300（不少于3个，与平面图比统一）
剖面图 1：100 1：300（不少于2个，与平面图比统一）
3、效果图：室内外透视图、俯瞰图、场景小透视图等等，表现形式不限。
4、分析图：
A. 功能与流线分析图：基地分析、构思分析
B. 建构关系分析：
a) 轴测分析图：各层空间轴测图、剖轴测分析图、交通体系图。
b) 结构分析图：承重结构和非承重结构体系分层轴测图型（支撑体系和围护体系表达）
c) 材料肌理、构造表达：局部大样 1:10 1:30，标注尺寸、材料及构造说明；3D节点模型表现：表皮大样模型透视，1；20手工节点模型或表皮大样模型型）

教学过程及手法 ②

设计结合分析

| 第一阶段：文化建构分析 | 场地文脉建构分析 | 物理环境分析 | 气候、日照、主导风向、噪声因素等 | 制约的主导因素 | 物质环境分析 | 城市规划层面 | 区位、交通、控制线、技术指标 |

物质环境分析 → 城市规划层面、城市设计层面、建筑设计层面 → 影响的程度 → 城市设计层面 → 轮廓线、控制线、图底关系、环境肌理分析、视觉景观分析、空间界面分析等

时态分析 → 建筑形态演变、时代文化传统、建筑风格 → 确定设计依据、寻求设计切入点 → 建筑设计层面 → 建筑类型、建筑形体、建筑材料、建筑细部、建筑技术类型分析等

设计结合模型 总平面形成及概念模型、空间调整

第一次草图完成

基地环境概念模型 / 总体概念模型 / 总体构想概念模型 / 方案空间模型

第一阶段要点：了解城市文脉环境对建筑生成的制约因素，并从分析角度引导方案生成。
第二阶段要点：了解建筑材料性能、架构技术、节点构造设计对建筑形式的影响作用。

1、建构理论知识讲授

| 建构文化研究理论简述 | 结构体系知识简介 | 材料与构造 | 建筑构造细部设计实例介绍 |

2、结构和材料性能研究

| 第二阶段：物质建构±建构概念研究及方案完善 | 建构概念研究 | 结构选型和材料性能调研分析 | 材料建筑案例分析 | 材料试块模型制作 | 调研报告汇报 |

设计结合结构 1、结构选型

| 方案深入推敲 | 主要功能空间结构选型 | 结构与材料 / 结构与建造 / 结构与建筑 | 主要大空间的结构骨架模型 | 结构老师课堂指导 | 骨 |

设计结合材料 2、材料及细部构造设计

| 材料调研及选择 | 材料构造法在方案中的表现 | 材料表皮肌理分析及设计 / 重要节点设计和模型制作 | 皮 |

设计结合交流

| 第三阶段：成果表达与汇报讲评 | 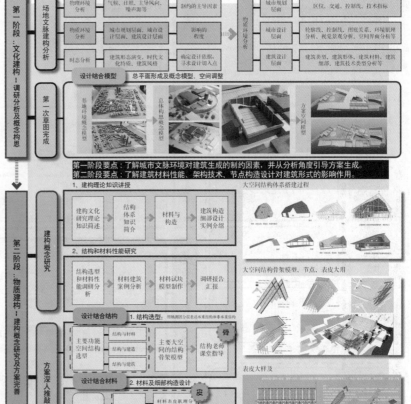 |

大空间结构体系搭建过程

大空间结构骨架模型、节点、表皮大样

表皮大样及

教学进度控制

	授课内容	实践训练	设计要求
第一阶段：调研及总体构思分析构思地形观分析、地块流线分析、功能分区流线综合分析、空间种体系概念（5周）	讲课1：文脉分析和授课1	参观和实地调研	
	讲课2：建筑与外部环境的关系	文脉调研分析和资料收集汇总	调研分析汇报（ppt）
	讲课3：场所精神	初步构思与概念分析	方案概念评析
	讲课4：教堂和博物馆功能流线概念及解题讲述	第一次方案概念草图检查	平面草图、环境分析、流线构思、功能分区和各区面积、草模、sm电子模型、整理成ppt、图1表现
第二阶段：建构文化研究和方案调整完善——方案概念研究和深入设计阶段（5周）	讲课5：建构文化研究实例讲介	第一次草图方案修改	方案结构体系表达
	讲课6：结构知识介绍	结构与材料分析	调研分析汇报（ppt）
	讲课7：建筑、空间、秩序	第二次草图方案修改	建筑方案的结构体系表达——结构骨架
	讲课8：建筑细部设计		材料选择及细部设计：结构、材料及包络设计
	讲课9：教堂和博物馆建筑实例讲介	第二次草图方案完善修整	材料构造表达：表皮材料表达、结构体系、建筑、层数确定、建筑细部设计、方案和家具布置设计
第三阶段：绘图及模型制作（3周）	讲课10：3D建筑改造和利用	第三次草图方案及草图稿整理	方案综合技术深入设计，材料构造设计、细部设计、室内环境深入设计
		绘图、成果模型制作	

此课程设计的前后衔接关系

本次课程设计为"建构文化研究"系列教程中的综合性练习部分，即"建构文化"在中型文化建筑中的制约因素和根本导向作用，前续课程为"微型建筑建构原件作训练课"，以及与"由城市文脉分析引导设计"的综合性子课程，是文化建筑概念性设计课程。本课程是教学贯穿物质建筑综合性子课程、强调城市文脉和建构文化在方案设计中的引导作用，并要求学生对建构和细部设计有深入的了解与认识，即强调建筑的艺术性和技术性在建筑中的完美表达，使设计达到一定深度。为以后的设计课程打下基础。

参考书目

1、青贝斯·弗兰姆普敦，建构文化研究，王骏阳译，中国建筑工业出版社。
2、马清，杨绵，当代世界建筑的精神构成，东南大学出版社。
3、褚智勇著，建筑的材料语言，中国电力出版社。
4、《国外建筑设计详图图集》，中国建筑工业出版社。
5、《建筑细部》杂志，大连理工大学出版社。
6、蜀洲著，材料、建构、博物馆建筑设计，中国建筑工业出版社。
7、《从1到建》，罗森和拉特维，博物馆建筑，杨永生译，中国建筑工业出版社。
8、《国际教堂建筑》，秦笛译，中国建筑工业出版社。
9、张钦哲编译，后工业时代产业建筑遗产保护更新，中国建筑工业出版社。
10、王建国，后工业时代产业建筑遗产保护更新，中国建筑工业出版社。
11、程大锦，建筑：形式·空间·秩序，天津大学出版社。

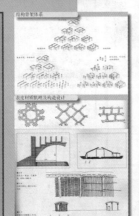

三年二期文化建筑课程设计训练

成果展示
城市教堂设计

老區新堂

城市教堂设计

长沙基督教教堂设计

ZHE DESIGE OF CITY CHURCH

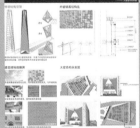

博物馆设计

作业点评1：和院教堂设计

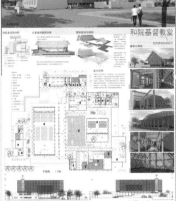

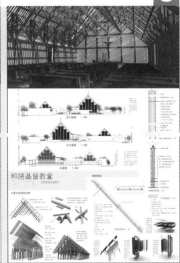

和院基督教堂

1、场地文脉
本方案以"东西文化碰撞和交融"为主题形成构思特点，建筑形式以院落群、大坡屋顶及传统木构和砖砌两种现中国传统建筑的风韵，同时考虑了基地与周边传统街巷的流线和视觉景观联系，形成很好的方案布局。

2、建构文化
利用传统材料的现代的构筑手法体现建筑的当代性，是当今寻求传承中国传统建筑文化的有效方法。
大屋顶：中国传统建筑的典型符号特征，本方案用木构架通体搭建而成，45°的屋顶角度体现了现代几何构筑方式，屋面用密肋格栅和半透明玻璃材质组合形成复合表皮，解决采光和保温防护问题。大堂室内吊顶用45°交叉梁形成高敞空间，解决通风问题的同时表信仰空间特有的"向上"的空间气质，较好的将技术、艺术和文化融合。
木构：用现代钢木构法和复合木墙板，体现对传统建筑的传承和更新。

3、建构表达
"骨、皮、结"的设计和大样模型绘制都非常细腻。

作业点评2：旧城区博物馆设计

WANDERING MUSEUM

1、场地文脉
本方案选址在某旧城区，西边为国家保护性传统街区"西园百里"，基地内有一须保护的古典园林和50年代的大空间建筑。基地的固有的文化因素和旧城空间肌理成为方案设计的制约和引导元素。
本方案通过充分的调研分析确定总体构想，建筑群布局延接了旧城区的街道轴线和园林景观要素，建筑形态和色彩取源于中国传统民居建筑，形成"粉墙黛瓦"的素雅基调，并从材料、色彩、屋面肌理等方面考虑了与旧建筑的衔接关系，使建筑群设计一气呵成，整体感很好。

2、建构文化
结构体系粗明朗，为与场地建筑脉融为一体而采用木构屋架体系，并形成线玻璃顶，使建筑舒展而自由。

建筑采用保温隔热多层复合墙面和屋面，屋面用黑色陶板瓦铺面瓷，墙面为白粉墙、木格栅和玻璃墙面混合使用，既体现传统建筑建造特点又不失时代气息。

3、建构表达
在充分考虑场地文脉的同时，将建筑细部深入构造设计，技术设计细腻，表达清新，很好地满足了任务书的要求。

作业点评3：城市教堂设计

城市设计 教堂深化设计

1、场地文脉
本方案在前线城市设计的基础上形成构思概念，总体布局取意"神的帐幕在人间"而形成"帐篷"的建筑形态，和基督教堂建筑的文化意义非常相称。

2、建构文化
材质：用钢和木两种主材构成会堂空间，钢结构外露体现代气息，并在木墙板外面形成复合表皮，丰富了界面空间。

形态：帐篷：木墙板为"帐篷"形式，空间内外都有丰富的木质肌理，亲切而舒适，营造回归远古、回归自然、聆听上帝训诲的心境。

树状柱：局部点缀的"树状柱"进一步体现"回归自然"的设计意图，将整片建筑群散落在自然生态圈中，和周围的自然景观和旧城区民生活氛围很相契合。

3、建构表达
利用线、画、体的元素将大、小会堂的墙面、屋顶、结构骨架体系和建构过程表达出来，较好的满足了任务书的要求。

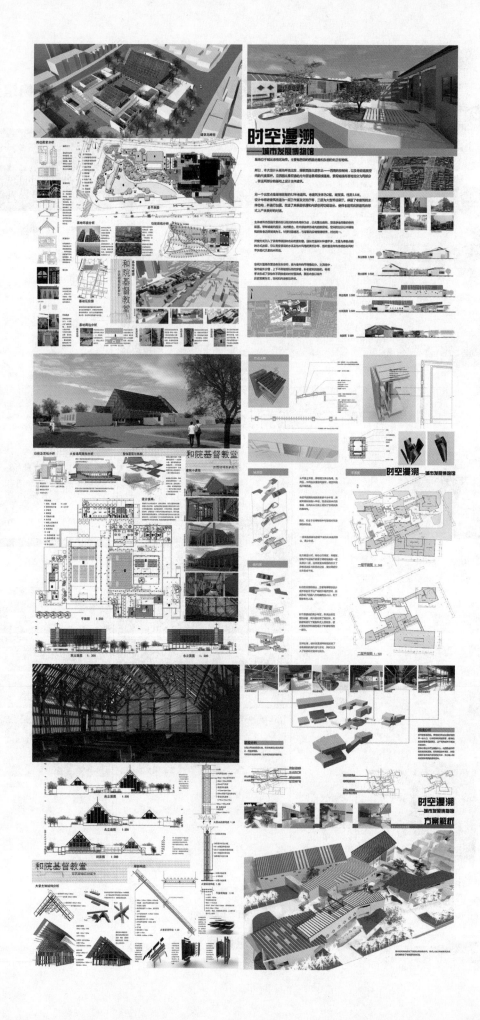

大空间大跨度建筑设计教案

（四年级）

教案简要说明

1. 教学目标

1.1 掌握大空间大跨度建筑的设计方法，尝试创新建筑形态和建构方式，提高综合运用结构知识解决结构表现与建筑空间的矛盾统一关系，达到"技艺交融"的目的。

1.2 强化对建构理论的了解，强调建造活动的本质和设计过程，提升对建造节点细部的逻辑性和美感的认知。

1.3 鼓励运用拓扑几何学、建筑仿生学、非线性建筑参数化设计、空气动力学等前沿理论和Rhino、BIM等三维设计软件进行创作实践，锻炼学生综合各类知识和工具进行建筑创作。

1.4 掌握观演建筑相关重要的基础知识。

2. 教学方法

2.1 采用更为细致的理性教学，摆脱个人经验的教学方法。题目没有过多功能及场地条件限制，最终形态也体现出较多的感性特征，因而学生容易受所谓"想法"和"灵感"误导，而不是建立在分析、综合和评价的想象空间。设计过程中教师不给与太多形态上的建议，以免带上个人主观审美判断，避免"经验式"的教育方式，而应该不断提醒和暗示案例背后的设计逻辑和方法。

2.2 拓扑建筑学的非线性不确定性与流动性颠覆了传统笛卡尔体系的稳定性，使得传统的形态等级变得模糊，从对建筑的重新审视中创造出新的形态秩序。这种模糊不确定性和自由度引发了学生探讨和研究的兴趣。教学方法上不再像以往年级先从场地和功能分析开始，而是从建构节点及形式生成方法的探索开始，引导学生从自然界，从古代建造过程中去寻求设计概念，这种极具原创性逻辑思辨性的设计激发了学生的探究热情，通过学生自我的思辨，分组的探讨和教师的指导拔高了创新思维能力，避免了模仿抄袭的可能。

2.3 实验性的建筑需要采用实验性的教学方法，需要借助计算机三维模拟，数字化控制切割工具，结构荷载实验来辅助设计。建筑由简洁明了的建构单元搭建出复杂的连续性变化的大空间，设计过程需要在计算机模拟和实物模型之间反复切换和推演。计算机模拟帮助从表现语素到实时建造语素之间的顺利转化，参数化的控制、三维空间到二维构件的数字化生成，使得模型的组建更为精准更有可操控性。实物模型则用以检验空间形态，并通过结构加载实验来验证其受力特征和稳定牢固性。这是非常强调设计过程的教学方法，经历手绘构思—图示表达—计算机二维推演—计算机三维定型—计算机二维导出—计算机控制加工构件—实物模型受力实验、风洞试验等过程，这一过程不是简单的线形进程而是会有反复和穿插，呈现非线性的递进式教学方法。

2.4 教学方法另一大特点是其开放式的评价和指导。在教学过程中不仅是建筑专业授课老师还会有建筑结构，建筑材料，建筑构造，数字建筑实验室等专业教研人员共同参与方案有修改，协助学生整合各种技术资源优化设计方案。方案完成之后进行集中评图，此过程会邀请学院内资深教授及院外著名建筑师共同参与点评，使得方案评价更全面更公正。评图完成后会将作业在院内进行展出，与各年级学生和教师交流意见。

3. 教学题目

为进一步了解大跨空间的结构与造型特点，本课程设计选取桃子湖畔临水位置，完成平面尺寸大于20m×20m的无柱空间。根据场地特点自行确定功能主题。要求选用空间结构形式及合理的建筑材料，但不得采用平面网架结构及混凝土结构（如折板、薄壳等）。通过不小于1∶20的空间结构模型及电脑模拟，借助相关的图纸表现本构筑物的造型特点、设计意图、节点构造以及相应受力关系。

索——风筝 设计者：齐畅 李杨文昭 陈又新 唐经纬 张舜浩 杨丽 任凭

布于木 设计者：周宇 毛律 董意娜 文炜 高晓宇 祖瀚兴

滴——水之意，索之境 设计者：裴泽骏 廖诗炜 谢易桓 杨恒宇 慕诗雯 唐州 赖思超

指导老师：袁朝晖 刘尔希 宋明星 卢健松

编撰/主持此教案的教师：宋明星

大空间大跨度建筑设计教案

现代建筑与现代的大跨建筑

■ 引言：

该课程为建筑学四年级下学期专业设计，根据学科设置和高年级综合能力的结合要求，结合建筑设计的热点和前沿建论，转数学内容定位为大空间大跨度建筑设计。四年级下学期建筑设计课总时长18周，大跨模型建构设计9周，观演建筑设计9周。

释放问题：形式和空间之间谁是谁为大跨度建筑设计的终极目标？
释放问题：大跨度建筑空间的使用和效益？
释放问题：大空间大跨建筑设计是否已将形式和功能割裂？
释放问题：大跨度建筑的刚性建构逻辑与感性的形式空间谁更具有决定意义？

■ 教学目标：

1. 掌握大空间大跨度建筑的设计方法，尝试创制建筑形态和结构方式，提高运用结构知识解决结构与建筑空间的矛盾统一关系，达到"技艺交融"的目的。
2. 强化对结构建论的了解，强调建造造法的本质和设计过程，提升对建造节点细部的逻辑性和美学的认知。
3. 鼓励运用拓扑几何学、建筑的生长、非线性建筑参数化设计、空间动力学等前沿建论和Rhino、BIM等三维设计软件进行作业练习，激练学生综合各类知识和工具进行建筑创作。
4. 掌握观演建筑相关的基础知识：观众厅的平面形式、剖面形式、天棚形式、面积体积参考指标、观众厅的视线设计、座位排列、观众厅的人流动线；舞台的形式及组成，基本台（主台）尺寸、台深、台宽、台高、乐池等。

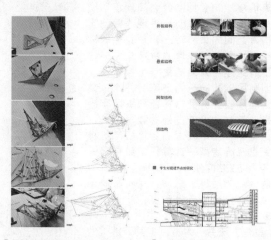

折板结构
悬索结构
网架结构
拱结构

学生对造型节点的研究

描述过程体现对于力学原理、构件和物体之间关系的理解

学生对剖切结构的剖面形式进行研究

■ 教学特点：

本课程强调对大跨度建筑空间与形式相关系的理解，大跨度建筑模型建构+观演建筑使能是本课程的两大构成联系。随着数字技术的发展与建造技术的提高，更多设计师转向于将现演建筑向新颖、自然、流畅的方向设计，传统教学中仅仅对基本大空间结构构类型特点和观演建筑基本多参数的含义。

本课程特别强调运用三维软件对空间的模拟，计算机型与实物模型的转化，对于复杂的三维空间，其平立剖面不可能直接通过头脑想象，必须借助模拟软件...

■ 教学过程网络

■ 教学方法：

1. 采用多元线的理性教学，挖掘个人经验的教学方法...

讲解鸟巢生成的背后逻辑

学生作业从原理和建构逻辑开始的设计

2. 拓扑建筑学的非线性与动态随着了传统基于卡尔顿不系的稳定性...

学生研究古建筑，以其为原型，探讨大跨建筑中的文化属性

学生作业从自然的衍生学中导致原型

3. 实验性的建筑需要采用实验性的教学方法...

学生作业成果生成的程序逻辑

三维异体转将二维曲线建入机床加工

4. 教学方法另一大特点是其开放式的评价和指导...

学生作业中利用WRS造形技术控制复杂曲面的生成与比较

大空间大跨度建筑设计教案

■ 设计题目任务书

■ 场地环境全景照片

时间安排	主要任务	评价标准	备注
第一周			
第二周			
第三周			
第四周			
第五周			
第六周			
第七周			
第八周			
第九周			
第十周			
第十一周			
第十二周			

■ 场地总平面图

■ 场地实景照片

■ 前后题目的衔接

此课题之后是四年级上学期的高层建筑设计...

■ 教学组织

STEP1	授课 Teaching	一周	各种大跨度结构类型特点
STEP2	分组调研 Grouping research	二周	学生分为六组分别针对各种结构调研和资料收集
STEP3	分享交换信息 Share information	三周	每个小组自研究成果以PPT形式
STEP4	结构模型设计 Structural Model	四五周	结构、构造技术、古建筑等专业知识的讲授
STEP5	模型建筑公开评图 Assessment	六周	请来校外专家，组织知名建筑师、专业老师，学院教授等开放评图
STEP6	建筑物理设备等课程 Teaching	七八周	教授建筑光学、声学、设备等课程
STEP7	节点和线排设计 Details	九十十一周	研究细部节点，掌握基本的搭接
STEP8	最终成果展览 Assessment	十二三十四周	最终成果绘制图纸和实体模型

■ 教学过程：

第一阶段：体验感知
此阶段以理论讲授和实物案例为主...

第二阶段：理解提升...

第三阶段：实践融会...

第四阶段：整合输出...

第五阶段：验证评价...

从书本上学习各种大跨度建筑实例

参观实物，试做安全模型并优化，强化体验与感知

设计过程中的结构模型

输出2d加工图

邀请都市实践总建筑师刘小都及院系领导一同参与评图

大空间大跨度建筑设计教案

作业点评：

该方案最大特点是充分考虑了山景和湖景的结合，充分将两者结合，人们在小船上可以欣赏到大跨度建筑中的演唱会映衬着山景，充分考虑了整个地域的使用以及功能分布。

在结构上采用了桅杆结构，结构杆件外漏，高技派的风格都颇有个人味道。

● 学生作业1

该方案从结构创新的角度出发，将拱结构与拉索结构进行了巧妙的结合，最终创造出了赋予流动感的形体和内部大空间。

同时实体模型制作的比较精美，节点尺寸选择到位，木材与金属的搭配展现了建筑的力与美。

实体模型同时与电脑模型保持了较高的切合度，可以熟练运动三维软件来进行体量的研究。

每种不足的是最终图面信息量还不够大，无法完整体现设计构思，有待优化。

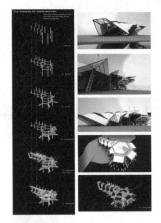

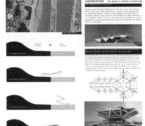

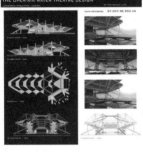

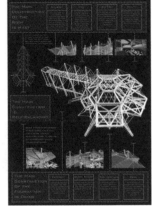

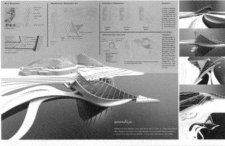

● 学生作业2

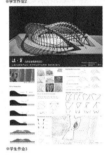

● 学生作业3

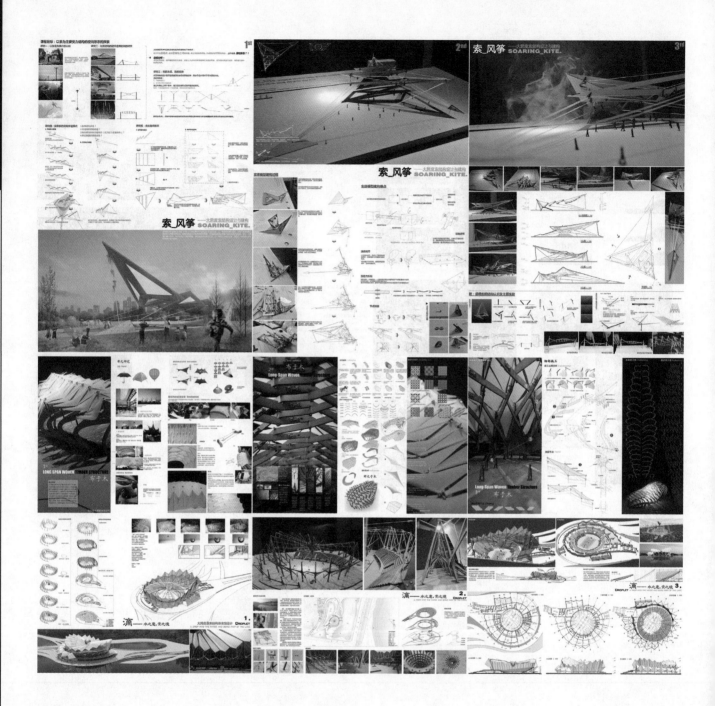

内部空间设计—建筑沙龙

（一年级）

教案简要说明

教学目标：知识目标和能力目标两大块；

知识目标为：建筑设计基础知识，人体尺度与行为空间基本知识；

能力目标为：分析能力、设计能力、表达能力、思维能力。

教学方法：多媒体集中授课，调研报告，分组授课，集中讲评等；

设计任务书：内部空间设计；

教学过程四个阶段：空间解读及概念，空间组织分区设计，设计整合定案，设计表达完成。

作业1 设计者：林佳思 彭梓峻 戴飞
作业2 设计者：张心韦 戴秀男 储一帆
作业3 设计者：徐煜超 张垚 张佳贤
指导老师：黎继超 董志国 王秀慧 谢岚
编撰/主持此教案的教师：王秀慧

内部空间设计—建筑沙龙

建筑设计基础课程教案——内部空间设计
PLANS OF ARCHITECTURAL DESIGN BASIS——INTERIOR SPACE DESIGN

■ 本课题是我院建筑学专业一年级下学期的第二个设计课题，教学周期为4周，周课时为7学时，课内共28学时。

前后衔接

	一年级	二年级	三年级	四年级	五年级
阶段定位	设计认知与启蒙	设计入门与方法	设计深入与强化	设计综合与拓展	设计研究与实践
教学定位	初步理解建筑设计及其要素	空间训练为主的小型建筑设计	基本要素限定下的建筑设计	综合建筑设计及城市视角的设计	研究性建筑设计及建筑设计实践
教学组织	通用工作坊	通用工作坊	工作室	工作研究室	企业+工作研究室

一年级教学内容框架		阶段I	阶段II	阶段III	阶段IV
	教学阶段	制图表达	空间基础	设计基础	建筑解析
	能力要点	表达整理	抽象思维	组织分析	整理归纳
	知识要点	制图规范	空间类型	行为尺度	文献手法
	教学要点	维度转换	空间界定	尺度形态	建筑认知

教学过程

	时间	教学重点	教学过程组织 内容	学时	课外要求	成果要求
阶段一：内部空间解读和概念	第1周共7课时	1、引导学生对相似案例进行分析；2、引导学生对内部空间分隔方式进行分析，确定特色性内部空间分隔方式；3、引导学生从生活中提取设计理念，帮助学生找到设计的出发点和启动点。	讲课一：课题和基本设计方法介绍。	3课时	分组现场调研	调研口头报告及案例分析PPT口头汇报。
			讨论一：分组交流现场调研报告、案例分析。	1课时		1：100概念构思模型、单色草模、设计概念图
			指导一：设计概念。	2课时	构思设计概念	
			讨论二：分组讨论设计概念。	1课时	确定设计概念	概念草模：每小组提供1-2种空间布局方式。

	时间	教学重点	教学过程组织 内容	学时	课外要求	成果要求
阶段二：内部空间组织分区设计	第2周共7课时	1、依据阶段一的分析和概念构思，引导学生尝试不同的内部空间布局方式和组合方式；2、引导学生讨论内部空间组合的方式、手法、空间构成特点；3、帮助学生建立整体设计概念，结合功能、环境、空间组织，确定内部空间组织方式，确定内部空间各个区域的关系。	指导二：依据每组2个方案模型，讨论空间内部空间布局与给定空间的设计关系。	3课时	完善内部空间设计和深化模型制作	概念发展草图、1：50草模：表达概念与空间体量配置、功能布局
			讨论三：分组讨论内部空间分区，流线组织、基本分割构图手法。	4课时		表现形态与空间关系图1：30内部空间设计单色手工工作模型。

	时间	教学重点	教学过程组织 内容	学时	课外要求	成果要求
阶段三：内部空间设计整合定案	第3周共7课时	1、引导学生掌握内部的空间设计深入的方式和相似化空间分割的方法；2、引导学生理清楚空间组织与交通空间的概念、内部空间设计中水平和垂直的联系；3、帮助学生初步建立结构概念；4、细化内部空间设计，确定设计方案；5、细化内部形态；6、徒手图示表达的方法与技巧。	指导三：讲解空间分隔内的构件与结构的关系。		手工工作模型：1：30铅笔分析草图分析	手工工作模型：1：30铅笔分析草图分析
			讨论四：分组讨论、点评	4课时	设计完善设计、定案	深化模型：1：50平、立、剖立局部透视或轴侧草图表达。学生初投成果图片
			指导四：设计、定案。制作正模 绘制正式方案草图。			

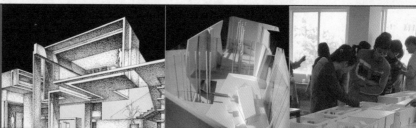

	时间	教学重点	教学过程组织 内容	学时	课外要求	成果要求
阶段四：内部空间设计表达完成	第4周共7课时	1、单色正式表达模型的制作；2、评图：不同专业班级老师参与集体评图；3、评图后集体讲解本设计优秀作业，分析其他作业存在的问题和解决问题的意见和建议	制作正模 正式图纸绘制	7课时	正式模型正式图纸绘制	正式模型：1：30浅色单色模型；A1图纸表达

INTERIOR SPACE DESIGN

苏州科技学院

成果展示

课题名称 建筑设计沙龙

项目概况 某高校建筑系统利用原有建筑空间改建一个建筑沙龙，使用功能包括教师课间休息区、小型会议兼学术讨论区和日常业务管理区、学生作品展览。

场地条件 建筑系拟重新规划布置建筑沙龙，在以下给定空间选择其一，进行内部空间分割设计：
给定空间一面积为8.4X8.4X2=141.12平方米，层高5.2米，梁底标高4.4米；
给定空间一16.8mx8.4mx5.2m（长、宽、高）（见附图）
给定空间二9.0mx9.0mx7.5m（长、宽、高）（见附图）
给定空间三30.0mx5.0mx4.8m（长、宽、高）（见附图）

设计内容 1、设计可供小型会议兼学术讨论的空间，应提供9人以上的座位，为方便教师查阅资料，要求在房间适当位置安排3个电脑桌位，形式可分可合；
2、针对会议活动与教师休息的非共时性特点，可以考虑通过家具布置的灵活性即时扩大所需空间规模，以提高空间使用效率；
3、业务管理区设置一个专职工作人员，负责建筑沙龙日常管理，须有一定的办公区域。

设计要求 1、应结合沙龙的平面形状、景观朝向，以及出入口的位置等环境条件，统筹安排动静区划；
2、针对会议活动与教师休息的非共时性特点，可以考虑通过家具布置的灵活性即时扩大所需空间规模，以提高空间使用效率；
3、业务管理区设置一个专职工作人员，负责办公接待、信件收发和设备管理等日常工作，并为会议、休息提供冷热饮服务另外，要求在房间适当位置安排一个告示牌；

给定空间一：

给定空间二：

给定空间三：

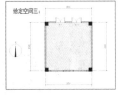

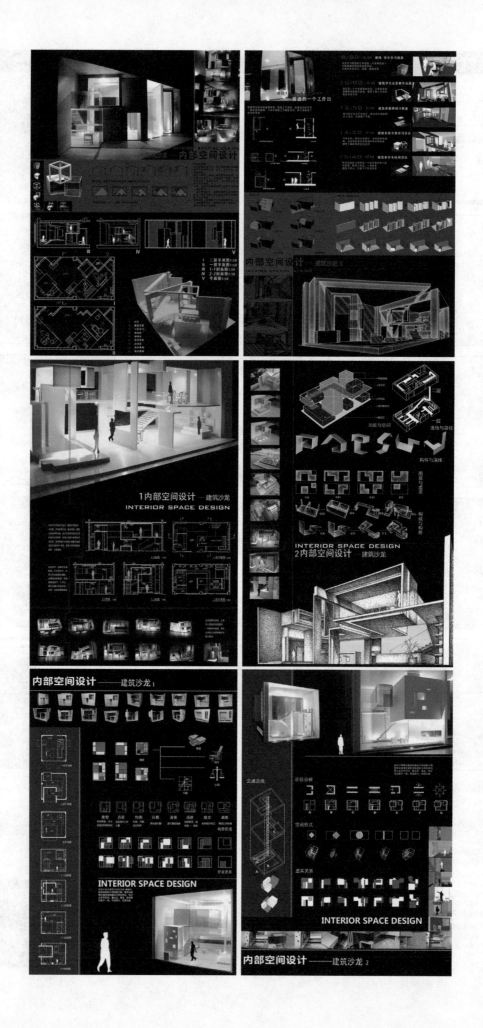

场地与文脉启动的建筑设计

（三年级）

教案简要说明

建筑学三年级以"基本要素限定下的建筑设计"为教学定位，本教案是建筑学三年级上学期的第二个作业，教学周期为8周，课内学时56，课外学时8。本教案以"场地与文脉启动的建筑设计"为题，以场地与文脉要素主导，培养学生综合解决建筑与场地之间重构空间秩序的能力，并使学生在知识目标和能力目标上都有所训练和收益。教学方法主要采用多媒体集中授课，实地考察，基地现场踏勘，分组授课，案例教学等；教学过程分为六个阶段：综合认知、概念构思、概念深化、设计深化、设计成果、评价分析，旨在使学生在每一阶段都有针对性的训练与学习。

水院禅韵——寒山文化博物馆设计　设计者：殷悦　姚远
卍.堂.院——寒山文化博物馆设计　设计者：朱婕　徐佳
和合.院——寒山文化博物馆设计　设计者：施鹏骅　高文
指导老师：邱德华　楚超超　胡炜
编撰/主持此教案的教师：楚超超

建筑学三年级上学期(八周)

"场地与文脉启动的建筑设计"课题教案

【衔接关系】

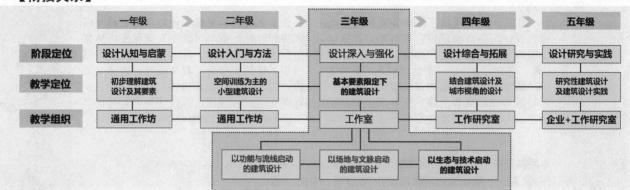

	一年级	二年级	三年级	四年级	五年级
阶段定位	设计认知与启蒙	设计入门与方法	设计深入与强化	设计综合与拓展	设计研究与实践
教学定位	初步理解建筑设计及其要素	空间训练为主的小型建筑设计	**基本要素限定下的建筑设计**	结合建筑设计及城市视角的设计	研究性建筑设计及建筑设计实践
教学组织	通用工作坊	通用工作坊	工作室	工作研究室	企业+工作研究室

以功能与流线启动的建筑设计　　以场地与文脉启动的建筑设计　　以生态与技术启动的建筑设计

【教学过程】

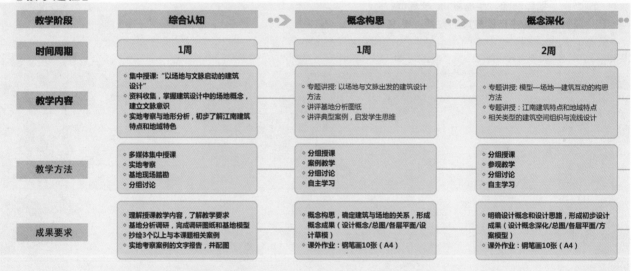

教学阶段	综合认知	概念构思	概念深化
时间周期	1周	1周	2周
教学内容	◇ 集中授课:"以场地与文脉启动的建筑设计" ◇ 资料收集,掌握建筑设计中的场地概念,建立文脉意识 ◇ 实地考察与地形分析,初步了解江南建筑特点和地域特色	◇ 专题讲授:以场地与文脉出发的建筑设计方法 ◇ 讲评基地分析图纸 ◇ 讲评典型案例,启发学生思维	◇ 专题讲授:模型—场地—建筑互动的构思方法 ◇ 专题讲授:江南建筑特点和地域特点 ◇ 相关类型的建筑空间组织与流线设计
教学方法	◇ 多媒体集中授课 ◇ 实地考察 ◇ 基地现场踏勘 ◇ 分组讨论	◇ 分组授课 ◇ 案例教学 ◇ 分组讨论 ◇ 自主学习	◇ 分组授课 ◇ 参观教学 ◇ 分组讨论 ◇ 自主学习
成果要求	◇ 理解授课教学内容,了解教学要求 ◇ 基地分析调研,完成调研图纸和基地模型 ◇ 抄绘3个以上与本课题相关案例 ◇ 实地考察案例的文字报告,并配图	◇ 概念构思,确定建筑与场地的关系,形成概念成果(设计概念/总图/各层平面/设计草模) ◇ 课外作业:钢笔画10张(A4)	◇ 明确设计概念和设计思路,形成初步设计成果(设计概念深化/总图/各层平面/方案模型) ◇ 课外作业:钢笔画10张(A4)

成果展示

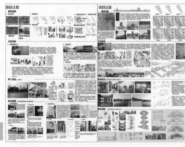

【设计任务】

课题名称

寒山文化博物馆设计

项目概况

苏州市寒山文化博物馆以弘扬和合文化为宗旨，以陈列、收藏、研究为主要工作内容。向世人展示寒山文化相关的文物和资料。

基地

本设计任务书提供以下两个设计地段供选用，学生选定其中一个地段进行设计。

设计要求

1.设计考虑场地各项因素，包括道路、广场、环境、绿地等，要求考虑新建建筑与周边场地的文脉关系;

2.严格遵守规范中的强制性条款。主要规范包括:
(1)《民用建筑设计通则》（GB50352-2005）
(2)《建筑设计防火规范》（GB50016-2006）
(3)《博物馆建筑设计规范》（JGJ66-1991）
(4)《城市道路和建筑物无障碍设计规范》
（JGJ50-2001）

3.建筑结构以钢筋混凝土框架结构为主，建筑标准可以较高。展览部分可采用空调，但提倡自然通风采光。

4.必须满足中华人民共和国有关规划与建筑设计成果编制深度要求的相关条款。

5.所有设计成果的计量单位均应采用国家标准计量单位。长度单位:总平面尺寸以米（m）为单位，建筑设计图标注尺寸以毫米（mm）为单位;面积单位:用地面积以平方米（m2）为单位，建筑以面积平方米（m2）为单位。

6.设计图纸和文件必须做到清晰、完整，尺寸齐全、准确，同类图纸规格应尽量统一。

图纸要求

1.总平面图:1:500;
2.各层平面图: 1:200-1:300;
3.立面图（2~3个）:1:200~1:300;
4.剖面图（1~2个）:1:200~1:300;
5.透视效果图;
6.主要空间透视或轴测，限表达建筑设计有特点的公共部分;
7.相关分析图;
8.模型照片;
9.建筑设计简要说明、主要经济技术指标。
10.建筑设计图纸A1大小
（841mm×594mm）。
11.不强调用纸，计算机制图。
12.所有设计在接受任务的8周内完成。

设计内容

房间分类及名称		数量（间）	建筑面积（m²）	备注
展览部分	序厅	1	200	
	寒山历史展厅	1	200	
	寒山文化沿展厅	1	200	
	寒山文化文物展厅	1	300/间	
	临时展厅	1	200	
	讲解员休息室	2	25/间	
	室外展场	1	200	不计建筑面积
公共部分	多功能放映厅	1	300	包括控制室、储藏间
	图书室和纪念品销售	1	100	
	咖啡/休息厅	1	100	含吧台
办公与研究部分	接待室	1	60	
	办公室	3	20/间	
	研究室	3	20/间	
	档案室	1	20	
	复制、修缮、阳相、装裱等工作室	4	20/间	
	会议室	1	100	
	馆藏库藏	1	100	
服务部分	门厅	1	200	含值班室、接待、咨询、休息
	卫生间		自定面积	
	过厅、走道等		自定面积	
	变配电室	1	50	
	消防及安全控制室	1	50	

【教学目标】

能力目标

分析能力
历史文化、场地环境与关联分析的能力

设计能力
以场地与文脉要素主导的建筑设计，综合解决建筑与场地之间重构空间秩序的能力

表达能力
利用手工模型进行快速推敲方案的能力
调研报告、模型、计算机成套图、答辩

思维能力
地域文化与情境创造，辩证创造性思维

知识目标

设计知识
◇掌握建筑设计中的场地概念，建立文脉意识;
◇掌握以"场地—文脉"出发的建筑设计方法;
◇掌握场地与环境设计的一般方法;
◇相关类型建筑设计体系及相关要求;

史论知识
◇了解江南传统知识和地域特色;
◇了解地域文化、场地、建筑设计之间关联与表达;
◇文脉观念与要素在设计中的表达;

技术知识
◇了解建筑结构体系与建筑形式的逻辑关系;
◇了解相关类型中的材料应用与形式表现;
◇掌握建筑物理、构造要素在相关类型建筑中的应用;

执业知识
◇了解现行建筑工程设计程序与审批制度;
◇熟悉有关建筑工程设计的前期工作。

设计深化		设计成果		评价分析
2周		**2周**		**课外**
◇专题讲授:场地与环境设计的一般方法 ◇专题讲授:局部空间建筑物理要求及设计 ◇初步成果讲评		◇建筑深化设计，民用建筑设计规范和防火规范 ◇相关类型建筑规范 ◇建筑设计表达，计算机制图规范 ◇建筑细部设计		◇设计方案汇报 ◇设计方案评价与分析
◇分组授课 ◇案例教学 ◇分组讨论		◇分组授课 ◇案例教学 ◇分组讨论 ◇自主学习		◇公开评图
◇设计方案确定，提交设计初步成果 ◇课外作业:马克笔快速表达5张（A3）		◇完成设计最终成果		◇五分钟口头陈述和PPT演示

【重点难点】

◇强调人、建筑与环境之间的关联，建立设计的文脉意识;
◇常见的环境分析技术以及在设计中融入文脉观念的方式方法;
◇以"场地——文脉"启动的建筑设计理念和方法;
◇相关类型的建筑空间组织与流线设计;

【评价内容】

序号	评价内容	权重	备注
1	总图设计	20%	
2	建筑设计的场地概念	25%	核心指标
3	功能布局与流线设计	15%	
4	建筑空间设计	10%	
5	建筑文脉要素设计	10%	
6	建筑造型设计	10%	
7	设计表达	10%	

【任务选择】

可选类型 中小型博览类建筑、中小型纪念性建筑等;

建筑规模 3000~4500平方米，多层，框架结构体系;

场地要求 0.8~1公顷，场地位于江南历史地段。

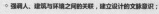

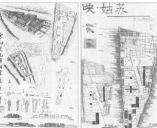

体验·认知·分析——大师作品分析教案

（一年级）

教案简要说明

大师作品分析教学课题，其教学目标主要是通过对大师作品的分析，初步了解建筑大师生平和设计风格，培养建筑分析能力、空间想象能力和建筑表达能力（模型制作及手绘表达）。题目主要任务是分析所选建筑大师的作品，制作模型绘制图纸。具体包括：资料收集与分析、制作模型、绘制图纸和制作汇报文件。成果要求包括作品模型、正式图纸及汇报电子文档。在教学组织上，通过大师介绍、作品分析、模型制作、分析表达、正图表达和点评总结等六个部分，将课题有机分解，又连贯开展，并将其作为评价作业的评价要点。

作业安藤的山地住宅评价：作业通过对比分析了两个建筑的基地特点、空间属性、设计手法及光在建筑中运用，较好地理解了大师的设计理念和手法，分析思路清楚，分析表达清晰。模型制作精致，体现了特征明显的建筑细节。在建筑表现方

面比较优秀，成功地表达出大师作品的魅力。

作业理查德·迈耶住宅设计分析评价：作业在分别表达作品基本情况的基础上，重点对分析了白色派建筑在采光和通风方面的特点，通过分层轴测图分析了两个作品的空间处理及细节设计。模型制作细致，特别是剖切模型能较好反映出作品的内部空间特征，有利于分析的深入。图纸内容清晰明确，黑白搭配分明，排版处理精致。

作业密斯·凡·德·罗的建筑风格评价：作业在建筑大师的设计理念下，大量对比分析了两个作品的空间生成、设计手法、交通流线、流动与围合、细节设计等方面，分析逻辑清楚，表达明确到位，反映出该组同学理解了大师的设计风格，学习了作品的设计手法。图面构图统一，线条清楚、明暗清晰，辅以精细的作品模型，较好地完成了课题任务。

大师作品分析——安藤的山地住宅 设计者：潜洋 王子豪 王潇潇 尹思南
大师作品分析——理查德·迈耶住宅设计分析 设计者：杨睿琳 杨晨韵 魏崃晨晓 刘靖雯
大师作品分析——密斯·凡·德·罗的建筑风格 设计者：李迎 傅佳玥 孙少玮 邓潇 孙山
指导老师：潘明率 王新征 蒋玲 任雪冰 安沛君
编撰/主持此教案的教师：潘明率

体验·认知·分析 —— 大师作品分析教案

▌前后题目衔接关系

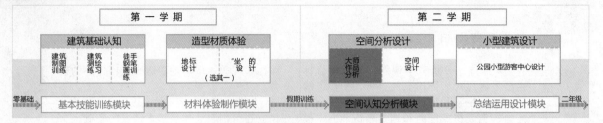

第 一 学 期	第 二 学 期

建筑基础认知	造型材质体验	空间分析设计	小型建筑设计
建筑制图训练 / 建筑测绘练习 / 徒手钢笔画训练	地标设计 / "坐"的设计（选其一）	大师作品分析 / 空间设计	公园小型游客中心设计

零基础	基本技能训练模块	材料体验制作模块	假期训练	空间认知分析模块	总结运用设计模块	二年级

▌题目教学目标

- 通过对课题的学习，初步了解建筑大师生平和主要成就，初步了解相关建筑风格的特点和形成原因，激发对建筑学习的兴趣。
- 通过对课题的学习，进一步掌握识图能力，培养由二维到三维的思维转换能力，树立建筑空间的重要意识。
- 通过对课题的学习，初步掌握对建筑分析的方法，初步学习空间的组织和限定的方法，并能运用到下一个教学课题中。
- 通过对课题的学习，加强建筑表达的能力，进一步掌握模型制作的技巧，初步掌握分析图示的画法，进一步掌握建筑表现技法。

▌任务要求

分析所选建筑大师的作品，制作绘制图纸，具体包括：
- 资料收集。选择自己喜爱的大师，对其作品相关资料进行收集，进而对建筑大师生平、设计手法、作品特点有所认识了解。
- 模型制作。选择一个或多个大师作品进行分析，能较深入了解大师作品的特点。
- 图纸绘制。选择一个或多个大师的作品进行分析，可以从环境、空间、交通、功能、结构、造型等方面着手，并光影、材质和色彩也可作为分析内容，表达完整的建筑基本表达。
- 制作汇报文件。把准备、展开、完善、完成等各阶段总结成PPT用以汇报。

▌成果要求

- 模型制作
  要求：模型顶盖可以开启或者剖切模型，比例1:50~1:200，单色卡板为主。
- 图纸绘制
  内容包括但不限于，建筑的总平面，各层平面，典型立面和剖面，外观效果手绘图，相关分析图纸。平立剖比例自定，但需三者统一比例。
- 汇报文件
  包括大师介绍，作品介绍，作品分析，制作过程等内容。

▌教学过程与进度安排

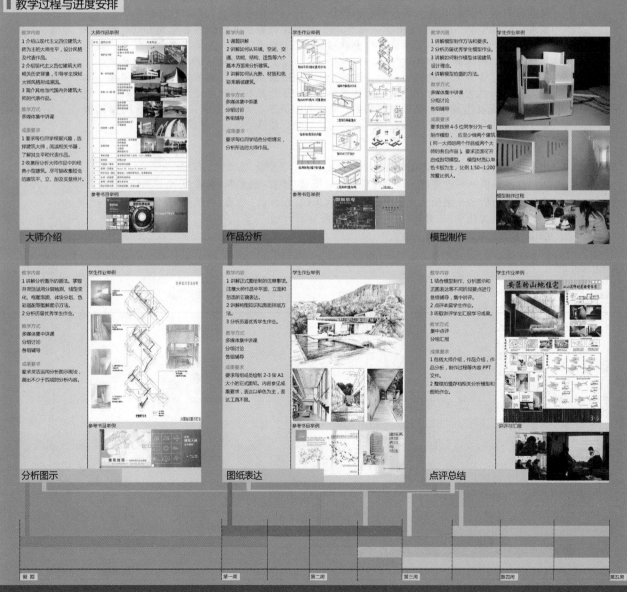

大师介绍

作品分析

模型制作

分析图示

图纸表达

点评总结

大师介绍展示

教师评语
▶ 基本能了解建筑大师的生平及其代表作品，但表现手法较单一。

作品分析展示

教师评语
▶ 从空间的角度来解析大师作品，是本课题的重要学习方面。

作业从空间的私密性、交通流线与空间感受的关系，对比分析了大师作品。分析逻辑清晰，内容有深度。

模型制作展示

教师评语
◀ 可开启的模型，清晰反映作品空间特点。

教师评语
◀ 采用剖切模型，清楚表达室内部空间，并且配以家具和人物，反映建筑空间尺度。　▲ 二者采用人视角度拍摄模型，体验作品内部空间，表达光感。

分析图示展示

教师评语
▼ 灵活运用线型，比较清晰的表达了建筑的基本构图、几何形态、采光特点及平立面组织等内容。

教师评语
◀ 运用分层轴测和线缩透视，比较清楚的表达了建筑空间特点和设计手法。

图纸表达展示

教师评语
◀ 采用钢笔线描手法，清楚表达了建筑的环境、建筑的体量和建筑的材质。

教师评语
▲ 采用钢笔线描手法清晰细腻。

◀ 采用发笔表现，适当的留白清楚表达了建筑的环境，并有季节感。

教学总结与反馈

教师心得
从课程作业看，学生的空间意识进一步增强，对建筑的表达技法有大幅度提高，尤其在模型制作和手绘效果上，对作品能有意识的进行分析和总结。

不足之处在于对大师风格特点还需要深入分析，对分析图示表达的内容和质量有待提高。

作业点评

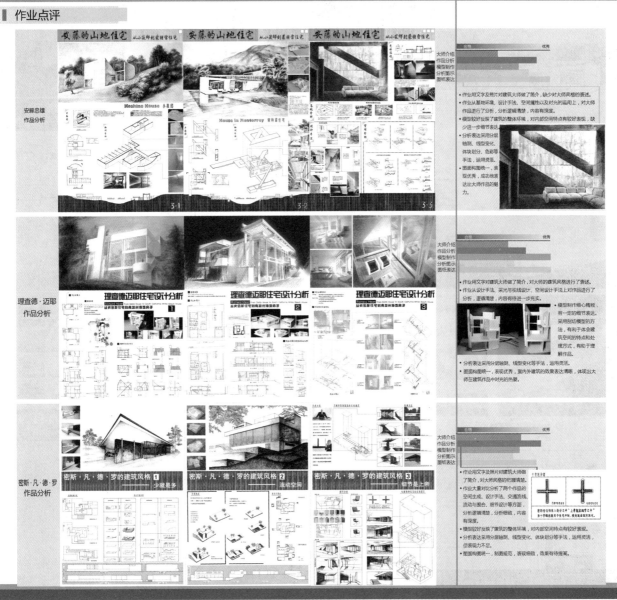

安藤忠雄作品分析

大师介绍
作品分析
模型制作
分析图示
图纸表达

- 作业用文字和照片对建筑大师做了简介，缺少对大师风格的表述。
- 作业从基地环境、设计手法、空间属性以及对光的运用等方面，对大师作品进行了分析，分析逻辑清晰，内容有深度。
- 模型较好反映了建筑的整体环境，对内空间特点有较好表现，缺少进一步细节生成。
- 分析表达采用分层轴测、线型变化、体块划分、色彩等手法，运用灵活。
- 图面构图统一，表现优秀，成功地淋漓表达出大师作品的魅力。

理查德·迈耶作品分析

大师介绍
作品分析
模型制作
分析图示
图纸表达

- 作业用文字对大师做了简介，对大师的建筑风格进行了表述。
- 作业从设计手法，采光与视线设计，空间设计手法等对作品进行了分析，逻辑清晰，内容有待进一步充实。
- 模型制作精致，有一定的细节表达，采用剖切模型的方法，有利于体会建筑空间的特点和处理方式，有助于理解作品。
- 分析表达采用分层轴测、线型变化等手法，运用灵活。
- 图面构图统一，表现优秀，室内外建筑的效果表达清晰，体现出大师在建筑创作中对光的热爱。

密斯·凡·德·罗作品分析

大师介绍
作品分析
模型制作
分析图示
图纸表达

- 作业用文字和照片对建筑大师做了简介，对大师风格的把握清晰。
- 作业大量对比分析了两个作品的空间设计、交通流线、流动与通透、细节设计等方面，分析逻辑清晰，分析细腻，内容有深度。
- 模型较好反映了建筑的整体环境，对内部空间特点有较好表现。
- 分析表达采用分层轴测、线型变化、体块划分等手法，运用灵活，但表现力不足。
- 图面表达分析了两个作品，制图规范，表现细致，效果有待提高。

建成环境中的社区活动中心

（二年级）

教案简要说明

本案为二年级下的第四个设计题目，与二年级下的第二个设计题目（天窗的建构），第三个设计题目（庭院设计）相衔接，旨在建成环境中设计一个带有天窗构造和庭院空间的小型公共建筑。

教学要求学生进行现场踏勘，并以多方案纸质草模的形式进行环境分析。

1. 设计任务书简述

题目为"建成环境中的社区活动中心"。

2. 训练目的

2.1 初步理解建成环境对建筑设计的影响；

2.2 能应用前面两个题目训练的内容（天窗与庭院）；

2.3 从模型到图纸，完整全过程地完成建筑设计的综合训练。

3. 训练要点

3.1 认识场地：对基地有一定认识和分析。理解建筑场地的要点。建筑设计构思应该跟场地的分析有逻辑关系。

组织建筑外场，合理布置建筑的体型，使新建建筑与老建筑形成有机的关系。

3.2 建筑空间：建筑空间应有一定变化并合理结合场地设计。鼓励设计并充分利用半室外的空间（不计建筑面积）。

3.3 庭院设计：本案要求设置至少2个以上的庭院，并能有效地组织建筑的通风和采光。庭院的界面，庭院与建筑的结合也是考察的重要内容。

3.4 采光天窗设计：本案要求一个设置一个300m²的画廊，天窗采光。要求表达天窗的平面剖面和节点构造及室内效果。

3.5 技术可行：建筑要有一定的技术可行性。消防可行，交通组织可行。建筑要做到可以封闭管理。小巷沿道路中心线设置6m机动车道。建筑设置电梯两台以内，电梯可以到达主要活动空间。平立剖总平面等技术图纸标注清楚，符合规范。

设计周期：8周。

面积指标：总用地面积2600m²；2.总建筑面积2000m²±5%。

4. 作业点评

作业1方案大胆使用了斜坡绿化在平淡的社区环境中创造了一个活跃的户外活动空间。并通过体量的架空、室内外的交通组织，形成通透的城市公共空间。可以直接连接城市主路与内向的社区环境之间的步行人流。建筑主体曲折连续的板装结构被交通核锚固在人造的草坡之上，增强了流动的感觉。

作业2方案采用一组立方体构成，通过连接掏挖形成了东方园林式的建筑空间。并注重城市街区的完形，呼应街区的体量与空间结构。庭院设计在密集的城市肌理中获得了安静内向的空间环境。半室外的虚空间设计加强了东方园林的感受并产生了活跃的交通体验。

作业3方案采用传统园林中假山的意象，将一组平行体量进行转折，形成层峦叠嶂的图卷。各个体量之间的空间形成多个院落，使室内外空间相互交织，既满足功能要求，又营造出中式园林般的建筑体验。

作业1 设计者：黄楚阳
作业2 设计者：陈小雨
作业3 设计者：王敏郦
指导老师： 王晖 汪均如 陈林 浦欣成 陈帆
编撰/主持此教案的教师： 陈林

建成环境中的社区活动中心

1

本 科 二 年 级 教 案

浙江大学本科二年级 "建成环境中的社区活动中心"

社区文化中心建筑设计任务书

一、设计概况

建筑是场地的一部分。建筑的存在，既受场地影响，又影响了场地。

在城市环境中，已建成建筑的存在对设计产生影响是不可言喻的。建筑形态和空间格局的关联性和完整性是群体建筑设计的关键，设计一个城市中心区域的社区文化中心，并使其能够融入建成环境中，成为城市的一个有机组成部分。

基地位于杭州城市中心区域内，形状规整，地势平整，总用地面积约为2600平方米。基地北面为城市主要干道，南面、西面均为成熟的社区，并有小巷作为分隔。东面是兴业银行旧址（详见地形图）。浙江兴业银行建成于1923年，西式古典主义风格，是省内早期金融建筑的典范。

本案有一个2000平方米的社区文化中心，是城市发展中某一种可行的环节。随着社会生活的进一步繁荣，社区交往和文化艺术的提升是城市生活活重要的组成部分。基地红线范围内的现状情况复杂，视为全部拆除，在本题目内暂不作考虑。

二、设计要求

1. 认识场地：对基地有一定认识和分析。理解建筑场地的要点。建筑设计构思应该跟场地的分析有逻辑关系。应考虑与现存的历史建筑以某种方式协调。组织建筑外场，合理布置建筑的体型，使新建建筑与老建筑形成有机的关系。

2. 建筑空间：建筑空间应有一定变化并合理结合场地设计。鼓励设计并充利用半室外空间（不计建筑面积）。鼓励有感染力有特点的空间设计。强调空间设计的逻辑，并绘制空间设计的分析图。

3. 庭院设计：本案要求设置至少2个以上的庭院，并能有效地组织建筑的通风和采光。庭院的界面，庭院与建筑的结合也是考察的重要内容。

4. 采光天窗设计：本案要求一个设置300平方米的画廊，天窗采光。要求表达天窗的平面剖面和节点构造及室内效果，表达方式自定。

5. 技术可行性：建筑要有一定的技术可行性。消防行可，交通组织可行，建筑要做到可以封闭管理。小巷沿道路中心线设置6米机动车道。建筑设置电梯两台以内，电梯可以到达主要活动空间。平立剖总平面等技术图纸标注清楚，符合规范。

三、设计内容

总建筑面积：2000 m²±5%

其中：

◆ 画廊及展厅　300 m²
天窗采光。考虑室内的光线效果。层高不低于5.1米。

◆ 图书及阅览室 200 m²
开架阅览室，藏阅合一，布置采光良好的阅读空间。（藏阅面积比1:3）层高不低于3.9米。层高5.1米时可以设置夹层书库。

◆ 多功能活动室 150 m²
可供小型会议，讨论，节日聚会等用。也可作小型放映活动。层高不低于5.1米。

◆ 咖啡吧 150 m²
可提供简单西式快餐。可结果半室外空间设计。层高不低于3.9米。

◆ 后勤用房 200 m²
办公室若干120 m²，其中小开间4×15 m²，其余可设计成大开间，设备间2间，每间40 m²，层高不低于3.9米。

◆ 其他用房
小卖部20平方米；男女卫生间若干，每间20 m²，每层设置；门厅、走廊、楼梯、电梯等自定。

总建筑高度＜16m，不大于4层。

建筑密度＜40%

绿化率≥30%

机动车停车4辆，非机动停车50辆（100平方米）。

四、设计成果

1. 设计说明＋分析图＋草模照片若干。图纸文字表述方案的形成过程。

2. 总平面图　　　1:500

3. 底层平面（含环境）1:150

4. 其他层平面　1:200～1:300

5. 剖面（2个）　1:200～1:300

6. 立面（2个）　1:200～1:300

7. 透视图　　一张主透视，小透视若干

8. 图幅　　　A1二张

9. 模型一个　　1:150（模型照片组织在图纸中）

五、设计周期：八周

六、评分要点

1. 总平面合理，环境布置丰满。

2. 构思有特色，形体空间有突出特色

3. 图纸模型有感染力。

4. 功能合理，技术图纸过关。

5. 设计完成度好。

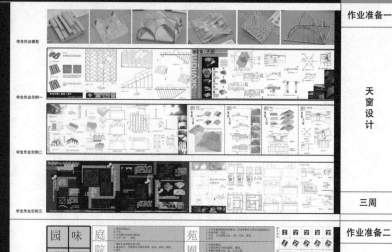

学生作业模型

学生作业示例一

学生作业示例二

学生作业示例三

园 味 庭院 园 | 苑 囿 圃

讲课内容节选

学生作业示例一

学生作业示例二

学生作业示例三

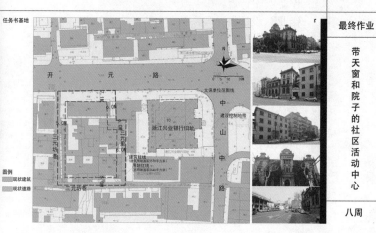

任务书基地

图例
　现状建筑
　现状道路

作业准备一

天窗设计

三周

作业准备二

院子设计

四周

讲课

建成环境中的建筑设计

最终作业

带天窗和院子的社区活动中心

八周

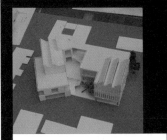 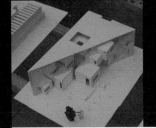 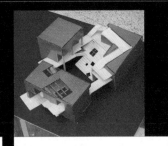 

方案评论

此方案形体扭转以后，变化较为丰富，但跟城市环境的逻辑显得不够协调。天窗的设计比较强烈，对于形体的协调与变化也有贡献。立面上立体的构成也产生丰富的效果。但对于城市街区的完形处理不够。对于题目来说，缺乏内向的庭院设计。

方案评论

此方案构思较为独特，形体变化很丰富。大斜线后退出场地对城市空间也有很大的贡献。立面上立体的构成也产生丰富的效果。但对于城市街区的完形处理不够。对于题目来说，缺乏内向的庭院设计。

方案评论

此方案的大胆创造出丰富的室外空间和环境。对室内外和虚空间的设计别具特色。但形体扭转以后，处理较为粗糙。室内的联络显得不足。设计面积也有所不足。

方案评论

此方案构思新颖，对于城市环境有一定挑战，但又有一定的协调。空间和形体都很生动。庭院设计成为城市的共享空间。处理复杂形体的能力略有不足。图纸深度显得不够充分。

点评作业一　　　　点评作业二　　　　点评作业三　　　　点评作业四

The Design Of The Cultural Center Page 1   The Design Of The Cultural Center Page 2

基于环境认知的外部空间设计

（一年级）

教案简要说明

1. 本教案为一年级设计基础教案四个模块中的模块三——环境调研与外部空间设计，该模块教学分为两个阶段，其中阶段一为"北极阁广场调研与认知"，阶段二为"北极阁广场外部空间设计"。

环境调研与外部空间设计是建筑学启蒙教育中的重要一环，该教案注重对学生感性认知、理性分析、综合设计能力的培养，在对外部环境进行分层次、多角度调研的基础上，在选择的基地内利用限定要素的围合与限定来设计满足不同功能的外部空间。

2. 教学过程解析

2.1 阶段一——北极阁广场调研与认知

调研内容分为相对个层次，分别为整体区位分析、区块分析、节点分析这三个层次。

整体区位分析包括：调研该广场在南京城市中的位置，包括与主要城市节点的相对关系；调研该广场与城市空间结构、景观结构、道路系统、绿地系统等对应关系；调研该广场与周边环境的功能定位、自然风貌、历史文化等。

区块分析包括：调查分析该广场的主要道路、边界限定、主要功能区域、重要节点及标志物等。思考运用图底关系、视觉秩序等分析方法分析该区块的空间要素、空间结构、空间轴线、空间序列等；研究广场的人行、车行出入口及主要流线等。

节点分析包括：选择广场内1至2个节点，尝试分析其外部环境的布局、限定要素、空间尺度、空间层次，以及其中的绿化、小品、铺地、设施布置等。

2.2 阶段二——北极阁广场外部空间设计

2.2.1 设计要求

（1）在选择的基地内，利用给定的限定要素来设计不同功能的空间，可以满足人的休息、通过、聚会等活动。并且布置适当的绿化。（2）基地应有明确的出入口（至少2个），流线组织得当。（3）聚会、休息等功能性空间应设计成硬质地面，但总面积不能超过基地面积的1/2。

2.2.2 设计要求：

教学过程分为四个步骤，分别为：空间布局与限定、空间行为与组织、空间尺度与构成、空间界面与材料。

理——北极阁广场外部空间调研与设计 设计者：高贞 金凡
北极阁广场外部空间调研与设计 设计者：孙思远 汪昪
积木世界——北极阁广场外部空间调研与设计 设计者：钱宗祎 李搏宇 侯喆
指导老师：倪震宇 孙璨 沈晓梅 南飞 姜雷 梅菁菁
编撰/主持此教案的教师：周扬

基于环境认知的外部空间设计

建筑设计课程教学框架：

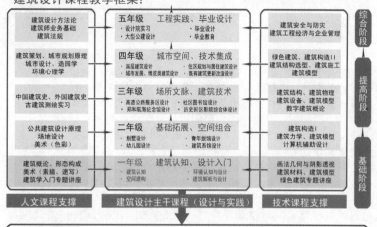

人文课程支撑	建筑设计主干课程（设计与实践）	技术课程支撑

五年级　工程实践、毕业设计
- 设计院实习　　・毕业设计
- 大型公建设计　・毕业教育

建筑设计方法论　建筑师业务基础　建筑法规

建筑安全与防灾　建筑工程经济与企业管理

四年级　城市空间、技术集成
- 高层建筑设计　　・住区规划与居住建筑设计
- 城市发展、博览类建筑设计　・既有建筑更新改造设计

建筑策划、城市规划原理　城市设计、造园学　环境心理学

绿色建筑、建筑构造II　建筑结构选型、建筑施工　建筑模型

三年级　场所文脉、建筑技术
- 高速公路服务区设计　　・社区图书馆设计
- 郑和航海纪念馆设计　　・历史街区影像综合设计

中国建筑史、外国建筑史　古建筑测绘实习

建筑结构、建筑物理　建筑设备、建筑模型　数字建筑概论

二年级　基础拓展、空间组合
- 别墅设计　　・青年旅馆设计
- 幼儿园设计　・建筑系馆设计

公共建筑设计原理　场地设计　美术（色彩）

建筑构造I　建筑力学、建筑模型　计算机辅助设计

一年级　建筑认知、设计入门
- 建筑认知　　・环境认知与设计
- 空间建构　　・建筑解析与设计

建筑概论、形态构成　美术（素描、速写）　建筑学入门专题讲座

画法几何与阴影透视　建筑材料、建筑模型　绿色建筑专题讲座

综合阶段　提高阶段　基础阶段

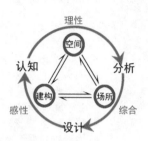

一年级教学框架：
一年级教学属于建筑设计基础范畴，担负着建筑学专业的启蒙教育任务，注重学生对建筑和环境的认知、分析及设计的基本训练和专业素质培养。
教学思路：以创新思维、感性认知、理性分析、整合表达、清晰表达并重的训练模式为主。
教学方法：思维启发、观察体验、理记讲授、互动实践
课题设置：分为四大模块：建筑认知、空间建构、环境认知与设计、建筑解析与设计。

一年级教学目标：
- 初步建立建筑基本概念
- 掌握图纸基本表达方法
- 训练视觉艺术思维
- 树立空间的基本概念
- 建立清晰的设计思维

第一学期　6周
模块一
建筑认知
- 建筑参观认知
- 小型建筑识图与抄绘
- 校园建筑测绘

第一学期　10周
模块二
空间建构
- 尺度认知
- 空间建构与材料呈现
- 大学生宿舍空间限定与设计

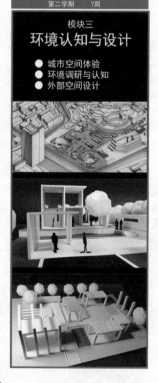

第二学期　7周
模块三
环境认知与设计
- 城市空间体验
- 环境调研与认知
- 外部空间设计

第二学期　9周
模块四
建筑解析与设计
- 建筑设计方法介绍
- 大师作品先例分析
- 小型公共建筑设计

理论讲座支撑

建筑概论　建筑表现　中外建筑史　读书笔记

实践环节支撑

城市参观　社区调研　乡村考察　联合教学

基于环境认知的外部空间设计

阶段一　北极阁广场调研与认知　　时长：2周

调研地点：南京北极阁广场

北极阁广场位于南京市鼓楼区，东面是鸡鸣寺公园，南面是北京东路，西面紧挨鼓楼广场，北面是居住区。地理位置位于城市几何重心，同时也是城市"绿契"的重要组成部分。。

周边自然生态景观和历史文化内涵丰富，是集中体现南京"山水城林"城市特点、城市自然地理风貌和现代城市景观的标志性地区，也是附近居民休闲活动的理想场所。

调研目的：

1　多层次、多角度、多学科地认知、分析我们的城市环境；
2　重点掌握外部环境的分析方法和图纸表达；
3　提高对外部环境的认识，增强建筑环境一体化的设计观念。
4　为本课题阶段二提供基地选择与空间设计的依据。

调研内容及层次

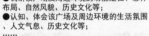

整体区位分析

●调研该广场在南京城市中的位置，包括与新街口、火车站、鼓楼、玄武湖等主要城市节点的相对关系；
●分析该广场与城市空间结构、景观结构、道路系统、绿地系统等对应关系；
●调研该广场及周边环境的功能定位、总体布局、自然风貌、历史文化等；
●认知、体会该广场及周边环境的生活氛围、人文气息、历史文化等；
……

区块分析

●尝试调查分析该广场内的主要道路、边界限定、主要功能区域、重要节点以及标志物等；
●思考运用图底关系、视觉秩序等分析方法去分析该区块的空间要素、空间结构、空间轴线、空间序列、内部空间与外部空间的关系等；
●研究广场的人行主要出入口、车行主要出入口、内部道路关系、人流的运动等；
……

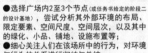
节点分析

●选择广场内2至3个节点（或任务书给定的阶段二的设计基地），尝试分析其外部环境的布局、限定要素、空间尺度、空间层次，以及其中的绿化、小品、铺地、设施布置等；
●细心关注人们在该场所中的行为，对环境与行为的关系进行归纳与总结；
……

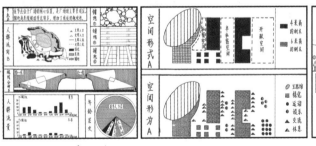
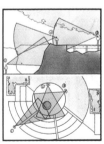

调研环节及理论支撑

基于环境认知的外部空间设计

阶段二 北极阁广场外部空间设计　　时长：5周

基地地形图：

基地一：36X24 m
基地二：33X21 m

设计要求：

1、在选择的基地内，利用给定要素的围合与限定等基本手法来设计不同功能的空间，满足人的休憩、通行、聚会、读书、健身、游戏等行为活动。

2、基地应有明确的出入口（至少2个），流线组织得当。

3、聚会、休息等功能性空间应设计成硬质地面，但总面积不能超过基地面积的1/2，关注生态环境，提高广场生态环境质量。

4、基地以1m为单位进行网格划分，给定的限定要素要求置于网格上。

给定的限定要素：

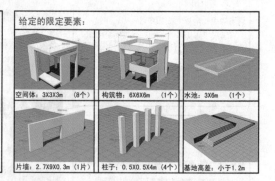

空间体：3X3X3m（8个）　构筑物：6X6X6m（1个）　水池：3X6m（1个）

片墙：2.7X9X0.3m（1片）　柱子：0.5X0.5X4m（4个）　基地高差：小于1.2m

教学过程解析

过程一

空间布局与限定

●利用限定要素（构筑物、片墙、柱子、空间体、水池、高差）对场地进行公共空间和私密空间、运动空间和停滞空间的围合与限定。

●设想并赋予空间的用途。

  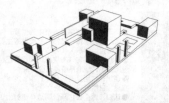

过程二

空间行为与组织

●利用软硬质的区分、铺地变化等对场地布局、人流关系进一步深化设计。

●注重空间层次与序列变化的设计。

 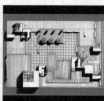 

过程三

空间尺度与构成

●对空间体细化设计：
用厚200mm的片材、断面为200×150 mm杆件作为主要构造材料，考虑人的坐、行、立等行为的不同尺度；考虑空间体所营造的灰空间与外部空间的关系；

●对构筑物细化设计
考虑构筑物的登高观景、休闲、安全等功能及本身作为小品建筑的视觉要求。

过程四

空间界面与材料

●设想限定要素的具体材料；

●结合空间设计意图，体验不同材料围合界面的效果，尝试分析不同材料构件在结构或构造层次上的组织关系。

教学成果及点评

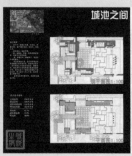  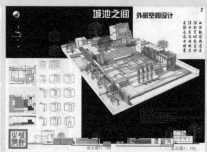

作业点评要点：

1 对基地的调研是否详尽，分析内容是否全面。

2 外部空间设计布局是否合理，流线组织是否清晰，是否能够利用限定要素对场地空间进行合理、有层次，有节奏感的限定。

空间层次、序列及尺度是否适宜且有创意。

3 空间体的设计是否具有形态构成的美感，对点、线、面的构成法则是否有一定掌握。

4 对界面材料是否有一定的考虑。

5 图纸表达是否清晰与美观

南京工业大学

以建筑文脉与建筑技术启动的空间构建

（三年级）

教案简要说明

本教案选址于南京夫子庙街区，设计内容包括电影院和商业（含商业业态策划），总建筑面积约4000㎡。该教案作为三年级最后一个建筑设计，用一个真实且有历史文化传承的地形，相对复杂的功能空间，虽然规模不大，对但通过从设计调研、立意构思、空间构建及建筑细部设计的全过程的训练，让学生在总结建筑设计方法的同时，关注建筑文化、建筑物理、建筑结构及建筑设备等相关知识在建筑设计中的运用，为后一阶段的建筑设计课程的学习起到承上启下的作用。

形态·凹凸·聚合 设计者：严羽
影入 设计者：吴华东
传统·形式·创新 设计者：黄豪
指导老师：刘强 丁炜
编撰/主持此教案的教师：刘强

以建筑文脉与建筑技术启动的空间构建

夫子庙街区影视中心设计

南京工业大学

三年级建筑学专业培养计划

以建筑空间营造中心建筑技术（建筑构造、建筑结构、建筑设备、建筑物理、节能及可再生能源技术）为重点，引领建筑空间设计进入空间构建-营造。

本课题在教学中，要求学生关注历史环境文脉的沿承，能体现地域特征，在研究人的心理与行为之间关联性的同时结合主题性纪念馆进行中小型纪念性建筑的总图与建筑单体设计。

本课题以图书馆设计为基础，要求学生理解框架结构与空间形式的基本关系。

建筑学专业五年一贯制图

三年级建筑学专业课程设置

课程设计一：空间与场地

高速公路服务区

训练重点

（1）场地：道路、停车场、绿化、建筑群体（建筑单体组合）

（2）交通类建筑：功能及流线

最终成果

课程设计二：空间与行为

郑和航海纪念馆设计

训练重点

（1）建筑布局与场地环境关系：道路交通、停车场地、绿化景观、建筑（群）布局以及周边历史遗址关系的协调处理。

（2）建筑空间序列与心理、行为的关联契合：纪念性建筑内外部空间序列的设置需要建立在对人的心理、行为进行深入分析研究的基础之上，使之符合人的心理行为过程，从而达到强化纪念性建筑的情感性之目的。

最终成果

课程设计三：空间与建构

图书馆设计

训练重点

（1）功能与空间：掌握以图书馆为代表的一般公共建筑的基本使用特征和要求，并理解功能使用的弹性及其与空间形式的互动。

（2）结构与空间类型：理解框架结构与空间形式的基本关系，着重结构要素（构件）与空间限定要素（构件）之间的基本关系研究，并初步了解建筑设计中的工程技术方面的知识（构造、结构、设备）。

最终成果

课程设计四：空间与技术

历史街区影院商业街综合体

训练重点

（1）城市文脉：特定历史街区的文化传承、城市肌理、建筑风格

（2）建筑技术：建筑设备、建筑结构、建筑物理、建筑节能

（3）大空间组合及结构

最终成果

以建筑文脉与建筑技术启动的空间构建

夫子庙街区影视中心设计

南京工业大学

设计内容

南京夫子庙位于南京秦淮区，是供奉和祭祀我国古代著名的大思想家、教育家孔子的庙宇。其作为古城南京秦淮名胜蜚声中外，是国内外游人向往的游览胜地。

夫子庙建筑富有明清色彩。以大成殿为中心，从照壁至卫山南北成一条中轴线，左右建筑对称配列。四周围以高墙，配以门坊、角楼。后以夫子庙为中心，发展形成了夫子庙商业区。该区集商业氛围、旅游景观、宗教文化、风味美食、民俗民风于一体的大型综合性商贸旅游街区，其商业街、旅游街、文化街、休闲街、美食街于一体的"五街合一"模式在全国有示范作用，其管理服务规范走在了全国商业街的前列。秦淮剧场位于夫子庙繁华的贡院街、秦淮河明清古建筑群附近。南京民间事故记录者、自由撰稿人胡老先生称，秦淮剧场建于1945年，前为"鸿运楼戏茶厅"，民国时期和解放初期很有名望，很多戏剧大师每到南京都必在秦淮剧场演出。

为促进、配合整个夫子庙地区、秦淮河沿岸的环境整治、提高，丰富市民的文化生活，搞好社会主义精神文明建设，拟投资兴建一座总建筑面积4000平方米的多功能影视中心（以影视放映为主，兼具餐饮、购物、休闲娱乐等功能）。

影视部分（建筑面积约2000平方米）
总座位数700左右，其中电影主厅一个，以放映35MM的变形法、遮幅法宽银幕及普通银幕（包括立体声）三种影片为主，兼放70MM影片，中、小影视厅若干个，具体数量自定。
门厅、休息厅、卫生间、售票房、机房、走廊等。

商业部分（建筑面积约2000平方米）
各类小型商业店铺，如精品店、礼品店、鲜花点等。
各类餐饮、休闲、娱乐等商业空间，具体商业类型及比例自定。

建筑文脉

项目基地调研
四至范围
基地现状
周边建筑
通过基地参观调研，深入了解基地的边界范围；基地的地形地貌；周边现有建筑的情况。现场感知在项目设计中可能遇到的关键点、冲突点。

项目环境分析
区域交通
功能分布
空间景观
通过对夫子庙街区的调研，了解该区域主要功能区域的构成与分布、整体景观空间的序列与构成，了解该区域与城市交通的主要联系及区域内的交通组织。本区域为步行街区，考虑货运机动车流线，机动车停放由附近的城市停车场解决。

历史街区保护
建筑风貌
城市肌理
空间形态
注意建筑和整个历史街区的整体关系，分析街区内的城市肌理、空间节点、建筑尺度、建筑材料、色彩环境等，并注意新建筑在体量上和现有建筑的协调。

建筑业态策划
人群特征
业态分布
人流动线
通过对基地调研，了解周边商业业态的分布和活动人群的特征与动线，结合相关影视、商业、餐饮等城市商业综合体的参观、调研，确定本案中引进各种商业业态的店家形式、数量与规模。

建筑技术

建筑结构与构造
建筑结构形式
大厅结构形式
主要节点构造
通过影视大厅的大跨度结构选型、整体结构布置（柱网）以及方案中反应设计特点的重要节点的构造设计，加强建筑设计基础课城在设计中的运用；

建筑材料与施工
主要材料
装饰材料
施工组织、场地
通过参观调研与学习，了解现代建筑主要使用的结构性材料、功能性材料、装饰性材料等；逐步在建筑案例分析与设计中建立建筑形象与建筑材料的关联表现；项目在夫子庙区，考虑在建造过程中新建筑与周边道路及建筑的距离、施工场地的设置等问题。

建筑声学与视线
布局与形体设计
厅堂音质设计
剖面视线分析
满足《电影院建筑设计规范》及其它现行建筑设计规范要求，特别是观众厅设计必须充分满足各项工艺要求，观众厅视听质量良好，室内空间舒适宜人；注意明暗视觉环境转换、音质、视线及放映等多方面的设计要求。

建筑节能与设备
建筑节能
绿色建筑
建筑设备
在满足公共建筑节能要求的基础上，通过对绿色建筑相关评价体系与设计方法的了解，在设计中结合案例的特点做一定的尝试；了解建筑设备用房在消防给水、空调通风、电力供给等方面的基本概念。

空间构建

功能布局与流线
功能布局
主要人员流线
辅助交通流线
合理布局各个功能区域，注意各个功能区域功能分区与流线特点的基础上，理清各功能区域内部人流、内部人流动及物流的要求，避免流线混乱；适当考虑无障碍设计（入口、卫生间、主厅残疾人座等）。

空间序列与形态
城市空间的关联
空间形态与组合方式
地下空间的利用
在设计中引编入南京关于夫子庙历史风貌的相关建设规定及相关的城市规划技术管理规定，在满足各项控制指标的同时，加强建筑内外部空间的营造和城市地下空间的利用。

建筑形态与立意
设计理念
建筑形象
行为活动方式
设计应注重立意与构想的创造性思维，充分体现出历史街区内，新建筑的时代特点，延续传统建筑的文化特质；关注新建项目在满足自身功能的同时，对城市空间与社会行为场所的贡献。

建筑元素与细部
建筑风格
建筑材料与色彩
建筑细节处理
建筑形体与立面造型首要先要立足于区域整体环境和文化氛围，在注重整体性的基础上，体现文化活动的多样性；建筑材料与色彩的运用在体现传统建筑文化的同时又要有商业娱乐氛围。

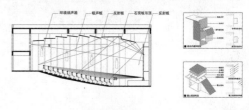

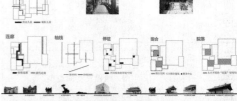

参观调研要求与成果
基地及建筑文脉调研：(详见教案相关内容)
影视中心参观调研：
南京文化艺术中心、和平影视城、青春剧场、大华电影院、秦淮影剧院、德基广场、新城市广场、南京水游城、万达影城等。
参观调研报告：
不少于2000字（要求附照片、插图）
（附地形图）

设计成果
1、总平面图 1：500
2、平、立、剖面图 1：200
3、电影主厅放大平面（座位排列、声学布置等）1：100
4、电影主厅放大剖面（作图法、声学布置等）1：100
5、设计说明及分析图（包括技术经济指标）
6、建筑模型或透视图1幅(不小于2#图幅，表现方法不拘)
7、图纸规格：A1
8、徒手草图，工具底稿图、正图形式不限。

以建筑文脉与建筑技术启动的空间构建

夫子庙街区影视中心设计

教学目标

目标一
通过在特定历史街区中选址、培养学生在建筑单体设计中的环境意识、文脉意识；建立单体设计与城市环境在区位、文化传承、城市肌理、地域风格、功能定位等一系列问题上的内在联系与外部呼应；

目标二
通过空间构件技术性要求相对较高的建筑单体设计，了解建筑结构与构造、建筑物理、建筑材料、建筑节能和相关设计规范等知识的运用；

目标三
通过以建筑文脉与建筑技术启动的空间构建，让学生在总结建筑设计的基本方法的同时，开始关注建筑设计与建筑建造及使用等相互关联的问题，为下阶段建筑设计的学习作准备。

教学方法

主动学习
基地与影视中心的参观调研、建筑文脉研究、商业业态策划、建筑设计立意等；

集中讲解
设计背景介绍、电影院设计相关规范、建筑技术相关知识、典型设计案例、共同存在问题的释疑等；

专题性研究
历史风貌区保护策略、建筑声学设计、消防与疏散、建筑立意与建筑表达等；

演讲与讨论
参观与调研报告讨论、方案立意的介绍、设计成果评议等；

教学过程

调研与分析阶段

→ 教学用时：
1.5周（11课时）

→ 教学内容：
设计课题布置、集中讲解、基地调研、影视中心调研、课堂讨论

→ 教学成果：
参观调研报告、设计任务书

立意与构思阶段

→ 教学用时：
2.0周（14课时）

→ 教学内容：
总平面及建筑体块、平面功能分布与流线、方案平立剖概念

→ 教学成果：
方案立意表达及设计草图

深化与修正阶段

→ 教学用时：
3.0周（21课时）

→ 教学内容：
围绕方案立意深入设计，完善总平面、单体平立剖设计，对相关技术设计、消防与疏散等方面问题作专题性研究

→ 教学成果：
总平面、单体平立剖、主要分析图及设计说明

完善与表达阶段

→ 教学用时：
1.5周（10课时）

→ 教学内容：
设计思路的梳理与完善、设计图纸表达

→ 教学成果：
方案立意表达及设计草图

基地周边商业业态分布

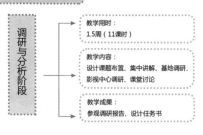

● 商业业态分布：秦淮剧院周边有丰富的商业环境。沿街购物易居多，纪念性特色商品销售次之，餐饮业易多，服饰贸易店与纪念品店的分布较为集中，基本把剧院和贡院围周易带型都布，形成了小型的商业街。餐饮业的分布相对零散，主要布于贡院街两侧和主出等人流汇集的地方。

内外空间转换分析

整体质感转换分析

空间体验
视觉渗透
情感记忆

低碳技术分析

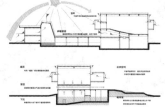

区位分析

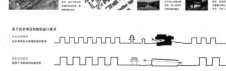

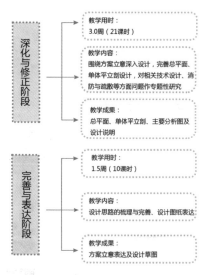

设计成果评议阶段：用3课时组织学生对设计成果介绍与答辩，通过学生讨论与教师点评的方式反馈成果信息。

参考书
1、《建筑设计资料集》（第二版，中国建工出版社）
2、《电影院建筑设计规范》
4、《中小型商业建筑设计防火规范》
5、《民用建筑设计通则》
6、《方便残疾人使用的城市道路和建筑物设计规范》
7、《建筑物理》
8、《建筑学报》、《世界建筑》等国内杂志
9、《建筑实录》（美）、《新建筑》（日）等国外杂志

入门阶段的空间组织训练单元教学教案

（二年级）

教案简要说明

1. 教学体系架构——教学体系建立以空间组织训练为核心

建筑学的建筑设计教学始终是围绕着"空间"问题而发展的。在建筑学本科五年的专业设计训练过程中，通过对"空间"处理的复杂性和特殊性的不断加强，逐渐使学生了解建筑设计的内容，掌握相应的设计方法，培养学生提出问题、分析问题和解决问题的能力。

二年级的建筑设计教学是以空间组织训练为核心而建立的，掌握建筑空间的基本知识，了解建筑空间与功能之间的关系，建立环境基本的环境意识，并对不同类型的建筑空间进行组织，以及掌握建筑制图与表达。

2. 教学重点设置

二年级的空间组织训练重点围绕"空间与功能"、"场地与环境"、"组织与创造"展开教学，并利用开放式教学的平台，将"教"与"学"灵活互动地组织在一起。

3. 教学方法实践

二年级空间组织训练教学体系将设计内容围绕着"空间"训练主题划分为四个渐进性训练内容，通过简单空间的布置设计训练、独立居住空间设计训练、单元空间组合设计训练，以及小型展览空间设计训练，逐渐培养学生对空间的认识和组织能力，熟知建筑空间与建筑功能之间的密切关系。

4. 教学内容组织

二年级建筑设计教学处于承上启下的阶段。这个阶段的建筑设计教学目的是培养创新思维和树立正确的设计思想。空间组织训练教学体系将设计内容划分为四个递进性训练内容，从简单空间的划分到展览空间的深入塑造，逐渐培养学生空间组织能力，并以环境模块作为题目统筹，从而能够更好地控制教学效果。

4.1 简单空间布置设计训练

训练重点——建筑认知 环境意识 空间划分与功能组织

训练目的——学习并初步掌握建筑空间的基本知识：包括空间的构成要素、限定方法、空间尺度等内容，熟悉人体活动的基本尺度；建立环境意识；学习并掌握设计的图式表达、模型表达和语言表达技能，重点训练工具墨线技法。

4.2 独立居住空间设计训练

训练重点——人体尺度 环境分析 空间特征与功能分区

训练目的——熟悉居住类空间功能分区和动静分区；掌握人体尺度和空间特征，强化由环境入手设计、以人体尺度为依据、以满足使用功能为前提的设计方法；强化图示和模型表达能力，重点训练水彩渲染等技法。

4.3 单元空间组合设计训练

训练重点——环境限定 分区流线 使用心理 建筑形态

训练目的——学习单元式空间的基本组合方式；了解托幼建筑的基本设计方法；树立由心理感知出发的建筑空间和形态塑造原则；学习托幼建筑的基本功能布局，了解使用人群的行为活动特点，强化手绘制图和模型制作。

可选题目：旧工业区里的幼儿园、街区幼儿园、河畔幼儿园、山村希望小学

4.4 小型展览空间设计训练

训练重点——环境要素 分区流线 建筑形态 空间塑造

训练目的——了解、掌握懂览建筑设计的基本特点、设计原理及设计方法；加强训练针对特殊环境要素进行设计的能力；提高面对复杂环境条件解决问题的综合能力；培养对空间尺度、界面、序列等要素合理把握的能力。

5. 教学环节控制

在二年级建筑设计课的教学进程中，逐步明确设计周期和教学进度，教师根据本科生建筑学专业教学大纲和教学计划掌握教学进程和节奏，并在重要的时间节点上安排集中的讲评与讨论环节。

缤纷落盒 设计者：朱傲雪
水韵碑刻博物馆 设计者：陈玮隆
旧城中的现代艺术博物馆 设计者：王锐
指导老师：王婧 武威 王飒 辛杨 黄木梓
编撰/主持此教案的教师：王婧

入门阶段的空间组织训练单元 教学教案
The Module Teaching of the Spatial Organization of the Training Unit in the Step of the Entrance

教学体系建立
以空间组织训练为核心

教学体系架构

建筑设计教学始终是围绕着"空间"而发展的。在建筑学本科五年的专业设计训练过程中,通过对"空间"要求的复杂性和特殊性的不断加强,逐渐使学生了解建筑设计的内容,掌握一定的设计方法,培养学生提出问题、分析问题和解决问题的能力。

二年级的建筑设计教学是以空间组织训练为核心而建立的,它以一年级"空间认知训练"为基础,也是对三年级"空间整合训练"的铺垫。掌握建筑空间的基本知识,了解建筑空间与功能之间的关系,建立环境基本的环境意识,并对不同类型的建筑空间进行组织和创造,以及掌握建筑制图与表达,是在二年级这个入门阶段应达到的基本训练目标。

一年级	二年级	三年级	四年级	五年级
SCU	SOU	SIU	SID	ACP
Spatial Cognition Unit	Spatial Organization of Training Unit	Spatial Integration Unit	Specific In-depth Design	Architectural Comprehensive · Practical
空间认知单元	空间组织训练单元	空间整合单元	建筑专项设计深入	建筑综合与实践
基础训练	设计入门	综合提高	综合提高	专业拓展

空间训练1 →	空间训练2 →	空间训练3 →	空间训练4
简单空间布置设计	独立居住空间设计	单元空间组合设计	小型展览空间设计

教学重点设置

二年级的空间组织训练重点围绕"空间与功能"、"场地与环境"、"组织与创造"展开教学,并利用开放式教学的平台,将"教"与"学"灵活互动地组织在一起。"教"主要是提供给学生一个学习的平台,在满足教学大纲要求的前提下,赋予学生学习的自主性和灵活性。

空间与功能			场地与环境			组织与创造		
空间特征	空间体验	功能流线	场地认知	环境要素	总体布局	形体组织	造型审美	建构意识

教学方法实践

二年级空间组织训练教学体系将设计内容围绕着"空间"训练主题划分为四个渐进性训练内容,通过简单空间的划分,独立居住空间设计训练,单元空间组合设计训练,以及小型展览空间设计训练,逐渐培养学生对空间的认识和组织能力,以及建筑空间与建筑功能之间的密切关系,并结合环境因素的限定,从而更好的控制教学效果。

简单空间布置设计训练	独立居住空间设计训练	单元空间组合设计训练	小型展览空间设计训练

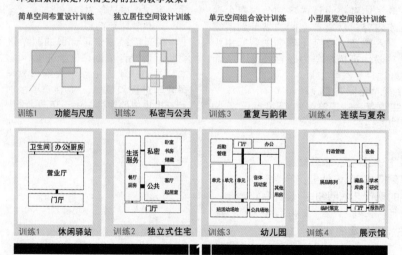

训练1　功能与尺度	训练2　私密与公共	训练3　重复与韵律	训练4　连续与复杂
训练1　休闲驿站	训练2　独立式住宅	训练3　幼儿园	训练4　展示馆

入门阶段的空间组织训练单元 教学教案
The Module Teaching of the Spatial Organization of the Training Unit in the Step of the Entrance

教学进程组织
以教与学互动方式为手段

教学内容组织

二年级建筑设计教学处于承上启下的阶段。这个阶段的建筑设计教学目的是培养创新思维和树立正确的设计思想。空间组织训练教学体系将设计内容划分为四个递进性训练内容，从简单空间的划分到展览空间的深入塑造，逐渐培养学生空间组织能力，并以环境模块作为题目统筹，从而能够更好的控制教学效果。

简单空间布置设计训练	独立居住空间设计训练	单元空间组合设计训练	小型展览空间设计训练
训练重点 建筑认知 环境意识 空间划分与功能组织	**训练重点** 人体尺度 环境分析 空间特征与功能分区	**训练重点** 环境要素 分区流线 使用心理 建筑形态	**训练重点** 环境要素 分区流线 建筑形态 空间塑造
训练目的 通过64+1k学时的简单空间布置设计训练，学习并初步掌握建筑空间的基本知识：包括空间的构成要素、限定方法、空间尺度等内容，熟悉人体活动的基本尺度；建立环境意识；学习并掌握设计的图式表达、模型表达和语言表达技能，重点训练工具墨线技法。	**训练目的** 通过64+1k学时的独立居住空间设计训练，熟悉居住类空间功能分区和动静分区；掌握人体尺度和空间特征，强化由环境入手设计、以人体尺度为依据，以满足使用功能为前提的设计方法；强化图示和模型表达能力，重点训练水彩渲染等技法。	**训练目的** 通过64+1k学时的单元空间组合设计训练，学习单元式空间的基本组合方式；了解托幼建筑的基本设计方法；树立由心理感知出发的建筑空间和形态塑造原则。学习托幼建筑的基本功能布局，了解使用人群的行为活动特点，强化手绘制图和模型制作。	**训练目的** 通过64+1k学时的小型展览空间设计训练，了解、掌握博览建筑设计的基本特点、设计原理及设计方法；加强训练针对特殊环境要素进行设计的能力；提高面对复杂环境条件解决问题的综合能力；培养对空间尺度、界面、序列等要素合理把握的能力。
环境模块 1.旧工业区地段：工业文化氛围、工业历史、工业记忆 2.历史街区地段：城市历史、新旧关系、保护与发展		3.新兴社区地段：社区规划、建筑风格 4.自然聚落地段：自然因素、环境肌理	
可选题目 社区书吧 古街茶室 滨水休闲驿站 林间游客中心	**可选题目** 工人居所 夹缝住宅 SOHO别墅 度假别墅	**可选题目** 旧工业区里的幼儿园 街区幼儿园 河畔幼儿园 山村希望小学	**可选题目** 工业展览馆 方城历史展示馆 未来生活展示馆 森林博物馆
任务要求 以"滨水休闲驿站"为例 总建筑面积300㎡。(±5%) 客用部分: 1.营业厅: 120㎡ 2.门厅: 15㎡ 3.柜台: 15㎡ 4.卫生间: 12㎡ 辅助部分: 1.制作间: 15㎡ 2.库房: 8㎡ 3.办公室: 10㎡ 4.更衣室: 10㎡ 5.卫生间: 6㎡	**任务要求** 以"SOHO别墅"为例 总建筑面积350㎡。(±5%) 1.起居室: 20-40㎡ 2.主卧室: 20-30㎡ 卧室: 9-15㎡ (3间) 4.工作间 (书房): 10-20㎡ 5.餐厅6-10㎡ 6.厨房4-8㎡ 6.家政间 4-6㎡ 7.佣人房8-12㎡ 8.卫生间: 4-6㎡ (2-3间) 9.车库20-40㎡ 10.多间储藏间	**任务要求** 以"社区里的幼儿园"为例 总建筑面积1800-2000㎡ 1.班单元: 130㎡X6间 (活动室50㎡, 寝室50平米, 卫生间15㎡, 衣帽间9㎡) 2.音体活动室120㎡X1间 3.服务用房120㎡ (医务室12㎡、隔离室8㎡、晨检室12㎡、办公室12㎡3个、资料室15㎡、厕所15㎡等) 4.供应用房110㎡ 5.每班应设置班级室外活动场地等。	**任务要求** 以"未来生活展示馆"为例 总建筑面积2000-2500㎡ 1.展室: 600平方米 2.工作室: 30㎡X4间 3.接待室: 30平方米 4.值班室: 15平方米 5.办公室: 15㎡X2间 6.研究室: 30㎡X2间 7.报告厅: 100㎡ 8.库房: 40㎡ 9.配电间: 15㎡ 10.其他: 售票室, 门厅, 过厅, 卫生间等。
成果表达 尺规墨线 单色水彩渲染 手工模型	**成果表达** 尺规墨线 彩色或单色渲染 手工模型	**成果表达** 尺规墨线 彩色水彩渲染 手工模型	**成果表达** 尺规墨线(可计算机辅助制图) 彩色渲染(可计算机辅助表达) 手工模型

教学环节控制

在二年级建筑设计课的教学进程中，逐步明确设计周期和教学进度，教师根据本科生建筑学专业教学大纲和教学计划掌握教学进程和节奏，并在重要的时间节点上安排集中的讲评与讨论环节，增强教与学的互动性，更好地了解学生的学习效果。

教	学
1 集中讲授设计原理、场地环境，安排分组调研	理解题目，收集资料，调研准备
2 集中总结调研情况	现场调研、踏勘，完成调研报告，集中讨论调研收获
3 分组指导基地选址，方案构思立意	确定选址，制作基地模型，多方案构思比较，绘制草图
4 集中讨论，讲评方案构思	确定体量关系，制作工作模型，完成阶段性草图
5 分组指导方案深化	深化建筑功能，空间，制作工作模型，强化草图
6 分组指导方案进一步深化	深化总平面，平立剖面图，制作工作模型
7 集中讨论，讲评方案整体成果，确定深化方向	完善总平面，平面功能及细部，立面效果及材质，以及剖面
8 分组指导设计表达	确定成果表达的方式和手段，完成成果草图，制作成果模型
9 集中讨论，讲评作业成果，接收学生信息反馈	完成全部设计成果（图纸·模型），总结问题与经验

阶段1 解读题目	阶段2 整体构思	阶段3 方案深化	阶段4 设计表达
场地环境	方案立意	功能组织	细节处理
功能要求	整体布局	环境把握	功能完善
使用对象	体量造型	形体处理	图面效果

入门阶段的空间组织训练单元 教学教案
The Module Teaching of the Spatial Organization of the Training Unit in the Step of the Entrance

教学成果评价

学生作业成果的评价是建立在整个设计过程的基础上，评价标准包含各阶段评价和综合评价。它既反映出学生的学习态度和设计能力，也帮助教师找出教学中容易存在的问题。针对学生的设计成果，采用年级组联评（横向评选）和指导教师互评（交叉评选）的方式，加强年级组学生之间的横向比较，鼓励学生总结问题、积极反馈。

学生作业示例

简单空间布置设计训练

休闲驿站设计
Daytimens Battle

教师点评：方案选址于浑河沿岸公园中，设计者以灵活自由的建筑形态与环境中的道路、水体取得了和谐的关系，以流动的空间、活泼的立面、简单的材质表现了建筑的性格。

独立居住空间设计训练

丛林别墅设计

教师点评：作为新兴街区模块中的居住类空间设计，作者较好的分析了临湖坡地的自然环境特征，以错落的建筑体量形成与环境的对话。图面表达较深入，模型制作深度不足。

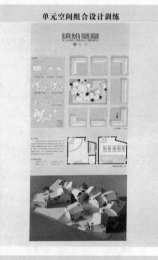

单元空间组合设计训练

缤纷蔻叠

教师点评：本方案位于旧工业街区工人村内，设计过程中考虑到基地环境，提取坡屋顶为基本元素，运用重复与堆叠交错组织空间，辅以外立面自由开窗，创造出一系列错落丰富的空间。

单元空间组合设计训练

共生

教师点评：本方案选在浑南新兴街区的一片荒乱湿地旁，通过对原有湿地的改造与保护，同时考虑建筑界面与城市、自然环境的对话关系，力图达到建筑与周围环境的融合与共生。

小型展览空间设计训练

铁西工人村幼儿园

教师点评：本方案选址工人村，意在保留历史建筑和人们归属感，故对老房子加以修改，新与旧形成鲜明对比。班单元依附基地中古树建造，既尊重旧城市肌理，又使儿童感受到大自然。

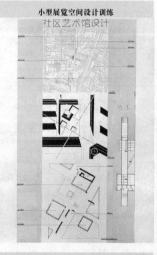

小型展览空间设计训练

社区艺术馆设计

教师点评：本方案位于一个拥挤城市的街角，把建筑的底层留给社区的居民，给他们一个活动的空间，让社区生活和艺术馆融合在一起。城市的网络交错在一起，形成了建筑的主体。

小型展览空间设计训练

WALK WITH SHADOWS.

教师点评：本方案位于浑河北岸的水陆交接处，重在展示浑南地区的优美环境，借助线性的空间及明暗的对比，创造出一种别样的感受。

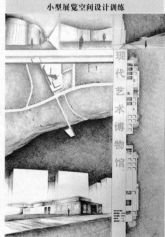

小型展览空间设计训练

现代艺术博物馆

教师点评：本方案从自然肌理出发，通过长铺道联系远端水面，高处平台打破规现冗长的视觉感受。在自然环境下寻找一种平衡与共生。

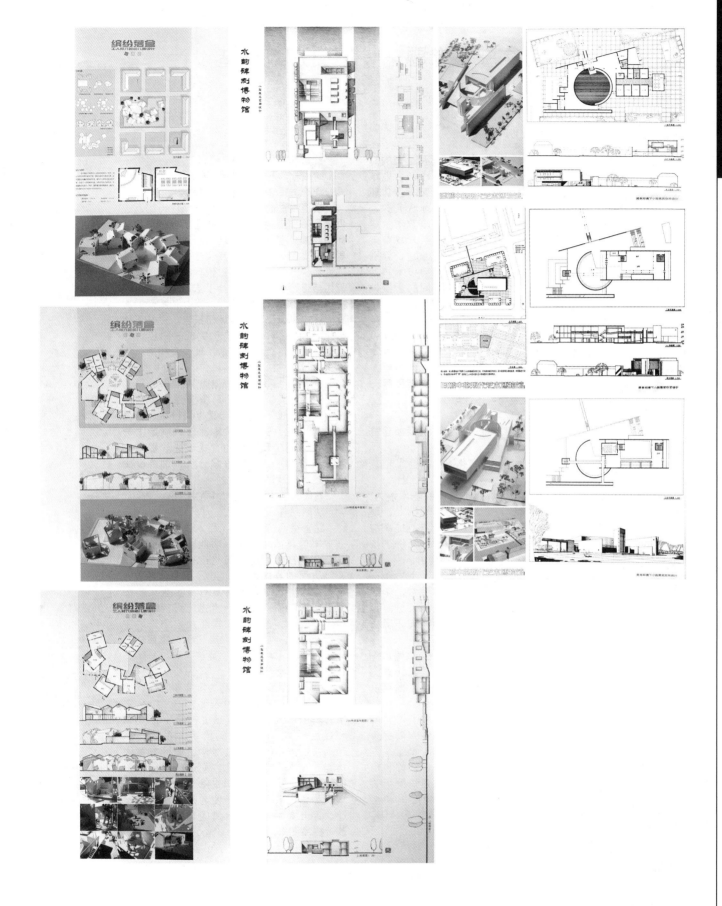

"历史文脉"专题——历史建筑改造设计

（三年级）

教案简要说明

建筑设计的主要目标在于运用适宜的材料和技术在既定的基地内创造出符合地域特点及内外使用要求的空间和形式。功能空间、场地环境、材料技术、地域文脉是建筑设计的最基本问题。二年级教学主要以空间认知为主线，三年级则引入复杂条件，将整个教学过程分为四个专题，分别侧重功能空间、场地环境、材料技术和地域文脉，逐步加深，强调专题间的承接性及整个教学过程的整体性。

专题四 以文脉为主线的建筑设计

该练习的主要目的与要求是建立建筑设计的文脉意识，学习并掌握建筑设计中常用的环境分析方法以及在建筑设计中融入文脉观念的方式方法。作为三年级最后一个设计，更加强调整体性与综合性。

1. 设计题目

1.1 国际艺术家工作室——威尼斯建筑改造

1.2 中东铁路建筑文化遗址体验馆

2. 教学目的

2.1 巩固和发展建筑设计的基本能力，在掌握建筑设计原理和方法的基础上，学习和掌握旧建筑改造的设计方法；提高综合把握影响建筑的社会、环境、经济、技术、文化、功能等诸多因素的能力。

2.2 建立可持续发展的建筑设计观念，在建筑设计中建立可持续发展的观念，学习和掌握各种在建筑设计中对能源、资源合理利用并减少环境污染，提高建筑环境质量的策略和方法。

2.3 关注建筑的地域文化特征，该建筑作为文化类型的建筑，具有社会、文化方面的象征意义。应结合具体地段，发掘建筑在文化和艺术上的特点和潜力。

2.4 培养建筑设计的创意能力，广义的创造贯穿设计的始终，设计的任何前提条件，都有可能成为创造的契机。希望在设计中综合运用各种设计的理念，巧妙利用各种影响设计的要素，在满足建筑使用要求的同时，设计出具有创意的形式和空间。

3. 教学过程

阶段一：基本分析（1周）

理论讲授 案例分析 调研报告

根据提供的建筑环境及场地地形图通过勘查和资料查询，体验并感悟环境，对建筑场地及其环境从环境机理、图底关系、空间界面、类型等方面进行文化分析，分析当地的地域、气候特点，通过资料收集对建筑功能组成进行分析，对设计手法进行总结。提出针对设计总体想法，并以模型和图示的方式表达出来，形成完整调研报告。进行设计分组，由3～4人小组合作完成。阶段一开始前，教师讲授相关概念、理论及相应分析方法和设计方法进行引导

阶段二：概念形成（3周）

空间模型 功能模型 环境模型 结构模型

通过之前分析，逐步建立设计概念，强化小组讨论，进行多方案比较，确定主要思路，以图示和模型的方式表达。提倡以手工模型的形式进行方案分析，训练学生空间想象力及动手能力。

阶段三：方案完善（4周）

功能完善 建筑实现

完善空间结构模型，引入生态技术，推进方案的具体化，深入功能安排、空间处理、结构技术、材料与构造技术及建筑造型等方面的具体设计，实现各设计要素的有机结合，选择对设计具有重要意义的细部进行深入研究，进一步强化可持续发展的设计理念，配合手工模型及电脑表现完善设计表达。

阶段四：建筑表现、最终答辩（1周）

完善表达 分组答辩

通过模型及计算机将方案完整表达，根据方案特点选择适合的表现方式。考核采用答辩的形式，课程成绩上按照平时60%和最后成果40%的比例给定，每组答辩老师由四人组成，分别对学生设计方案的功能、技术、表达等几方面进行考核，总结问题，留出时间给学生修改。答辩锻炼学生的语言表达能力，使老师了解学生设计，评分更加客观，针对问题学生二次修改，提高图纸质量。

艺术家工作室——威尼斯建筑改造设计 设计者：王译增 董威宏

中东铁路建筑文化遗址体验馆 设计者：史梁 陈燕东 顾静 焦倩如

指导老师：孙洪涛 张帆 董雷 刘鑫

编撰/主持此教案的教师：孙洪涛

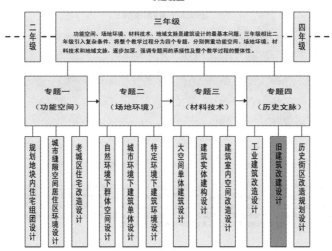

建筑设计三年级教案

【教学体系】

专题设置

二年级 — — —

三年级
功能空间、场地环境、材料技术、地域文脉是建筑设计的最基本问题。三年级相比二年级引入复杂条件，将整个教学过程分为四个专题，分别侧重功能空间、场地环境、材料技术和地域文脉，逐步加深，强调专题间的承接性及整个教学过程的整体性。

— — — 四年级

专题一 （功能空间）	专题二 （场地环境）	专题三 （材料技术）	专题四 （历史文脉）
规划地块内住宅组团设计 · 城市缝隙空间居住区环境设计 · 老城区住宅改造设计	自然环境下群体空间设计 · 城市环境下建筑单体设计 · 特定环境下建筑环境设计	大空间单体建筑设计 · 建筑实体建构设计 · 建筑室内空间改造设计	工业建筑改造设计 · 旧建筑改建设计 · 历史街区改造规划设计

教学框图

专题四（历史文脉）——旧建筑改键设计

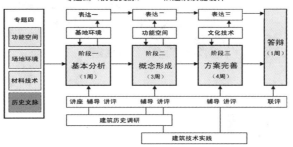

题目设置

1. 国际艺术家工作室——威尼斯建筑改造
2. 中东铁路建筑文化遗址体验馆

教学目的

1. 巩固和发展建筑设计的基本能力，在掌握建筑设计原理和方法的基础上，学习和掌握旧建筑改造的设计方法；提高综合把握影响建筑的社会、环境、经济、技术、文化、功能等诸多因素的能力。
2. 建立可持续发展的建筑设计观念，在建筑设计中建立可持续发展的观念，学习和掌握各种在建筑设计中对能源、资源合理利用并减少环境污染；提高建筑环境质量的策略和方法。
3. 关注建筑的地域文化特征，该建筑作为文化类型的建筑，具有社会、文化方面的象征意义。应结合具体地段，发掘建筑在文化和艺术上的特点和潜力。
4. 培养建筑设计的创意能力，广义的创造贯穿设计的始终，设计的任何前提条件，都有可能成为创造的契机。希望在设计中综合运用各种设计的理念，巧妙利用各种影响设计的要素，在满足建筑使用要求的同时，设计出具有创意的形式和空间。

进度安排

时间安排	教学重点	成果表达
阶段一 **基本分析** （1周）	**理论讲授 案例分析 调研报告** 根据提供的建筑环境及场地地形图通过勘查和资料查询，体验并感悟环境，对建筑场地及其环境从环境机理、图底关系、空间界面、类型等方面进行文化分析，对设计当地的地域、气候特点，通过资料收集对建筑功能组成进行分析，对设计手法进行总结。提出针对设计总体型法，并以模型和图示的方式表达出来，形成完整调研报告，进行设计分组，由3~4人小组合作完成。阶段一开始前，教师讲授相关概念、理论及相应分析方法和设计方法进行引导。	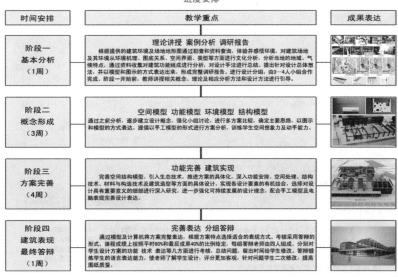
阶段二 **概念形成** （3周）	**空间模型 功能模型 环境模型 结构模型** 通过之前分析，逐步建立设计概念，强化小组讨论，进行多方比较，确定主要思路，以图示和模型的方式表达，提倡以手工模型的形式进行方案分析，训练学生空间想象力及动手能力。	
阶段三 **方案完善** （4周）	**功能完善 建筑实现** 完善空间结构模型，引入生态技术，推进方案的具体化，深入功能安排、空间处理、结构技术、材料与构造技术及建筑造型等方面的具体设计，实现各设计要素的有机结合，选择对设计具有重要意义的细部进行深入研究，进一步强化可持续发展的设计理念，配合手工模型及电脑表现完善设计表达。	
阶段四 **建筑表现** **最终答辩** （1周）	**完善表达 分组答辩** 通过模型及计算机将方案完整表达，根据方案特点选择适合的表现方式。考核采用答辩的形式，课程成绩上按照平时60%和最后成果40%的比例绘定，每组答辩老师由四人组成，分别对学生设计方案的功能 技术 表达等几方面进行考核，总结问题，留出时间给学生修改。答辩锻炼学生的语言表达能力，使老师了解学生设计，评分更加客观，针对问题学生二次修改，提高图纸质量。	

建筑设计三年级教案

【作业点评】

作业一

专题二 场地环境——海滨假日酒店设计

　　基地位于北方某海滨度假风景区内，地形起伏，面向大海，自然环境优美，题目拟建一海滨假日酒店，面积6000平方米。方案从环境分析入手，采用折线布局方式，沿山体面向大海延展开，形成从山地到海面的自然过渡；折线形式的建筑处理方式有效地减小建筑体量，达到与环境的融合；方案平面功能合理，造型独特，场地设计充分，模型制作精湛，表达较好的反应建筑特点；手工模型推敲方案在建筑生成的整个过程中起到重要作用，基本达到环境专题的训练目的。

作业二

专题三 材料技术——图文信息中心设计

　　本方案有两个特征：一是新老建筑关系，把两个老厂房看作一个整体，保留老建筑外边界和结构，使两老厂房形成新的对话并且营造出完整的历史空间氛围。在其间植入新体量用以实现新赋予的职能；二是内部空间设计，引入地域建筑元素巷作为新旧建筑，地域文化和低碳设计的结合点。巷道空间调和新老建筑尺度，传承地域文化，表诉图文信息中心职能传达低碳节能低技术，形成通透开放有历史感和时代感的新建筑。建筑外墙设计成可开启的百叶结构，可以随着温度的变化和日照时间自由闭合，设计巧妙，表达清晰，可实时性强，较好的契合结构材料设计专题训练主题。

作业三

专题四 历史文脉——中东铁路建筑文化遗产体验馆

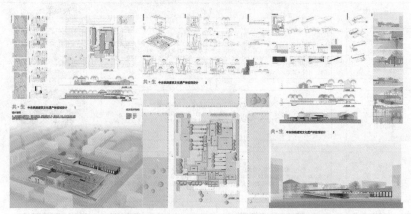

　　中东铁路建筑文化遗产体验馆是集收藏、展示、研究、教育及学术交流等功能为一体的空间场所，选址在中东铁路重镇扎兰屯，并对原有老建筑及历史街区进行保护和更新。方案从城市的角度入手，采用绿化平台的处理手法将城市绿地联系起来，为市民提供了大量的活动场地，重新唤起历史街区的活力；同时，作为老建筑的背景，较好的处理了新老建筑的关系，充分尊重保护建筑的重要位置，并在功能上合理利用，使新老建筑成为有机整体。

2

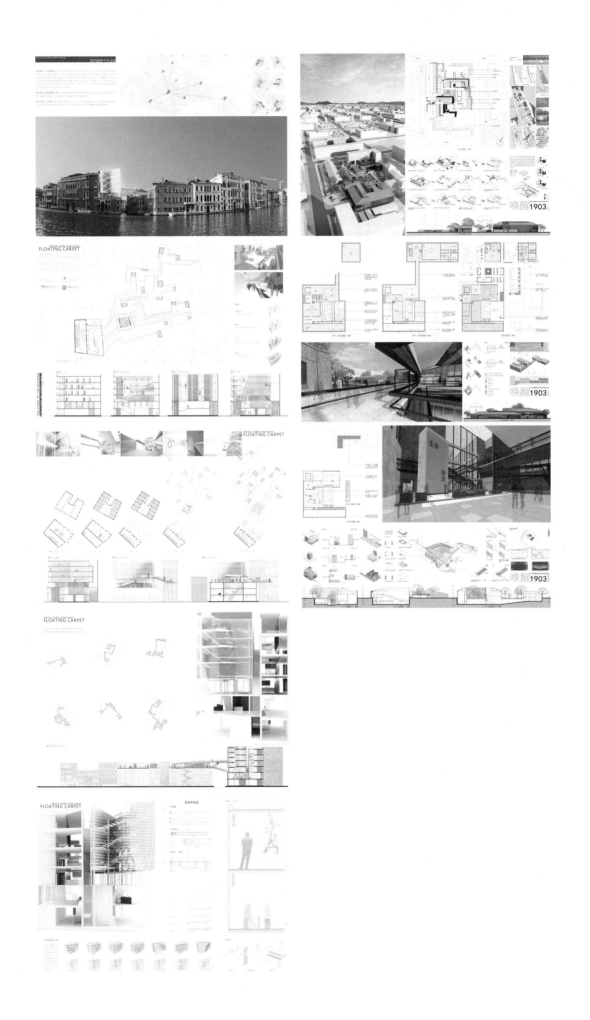

城市与建筑主题下的综合应用设计课题

（四年级）

教案简要说明

从城市整体的功能组织与空间环境去理解建筑，是建筑学高年级学生在从业前应该具备的职业素养。在四年级建筑设计课程中，加强了学生对城市设计能力的训练，在"城市与建筑"这一主题下，通过一系列的课程设置，学生对社会、环境、空间、文化等特定问题的思考与解决能力得到了提高。整个学年的设计题目包括：大型公共建筑设计专题、居住区规划设计专题、城市设计专题以及综合应用设计专题。

前三个专项设计分别针对该教学主题下的不同拓展方向，在完成城市设计、建筑技术等专项训练后，学生将要面对的最后一个设计训练内容为"综合应用设计"课题，在特定的城市背景下，从整体社会、人文、空间环境入手，综合应用建筑物理、建筑技术等学科知识，突显历史文脉保护、生态节能以及可持续发展等主题，完成特定城市地段中的建筑组群或建筑单体设计，为即将从业的建筑学专业人才培养应该具备的人文情怀与整体城市观。

本学期我们在"综合应用设计"课题中设置了两个题目，分别对应不同文化背景、不同城市发展阶段下的具体设计目标，两个题目在"城市与建筑"这一主题下，训练内容各有侧重，选题采取学生与教师双向选择方式，每组3～5人完成设计任务。

题目一：东北老工业文化区建筑改扩建设计

1. 城市背景：沈阳，快速城市化阶段的典型老工业基地更新。

2. 文化背景：在城市化进程中，工业文化的保留与传承。

3. 建筑特征：旧厂房、工业构件、工业建筑

4. 主要设计内容：（1）概念性城市设计：工业廊道更新；（2）单体设计：地段内的高层住宅建筑设计。

5. 涉及相关建筑技术：城市设计；居住区(组团)规划；高层住宅设计；钢结构、大跨度结构体系设计应用。

题目二：威尼斯历史文化区旧建筑改扩建设计

1. 城市背景：威尼斯，著名的历史文化城市，认可持续减少，以单一旅游业为主。

2. 文化背景：在城市衰退的背景下，历史建筑的保护与复兴的激活点。

3. 建筑特征：文艺复兴和拜占庭式建筑。

4. 主要设计内容：艺术家工作室、住宅及交流空间。

5. 涉及相关建筑技术：历史建筑的保护性改造、生态建筑技术。

在设计过程中，学生在不同社会背景下展开对城市环境问题的思考与分析，并由概念性城市设计入手，直至深化至特定区域的建筑单体设计。

面具下的自由 设计者：黄姝玥 万俏 徐骁腾 谢大颖 凌雨
东北老工业文化区建筑改扩建设计 设计者：黄姝玥 谢大颖 凌雨 王雪
指导老师： 付瑶 王飒 徐帆 李绥
编撰/主持此教案的教师： 李绥

四年级建筑设计课程教案

一、教学内容

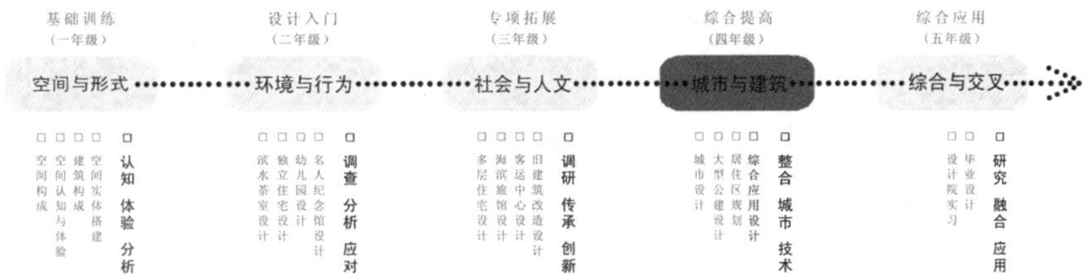

基础训练 （一年级）	设计入门 （二年级）	专项拓展 （三年级）	综合提高 （四年级）	综合应用 （五年级）
空间与形式	环境与行为	社会与人文	城市与建筑	综合与交叉

空间构成／建筑构成／认知体验分析　戏水泵站／幼儿园住宅设计／独立住宅设计／调查分析应对　多层住宅设计／名人纪念馆设计／客运中心设计／调研传承创新　旧建筑改造设计／综合应用设计／居住区规划／大型公建设计／整合城市技术　毕业设计／设计院实习／研究融合应用

教学内容说明

四年级的建筑设计教学在整个教学训练体系中所处的位置是综合提高阶段，在"城市与建筑"这一教学主题下，整个学年共设置以下四个设计题目，即：城市设计、居住区设计、大型公建设计以及综合应用设计。

二、 综合应用设计题目设置

本学期我们在"综合应用设计"课题中设置了两个题目，分别对应不同文化背景、不同城市发展阶段下的具体设计目标，两个题目在"城市与建筑"这一主题下，训练内容各有侧重，选题采取学生与教师双向选择方式，每组3—5人完成设计任务。

	城市背景	文化背景	建筑特征	主要设计内容	涉及相关建筑技术
题目一 东北老工业文化区建筑改扩建设计	沈阳，快速城市化阶段的典型老工业基地更新	在城市化进程中，工业文化的保留与传承	旧厂房、工业构件、工业建筑	概念性城市设计：工业廊道更新；单体设计：地段内的高层住宅建筑设计	城市设计：居住区（组团）规划；高层设计；钢结构、大跨度结构体系设计应用；
题目二 威尼斯老城区历史建筑改扩建设计	威尼斯，著名历史文化城市，人口持续减少，以旅游业为主	在城市衰退的背景下，历史建筑的保护与复兴激活点	文艺复兴和拜占庭式建筑	艺术家工作室、住宅、展览厅及交流空间	历史建筑的保护改造；节能、生态建筑技术

题目一：东北老工业文化区建筑改扩建设计

■ 选题背景

城市工业地段有着自身发展规律，根据工业规模、性质及其它因素，在城市发展过程中分布在不同的区域，随着城市建设水平的不断提高，城市工业地段更新势在必行，各城市纷纷开展城市中心区工业企业搬迁工作，工业企业在搬迁过程中，寻求新的机制，实现新发展。

人们已经意识到工业文明在国家发展和社会进步中的巨大作用，也为了解决衰落工业地区发展的问题，借鉴发达城市的历史建筑保护经验，有针对性地对工业历史建筑进行保护、做新的新途径，保留城市工业文明记忆，建设良好工业发展，延续工业人文精神、激发地区活力，塑造城市工业文明特征，同时在城市发展规模不断扩大、土地资源有限的制约下，节约能源、合理利用旧有建筑创造新价值，对可持续发展做出贡献。

■ 专题设计要求

1、现状调研与现场踏勘：（PPT/文本）

首先全面译实的了解整个工业文化走廊的历史背景、该区域的建设规划理念，设计任务书地段的范围。以下方面是调研中需要思考的问题：

（1）城市发展需求；（2）社会生活现状；（3）空间肌理分析；（4）建筑现状研究。

2、概念性城市设计：（PPT/文本）

从工业文化遗产保护与城市更新发展的驱动力因素两方面需求综合考虑，对该地段的城市更新做出明确的定位（在文本中体现分析评过程），形成概念性城市设计成果，具体体现为用地性质、空间形态、宣向性建筑单体等内容。

3、建筑单体设计（图纸）

在规划用地范围内，自己确定合适的组团建设用地，设计内容必须包括旧厂房插建建筑，多层及、扩建内容自选。

（1）多层扩/改建筑：对现有厂房的保护改造设计有（包括：01厂房（仓库）改造为办公建筑（普通办公、出租办公、商务中心）等；02商业建筑（超市、商场、专业店、餐饮店、服务性设施……）03展览建筑（会展中心、商业展厅）04文化类公共建筑（会议中心、学校、车站）。以上功能供参考。需要根据组团图纸选择合适的改造方向。

（2）高层插建筑：在空间上注意与老建筑的组合关系，在外观形态上既要体现与老工业建筑的整体关联，又要体现新建筑与保留部分的区别，主要功能以高层住宅为主。

■ 深化拓展设计要求

1、详细的设计任务书需要要根据问卷调查、实地踏勘，资料收集整理编制而定。

2、结合面积指标和套型要求，完善住宅建筑的内部功能，平面形式，适用使用系数。

3、实现结构的选型经济性，推广节能构造、节能材料的运用与实施。

4、合理布局，注重创造良好的外部团队环境。

5、充分利用循环可再生材料，节约能源，遵循绿色建筑的理念，可持续发展。

6、图面清晰，表达正确、制图规范，注重分析过程。效果良好。

■ 附：地形条件

题目二：威尼斯老城区历史建筑改扩建设计

■ 选题背景

第二个题目借用2012年可程性建筑国际研讨会竞赛方案，让学生在欧洲建筑历史和文化背景下，思考历史建筑改造、扩建的问题。今年竞赛方案将选定于意大利威尼斯市老城核心，位于运河支流（Rio河）与市内的大运河交汇处。竞赛希望参赛方案创造出"具有当代风格的环保主义建筑作品，它将成为威尼斯新的建筑明珠"。威尼斯基于以历史文化定性，但是随着时代的发展历史建筑的面临着衰退的命运。温室效应带来的海平面上升更是越来越地威胁了威尼斯，历史建筑改扩建过程中如何应对城市所面临的自然和社会问题，是教学中引导学生思考的重要问题。

■ 项目要求

题目是实际项目，但命题开放，鼓励创新。设计项目意图为艺术家们提供在威尼斯生活一年的场所。选期间，艺术家将进行创作，将其作品在展厅及博物馆展出，并随后进行世界巡游展出。建设用地目标如图示18、28基地及附近水面（建筑可于水面上）。竞赛可于基地内的历史建筑，没有明确要求。"原建筑可保留、可拆除、可选择"，而新扩建改建部分亦"无限高、无限材、无限色，但应为现代建筑。"教学过程中，引导学生从威尼斯的所面临的城市问题出发，自行思考新旧建筑之间的关系。

■ 单体建筑设计

项目中应包含：30套住宅、15个工作室、15个题塑室、咖啡吧（300平方米左右）、交流空间、展厅。满足项目的基本要求，各功能空间面积自定，按比例要求完成图纸。

■ 深化拓展设计要求

1、旧建筑更新改造的实例研究：

选择2-3个历史建筑改扩建的实例，按照如下要求进行分析，并完成PPT：（1）所研究的实例应当在欧洲；（2）历史建筑及其所在城市和街区的特点；（3）建筑师在改扩建过程中关注了哪些问题，如何在设计中应对这些问题；（4）改扩建具体技术细节。

2、当代艺术与艺术家：

了解不同门类的当代艺术，如绘画、雕塑、舞蹈、音乐、服装、行为、观念，了解当代艺术家、专项艺术展和综合艺术展，选择1-2门当代艺术，按照如下要求完成PPT：

（1）该门类艺术的发展简况；（2）该门类艺术中影响力较大的艺术家和艺术作品及其思想；（3）艺术中体为艺术为代来解应对人类所面临的共同问题的方法。

3、环保的建筑技术和理念：

从空间组织、材料选用、构造做法、设备应用等层面了解现代的环保建筑技术，按照要求完成PPT：

（1）威尼斯的气候数据和基地的日照条件分析；（2）威斯建筑主要节能策略；（3）适用于威尼斯气候特点的环保建筑技术；（4）旧建筑改造中的可持续策略和技术。

■ 附：地形条件

四年级建筑设计课程教案

三、课程体系关系

前三个专项设计分别针对该教学主题下的不同拓展方向，在完成城市设计、建筑技术等专项训练后，学生将要面对的最后一个设计训练内容为"综合应用设计"课题，在特定的城市背景下，从整体社会、人文、空间环境入手，综合应用建筑物理、建筑技术等学科知识，突显历史文脉保护、生态节能以及可持续发展等主题，完成特定城市地段中的建筑组群或建筑单体设计，为即将从业的建筑学专业人才培养应该具备的人文情怀与整体城市观。

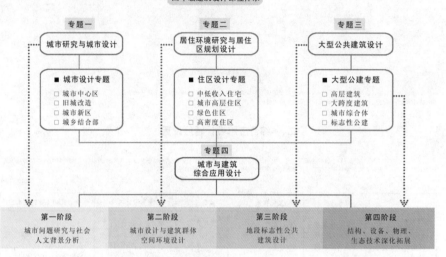

四年级建筑设计课程体系

四、教学过程

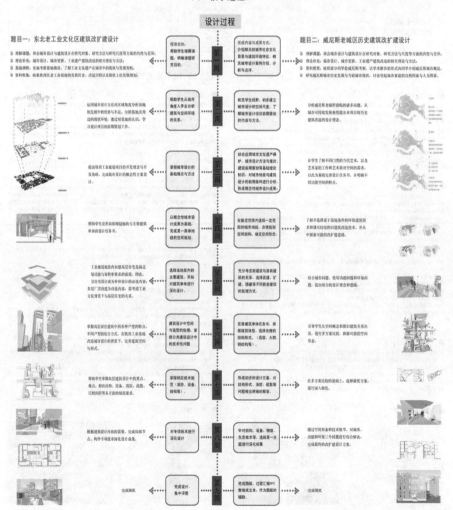

四年级建筑设计课程教案

五、作业点评

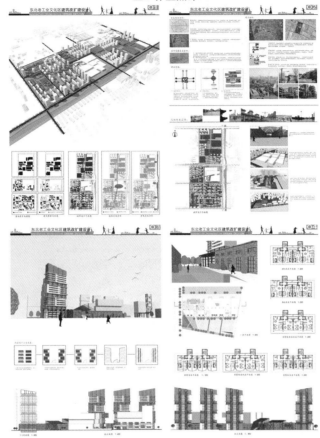

题目一：东北老工业文化区建筑改扩建设计作业点评：

城市问题分析：本设计认为原有工业建筑及其周边形成的城市肌理尺度不均，通过居住建筑的介入，形成适宜人居的混合肌理，并通过功能核的方式整合用地性质，比较恰当地实现了旧工业区的更新发展。

建筑方案设计：高层住宅立面尺度控制上，结合了旧工业建筑的尺度和居住空间的需求，并运用符号与工业文化呼应。但套型设计推敲不够细致，一层满铺商业的做法也显得粗放。

建筑技术拓展：方案更多地从形态符号上考虑旧工业建筑结构和立面的保留，对于相应的技术应用明显不足。

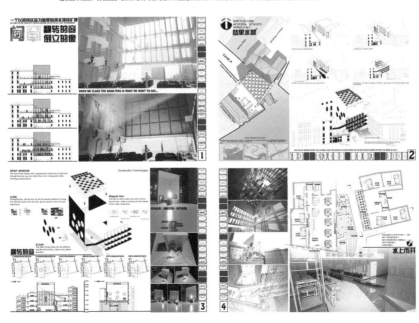

题目二：威尼斯老城区历史建筑改扩建设计作业点评：

城市问题分析：以简洁的方形体量、跨河形成主要的扩建部分，延续了威尼斯沿河景观的尺度感，连接两块基地的多层廊道沿河展开，提供了人与运河景观的互动的机会。方案从视觉和行为两个层面处理新旧建筑的关系，形成了既有区别有不突兀的扩建部分。

建筑方案设计：历史建筑保留完整、跨河扩建部分的介入，营造出室内和室外两个公共空间，分别通过"翻转的窗"和"透镜"，实现了新与旧、内与外渗透关系。但对功能细节考虑尚有欠缺。

建筑技术拓展：方案着力研究了透镜成像原理，但对于改扩建的相关技术问题缺乏关注。

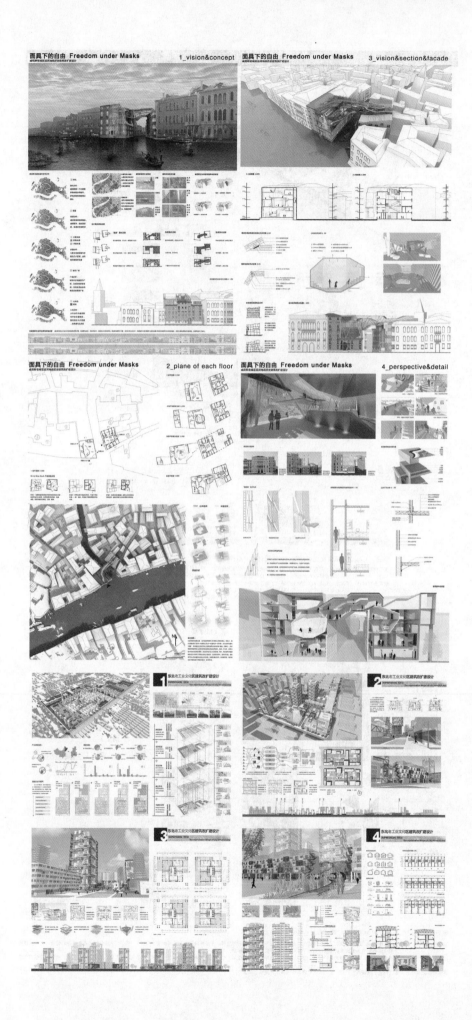

着重设计方法的分解递进式建筑设计课程教案

（三年级）

教案简要说明

1. 课程性质、目的和任务

1.1 课程性质

本课程是一个在一定特殊与复杂制约条件下以个人空间体验为主线的小型公共建筑设计。

1.2 课程的目的和任务

在已掌握的建筑设计基本方法和基本技能基础上，使学生对建筑的整体式、感悟式设计学习扩展到分解式、分析式的建筑设计思维方法、设计程序的训练，并使其将感官体验逐步落实于建筑空间创造，最终使用建筑语汇进行创作设计。

2. 课程教学内容及要求

本课程与系列快题设计课程组合形成分解训练与整合设计的教学模式，在"摄影博物馆设计"的基本题目下设计若干分解题目，每个题目都针对建筑基本元素的认知而设置，最后进行综合创新设计。

2.1 系列快题：

快题设计1：尺度与体量。本训练要求搭建实体空间模型，体会并了解空间尺度、体量、人体工学尺寸等基本概念，量化感觉、记忆基本尺寸。

快题设计2：看与被看。本训练以一张照片的展示为核心，要求学生把照片主题与空间趣味相结合，体现人、展品、空间的互动，体现展览空间的本质意义。

快题设计3：光影魅力。训练学生理解、体会光线是塑造空间的手段，能理解并使用光线作为空间设计的起始点，对光线进入方式、光影载体进行设计。

快题设计4：材料之美。本训练以对材料的认知为核心，通过对最基本的建筑材料——砖的搭建，进行材质肌理的建构。

快题设计5：声音与空间。本训练旨在经由声音与空间的通感关联深入了解形体的内在力量及其音乐性美感；本训练探讨形体结构与音乐结构的相互关系。

快题设计6：对比解析。理解并掌握建筑解析实质是一种设计解读，一种从设计的结果出发倒推其过程逻辑的"反设计"，强调理性的、可以图说的、可以拆解和判断结构的方法。

2.2 综合设计：摄影博物馆

第一阶段：基于复杂场地环境下的建筑构思，基本要求：

（1）在宏观校园整体环境的认知下对校园绿地进行解读；

（2）考虑在确定建筑规模的前提下建筑体量该如何介入校园绿地；

（3）保留场地中现有建筑、其他构筑物；

（4）保留场地内的道路、乔木；

（5）建立场地模型；

（6）对设计构思进行模型与图纸表达；

第二阶段：空间与形态的塑造，基本要求：

（1）针对照片主题设计专属性展示空间；

（2）组织展示空间序列、展示路径；

（3）充分利用场地内建构筑物、高差、乔木等的限制创造丰富趣味空间；

（4）着重展示区光线设计；

（5）建筑形态应充分考虑与现有建筑的关系，并考虑到在场地周边行人的视觉感受；

（6）用模型进行方案设计；

第三阶段：材料与构造的选择，基本要求：

（1）基于基地现状条件及方案特征选择适当的结构形式；

（2）对基地现状环境分析并结合建筑形体，选择合适的建筑表皮材料；

（3）选择成熟的构造方式解决排水等技术问题；

（4）模型与图纸为主要内容；

第四阶段：建筑的表达与表现，基本要求：

（1）对设计过程进行表达，突出对设计逻辑和叙述能力的训练；

（2）准确绘制基本技术性图纸，重点表达设计特点；

（3）模型制作与表达；（制作方案成果展示模型——"模型制作"课程作业）

（4）图面表现与技法训练。

第五阶段：评图——教师评图及信息反馈

教师对设计成果进行大评图、汇总成绩、给出评语，安排所有成果公开展览、讲评。

西北建筑艺术中心设计 设计者：周正
摄影博物馆建筑设计 设计者：高元丰
建筑系新馆设计 设计者：屈小军
指导老师：董芦笛 黄磊 候冰洋 刘克成 段婷 吴瑞 王琰 赵红斌 王青
编撰/主持此教案的教师：刘克成

着重设计方法的分解递进式建筑设计课程教案

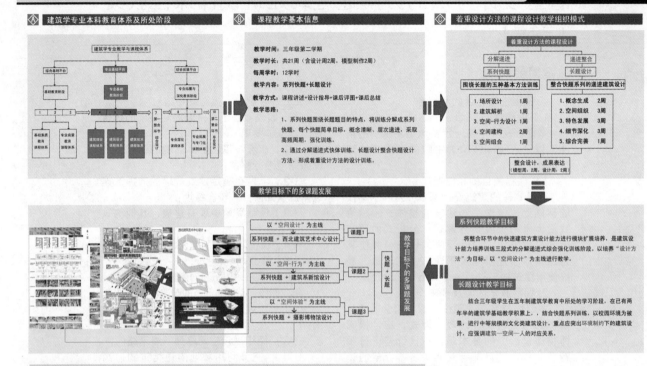

1 总述&课题一

Ⓐ 建筑学专业本科教育体系及所处阶段

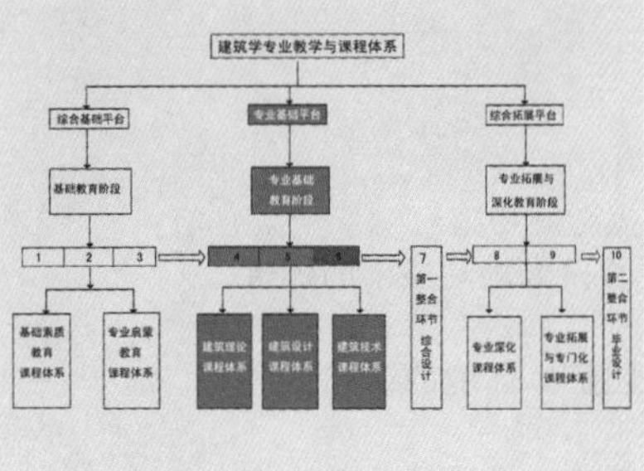

Ⓑ 课程教学基本信息

教学时间： 三年级第二学期

教学时长： 共21周（含设计周2周，模型制作2周）

每周学时： 12学时

教学内容： 系列快题+长题设计

教学方式： 课程讲述+设计指导+课后评图+课后总结

教学思路：

1、系列快题围绕长题题目的特点，将训练分解成系列快题，每个快题简单目标，概念清晰、层次递进，采取高频周期，强化训练。

2、通过分解递进式快体训练，长题设计整合快题设计方法，形成着重设计方法的设计训练。

Ⓒ 着重设计方法的课程设计教学组织模式

着重设计方法的课程设计

分解递进 / 系列快题	递进整合 / 长题设计
围绕长题的五种基本方法训练	**整合快题系列的递进建筑设计**
1. 场所设计 1周	1. 概念生成 2周
2. 建筑解析 1周	2. 空间组织 3周
3. 空间-行为设计 1周	3. 特色发展 3周
4. 空间建构 2周	4. 细节深化 3周
5. 空间组合 1周	5. 综合完善 1周

整合设计，成果表达（模型周：2周，设计周：2周）

Ⓓ 教学目标下的多课题发展

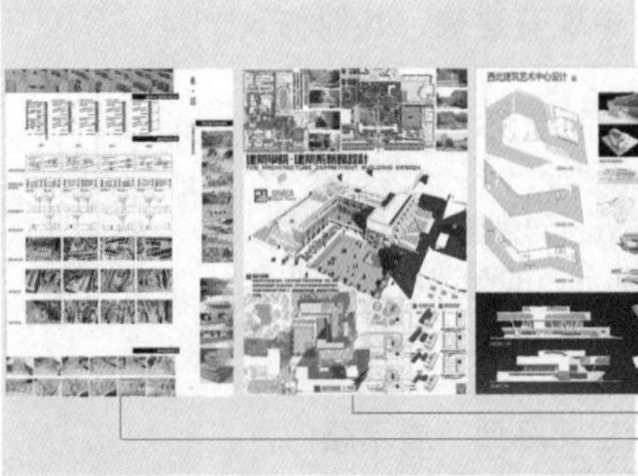

教学目标下的多课题发展（快题+长题）：

- 课题1：以“空间设计”为主线 → 系列快题 + 西北建筑艺术中心设计
- 课题2：以“空间-行为”为主线 → 系列快题 + 建筑系新馆设计
- 课题3：以“空间体验”为主线 → 系列快题 + 摄影博物馆设计

系列快题教学目标

将整合环节中的快速建筑方案设计能力进行模块扩展培养，是建筑设计能力培养训练三段式的分解递进式综合强化训练阶段。以培养“设计方法”为目标，以“空间设计”为主线进行教学。

长题设计教学目标

结合三年级学生在五年制建筑学教育中所处的学习阶段，在已有两年半的建筑学基础教学积累上，，结合快题系列训练，以校园环境为被景，进行中等规模的文化类建筑设计。重点应突出环境制约下的建筑设计，应强调建筑—空间—人的对应关系。

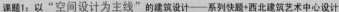

课题1：以“空间设计为主线”的建筑设计——系列快题+西北建筑艺术中心设计

建设用地情况

建筑交流活动中心位于校内东楼北侧文化广场用地内，具体见附图，图中粗虚线为用地红线，设计者也可根据调查分析后及可行性分析后做出适当调整。总用地面积为：5214平方米。

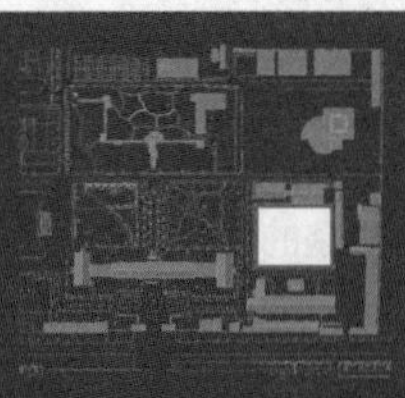

教学思路

将前期的快题训练延续，采取阶段简单目标，概念清晰层次递进，在设计不同阶段逐渐提高学生对于建筑设计的感悟。在以“空间手法训练”的二年级学生课程设计基础上，为同步当今世界建筑设计主流，着重培养三年级学生对建筑[illegible]，建筑[illegible]，建筑[illegible]三个方面的初步认知。

单元训练 → 地域体验 → 场景营造 → 建筑人情

在三年级的设计课程教学中，学生需要理解的不能仅仅停留在空间手法的层面，在这一阶段鼓励学生从自己生活的这片热土出发，体验自己家乡的建筑。

在建筑设计空间手法至上的是如何营造建筑的场景氛围，通过快题阶段训练，学生已经初步理解并掌建筑场景的营造方式，辅导学生在建筑生成阶段灌入场景的理念是这一阶段的主旨

建筑表现出的不同特点会激发人的情感变化，人在建筑中穿梭，不同场景也会影响人得情感。在地域、场景的训练后用建筑人情化将前面阶段的训练成果整合，达到新的设计高度。

学生作业一教师点评：

- 以西安传统的特色建筑“地坑窑”为基点开始设计创作，根植西北体现地域性，同时也解决了一些实际问题；
- 在空间仿生的同时，移植生土建筑物理特性，使得设计的层次有很大提高；
- 看似程式化的基地分析及对策，使得设计目的更加明确；
- 整体造型新颖，内外兼具功能，图面表达完整、统一；

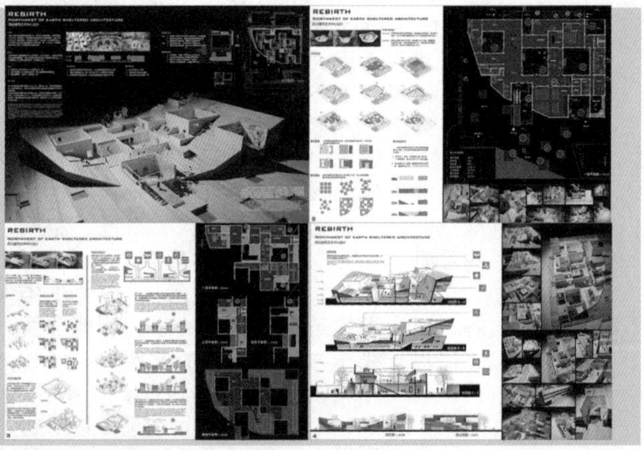

学生作业二教师点评：

- 从所在地西安的纪念性建筑—塔的特征出发，抽象其符号元素，表达艺术中心的纪念性与生长性；
- 设计过程中，不断推敲外部环境对建筑的影响，并对建筑的物理环境也做了详尽分析；
- 内部空间、功能划分明确，交通顺畅达到了较高程度的训练要求

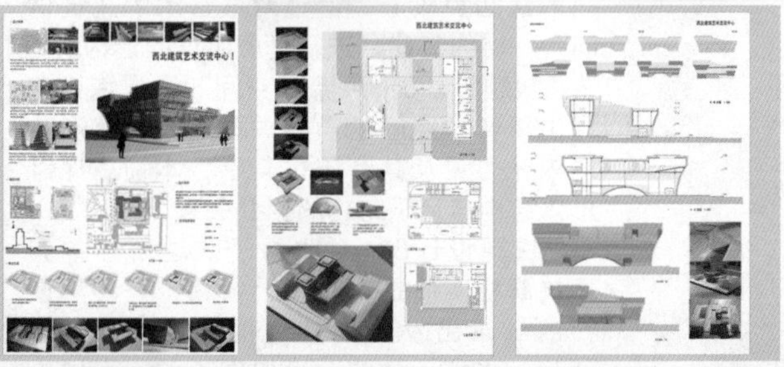

快题系列课程主线

1 分解：环境认知 — 理论联系实际，亲临现场感知空间，把握尺度 — 学生——体会

》》递进

2 分解：资料解读 — 把握设计思路，传承和融合先进设计思维 — 学生——探索

》》递进

3 分解：概念设计 — 激发设计思维，捕捉设计灵感，创造性突破、表达 — 学生——尝试

》》递进

4 分解：空间建构 — 综合理性批判，真实界定空间 — 学生——发散

》》递进

5 分解：构思表达 — 整合设计思维，良好、完整、快速的表达 — 学生——理解

》》递进

6 整合：综合设计 — 西北建筑艺术中心、建筑学术交流中心综合设计 — 学生——创造

着重**设计方法**的分解递进式建筑设计课程教案
——以"空间—行为"为主线的建筑设计：系列快题+建筑系新馆设计

过程训练
概念设计
模型推敲
情景展现
材料结构

教学背景—困境与出路

困境：

建筑设计课程是建筑学专业主干核心课程，由多组具有相同教学目的又具有各自阶段性特点的设计课题构成。

长期以来，建筑设计类课程的教学目的以认识各类建筑的功能与空间组织为主，学生的注意力大多放在建筑形式的"创新"上，求新求奇，忽略相关设计理论知识对设计本质的提高。

通过多年的课程设计教学，总结出学生在设计课中通常会出现以下问题：①重结果，轻过程；②重图面效果，轻空间感受；③重形式，轻理论；④空间与行为不对应。

出路：

1981年国际建筑师联合会第14届会议通过的《华沙宣言》确立了"建筑-人-环境"作为一个整体的概念，并以此来使人们关注人、建筑和环境之间的密切关系。人与环境间存在着复杂的双向互动关系，理想的空间环境设计都是为人服务的，满足人多样化的行为及心理需求，因此应建立以"空间——行为"为主线的建筑设计思路。

解决方案：

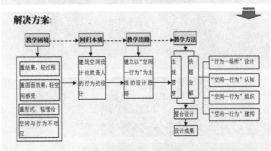

教学目标

考虑三年级学生在五年制建筑学教育中所处的学习阶段，在已有两年半的建筑学基础教学积累上，就建筑设计基本方法与设计语言能力的掌握及运用方面，本次课程结合快题系列训练，以求在教学中实现以下目标：

1）理解人、行为、空间环境间相互作用的关系，建立以"空间-行为"为主线的设计思路。

2）以"空间-行为"为主线，运用多种手法进行空间功能组织。

3）以"空间-行为"为主线，根据使用者的不同需求进行空间复合化设计。

4）通过多种设计手法，建立新、老建筑间的协调关系。

5）将专题性快题训练进行综合运用。

设计任务简介

新馆建设场地分为基地1和基地2，自选一块用地，用地内现有建筑，设计者可根据自身方案特点保留或拆除。

基地1：位于建筑系馆（东楼）的北侧，面积8400平米，需保留文化广场的功能，而概位置可自行调整。用地范围设计者可根据调查分析后及可行性分析后做出适当调整。总用地面积为：5000平米左右。

基地2：位于建筑系馆（东楼）的东侧，面积3700平米，需对建设场地临街开放。

任务书要求：

建筑面积4000平米，建筑面积浮动±10%，内容包括综合展示、报告厅、研讨厅、模型制作工坊、专业教室、建筑设计工作室、办公管理用房。

方案多种可能性探讨

教学过程

1 "行为-场所"认知
校园语境中的环境改造设计，感知空间，把握尺度。
学生——感知

2 "空间-行为"解读体验
对特定空间观察、体验、认知、再设计。
学生——探索

3 "空间-行为"概念设计
针对不同空间需求进行复合化概念设计，激发思维。
学生——尝试

4 空间建构
深入理解材料、构造、结构的魅力。
学生——发散

5 成果模型表达
整合设计思维，良好、完整的表达。
学生——表达

最终成图作业点评

该作业利用"场"的概念，建立起建筑系馆的空间设计理念。建筑空间形态富有鲜明特色，并巧妙的将各功能空间组合在一起，形成了具有场效应的建筑空间群体，既相互配合，又相互影响，巧妙的穿插式空间布局是该设计的最大特色。

建筑功能符合设计任务书的相关要求，流线清晰、功能分区合理、使用方便快捷，体现了建筑系馆应有的功能特质。同时结合大学生使用建筑系馆的一些切身的体验，并将实际感受融入到相应功能环境当中进行设计之中去。

着重设计方法的分解递进式建筑设计课程教案
——以"空间体验"为主线的分解设计教学：分解设计+摄影博物馆设计

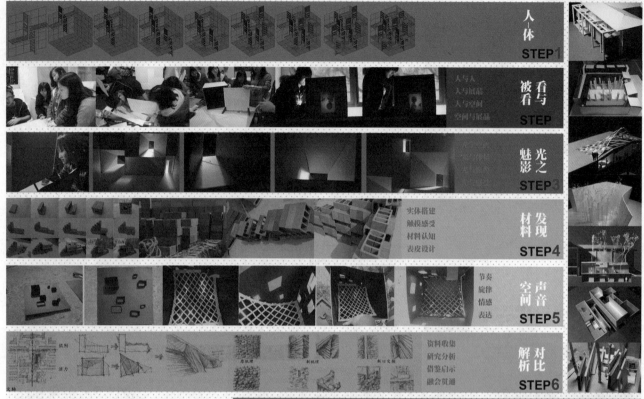

人→体　STEP1

被看与看　人与人　人与成品　人与空间　空间与展品　STEP

光之魅影　STEP3

材料发现　实体搭建　触摸感受　材料认知　表皮设计　STEP4

空间声音　节奏　旋律　情感　表达　STEP5

解析对比　资料收集　研究分析　借鉴启示　融会贯通　STEP6

STEP7 设计整合——摄影博物馆建筑设计

■ 教学目标

反对套路化教学，设计过程＝完成程序
对于场地的发现与感知——自身体验
埋下种子——树立正确的设计态度和意识
奠定基础——分析问题和解决问题的能力

→ 加深对设计的理解
培养对设计的兴趣
激发对设计的热情

■ 课程特色

分解设计・整合

通过系列分解设计，使学生在不知道最终设计题目的状态下关注每项分解设计中所强调的设计问题，从材环境的感知开始：在"无目的"的"触摸"中逐闯自我，将自身的体验与经历转化为设计的灵感；通过借鉴经验与案例，将设计的源泉转化为对设计方法的学习。在一系列分解设计的训练后，提出课程设计的整合——摄影博物馆设计，使学生了解设计到设计场所的过程与关注的问题，从而触发学生对材料的理解，激发设计热情。

限制性
1限制规模
探寻随年限增加而加面设计面积增的模式，避免堆砌建筑层数，简单累加面积的设计方法。课程设计中把摄影博物馆的面积控制在500平方米。五次分解设计曲线控制在53%的空间体验公式：从而培养学生对空间本身的型造，强调设计方法的培养。

2限制场地
课程设计选取了学生熟悉的本校校园的真实地块，容易形成较为真实的环境场与自我感受。同时，课程要求方案设计需要与场基地上的相关有的建筑发生关系，使学生更多的去解决环境地块中的各种影响因素，解决实际的问题，探讨合适的处理方式，而非拿来建筑那直置入地块中。

3限制展品
对于设计题目，限定博物馆中只展出十张摄影作品。要为同一主题或同一题别的作品，学生要针对这现有的十张照片设计展示空间、流线与展览方式、做针对性的建筑设计。

4单纯化
三年级的课程设计主要是整合学生对建筑像设计。如倒倒入、如何考虑问题，在设计方法的训练中，需要考虑的因素很多：场地、尺度、空间、功能、流线、光、材料等等、校与理想的状态是在设计过程中侧重学生设计的到于面实地构筑，从而进行诗方面的设计工作。——单纯化、处理课程数学中提出的理念，就是一项设计因素进行单纯训练每一个单纯场地的，学生关注相虚设问题的深度体会能做。避免为做"完整"的设计而需要现成执行动自己的点。

体会・探索・发现・修复・创造

真实感受　自我体验　存在之美　场地梳理　启发设计

打开所有器官　倾听自然与历史的回声
仰望"上帝"的创造、缅怀文化的"壁画"
以智慧及灵巧的人场方式科取自我力量

■ 学生成果评析

学生成果一

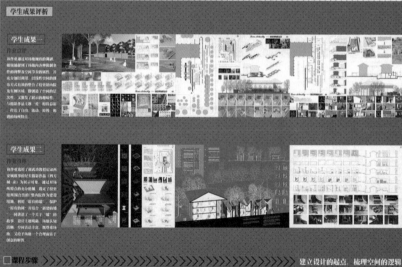

学生成果二

■ 课程步骤　　建立设计的起点，梳理空间的逻辑

| 分解 人体 | → | 分解 看与被看 | → | 分解 光之魅影 | → | 分解 发现材料 | → | 分解 声音与空间 | → | 分解 对比解析 |

从个人最基本的体验开始，把感性认识转化成理性认识，形成空间的趣味性相结合，体现人、展品、空间的双向交流 探讨光进入空间的方式以及光影塑造的形式 让学生能够触摸、感受、尝试，逐渐认识材料的各种性能，培养的个性及其规则 促使学生对声音结构与空间结构关系的思考，并对空间光等等的关系 深刻理解"解析"作为一种有效学习方法的实质，在正确基础上学习借鉴他处

空间—身体 ＋ 空间—趣味 ＋ 空间—光 ＋ 空间—节奏 ＋ 空间—情感

相地

课程的场地位于西安建筑科技大学北苑教学区，南北长约180米，东西长约约7米，将由学生在这块大场地里自行分析选择建设位置。这块场地的地位比较微妙，从总图上看，它位于校园南北主轴。这条随校穿了学校建校以来各种的重要建筑。由于存在整整这场地块地处于设计时史…

基地位置

设计任务书

为同立政校经校文本服务，为博影受好者提供一个学习、交流设场所，展示西安筑科技大学校园风景，使其与老建筑发生关系。

内容		功能	面积
展示区		10 张摄影作品	300 m²
交流区	小型摄影厅	举办学术交流、研讨、教学活动	
	艺术沙龙	放置小型作品展示会、观影等活动	30 m²
	接待区	咨询、指导、深度交流	50 m²
管理用房及其它		接待用房、管理设施需求配置	60 m²
	合计	建筑面积约 8%	500 m²

设计方法

建立立场　现场　在场　入场

保留原校史馆、不材其迁入改办
网司将校史馆、艺术沙龙等空间将建筑设计、使其与老建筑发生关系。

建立态度

对于场地现存任的尊重

对项目相关人对环境的于关注

及其相关人对环境的于尊重

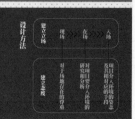

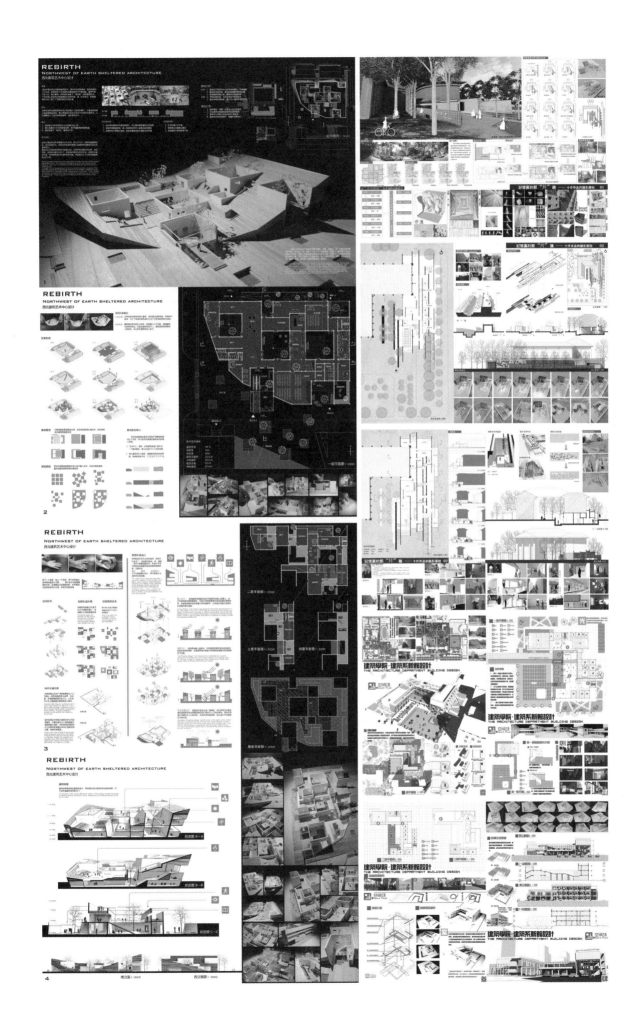

小型独立空间设计

（二年级）

教案简要说明

本课程是低年级学生在经过一年多的专业启蒙教育后，首次进行的具有一定规模的综合性设计实践过程，是建筑学、城市规划及环境艺术专业的教学计划中"承上启下"的关键结点，它对学生进一步学习有关专业课程和日后从事更加复杂的建筑设计工作起着重要的基础性作用。

整个教学设计的思路与特色如下：

1.命题系列化——《小型独立空间设计》分为I和II两项设计训练内容，两项训练在题目设定上遵循"由简到繁"、"由易到难"、"由小到大"、"由单一到综合"的顺序关系，符合认识和技能学习的规律。

2.教学开放化——课程从突出学生主体地位的角度出发，特别鼓励学生进行实地调研与社会调查，让学生们从封闭的课堂走出去，到现实中观察倾听学习。

3.方法多样化——在授课上主要采用集中讲解和个别辅导相结合的教学方法；在过程中，学生们采用"团队合作"与"单兵作战"相结合的进行方式；在操作上坚持徒手草图与计算机绘图现结合，并鼓励学生的手工模型制作。

4.考评立体化——在考核体系中一方面适当增加了平时成绩的权重，另一方面设置了模型成绩在总成绩中的比例；在评价方式上，主要以教学组联合评图的方式对设计成果进行评定，同时增加学生自我评价和同学间评价的环节。

幼儿园设计　设计者：马忠
泛场地交流　设计者：郝竞
大学生活动中心　设计者：于博
指导老师：徐洪澎　刘莹　孟琪　吴健梅　李桂文
编撰/主持此教案的教师：杨悦

小型独立空间设计

课程总体简介

教学简介

《小型独立空间设计》课程为建筑学的一门专业设计课，安排在五年制本科教学过程中的二年级春季学期，共有128学时。《小型独立空间设计》分为I和II两项设计训练内容。其中，《小型独立空间设计I》可选设计题目为：幼儿园设计或中小学校设计；《小型独立空间设计II》可选设计题目为：活动中心设计或交往广场设计。两项训练在题目设定上遵循"由简到繁"、"由易到难"、"由大到小"、"由单一到综合"的顺序关系，符合认识和技能学习的规律。

教学目标

课程的主要教学目标是培养学生树立正确的建筑设计观，在设计实践中充分体会与贯彻"适用、经济、美观"的设计原则；培养学生掌握建筑设计的基本方法和步骤，进一步体悟建筑设计的内涵，并扩展学生的建筑创作思维和创新意识；培养学生在理论与实践相结合的基础上，深入理解和应用建筑设计的基本知识和基础理论；培养学生研究能力、综合解决实际问题的能力和团队协作的能力，体会作为建筑师所要担当的社会职责和关注社会问题的能力和意识。

前后课程设置安排

大二秋季学期　　　　大二春季学期　　　　大三秋季学期

组合设计　　分项设计　　小型独立空间设计I　　小型独立空间设计II　　住宅设计　　居住区规划设计

兴趣深化　知识积累　能力提高　思维强化　观念形成

小型独立空间设计I ——幼儿园设计

设计内容

现某居住新区规划中需建一所六班全日制幼儿园，容纳儿童150-180人，总建筑面积控制在1800平方米左右。

1、儿童活动单元：（130-140 X 6平方米使用面积）

2、音体活动用房：（120-150平方米）

3、办公管理用房：（100平方米）

4、辅助服务用房：（100平方米）

5、场地布置

课程教学特色

选题系列化

《小型独立空间设计》的具有选题系列化的特点。首先，都针对某一服务人群：设计针对幼儿，设计II针对青年，旨在强调建筑服务与使用者的重要性。另外，该课程的两项设计的侧重点有所不同，设计I突出"组合空间"，设计II则突出"公共空间"，二者分别代表建筑空间设计的两个重要方面。区别与联系共存："组合空间"是建立"公共空间"的基础，"公共空间"是"组合空间"的拓展。

研究式教学成为贯穿这门课程的主线，即不满足于用一般的设计原理进行教学和技能训练，而要在此基础上主张学生对某一主题进行深入的研究，拓展思维的深度和广度。

小型独立空间设计II ——活动中心设计

设计内容

青年活动中心、大学生活动中心或建筑学院活动中心，建筑面积3000平方米，误差不得大于5%，2-3层，可以局部4层。

1、工作学习：以社团活动为单位，为其提供空间服务。

2、休闲娱乐：方便业内人士交流，同时对外营业的区域。

3、交流展示：以展示会员作品及业内交流为主要目的。

4、后勤物业：管理用房。

5、公共环境：室内外公共环境。

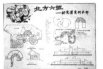

前期调研、抄绘

由学生们自行分组对基地现场场地的分析调研，学生们会全方位地对基地进行分析，分享调研成果，发现并总结基地存在的问题，然后针对场地周边进行实际问题进行分析，并在自己的设计中解决，使其成为自身设计独具的特色。

在对此次设计的规模、场地特点、周边环境有一定认识后，有针对性地查阅资料，进行抄绘、学习，从成功案例甚至是大师作品中获得经典有效的设计理念以及有效的处理方式。

作为该课程的重要环节，实地调研和抄绘有助于建立对建筑空间的真实体验，有利于设计方案更加明确地定位。锻炼了学生独立思考和分析能力，更磨炼了学生严谨求实、实事求是的学习态度。

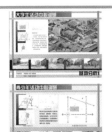

草图 + 模型

在上阶段对此设计有针对的调研之后进行构思，通过多角度的分析确定大致的设计思路，明确自己要表达的概念。在整体控制的前提下以草图及推敲模型等方式完成方案的初步形成。草图是一种推敲方案的非常有效的方式，在一笔一笔有意无意的构思中，灵感也许在不经意间刺激间流淌。

课程在教学过程中始终鼓励学生的手工模型制作，鼓励学生使用各种凯瑞、各种质地的材料制作模型推敲设计，并且贯穿于设计的各个阶段。这种教学方式对形式、空间的体验和认知上还设能得好地建立的低年级学生来说效果尤为显著，低年级的建筑学专业学生需要获得一定的材料和建造工艺的感知认识，这是专业训练的必要基础。

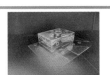

课堂＋评价

课程主要采用集中讲解和个别辅导相结合的教学方法。集中讲解主要讲重点内容、共性内容、具体问题具体分析，做到尊重学生个性发展。与此同时大量增设讨论环节，在讨论的课堂上，学生是主体，教师成了参与者和倾听者，既锻炼了学生表达方案的口头能力，又提高了学生的理论水准。

在评价方式上，通过近几年的教学改革主要以教学组联合评图的方式对设计成果进行评定，同时在教学过程中增加了学生自我评价和同学间评价的环节。教学组联合评图使得教师以旁观者的角度通过评价学生的设计成果来审视教学，评价结果更加公正和客观。

课程作业点评

作业点评1

设计者运用活动单元的灵活安排和连廊的设置，使整个建筑的在空间布局与场地形成有机的结合，围合界定出高于变化的外部空间。另外，该设计从儿童心理需要出发，采用圆柱作为空间构成基本元素，既满足了建筑的基本功能需要，又创造了良好的韵律感和富有童趣的建筑形象。

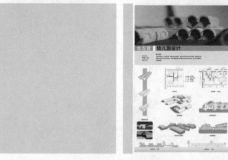

作业点评2

该方案立足于环境与儿童心理需求，并从儿童对魔方的兴趣中提取设计概念，运用模数化的设计手法进行场地划分与空间组合。设计在满足了幼儿园基本功能要求的基础上，使建筑与周围环境建立起良好的协调关系，创造出既简洁又丰富的建筑空间与造型，从而为建筑赋予了活力。

作业点评3

该设计基于环境的特殊性，通过首层部分架空增加建筑开放性，设置内庭院与外部广场增加空间公共性，以及利用交通空间增加室内空间流动性等手段，使建筑与环境有机融合在一起，为建筑使用者创造了立体化的交流活动场所，从而充分表达了尊重环境、尊重人们行为需求的设计思想。

KINDERGARDEN DESIGN
幼儿园设计

KINDERGARDEN DESIGN
幼儿园设计

泛场地交流 —— 建筑学院学生活动中心设计 1

泛场地交流 —— 建筑学院学生活动中心设计 2

泛场地交流 —— 建筑学院学生活动中心设计 3

ARCHITECTURE DESIGN·STUDENT CENTER IN UNIVERSITY 01
建筑设计·大学生活动中心
规矩·自由 THE CUBOID & ELLIPSOID

ARCHITECTURE DESIGN·STUDENT CENTER IN UNIVERSITY 02
建筑设计·大学生活动中心
规矩·自由 THE CUBOID & ELLIPSOID

ARCHITECTURE DESIGN·STUDENT CENTER IN UNIVERSITY 03
建筑设计·大学生活动中心
规矩·自由 THE CUBOID & ELLIPSOID

城市环境群体空间设计

（三年级）

教案简要说明

本课程为建筑学三年级秋季学期主干专业课程。与前一个自然环境群体空间设计组成上下篇，上篇为引导型设计，下篇为强化型设计。这一单元教学内容在整个教学体系中起到承上启下的作用。

1. 教学目标

1.1 通过非常规性命题，让学生参与任务书的制定，体会作为建筑师要担当的社会职责；

1.2 树立城市设计观念，掌握在城市环境中进行群体空间组合设计的基本方法与技巧；

1.3 通过多样性命题，鼓励学生运用各种技能进行创新设计，充分发挥学生的想象力。

2. 教学方法

多媒体讲授、调研、学生讲述构思并讨论、单独辅导、专题讲座。

3. 教学内容

非常规性命题，带有研究性质，渗透城市设计观念和整体设计概念。规模包括两部分内容：一部分为城市设计内容，区域规模为10000～20000㎡,容积率为1～2的历史老街区；另一部分为建筑设计内容，建筑规模为2500㎡，上下浮动不超过10％。

线场——中东铁路建筑文化遗产体验馆设计 设计者：周硕 陈析浠 甄琪
川.行——中东铁路建筑文化片区入口 设计者：林绍康 肖健夫 熊叶昕
寒地"热桥"——中东铁路建筑文化遗产体验馆 设计者：王静辉 陈桐 陈玉婷 刚杂雅
（留学生）
指导老师：罗鹏 兆翚 李玲玲 梁静
编撰/主持此教案的教师：卜冲

2012年全國高等學校建築設計教案和教學成果評選

城市環境群體空間設計
Studio of Complex Space Design in Urban Environment
——U＋A過程教學體系

課程概況

教學環境

本科三年級課程設計，同為一個自然環境群體空間設計構成上下篇，上篇為引導型設計，下篇為強化型設計，這一單元教學內容在整個教學體系中起到承上啟下的作用。

Teaching links
This is the curriculum design for third-year undergraduates. It composites together with the natural environment space design, one is guide type design, the next is strengthen type design. The teaching content of this unit plays a connecting role in the whole educational system.

教學目標

1. 通過非常規性命題，讓學生參與任務書的制定，體會作為建築師要擔負的社會職責；
2. 樹立城市設計觀念，掌握在城市環境中群體空間設計的基本方法及技巧；
3. 通過多樣性命題，鼓勵學生運用各種技能進行創新設計，充分發揮學生的想像力。

Teaching objectives
1. Enable the students to participate in the formulation of the design task through unconventional proposition, to experience the social responsibility of an architect;
2. Establish the urban design concepts, master basic methods and techniques of space combination design in an urban environment;
3. Encourage the students to design innovatively using a variety of skills by the diversity of propositions, to give full play to the imagination of the students.

教學方法

多媒體講課、調研、學生講述並思考討論、單獨輔導、專題講座。

Teaching methods
Multimedia teaching, research, students describe and discuss the idea, individual counseling, and seminars.

教學內容

非常規性命題，帶有研究性質，滲透城市設計觀念和整體設計思想，規模包括兩部分內容：一部分為城市設計內容，區域規模為10000～20000㎡，容積率為1～2的歷史老街區；另一部分為建築設計內容，建築規模為2500㎡，上下浮動不超過10%。

Teaching contents
Unconventional proposition, penetrate the urban design concept and overall design concept with research. The scale consists of two parts: one part is urban design content, a historical street district with a regional scale of 10,000 to 20,000 square meters and a plot ratio of 1 to 2; the other part is architectural design content, the construction area is 2,500 square meters, and the floating up and down is no more than 10 %.

教學過程

Urban   **Architecture**

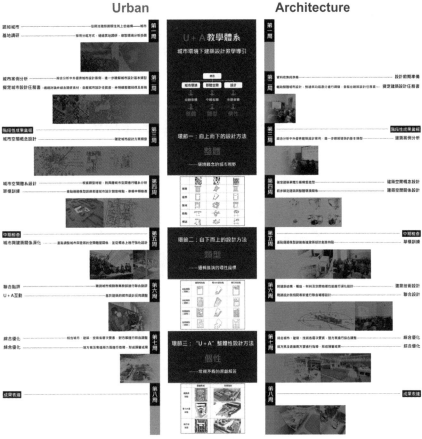

設計題目

題目一
創作園區＋創業空間
——城市公共空間

題目二
藝術廣場＋展示中心
——城市公共空間

題目三
商業街坊＋市民中心
——古建築保護及再生

題目四
廠區改造＋圖文中心
——工業遺產保護與再利用

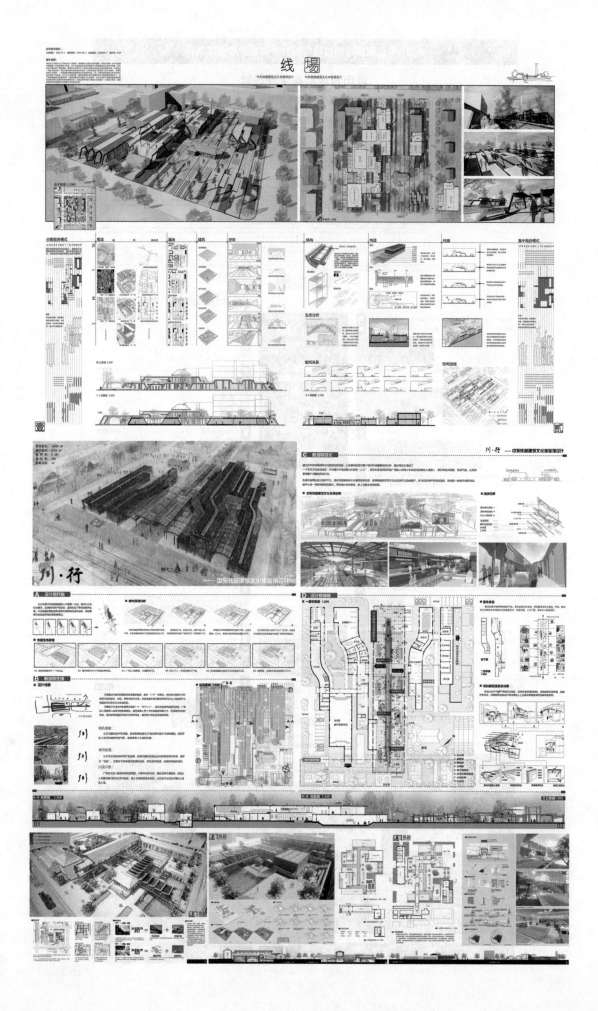

开放式研究型设计课程

（四年级）

教案简要说明

《开放式研究型设计》课程是哈尔滨工业大学建筑建筑学院重点打造的一门特色课程。该课程在2012年春季学期首次实施，打破传统的建筑设计教学模式，突出"与海内外结合、与企业结合、与实践项目结合、与相关专业结合"等特色。

与海内外结合 通过使国外的知名教授"走进来"参与设计教学和使学生"走出去"参加海外名校的设计课堂，在全球化语境下探索工程教育改革，使学生能在不同地域与不同文化背景下共事。

与企业结合 与建筑设计院合作，以设计项目为核心与学院教师共同组成教师团队，做到"基于项目教育和学习"，培养学生的实践工作思维和能力。

与实践项目结合 以研究所导师为核心组织设计题目，通过研究设计的热点问题，培养学生的创新精神和实践能力，提升学生的专业理论水平，提高学生独立解决专业问题的实践技能。

与相关专业结合 通过加强与相关专业的联系，提高学生对实际工程项目中各专业协同的认识，提高教学体系的完整性。

课程特色
《开放式研究型设计》课程是对传统建筑设计课程教学思考与变革的结果，一门课集中了基于工程背景的多种教学模式，以满足人才培养的个性化、层次性需要。本课程是一次创新性的改革与实践，在"开放式"和"研究型"两方面具有鲜明的特色。

1. 开放式
教学内容开放 采取主讲教师申报制，即全系教师可以根据自己的研究方向，自主确定设计题目，设计教学内容，自由申报。因此各组的题目完全不同，每组的教学组织都有鲜明的特色。

向海外、设计院和相关专业开放 2012年度的《开放式研究型设计》课程中，有三组与海外联合指导、两组与设计院联合指导、一组与土木工程专业教师联合指导。

学生选择开放 本次课程在向学生公布设计题目和指导教师团队后，学生可以根据自己的想法自主选择学习小组，不受班级界限的限制，这就调动了学生的积极性和学生自主选择教育的权利。

考评方式开放 全部设计成果由设计院建筑师为主席的联席嘉宾共同评图，主讲教师均不参加评图。评图中作品介绍的环节由指导教师承担。每组题目情况的介绍时间为5分钟，包括设计题目、设计内容、教学目的、教学手段、教学过程与教学成果等内容。这一过程也是对教学过程明晰化的验收。

2. 研究型
"研究型"是本课程改革的突出特色，是本课程教学改革成功的又一关键性问题。本次课程的六组题目均带有较强的研究性质。

历史街区的保护与复兴 以哈尔滨的历史街区为研究对象，借鉴台湾先进的保护设计经验和理念，研究如何保护历史街区文化遗产以及如何复兴街区的活力。

数字媒体图书中心设计 以参数化为设计手段，研究环境影响下的建筑生成设计问题。

DesignPlay 研究建筑的历时性改变，通过一系列的小设计研究如何在建筑设计的过程中认识建筑从产生、成长、改变的过程，明白建筑设计中如何为建筑的生长留出可能。

安庆市体育馆设计 一次大跨度建筑与结构综合创新设计的尝试，从拿到题目的那天起，建筑学专业的学生就与土木工程的学生共同研究面临的问题，在一次次争吵、妥协、达成共识的反复中完成了设计模型。

哈尔滨八区体育中心城市设计 在设计院的工程师的协助下，研究了体育中心城市设计面临的种种问题，从多个角度进行了深入探讨和方案比对研究。

综合养老设施建筑设计 从对福利院的老年人的调研与访谈开始，结合计算机软件，深入研究养老设施设计的各类问题。

《开放式研究型设计》课程是对改革建筑设计系列课程的一次有力的尝试。短短的四周课程中，无论教学还是学生，都在这种开放的理念与环境、研究的氛围中获得了与其他类型设计课程不同的收获。

"水墨莲花"——结构、生态的地域文化阐述 设计者：曲大刚 毕若琛 范若荞 杨帆
流·转 空间——基于环境影响的数字媒体图书中心设计 设计者：郭芳 王无忌 全禹
DESIGNPLAY——Open Design Workshop 设计者：钟玥
指导老师：孙澄 姜宏国 邵郁 韩衍军 董宇 刘德明 刘滢 支旭东
编撰/主持此教案的教师：邵郁

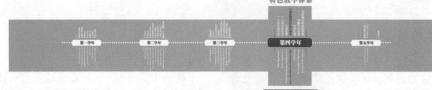

开放式研究型设计课程
STUDIO OF OPEN & RESEARCH ARCHITECTURE DESIGN

O+R
特色教学体系

| 第一学年 | 第二学年 | 第三学年 | 第四学年 | 第五学年 |

教学目标

☑ 开阔国际化视野
Broaden international outlook

☑ 基于项目的教育与学习
Education and study basing on items

☑ 基于研究的创新精神和实践能力培养
Cultivation of innovative spirit and implementing ability basing on researching

☑ 专业协调能力培养
Cultivation of professional coordinating ability

☑ 基本工程实践能力培养
Cultivation of basic engineering practice ability

教学特色

OPEN 开放式

+

RESEARCH 研究型

教学内容开放

向海外、设计院和其它相关专业开放

学生选择开放

考评方式开放

- 历史街区的保护与复兴之研究
- 参数化建筑生成设计之研究
- Design Play 之研究
- 大跨度建筑与结构综合创新之研究
- 体育中心城市设计之研究
- 综合养老设施建筑设计研究

教学设计

设计题目

| 历史街区的保护与复兴 | 数字媒体图书中心 | Design Play | 大跨度建筑与结构综合创新设计 | 哈尔滨八区体育中心城市设计 | 综合养老设施建筑设计 |

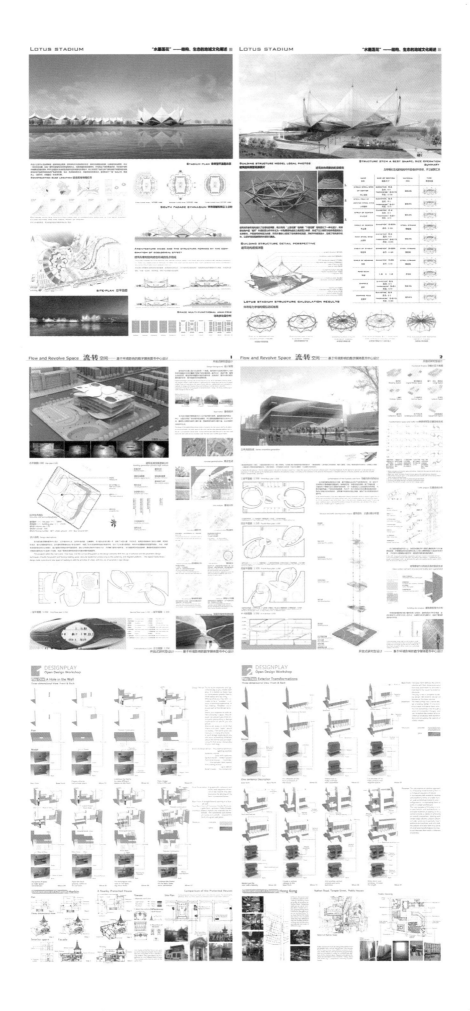

华南理工大学

基于"建筑学"之形态构成基础课程

（一年级）

教案简要说明

本课程是本科一年级建筑设计基础的重要组成部分，由"三大构成"（平面构成、立体构成、空间构成）系列课组成。是从中国国情出发，考虑建筑学、城市规划和风景园林入学新生的艺术素养实际情况，在学生掌握了一定扎实建筑表达技能及了解基础建筑概念的上，所进行的形态创造性基础练习。不同于工艺美术类的普适性形态构成练习，而是基于建筑形体和空间限定的形态构成练习，便于学生更快更直观地掌握形态构成基础知识，并将这些知识运用于建筑的形态构成分析解读以及建筑形体、空间的创造。经过近十年的教学探索，达到了教学目的，取得了较好的教学效果。

空间构成 设计者：陈坤婷 卢品 祝庭瑞 周希金 吴昊阳 芮贤枝
平面构成 设计者：饶梦迪
立体构成 设计者：何教天
指导老师：许自力 施瑛 王璐 刘虹 戚冬瑾 李敏稚
编撰/主持此教案的教师：施瑛

一年级
基于[建筑学]之形态构成基础课程教案

★ 本科一年级建筑设计基础教学大纲

一、建筑设计基础课程目的

建筑设计基础的任务是给学生提供初步、系统的建筑设计思维和专业基本技能的训练，树立正确的建筑观；掌握科学的工作方法以及循序渐进的专业基础理论知识；熟练专业表达基础技能。

二、建筑设计基础课程知识结构与课程设计

■ **建筑认知单元**

涉及课程设计：初看建筑、工程图描绘、建筑测绘、建筑形态构成基础系列、解读建筑

■ **设计基础单元**

涉及课程设计：小建筑测绘、基础作业、渲染练习、建筑形态构成基础系列、解读建筑、景观建筑小品

★ 基于建筑学之形态构成基础课程与一年级教学计划关系总图

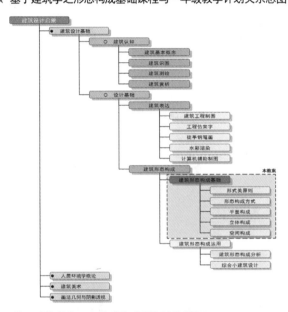

★ 基于建筑学之形态构成基础课程结构导图

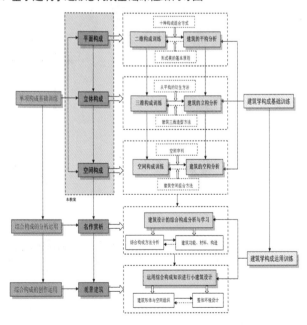

★ 基于建筑学之形态构成基础系列课程介绍

● **课程背景**

现行的教育体制下，理工类学生进入大学学习建筑之前的艺术素质训练普遍不够，教师在给一年级学生进行建筑设计辅导时，需要花大力气进行形态构成知识的讲解和基本建筑美学概念的灌输，但松散辅导式讲解缺乏系统性，教学效果一般；另外建筑院校中偏向于工艺美术类的构成训练，使学生不容易理解形态构成与建筑设计之间的重要关联，也使得学生对形态的分析和创造能力不足。基于建筑学的形态构成基础系列课程，是根据建筑学专业特点而专门设计的形态构成系列课程。

● **课程结构**

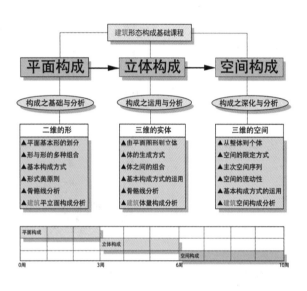

● **课程特色**

■ **教学对象的适应性——高考体制下的中国学生**

现行教育体制下的中国学生进入大学的唯一方式就是高考，这造成了中国学生在进入大学前，不得不为高考投入全部的身心精力，而对于进入大学专业学习所应具备的基本知识准备则十分缺乏，特别是对于在理科招生的建筑学，绝大多数的入学新生缺乏基本的艺术美学的素养。本课程正是为适应中国学生的现状，使学生能够在较为紧凑的时间内建立起基本的建筑形态美学素养成为可能。

■ **教学手段的多样性——体验式的学习方式**

"三大构成"采用多种教学手段，鼓励学生多尝试、多制作、多操作。从平面构成的剪纸进行多方案的拼贴尝试，到立体构成做手工模型多方案比较，再到空间构成运用sketchup辅助推敲人体尺度下，人眼视点的空间效果，并以模型和平立剖面图纸绘制相结合加深学生对不同方向方案尝试的体验。

■ **教学内容的专业针对性——基于建筑学**

"三大构成"均以建筑学的专业特色为基准，在学生掌握平面构成基础概念和基本构成方式的前提下，形态构成系列课程强调具有体积感的形体组织和空间的多种限定方式，关注空间形体（实体或空间）由二维到三维的生成过程，及其在笛卡尔坐标系中平、立、剖面的二维对应表达，简化对于色彩和质感肌理的要求；通过并行的建筑实例形态构成分析，使学生认识到形态构成与建筑设计之间的紧密关系，掌握一定的空间形体分析和塑造能力。

■ **教学体系的完整性——环环相扣、循序渐进**

从平面构成到立体构成再到空间构成，二维到三维，由基础掌握到深化运用，由单体到群体的组合，前一阶段的成果是后一阶段的前提，"三大构成"之间是一个关系紧密，循序渐进的知识体系。

一年级
基于[建筑学]之形态构成基础课程教案

★ 平面构成 构成之基础与分析

(一) 教学目的

平构的概念 ＋ 形式美的基本原则 ＋ 形式美感

1. 平面构成的概念：学习在二维空间里将相同或不同的平面单元重新组合成为新的平面图形。
2. 结构关系：了解构成中局部与整体、局部与局部之间存在的结构关系，并认识到这种结构关系是构成设计的基础。
3. 形式美的基本原则：训练按照形式美的原则进行平面单元的组合设计，在组合图形的过程中培养对平面图形的敏感能力。
4. 形的感知与创造：从抽象的平面形态入手，培养对形的敏感性、归纳性和创造性，为建筑设计中的平面设计、空间设计做准备。
5. 基本构成方式：学习和理解基本的构成方式，为立构、空构的学习以及建筑设计奠定基础。

(二) 作业要求 (3周)

1、基本形的分割与组合：

比例关系 ＋ 结构关系 ＋ 十种构成方式

将5cm x 5cm的正方形或直径为5cm的圆形分割成五块或六块，以不同的平面构成形式，重新将它们组合成六个画面；分割时注意基本形的比例及结构关系，避免过于复杂，在简洁中求变化，掌握构成中骨格的运用，理解基本形、骨格与形式美的原则之间的关系。

2、设计案例的抽象与提炼：

案例学习 ＋ 骨骼分析 ＋ 设计应用

选取建筑、规划或景观设计实例，对其构成形式进行提炼分析；实例的主要构成形式应与"内容"相对应，形式不要求与分割方案相似，共有六组（应注意只在二维空间里进行分析）；重点体会和表达构成方法在建筑、规划和景观设计中的运用，注意避免牵强附会、生搬硬套。

3、基础作业：

抽象训练 ＋ 分析训练 ＋ 美感训练

第一周：点、线、面的构成练习，两张A4；
第二、三周：选取经典作品进行构成分析，名画、经典照片均可

★ 立体构成 构成之运用与分析

(一) 教学目的：

理解构成系列 ＋ 控制体的形态 ＋ 解读建筑造型

1. 平面构成的延续训练：立体构成是平面构成的延续训练，学习运用立体空间思维在三维空间里组织实体形态的方法，掌握三维实体造型规律。
2. 立体空间的感知：研究立体空间的形态美，按照形式美的法则进行训练，并对设计思维，锻炼对造型的感受力、直观判断力，开发潜在的思维能力。
3. 理性思悟（骨骼线控制）：培养一种理性构想的方法，重视构想过程，并以骨骼线（定位线）控制的方法实现对构成形体生成的连续而理性的控制。
4. 材料的认识：启发对材料的认识，了解各种材料及其建筑技法在立体构成中的作用与表现，并鼓励单一材料表达的完美关系。
5. 设计应用：通过对建筑作品的剖析，认识构成手法在建筑造型中的运用，积累对形态的感知能力，提高艺术修养。

(二) 作业要求：

比例与结构 ＋ 材料与组合 ＋ 秩序与协调

1. 底板限定范围：15cm x 15cm的平面底板上，利用指定的材料，运用所学的构成方式进行创作，作品要符合形式美的原则。
2. 平面向立体的转换：从平面构成组合图形中选择一个作为构想原型，以此平面为基础生成立体构成作品；要求立体构成作品必须有一个水平或垂直截面的构思是建立在平面构成作业基础之上，允许产生适当的变化。
3. 材料限定：材料限定范围：白色线、白色纸板、白色泡沫及其他白色材料，所有材料不要求反光。
4. 材料搭接的合理性：要考虑选取材料的材质及粘结方式合理。
5. 多方案比较：过程中注重最后的多方案比较。
6. 规模控制要求：构成正立投影平面不得超出15cm x 15cm的平面，高度控制在10cm~30cm之间，应注意作品的整体效果。
7. 多种构成类型可选：作品可以线材构成、面材构成、块材构成或综合构成。
8. 注重作品原创性：鼓励作品的原创性，结合草图构思和空间网格等方式设计推敲。

形的分割与组合

基本形的分割进行多方案比较，体会不同分割方式与组合之间的关系，用松散排三个以上的分割方案，并据文相应的组合草图。

形的抽象与提炼

比较提取不同方案的优劣，优化分割及构成方式，等规划或景观设计实例，理解构成在设计中的运用，并绘制分析草图。

形的结构与骨骼

教师指导学生进行分析图的绘制，对组合的剖面形和设计实践进行骨骼分析，通过基本形与骨骼的相互位置关系表现其内在的结构关系。

对称

变异

渐变

形的感知与体验

体的生成

授课＋讨论＋多方案比较＋草模

教师组织小组内讨论、个人多方案比较，方案讨论与交流，以程中鼓励草模制作推敲。

构成系列之
立体构成

体的控制

授课＋讨论＋模型推敲＋基础作业

选定方案并继续深化，制作可折叠的块体模型、制作推敲、完成相关作业和修正图。

顶视图　骨骼线分析
正视图　骨骼线分析
右视图　骨骼线分析

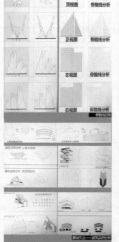

构成系列之
立体构成

体的组合

指导深化＋材料组织＋观察与思考

对设计中方案的造型组织并继续深化模型和思考，制作深化模型推敲的设计中。

体的表达

指导深化＋成果制作＋评图

构成系列
立体构成

第1周　　第2周　　第3周　　第4周

★ 空间构成 构成之深化与分析

（一）教学目的

空间概念 ＋ 空间构成 ＋ 整体与个体

1.空间的概念：初步理解空间的概念，学习在三维空间里通过点、线、面等限定元素将给定的空间进行分隔、围合，为以后的建筑空间设计打下基础。

2.构成与空间构成：巩固从平面构成、立体构成作业中学到的形式美的基本原则，构成原理与方法，掌握空间构成不同与其它构成的基本方法——空间限定。

3.空间体验：通过模型初步体验空间的感染力，培养对空间形态美的感受与把握能力；通过作业过程，认识到利用构成手法创造不同空间形态的无限可能性。

4.整体与个体：在完成单个BLOCK和九宫格式街区空间设计的过程中，初步认识整体与个体空间，整体与局部空间以及各局部空间之间存在的组织方式与空间关系。

（二）作业要求（4周）

1、场地与基本分割：

场地 ＋ BLOCK ＋ 流通空间

提供51 M（长）x33 M（宽）的场地比例为1：50），6 - 8位同学组成工作小组，各个同学在图1-2所示格网中选择一个具体的位置，完成一个"block"空间的构成设计，每个"block"限定为9 M高，平面投影面积为90—150M₂。窗室位置及各个作品的具体位置全组讨论决定。

2、主题与整体性：

主题 ＋ 整体与个体 ＋ 空间联系

在老师指导和同学相互协调下，要求对场地做整体设计，可以尝试各种手段加强各个"block"之间的空间联系，增强场地内空间形态的整体性，鼓励有一个统一的主题，如"聚散""围合"等等。

3、BLOCK空间设计：

分割与围合 ＋ 流通空间 ＋ 整体与局部

"block"单体空间设计的基本要求：将9M高的空间分隔、围合成多个空间，各个空间可以有横向、纵向的流通变化，分割的空间单元不要太复杂，要有主次空间。要注意整体与局部、局部之间的相互关系，作业要力求符合统一、对比、尺度、均衡等等形式美的原则。

（三）作业成果

模型 ＋ 图版 ＋ 建筑实例空间构成分析

1、模型：单体和群体模型均要求底板黑卡纸，构件用白卡纸。单个作品底板背面标题栏，大小：18cmx3cm。以群体模型上交作业，但每个"block"可以单独拎出。

2、A1展版成果介绍：以展版形式，每个小组两张A1展版，通过草图、照片、建模等对小组作业完成过程、设计思路、空间效果进行展示和介绍，可以电子版版。

3、基础作业：每周一张"建筑空间构成分析"的徒手作业，A4规格，图框内容包括：1~2个建筑作品分析（轴测图或透视图＋构成方式的分析示意图＋简要文字说明）。

（四）场地尺度与"BLOCK"分割示例

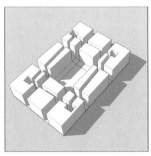

场地分割与设计

延续和发展了平面构成的分割方式，对特定的场地进行初步划分，确定基本空间布局，外部空间及各个BLOCK空间所处位置。

点评：在对基本九宫格分割方式进行特线变化的过程中，引入"街谷"的概念，并以"L"形空间的方式塑造空间形态，形态特征统一而简洁，开放与封闭的围合形态有机共存。

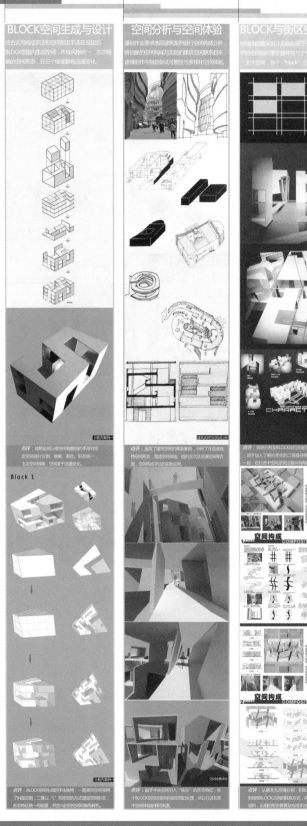

BLOCK空间生成与设计

综合运用构成手法和空间限定手法在上级别的BLOCK范围内生成空间，并使构成统一、主次明确空间形态，在三个维度都能有流通变化。

点评：成熟运用三维空间构成的手法对内部定空间进行分割、抽离、围合、形态，主次空间简明，空间富于流通变化。

Block 1

点评：BLOCK空间生成的手法独特，一是墙面空间利用了曲面切割，二是用"L"形空间的方式塑造空间形态，形态特征统一而简洁，开放与封闭的围合形态有机共存。

空间分析与空间体验

基础作业要求选取建筑实例进行空间构成分析，将分处的空间限定手法与实际的建筑空间联系起来，建模制作中进尝试可能性与多样化空间体验。

点评：选取了建筑空间的典型案例，分析了在创造独特空间的表现、营造空间体验、组在主次及流通空间等方面，空间限定的手法的成熟运用。

点评：由于中央空间引入"缝合"，一是最为空间使用个体切割，二是用"L"形空间的方式塑造空间，所以设个块有个中央向空间相连接的通道。

BLOCK与街区空间组织

在体验设计单体的空间后，要整体考虑这个小生活个，处理好空间限定要素分处这个小生活，有内外主次空间时，各个"block"之间的空间关系。

点评：场地分割及BLOCK定位完全在基本九宫格网中完成，由于加入了倾折变化使BLOCK空间的设计空间中，在设计中灵活定室间延续各个BLOCK形态空间一起，在行进中的空间体现要素丰富与统一的一个局面。

空间构成 COMPOSITION OF SPACE

空间构成 COMPOSITION OF SPACE

点评：场地分割在基本九宫格分析中，各BLOCK空间生成都到得到BLOCK之间的联系形式之间，以及建筑风筑表达形式之间，运用空间的空度关系形成有序而丰富的一个局面。

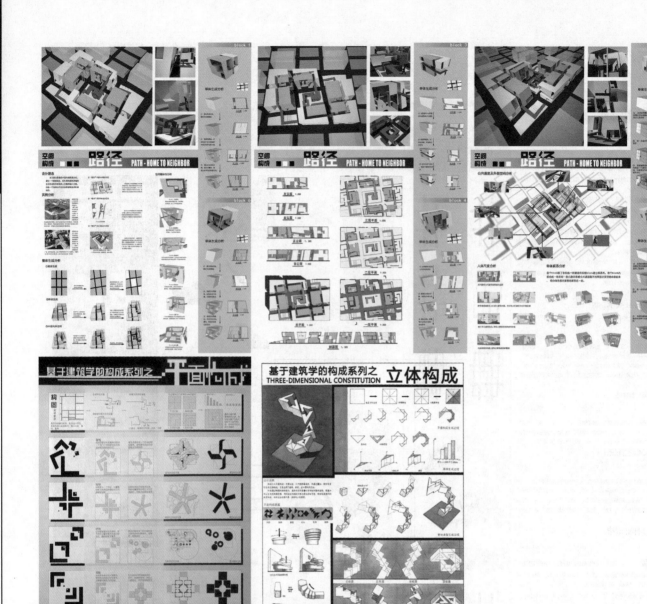

南方幼儿园设计教案：
基于环境分析与行为研究的设计入门
（二年级）

教案简要说明

　　幼儿园建筑设计是二年级本科建筑设计大作业的总结性题目，历时8～10周（根据下学期的具体教学计划安排），基于真实地段与任务书，要求学生完成从场地踏勘—方案构思—方案深化—方案表达的全过程，其中包括理论讲授、参观调研、课程设计及相关课外作业等四个教学环节。教学中注意学习方法的传授、基本功的训练、各项能力的培养与协调运用。强化用草图与工作模型作为方案构思和表达的重要手段，并贯穿方案设计的全过程，在方案构思阶段严格控制电脑的使用。

作业1 设计者：林紫琪
作业2 设计者：秦之韵
作业3 设计者：许欢
指导老师：杜宏武　许吉航　费彦　胡林　魏开　苏平
编撰/主持此教案的教师：胡林

华南理工大学

二年级建筑设计教学目标：入门

基于学生已学的建筑学专业相关知识，针对建筑设计基础学习目的和要求，注意培养学习的调研能力、分析能力、动手解决问题的能力，以及相关外围知识的拓展，使学生逐步掌握建筑设计的基本方法、相关的基本知识以及基本的建筑设计表现技法。

层层递进的设计课程结构

二年级设计课程包括四个长题和两个快题，从上学期的学生公寓、学者住宅开始，到下学期的高校餐厅、幼儿园。每学期安排一次快题，为校园书吧、小型展厅，课程重点由简到繁，层层递进。

长题作业	专题训练	快题作业
学生公寓	人体尺度	
学者住宅	环境行为	校园书吧
高校餐厅	场地分析	小型展厅
幼儿园	环境设计	

基于环境分析和行为研究的幼儿园设计课程介绍

幼儿园建筑设计是二年级本科建筑设计大作业的总结性题目，历时8~10周（根据下学期的具体教学计划安排），基于真实地段与任务书，要求学生完成从场地踏勘—方案构思—方案深化—方案表达的全过程，其中包括理论讲授、参观调研、课程设计及相关课外作业等四个教学环节。教学中注重学习方法的传授、基本功的训练、各项能力的培养与协调运用。强化用草图与工作模型作为方案构思和表达的重要手段，并贯穿方案设计的全过程，在方案构思阶段严格限制电脑的使用。

教学构思

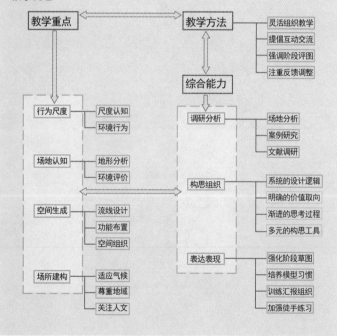

- 教学重点 ↔ 教学方法
  - 灵活组织教学
  - 提倡互动交流
  - 强调阶段评图
  - 注重反馈调整
- 综合能力
  - 行为尺度
    - 尺度认知
    - 环境行为
  - 场地认知
    - 地形分析
    - 环境评价
  - 空间生成
    - 流线设计
    - 功能布置
    - 空间组织
  - 场所建构
    - 适应气候
    - 尊重地域
    - 关注人文
  - 调研分析
    - 场地分析
    - 案例研究
    - 文献调研
  - 构思组织
    - 系统的设计逻辑
    - 明确的价值取向
    - 渐进的思考过程
    - 多元的构思工具
  - 表达表现
    - 强化阶段草图
    - 培养模型习惯
    - 训练汇报组织
    - 加强徒手练习

过程优先的教学方式

对于入门的教学目标，学习思考的过程相对于传授知识更为重要，幼儿园的设计教学，立足于特定的教育情境，解决特定条件中的问题，在行动中进行思考，获取实践性知识。

幼儿园题目设置：专题导向

特色一：特殊人群的环境行为

如何将儿童的空间世界反映在建筑中，是一项基本的设计要求

特色二：真实地形资料及规划控制条件

本科二年级建筑课程设计题目：南方6班幼儿园

2012年南方幼儿园设计任务书

建筑规模：2500m2，6个班（大、中、小班各2个），指标按国家标准
设计要求：强调地域性；草图、工作模型、调研报告是重点成果要求
时间安排：9周，分为踏勘调研、一草、二草、修草、正图五个阶段

2012年南方幼儿园设计地段及实景照片
提供两个地段，在地形、地段形状、周边环境上存在差异性

部分参考书目及规范

观察反思

踏勘调研
观察方法
调研报告
调研汇报
建筑绘画
方案构思

教师带领学生踏勘现场，学生分组调研相关案例，研读相关书籍，要求有自己的观点。分组制作场地沙盘，初步草图研究，每周钢笔画速写练习。

点评

案例类型丰富、内容详实，应注重对案例更详细的分析、地段周边环境的分析。
草图运用较好，研究儿童行为、功能空间与地段的关联；加强三维草图；模型手段应发挥更大作用。

互动的教学过程

幼儿园设计的教学，分为踏勘调研、一草、二草、修草正图等五个过程，根据设计的逻辑发展过程划分为观察反思、概括重构、运用表达、成果总结等四个阶段。

教学中强调多种教学方式的灵活结合、公开客观的评图模式、高效的反馈与调整机制。

评价体系

组内点评强调互动性，因材施教注重平时表现，过程成果

小组点评

合组评图可以提供更为全面的指导避免个人局限而易形成的教学盲区

合组评图

大课讲评可对教学中的问题作及时反馈针对性强、规范化

大课讲评

以综合及过程评价为特点的成果评选评选结果通过大课讲评、分组讲评形式

年级评优

概括重构

环境分析
行为研究
功能分析
空间概念
调研汇报
建筑绘画

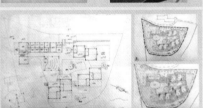
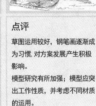

以上阶段的观察思考为基础，个人多方案比较，选定方案后继续深化，强调方案发展的延续性，制作大比尺模型，每周钢笔画速写练习。

点评

草图运用较好，钢笔画逐渐成为习惯，对方案发展产生积极影响。
模型研究有所加强；模型应突出工作性质，并考虑不同材质的运用。

运用表达

方案深化
原理综合
表达运用
图纸排版
完成正图

点评

图面排版紧凑，较好表达方案的立意和原则。空间组织的逻辑性较强，与室外景观结合较紧密。建筑造型与空间组织有一定呼应。
模型简洁，较好反映空间的设计特点。

成果展示

遴选优秀
鼓励特色
信息反馈
及时调整

特色方案

评语：本方案从儿童心理为出发点，营造活泼的活动空间，通过屋顶平台使建筑与场地环境结合，建筑造型简洁大方。部分单元应妥善处理功能需求。

评语：本方案从儿童活动需求出发，营造多层次趣味的户外空间。建筑造型简洁，通风采光良好，流线顺畅。建议更细致考虑小尺度空间的设计。

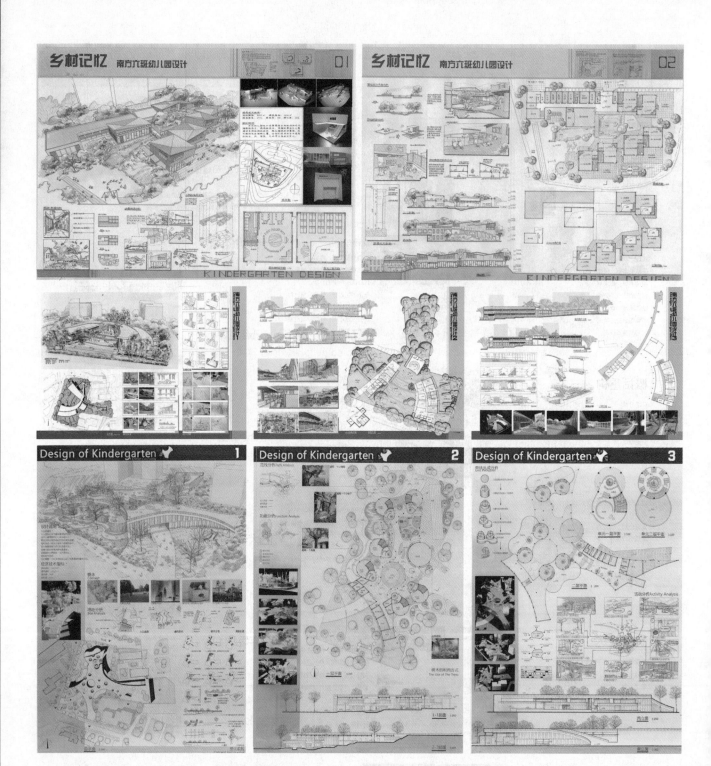

艺术博物馆设计教案
——基于地域特色的功能深化和技术整合
（三年级）

教案简要说明

1. 教案背景

按照国际通用专业教育标准，启蒙、提高、拓展"成为"三个明确的阶段培养目标。在此教学的大框架下，一年级至五年级的整体建筑设计课程选题范围逐渐从简单到复杂，从单体到群体，从简单环境到复杂环境，其设计深度逐步加深，设计的制约因素在逐年拓展，逐渐形成了在高度上不断上升，广度上逐渐拓展的复杂金字塔形格局。在一、二年级的基础上，三年级的建筑设计课处在深化和拓展的阶段。

2. 教学目标

功能和技术分别成为三年级建筑设计教学深化和拓展的重点，同时结合地域性及其特色，强调功能、技术，并在此基础上引导空间的生成。在这个目标的指引下，功能深化、技术整合和空间形体强化成为教学的三个核心内容。

艺术博物馆设计是三年级四个课程题目的最后一个，逐步加强难度和综合性，教学框架即围绕以上这三个核心内容展开，成为逐步深化的三年级教学体系中的关键环节。培养学生的合作设计能力，并有目的地根据不同学生的知识水平探索了多种培养模式和较全面的评价体系。

综上所述，提出《艺术博物馆设计教案——基于地域特色的功能深化和技术整合》为题的三年级设计课教案。

3. 设计任务书成果要求

（可独立完成，也允许两人组成一个设计小组共同完成）

3.1 图纸

3.1.1 图纸规格：1号白图纸（不少于4张）

3.1.2 图纸内容

（1）总平面图 1：500

（2）各层平面图 1：200

（3）立面图 1：200（3个）

（4）剖面图 1：200（2~3个）

（5）报告厅布置图 1：100

（6）设计过程构思分析图（如环境分析、建筑形态分析、功能分析、技术运用分析、多方案比较分析等）

（7）透视图、鸟瞰图

3.1.3 表现手法：

（1）大透视图所在图纸整张A1版面要求徒手绘制（钢笔淡彩）

（2）其他图纸全手绘或全计算机绘制（不允许计算机出图后进行二次加工）

3.2 手工展示模型

不小于1：300的手工展示模型（包括地形环境）

3.3 工作手册

3.3.1 提交形式：PPT文件+A4文本

3.3.2 包含内容：一草、二草及修草等各阶段图纸（扫描或者拍照处理），说明每次修改的关注点，设计过程的感受和体会等

地形介绍

（1）地形一位于大学城组团的核心区域的交叉路口，用地形状相对方正，地形北高南低，南面临水，周边有多种形态和风格的城市建筑。景观环境良好。

（2）地形二位于城市郊区的滨水公园中，用地东西向进深大，周边城区现状空间凌乱，未来将毗邻城市干道，地形有起伏，西面呈半岛状深入湖面，视野开阔，风景优美。

五岭之南—艺术博物馆设计 设计者：刘泽蔚 刘联璧
画中游—艺术博物馆设计 设计者：李菲 刘诗瑶
艺术博物馆设计 设计者：郝延超 刘洁敏
指导老师：姜文艺 周毅刚 林家奕 罗林海 周玄星 向科 朱亦民 李晋 遇大兴
编撰/主持此教案的教师：李晋

艺术博物馆设计教案
——基于地域特色的功能深化和技术整合

[教案背景说明]

建筑设计教学的内涵深化与外延拓展模式结构图　建筑设计教学的内涵深化模式结构图　建筑设计教学的外延拓展模式结构图　建筑设计教学全面评价性结构图

按照国际通用专业教育标准，"启蒙、提高、拓展 成为"三个明确的阶段培养目标。在此教学的大框架下，一年级至五年级的整体建筑设计课程选题范围逐渐从简单到复杂，从单体到群体，从简单环境到复杂环境，其设计深度逐年加深，设计的制约因素在逐年拓展，逐渐形成在高度上不断上升，广度上逐渐拓展的复杂金字塔形格局。功能和技术分别成为三年级建筑设计教学深化和拓展的重点，同时结合地域性其后特色，强调功能、技术，并在此基础上引导空间的生成。

功能和技术分别成为三年级建筑设计教学深化和拓展的重点，同时结合地域性其后特色，强调功能、技术，并在此基础上引导空间的生成。在这个目标的指引下，功能深化、技术整合和空间形体强化成为教学的三个核心内容。

艺术博物馆设计是三年级四个课题题目的最后一个，逐步加强难度的综合性，教学框架即围绕以上这三个核心内容展开，成为逐步深化的三年级教学体系中的关键环节。培养学生的合作设计能力，并有目的地根据不同学生的知识水平探索多种培养模式和校全面的评价体系。

综上所述，提出《艺术博物馆设计教案——基于地域特色的功能深化和技术整合》为题的三年级设计课教案。

[教案总体框架]

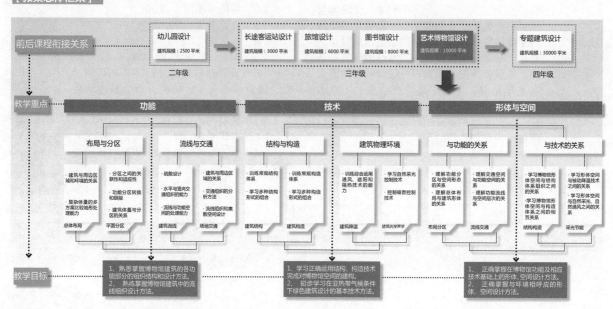

前后课程衔接关系	幼儿园设计 建筑规模：2500 平米	长途客运站设计 建筑规模：3000 平米	旅馆设计 建筑规模：6000 平米	图书馆设计 建筑规模：8000 平米	艺术博物馆设计 建筑规模：10000 平米	专题建筑设计 建筑规模：30000 平米
	二年级	三年级				四年级

教学重点：功能 / 技术 / 形体与空间

布局与分区 · 流线与交通 · 结构与构造 · 建筑物理环境 · 与功能的关系 · 与技术的关系

教学目标：
1、熟悉掌握博物馆建筑的各功能部分的组织结构和设计方法。
2、熟练掌握博物馆建筑中的流线组织设计方法。

1、学习正确运用结构、构造技术完成对博物馆空间的建构。
2、初步学习在亚热带气候条件下绿色建筑设计的基本技术方法。

1、正确掌握在博物馆功能及相应技术基础上的形体、空间设计方法。
2、正确掌握与环境相呼应的形体、空间设计方法。

[设计任务]

设计任务书

功能分区	使用功能		面积（㎡）	数量
陈列区 (4600㎡)	陈列厅	临时展厅	300	1间
		专题展厅 大展厅	250	10间
		小展厅	100	4间
		陈列设备储藏室	100	2间
	报告厅	报告厅	180	
		休息室	30	
		放映室	15	
		同声传译	20	
	接待室		150	
藏品区 (1100㎡)	暂存库房		100	
	藏品库房		150	3间
	缓冲间		80	
	保管设备储藏室		150	
	管理室		25	2间
技术及办公区 (1100㎡)	藏品技术处理	鉴定	30	
		摄影	30	
		消毒	30	
		修复	80	
		剥制	30	
		标本	30	
	研究阅览	实验室	80	
		研究室	50	4间
		图书资料室	50	4间
	行政办公	管理	30	
		办公室	30	5间
	消防控制室		30	
设备及停车区 (1600㎡)	地下或半地下停车库		1000	
	消防水池、水泵房		150	
	空调机房		250	
	变、配电室		100	2间
休息区 (1200㎡)	销售商品廊		400	
	酒吧（含制作间）		250	
	咖啡（含制作间）		250	
	售票室		15	
	露天停车场	小汽车停车位		10个

注：以上为主要功能用房，各部分相应的卫生间、交通集散空间面积等自定；结合不同使用空间适当安排休息空间、交往的室内外空间，累积总建筑面积不大于 10000㎡。

成果要求

（可独立完成，也允许两人组成一个设计小组共同完成）
（一）图纸
1、图纸规格：1 号白图纸（不少于 4 张）
2、图纸内容：
　1）总平面图　　1:500
　2）各层平面图　1:200
　3）立面图　　　1:200（3 个）
　4）剖面图　　　1:200（2~3 个）
　5）报告厅布置图 1:100
　6）设计过程构思分析图（如环境分析、建筑形态分析、功能分析、技术运用分析、多方案比较分析等）
　7）透视图、鸟瞰图
3、表现手法：
　1）大透视图所在图纸整张 A1 版面要求徒手绘制（钢笔淡彩）
　2）其他图纸全手绘或全计算机绘制（不允许计算机出图后进行二次加工）

（二）手工展示模型
不小于 1:300 的手工展示模型（包括地形环境）

（三）工作手册
1、提交形式：PPT 文件 +A4 文本
2、包含内容：一草、二草及修草等各阶段图纸（扫描或者拍照处理），说明每次修改的关注点，设计过程的感受和体会等）

参考书目

地形图（一）

地形一位于大学城组团的核心区域的交叉路口，用地形状相对方正，地形北高南低，南面临水，周边有多种形态和风格的城市建筑。景观环境良好。

宏观地形图　微观地形图

周边实景照片

地形图（二）

地形二位于城市郊区的滨水公园中，用地东西向进深大，周边城区现状空间凌乱，未来将毗邻城市干道，地形有起伏，西面呈半岛状深入湖面，视野开阔，风景优美。

宏观地形图　微观地形图

周边实景照片

艺术博物馆设计教案
——基于地域特色的功能深化和技术整合

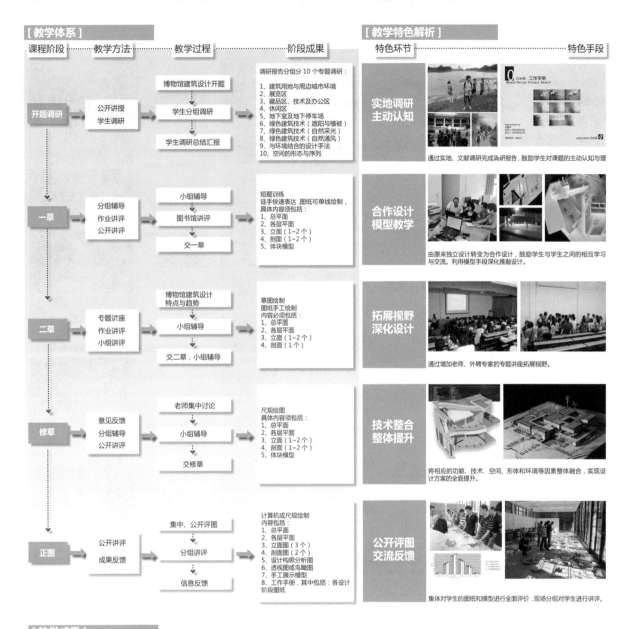

[教学体系]

课程阶段　　教学方法　　教学过程　　阶段成果

[教学特色解析]

特色环节　　　　　　　　　特色手段

课程阶段	教学方法	教学过程	阶段成果
开题调研	公开讲授 学生调研	博物馆建筑设计开题 / 学生分组调研 / 学生调研总结汇报	调研报告分组分10个专题调研：1、建筑用地与周边城市环境 2、展览区 3、藏品区、技术及办公区 4、休闲区 5、地下室及地下停车场 6、绿色建筑技术（遮阳与植被） 7、绿色建筑技术（自然采光） 8、绿色建筑技术（自然通风） 9、与环境结合的设计手法 10、空间的形态与序列
一草	分组辅导 作业讲评 公开讲评	小组辅导 / 图书馆讲评 / 交一草	短题训练 徒手快速表达，图纸可单线绘制，具体内容须包括：1、总平面 2、各层平面 3、立面（1~2个） 4、剖面（1~2个） 5、体块模型
二草	专题讲座 作业讲评 小组讲评	博物馆建筑设计特点与趋势 / 小组辅导 / 交二草，小组辅导	草图绘制 图纸手工绘制 内容必须包括：1、总平面 2、各层平面 3、立面（1~2个） 4、剖面（1个）
修草	意见反馈 分组辅导 公开讲评	老师集中讨论 / 小组辅导 / 交修草	尺规绘图 具体内容须包括：1、总平面 2、各层平面 3、立面（1~2个） 4、剖面（1~2个） 5、体块模型
正图	公开讲评 成果反馈	集中、公开评图 / 分组讲评 / 信息反馈	计算机或尺规绘制 内容包括：1、总平面 2、各层平面 3、立面图（3个） 4、剖面图（2个） 5、设计构思分析图 6、透视图或鸟瞰图 7、手工展示模型 8、工作手册，其中包括：各设计阶段图纸

实地调研 主动认知
通过实地、文献调研完成调研报告，鼓励学生对课题的主动认知与理

合作设计 模型教学
由原来独立设计转变为合作设计，鼓励学生与学生之间的相互学习与交流。利用模型手段深化推敲设计。

拓展视野 深化设计
通过增加老师、外聘专家的专题讲座拓展视野。

技术整合 整体提升
将相应的功能、技术、空间、形体和环境等因素整体融合，实现设计方案的全面提升。

公开评图 交流反馈
集体对学生的图纸和模型进行全面评价，现场分组对学生进行讲评。

[教学成果]

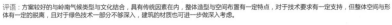
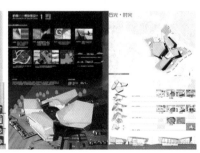

评语：方案较好的与岭南气候类型与文化结合，具有传统因素在内，整体造型与空间布置有一定特点，对于技术要求有一定支持，但整体空间与形体有一定的脱离，且对于绿色技术一部分不够深入，建筑的材质也可进一步做深入考虑。

评语：该方案从场地出发，场地空间关系处理的比较好，形体有张力，内部展览空间流动性、趣味性强。在绿色技术的运用及结构的造型上仍有不足，有待改进。最后的排版效果不太好，重点不够突出，希望在下次的设计中有所改进。

三年级 · 基于地域特色的功能深化与技术整合

艺术博物馆设计教案
——基于地域特色的功能深化和技术整合

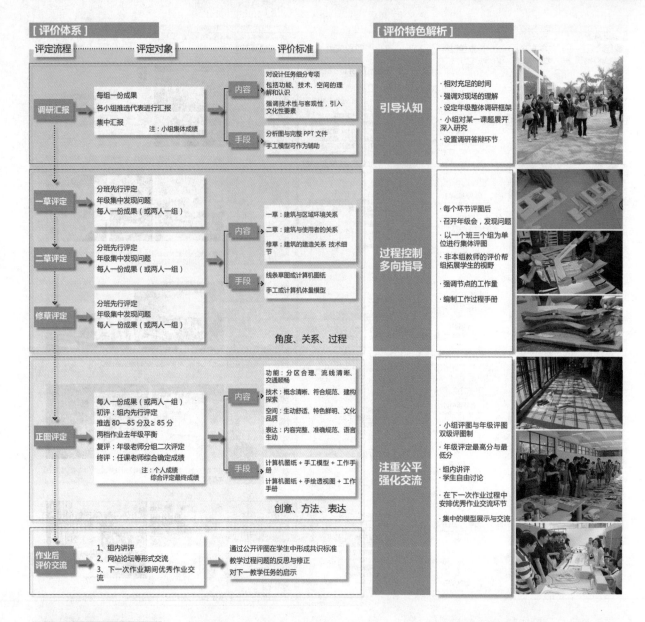

[评价体系]

评定流程 …… 评定对象 …… 评价标准

调研汇报
- 每组一份成果
- 各小组推选代表进行汇报
- 集中汇报
- 注：小组集体成绩

内容：
- 对设计任务细分专项
- 包括功能、技术、空间的理解和认识
- 强调技术性与客观性，引入文化性要素

手段：
- 分析图与完整 PPT 文件
- 手工模型可作为辅助

一草评定
- 分班先行评定
- 年级集中发现问题
- 每人一份成果（或两人一组）

二草评定
- 分班先行评定
- 年级集中发现问题
- 每人一份成果（或两人一组）

修草评定
- 分班先行评定
- 年级集中发现问题
- 每人一份成果（或两人一组）

内容：
- 一草：建筑与区域环境关系
- 二草：建筑与使用者的关系
- 修草：建筑的建造关系 技术细节

手段：
- 线条草图或计算机图纸
- 手工或计算机体量模型

角度、关系、过程

正图评定
- 每人一份成果（或两人一组）
- 初评：组内先行评定
- 推选 80—85 分及 ≥ 85 分
- 两档作业去年级平衡
- 复评：年级老师分组二次评定
- 终评：任课老师综合确定成绩
- 注：个人成绩 综合评定最终成绩

内容：
- 功能：分区合理、流线清晰、交通顺畅
- 技术：概念清晰、符合规范、建构探索
- 空间：生动舒适、特色鲜明、文化品质
- 表达：内容完整、准确规范、语言生动

手段：
- 计算机图纸 + 手工模型 + 工作手册
- 计算机图纸 + 手绘透视图 + 工作手册

创意、方法、表达

作业后评价交流
1、组内讲评
2、网站论坛等形式交流
3、下一次作业期间优秀作业交流

- 通过公开评图在学生中形成共识标准
- 教学过程问题的反思与修正
- 对下一教学任务的启示

[评价特色解析]

引导认知
- 相对充足的时间
- 强调对现场的理解
- 设定年级整体调研框架
- 小组对某一课题展开深入研究
- 设置调研答辩环节

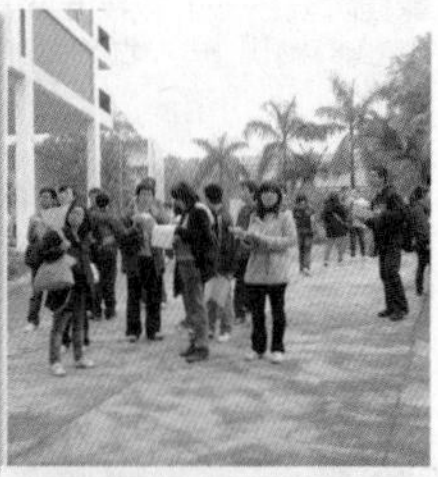

过程控制 多向指导
- 每个环节评图后
- 召开年级会，发现问题
- 以一个班三个组为单位进行集体评图
- 非本组教师的评价帮组拓展学生的视野
- 强调节点的工作量
- 编制工作过程手册

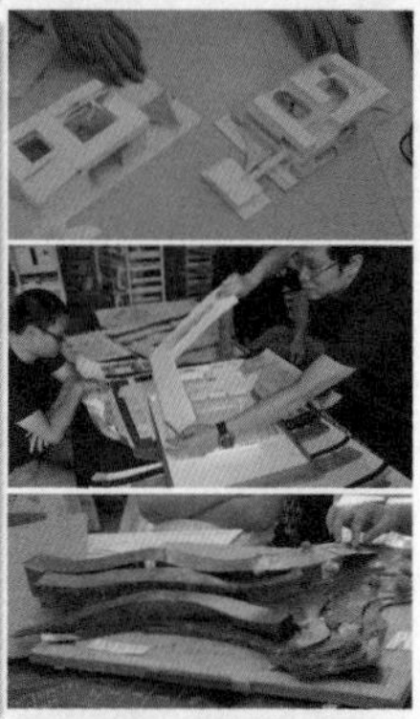

注重公平 强化交流
- 小组评图与年级评图双级评图制
- 年级评定最高分与最低分
- 组内讲评
- 学生自由讨论
- 在下一次作业过程中安排优秀作业交流环节
- 集中的模型展示与交流

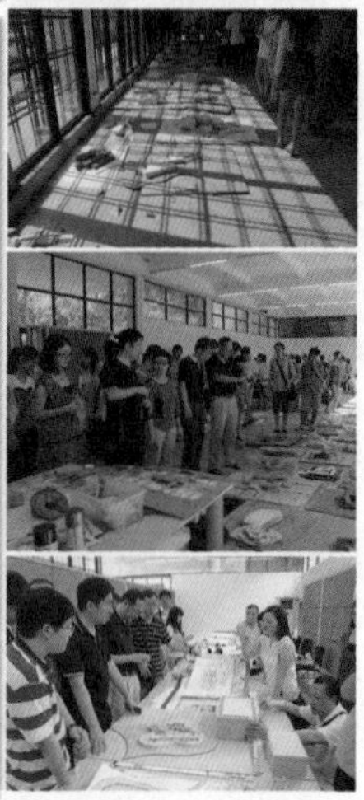

[教学成果]

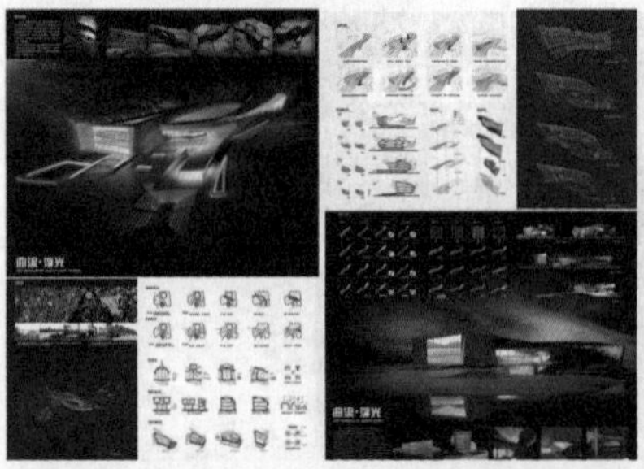

评语：本方案设计概念从采光出发，通过对各种采光优秀实例分析以及实验总结，最终灵活应用于建筑的各个剖面。同时设计积极寻求与自然环境交融共生的方式，通过对场地的深入分析，得出条带状体量，组合形成可相互交流的相扣形体。引入参数化辅助设计，对体量进行扭转和伸展，使得建筑仿佛扎根于场地之中，犹如行云流水，飘逸洒脱。

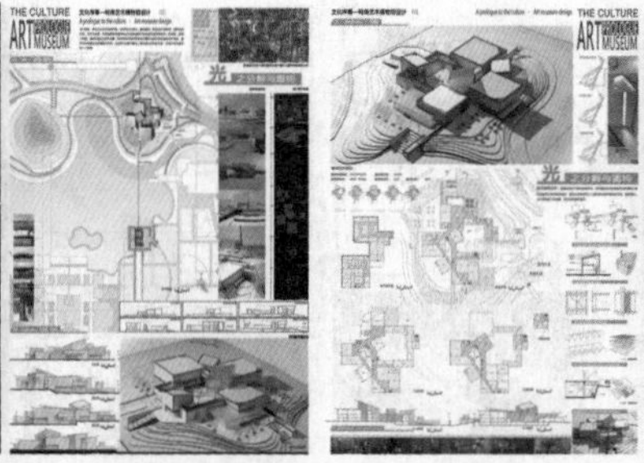

评语：作品于场地出发，通过提取场地周边要素，并且结合岭南地区建筑的特別，通过体量的组合与庭院的纳入，采用自然通风的原理来合理组织建筑达到绿色建筑的目的。由于对构造等知识认识的缺乏，而对于某些细部的构造还有原理的使用仍停留在表面，未能从本质上去认识。

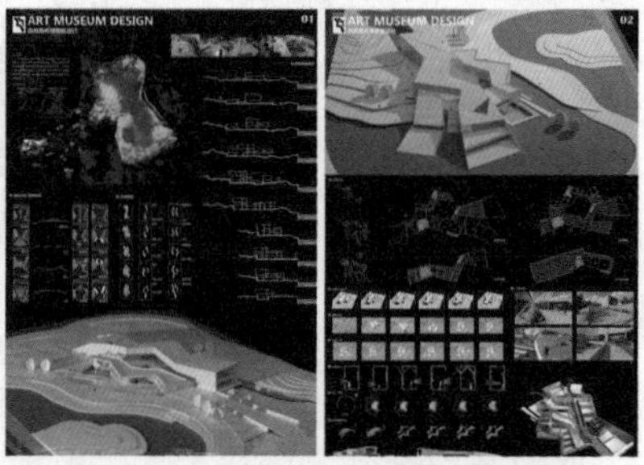

评语：设计从场地出发，尊重环境，功能布局合理，景观与场地结合得当，设计主要致力于室内与室外环境的沟通。建筑注重形态造型的处理，呼应场地"放，收，放"的空间变化，呈现张弛有度，收放自如，呼之欲出的奔放形态。作为现代艺术博物馆，设计兼容优美的雕塑感与良好的表现力。设计前期对场地日照及热工方向的探究，运用在了建筑设计过程之中，生态且环保的考虑使建筑在满足生态学要求的同时降低造价，提高经济性。

When you want to CHANGE..

Go Ahead!!!

Art Museum 艺术博物馆设计

街区环境制约下的餐饮建筑设计

（二年级）

教案简要说明

建筑教学组织中，从传统的"建筑类型"式的组织方式过渡到基于模块化设定的"问题式"组织模式，以每阶段重点强调的设计要素点为线索，在不同设计题目中集结各要素点构成课题单元，亦即"模块"；通过由浅而深、由单一而复合的系列模块设置，使得专业设计知识渐次系统性排列的模块贯穿于2至4年级的建筑设计系列课程的进程中。

二年级课程在注意与功能、交通、技术、形态等建筑基本构成要素相结合的课程设计训练中，重点突出了系列建筑空间组合训练和环境要素制约下各种功能空间设计的主线，明确二年级建筑设计强调空间、环境等建筑学基本要素训练的主题思路。

餐饮建筑设计为二年级最后一个设计，突出"城市街区环境制约下的建筑设计"的训练特点，也是建筑设计由二年级"系列空间设计"、"环境条件制约下的建筑设计"到三年级"综合环境条件、复合功能要求、集结技术制约下的建筑设计"的重要过渡节点。

该教学模块主要训练点为人文环境（城市历史文脉）、功能（商业类建筑）、建筑技术（建筑结构技术）三个要素。行课过程中，针对不同阶段的要素设定，组织

三次专题授课及阶段训练体系，形成设计课过程分阶段控制方法。

1.教学任务与目标

通过对环境的分析和研究，找出城市特定环境因素，特别是很能代表济南街区景观与传统民居特色的大明湖—百花洲一带具体环境对建筑构思的制约，探求方案构想的思路，培养学生在特定环境中进行建筑创作的能力。

2.教学方法

多媒体授课与课堂一对一辅导相结合

现场调研与课堂分析、汇报、评价相结合

集中专题授课与学生个体创意相结合

成果答辩与分项量化评价模式相结合

3.设计过程的分阶段控制方法

3.1 第一阶段："餐饮建筑设计要点"专题授课+课题调研

3.2 第二阶段："建筑·环境·历史文脉"专题授课+概念设计

3.3 第三阶段：功能组织、空间创意与环境适应性设计

3.4 第四阶段："建筑结构技术要点"专题授课+技术设计

3.5 第五阶段：作业答辩与分项量化评价

作业1 设计者：冯帆
作业2 设计者：崔旭峰
作业3 设计者：刘梅杰
指导老师：周琮 仝晖 吕俊杰 王茹 郭逢利 金文妍
编撰/主持此教案的教师：仝晖

二年级建筑设计

以建筑设计最基本的要素点为线索，在前后相继的五个设计题目中集结各要素点构成课题单元，通过由浅而深、由单一而复合的系列模块设置，形成基于系统性思维的模块化教学组织形式，它包括三方面内容，即课程设计题目的系列专项化设定、教学内容的专题化设置、课程设计过程组织的分阶段化控制，重点突出系列建筑空间组合训练和环境要素制约下各种功能空间设计的主线。

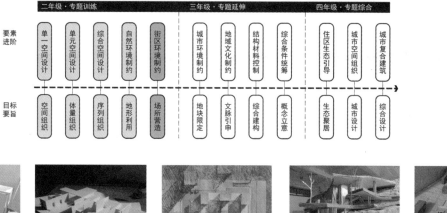

	二年级·专题训练					三年级·专题延伸				四年级·专题综合		
要素进阶	单一空间设计	单元空间设计	综合空间设计	自然环境制约	街区环境制约	城市环境制约	地域文化制约	结构材料控制	综合条件统筹	住区生态引导	城市空间组织	城市复合建筑
目标要旨	空间组织	体量组织	序列组织	地形利用	场所营造	地块限定	文脉引申	综合建构	概念立意	生态聚居	城市设计	综合设计

方体限定
SPATIAL ORDER DESIGN

画家工作室
PAINTER'S STUDIO DESIGN

幼儿园设计
KINDERGARTEN DESIGN

别墅设计
VILLA DESIGN

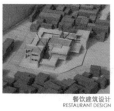
餐饮建筑设计
RESTAURANT DESIGN

时间/周次	0	1	2	3	4	5	6	7	8	9	10	11	12	13	14	15	16	17	18	19	20	21	22	23	24

进程/专题
单一空间 方体限定
单元空间 画家工作室设计
综合空间 幼儿园设计
自然环境制约 别墅设计
街区环境制约 餐饮建筑设计

街区环境制约下的餐饮建筑设计

教学目的

1、通过对环境的分析和研究，找出城市特定环境因素对建筑构思的制约，并发掘出对方案思路的启示，学习在特定环境中进行建筑创作的能力。
2、在空间和功能上主要训练两方面：首先，训练学生在有限的场地内，组织好较为复杂的小型公共建筑的功能及流线关系；其次，培养和训练学生处理人的行为心理及与建筑空间的关系。
3、把握餐饮建筑的功能要求及空间特征，并了解相关设计规范，完善专业知识构成。

基地条件

济南是我国北方著名的历史文化名城，自古以来，形成了以泉水聚落为特征的城市环境。本建筑拟建在济南极具代表性的传统民居聚集地——大明湖南的百花洲西南角。东侧紧邻曲水亭街，与大明湖南门隔明湖路遥相呼应。

设计要点

1、建筑的构思要建立在充分分析基地条件的基础上，所形成的建筑环境构思及建筑空间组合要与环境要素相契合；
2、方案的功能及流线组织应满足餐饮建筑的使用要求及空间特点；
3、重点考虑利用各种手段对室内空间的组织及划分，以形成丰富宜人的就餐环境；
4、制图应认真规范，充分表达出设计构思。

功能组成

餐厅部分		厨房部分										辅助部分			
餐厅	付货部	门厅	卫生间	主食库	主食初加工	主食热加工	副食库	副食初加工	副食热加工	冷荤制作	备餐	洗涤间	消毒间	办公室	更衣休息	厕所淋浴
280㎡	10-15㎡	20㎡	12㎡	10㎡	30㎡	50㎡	18㎡	20㎡	80-90㎡	10㎡	15㎡	20㎡	24㎡	40㎡	16㎡

基地环境

大明湖

白花洲

2012年高等学校建筑设计教案和教学成果评选 [壹] 二年级 街区环境制约下的餐饮建筑设计
SELECTION OF TEACHING PLAN AND ACHIEVENT : PAGE 1

教学进度表

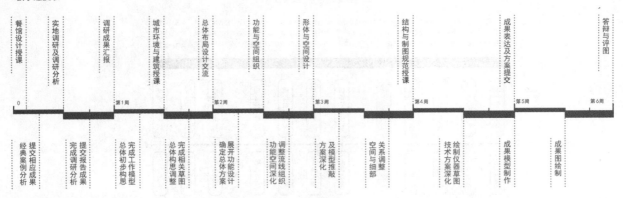

上方标注（从左至右）：餐馆设计授课 | 实地调研及调研分析 | 调研成果汇报 | 城市环境与建筑授课 | 总体布局设计交流 | 功能与空间组织 | 形体与空间设计 | 结构与制图规范授课 | 成果表达及方案提交 | 答辩与评图

时间轴：0　第1周　第2周　第3周　第4周　第5周　第6周

下方标注（从左至右）：经典案例分析 | 提交相应成果 | 完成调研分析 | 提交报告成果 | 完成工作模型 | 总体初步构思 | 总体构思调整 | 完成相关草图 | 确定总体设计方案 | 展开功能设计 | 功能空间深化 | 调整空间组织 | 方案深化 | 及模型推敲 | 空间与细部 | 关系调整 | 绘制仪器草图 | 技术方案深化 | 成果模型制作 | 成果图绘制

设计过程控制

STEP 1　　**STEP 2**　　**STEP 3**　　**STEP 4**　　**STEP 5**

餐饮建筑设计要点专题授课及课题调研

■ 授课介绍餐饮建筑在功能、空间流线、等方面的特征

■ 调研过程强调实例分析及街区环境调研，使学生理解城市历史与文脉、城市与建筑之关系，增进对基地环境的感性认识

■ 调研与分析综合，形成第一阶段的作业成果，并通过课堂答辩进行考核

"建筑 环境 历史文脉"专题授课及概念设计

■ 授课介绍城市环境、文脉与建筑布局及空间构思的关系，强化"城市特定环境"

■ 概念设计要求学生关注文脉、环境等要素对设计的限定与启发，形成特定环境下的概念构思

■ 对上述设定问题的解答形成第二阶段成果，并通过课上答辩进行考核

功能组织 空间创意与环境适应性设计

■ 依据概念方案，进行空间、功能流线组织

■ 借助实体模型、草图构思、数字模型等方式进行方案推敲及深化

■ 强调功能、流线组织与环境适应性的相互促动，克服功能要素对空间创意的单一性规定

"结构技术与空间表达的对应"专题授课

■ 授课介绍不同结构形式对建筑平面、空间表达的影响，中小型公共建筑结构设计的规律、方法

■ 结合所掌握的技术知识、拓展建筑空间表达的途径，在对先期形成的建筑空间形态进行调整和深化设计中，使建筑空间设计与技术方法获得有机统一

作业答辩与分项量化评价

■ 现场进行课程设计答辩，使学生领会教师对方案的综合评价

■ 与模块化的课程要素设定相对应的，建立分项量化的评价标准，避免评图过程中的主观影响

用地城市环境

调研手绘记录

周边环境照片

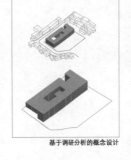

基于调研分析的概念设计

建筑介入推敲

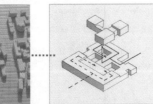
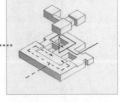
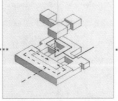

空间构思推敲

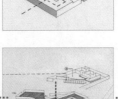

空间结构对应

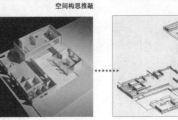
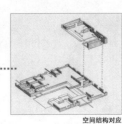
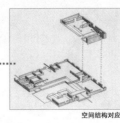
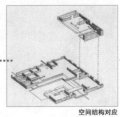

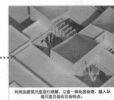

对周边建筑尺度进行理解、立面一体化的处理，融入环境尺度且保有自身特点。

成果模型1

挖掘使用空间的连接可能，一气呵成完成建筑表达，尺度与周边环境协调且令人产生对象水水系形态的联想

成果模型2

通过建筑方案的空间退让与合作，形成对内部空间和外部空间的整合，实现内外互动。

成果模型3

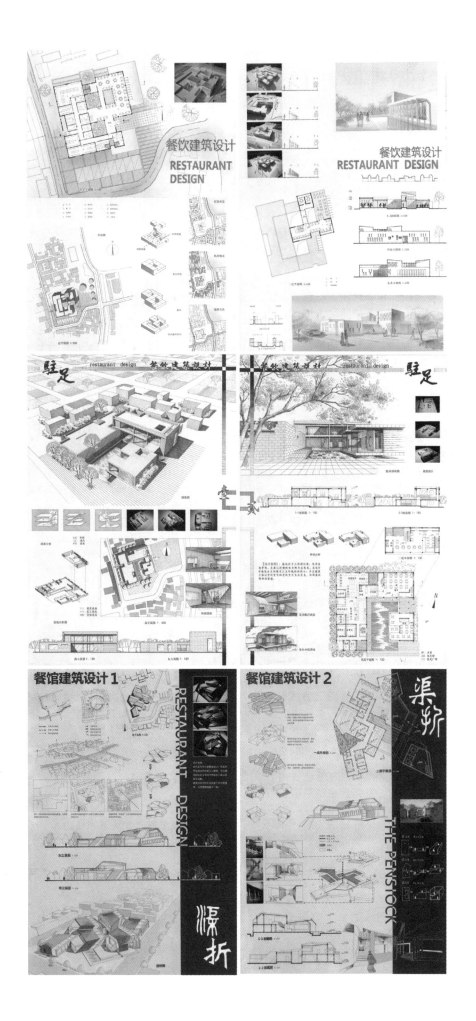

地域环境制约下的建筑设计——青年旅舍

（三年级）

教案简要说明

"青年旅舍"是建筑学三年级上学期第二个课程设计，根据建筑设计课程整体教学框架的要求，该题目的主旨是培养学生在特定地域环境制约下创造具有一定场所精神的建筑空间的能力。基地选在"泉城"济南具有百年历史的商埠区，通过对"济南糖果厂"废弃厂房进行有条件的改造设计，创造一个适合年轻人聚集、交流的富有凝聚力的空间场所，同时使学生对"建筑环境制约"的理解由街区环境、城市环境逐步拓展到"地域环境"。

1. 教学目标

本教学单元通过前期授课、调查与资料收集以及设计训练全过程，要求达到如下目的：

1.1 通过较复杂环境下的建筑设计训练，增进对"建筑与场所"关系的认识，强化环境制约下的理性设计思维。

1.2 了解青年旅舍概况和发展趋势，初步掌握青年旅舍建筑设计基本规律。包括功能布局、空间与交通组织、人流与工作人员流线组织，公共空间的空间组织特点和设计规律。

1.3 了解旧建筑改造，废弃工业建筑改造的设计方法和规律，如何利用现有条件，在延续原有的空间、场所性质的基础上，创造具有连续性的新的空间形态。

1.4 借助在老商埠区的旧厂房改造的设计训练，进一步熟悉公共建筑设计基本原理，加强方案构思的创新能力；培养空间尺度感。

1.5 选择与运用恰当的表现方式表达设计意图，并由此增进图面表达能力，加强制图的规范性。

2. 任务书

基地条件：

为满足旅游城市中，日益增长的对一种新的旅行方式，青年旅舍的需要，以及青年旅舍应具备的良好城市地理，人文环境。近年来我国旅游业迅速发展，年轻人作为旅游者中的一个重要群体，逐渐形成了适合自身特点的旅行方式，并对住宿场所提出了特定的需求。

与之相适应，城市中青年旅舍的数量不断增加。某投资商看准了青年旅舍这种商业体在经济和文化发展上的效益，买下济南商埠区万紫巷内糖果厂旧址的厂房。投资方希望利用现有的糖果厂内具有改造条件的厂房进行改造、加建成青年旅舍。拟建基地位于济南市经二路万紫巷北头的原济南糖果厂。

允许改建和拆除的条件见基地现状图（基地条件见附图）

3. 设计要点

除满足常规要求外，以下是本次课程设计需要认真对待的地方，也是评价设计作业的关键点：

3.1 对已有建筑现状的分析，包括价值分析，拆除或保留的决定，都是影响设计出发点的关键因素。合理考虑功能、流线、空间组织。要求形成一个完整、合理的方案，主要包括功能与空间的完整性、流线安排的合理性，以及建筑外形与环境关系的合理性。为此，必须在构思之初就在功能布局、流线组织以及建筑形式上进行统筹安排。

3.2 处理好建筑与环境的关系，主要是建筑造型与周边已有城市环境的关系；建筑功能布局、出入口方位与周围道路、社区人流的关系。

3.3 处理好公共场所，空间与环境的关系，以及内部的公共空间的设计要点。

3.4 注意疏散距离应满足防火规范要求，包括房间内部疏散。

3.5 客房及公共区域应有良好的朝向与采光通风条件。

3.6 接待与休息区和就餐区，应充分考虑到人的交流习惯，以及空间尺度和布局特点。

在庭院内，或公共空间考虑绿化，是设计过程考虑的一个重要因素。

记忆·原生 老城区糖果厂改造 设计者：张亚飞
IN SPACE-TIME 厂房改造 青年旅舍设计 设计者：陈苗佩
指导老师：周琮 刘伟波 孔亚暐 吕俊杰
编撰/主持此教案的教师：江海涛

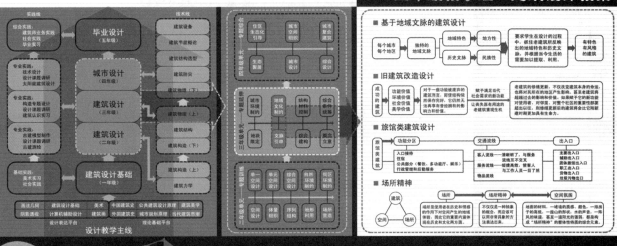

三年级教学组·建筑设计教案

■ 基于地域文脉的建筑设计

要求学生在设计的过程中，抓住老建筑反映出的地域特色和历史文脉，并根据当今生活的需要加以提取、利用。

■ 旧建筑改造设计

老建筑的修缮更新，不仅仅改变建筑本身的命运，也将对其所在的地区产生影响。

■ 旅馆类建筑设计

■ 场所精神

商埠区·老厂房·青年旅舍
Commercial Port District Old Factory YOUTH HOSTEL

调查研究

关于建筑改造，以处理新旧之间的相互关系为关键。如何以及用何来处理新旧对话是核心问题。

基地分析

现状及历史信息

场所要素分析

糖果厂位于济南老商埠区的中心东北部，现已停产息工。用作临时休闲，现存的一片萧条景象中仍然透露出该建筑往昔的风光。宽敞的大跨通用空间，区位中独一无二的制空高度以及斑驳土花格teams，斑驳清水砖墙，无一不暗示这一老工业厂房在功能重塑、空间改造以及外部形态改善的巨大潜力。同时，作为青年旅舍这一建筑类型的介入为该设计带来提升基地周边公共空间活动量及活跃度的可行性。因此该设计将应对的问题是复杂而具有挑战性的。

概念设计

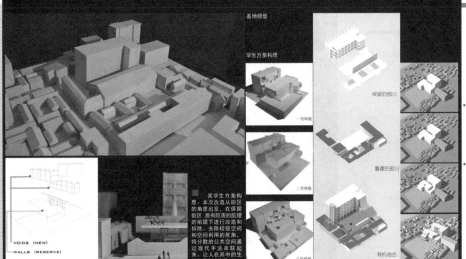

基地模型

学生方案构思

保留的部分

一号单元

重建的部分

二号单元

三号单元

有机结合

某学生方案构思：本次改造从街区的角度出发，在保留街区原有院落的肌理的前提下进行改造和拆除，去除校段空间和空间利用的死角，将分散的公共空间通过现代手法串联起来，让人在其中的生活变得生动有趣。

VOIDS (NEW)
WALLS (RESERVE)

授课内容

设计调研的目的与方法
旅馆类建筑设计概要
建筑改造更新的一般方法

重点/难点

复杂的城市历史环境与新兴旅馆业态的协同共生。
旧建筑的改造更新与青年旅舍的空间特点相结合。

课后作业

通过查阅文献资料，实地考察及采访问询对基地环境进行调研分析。测绘需改造更新的旧工业厂房。汇总调研收获。
成果要求：
1、调研文本（A4 图幅）
2、汇报文件（ppt幻灯片用于课堂汇报）
3、旧工业厂房测绘图

教师评价

调研阶段试图系统地训练和总结建筑设计调研的常规方法及实践技巧。借助设计题目所处的特殊城市区位及其蕴涵的丰富历史信息来引导学生从城市文脉、建筑改造更新的角度入手，深入发掘建筑设计与社会、与城市的关系。该阶段的教案设计回应1—5年级教学架构中三年级的部分，实现从形体组织训练到复杂环境文脉训练的转化。

1week

授课内容

调研成果汇报。辅导学生探讨青年旅舍设计要点与基地所处的济南商埠区以及旧工业厂房改造三者的结合点。帮助学生依照自身对场地的认知，解读、补充设计任务书，寻找切入点。

重点/难点

从基地条件中探索设计的切入点。

课后作业

提出初步构思，总平面布置。
成果要求：
1、基地工作模型（比例1:500）
2、徒手总平面图

教师评价

对基地的深入解读贯彻于该教学过程的始终，学生须明确总体形态应充分关注建筑与场地自身及现存厂房之间即相互制约又互为依附的关系。转变形式先入为主的设计思路。

2weeks

三年级教学组·建筑设计教案

■ 教学目标

复杂环境建筑设计	通过较复杂环境下的建筑设计训练，增进对"建筑与场所"关系的认识，强化环境制约下的理性设计思维。借助在老商埠区的旧厂房改造的设计训练，进一步熟悉公共建筑设计基本原理，加强方案构思的创新能力；培养空间尺度感。
旅馆类建筑设计	了解青年旅舍概况和发展趋势，初步掌握青年旅舍建筑设计基本规律。包括功能布局、空间与交通组织、人流与工作人员流线组织，公共空间的空间组织特点和设计规律。
旧建筑改造设计	了解旧建筑改造，废弃工业建筑改造的设计方法和规律，如何利用现有条件在延续原有的空间、场所性质的基础上创造具有连续性的新的空间形态。
设计意图表达	选择与运用恰当的表现方式来表达设计意图，并由此增进图面表达能力，加强制图的规范性。

■ 设计内容

近年来我国的旅游业迅速发展，年青人作为旅游者中的一个重要群体，逐渐形成了适合自身特点的旅行方式，并对住宿场所提出了特定的需求。城市中青年旅舍的数量不断增加。某投资商看准了青年旅舍这种商业体在经济和文化发展上的效益。买下济南商埠区万紫巷内糖果厂厂址的旧厂房。投资方希望利用现有的糖果厂内具有改造条件的厂房进行改造、加建成青年旅舍。

青年旅舍建筑面积控制在5000㎡，可以有上下8%的浮动。其空间组成与功能内容如下：

前台区 300-400㎡		公共区 1500㎡	
接待 + 休息区 + 门厅	180㎡	餐厅 + 厨房	400㎡
门房	8㎡	管理型餐厅	30㎡
行李房（带储物架）	20㎡	酒吧+Lounge（可对外）	200㎡
办公室（2间）	12㎡×2	咖啡+沙发（可对外）	100㎡
卫生间	30㎡	花园（不计入建筑面积，但需设计）	
客房区 2500-2700㎡		服务与其他区域 300㎡	
客房	至少60个房间，至少 240个床位 形式为四人间或八人间、双人间 必须考虑储物空间。	商店（可对外）	100㎡
		自行车停放、租赁区	80㎡
		管理用房	
淋浴间	可选择客房内，或走廊共享 至少保证每7个人有一个淋浴间	设备间	
		储藏间	
卫生间	至少7个人共用一个卫生间单元	10辆小型机动车停车位	
公共盥洗	每层至少一个，约30㎡		

■ 成果要求

总平面图	1：500
各层平面图	1：250-300
立面图（至少2个）	1：250-300
剖面图（2个）	1：250-300
室内透视	
外观透视	彩色渲染（水彩或电脑）
图纸规格	550×780 共2~4张

可针对自己的方案特点选择适宜的工具表达方式。提倡手工模型，工作过程模型。制作手工模型者，可以用模型照片，或处理后的模型照片与电脑草图结合表现，或者利用现场照片Montage，可不画外观透视。

■ 进度安排

入题与调研	构思与深化	成果与评价
相关设计原理授课 布置任务书 资料收集 现场调研 调研成果汇报	概念设计 多方案比较 确定立面 工作模型 草图设计与深化	方案定稿 绘制成果图 答辩评审
1.5周	4周	1.5周

基地环境图

基地平面图

商埠区·老厂房·青年旅舍

Commercial Port District Old Factory YOUTH HOSTEL

结构体系研究

场地设计研究

初步构思

五股桥筑改造前糖店还存新锋糕店的惊人。设计了布局、立面的划定走向带出活力。

在五股厂旧锐面的旧厂区，设计希望新旧厂之间形成的新的时对空态。在空间内的排设上以新的物质、玻璃与旧的砖石碰撞，对话，形成在新旧、轻重、虚实之间的时空感。

写在设计前：
如何对待老城区，文化遗产？如何实现新旧建筑的融合？交织的是时间还是空间？

"旧建筑是有历史和故事的。通过物质的元素，给空间带来一种非物质的氛围，并赋道周，创造出一种独特的场所感。这是新的建筑设计所不能带来的。"——俞孔坚

在"798"我们可以看到种个艺术家对空旷的"房，棒露着的蒸汽管道。通风管道、玻璃的外墙面的各种空间改造，新与旧、光明与静谧，都在不停的穿梭交融的空间碰撞。新空间正在被重新更正。

旧厂房改造建筑本身给绘人一种潮旧的感觉。我们要好好利用这一特点，将其转化为优势，并以此来吸引来访者。

设计思路：
基地的文化底蕴深厚，老商埠区的传统大都在过些问题。我认为保留旧的部分，同时有的东西采纳维扬。然后再筛整设计中怎么将旧的墙、铜、混凝土、砖的转换，融合，把旧的里面长出新的气息，新的里面流出旧的传统，从而才能达到改造的目的的。

方案深化

某学生方案思路：通过两片玻璃墙，映射老建筑空间，形成新的空间秩序，以创造新旧之间的新的时对空态。在空间内的排设上以新的物质、玻璃与旧的砖石碰撞，对话，形成在新旧、轻重、虚实之间的时空感。

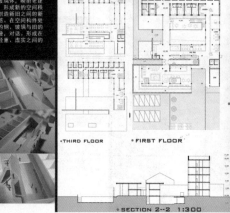

THIRD FLOOR   FIRST FLOOR 1：300

1-1剖面图 1：300

西立面图 1：300

一层平面图

N

SECTION 2-2 1：300

方案草图

授课内容

辅导学生进行方案总体构思

重点/难点

建筑与环境的关系、总平面布局、旧工业厂房改造的适宜方法。

课后作业

确立方案构思，明确主要解决的问题。绘制功能、空间、形体草图。
成果要求：
1、徒手总平面图、各层平面、立面、透视草图（A3 图幅）
2、工作模型（比例1:500或1：300）

教师评价

辅导学生理顺功能关系、交通组织、空间序列等设计要点。这一阶段涉及到对原有环境的取舍和运用的逻辑。通过教学使学生理解旧厂房的改扩建建立在让建筑能够从原有的基地上带着启发未来的新的基因重新生长的原则之上，新的设计不是对过去的复现而应是设计者对城市未来充满自信的预判。

3.5weeks

授课内容

辅导学生调整一期草图，二期草图

重点/难点

功能与空间的逻辑关系、形式与环境的关系、新老建筑的结合问题。老厂房结构的保留与改造，加入的新结构与原结构体系的连接。建筑的细部及表皮。

课后作业

平立剖面深化，建筑细部设计。对室内外景观进行整合设计。
成果要求：
1、仪器草图平立剖面（比例1：200）
2、工作模型（比例1：300）
3、细部设计研究（图纸、工作模型）。

■ 评价体系

地域·文脉

流着旧城建筑所处于环境，不曾是自然环境还是人工环境，既有个性建筑都是构成的一部分，因此对待这些建筑成为现在建筑的应加以关注。

泉城济南
地域特色

老商埠区
环境肌理

基地周边
人情风貌
文化特质

旧建筑·新空间

我们尽力在三个因素之间达到一个平衡，这三个因素是：历史、新的改造和计划使用的空间。

在旧建筑改造中，新旧元素发生直接碰撞，如何处理这两者的关系，是设计的关键。新旧关系的处理手法有三种：

养重
相容
冲突

建筑·场所

场所是空间在历史和情感作用下对使用者产生的地域作用，因此它的重要内涵体现在历史和文化两方面。

建筑─空间
空间─场所
建筑─场所

场所精神不仅仅是一种抽象的概念，而应该可以用非常具象的方法表达出来。比如说：地面的材料、一堵墙的质感、颜色，一排房子的高低，一座山的形，水的声音，一阵风的味道，甚至一道阳光的强弱，都是构成"场所精神"的整体性特质的综合元素。

青年de旅舍

交流
分享

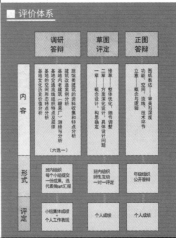

	调研答辩	草图评定	正图答辩
内容	旅馆建筑的资料收集和特点分析 建筑改造案老建筑《砸建厂》肌理与层次 基地交通流线组织特点及层级 基地历史价值资料分析 （六选一）	情景优化、细节调整 一草—整体优化，细节调整 二草—方案深化，构造细部 一草—概念设计，具体功能问题	图纸表达—审美与深度 功能—空间、流线、技术环节 立意—概念立意逻辑
形式	班内组织每个小组建交一份成果，选一代表做po't汇报	班内组织师生互动一对一评定	年级组织公开答辩
评定	小组集体成绩 个人工作表现	个人成绩	个人成绩

商埠区·老厂房·青年旅舍

Commercial Port District　Old Factory　YOUTH HOSTEL

改造旧建筑之如何改
HOW TO CHANGE

方案深化

教师评价

在充分调研分析的基础上整合现有老厂房空间秩序并合理化加建新空间已满足青年旅舍的使用需要。着意营造交流、停驻、对视等促进交往的空间。鼓励学生将方案的概念设计贯彻始终，从宏观的总体布局、场地设计到建筑单体的改造更新再推进到细部构造设计层面。鼓励学生用大比例模型推敲细部设计。

5.5weeks

成果表达

2份学生作业展示

IN SPACE-TIME

IN SPACE-YIME

记忆 养生

授课内容

辅导学生调整最终方案。意匠式的设计表达与规范化的图纸绘制

重点/难点

设计的深度控制，设计概念的贯彻。设计的意匠化表达与技术图纸的规范绘制的合理区分及有效运用。

课后作业

绘制仪器或计算机图。
成果要求：
1、总平面、平立剖面图（比例1：500 / 1：200），仪器或计算机绘制技术图纸及分析图。
2、制作正式模型。

教师评价

该阶段要求学生回归设计的原初概念，以贯彻原初概念为原则做最后的调整，全面平衡设计深度。绘制仪器图纸及大比例工作模型。指导侧重于技术图纸的规范，充分表达设计意图。对设计本身不作过多修改。

6.5weeks

方案评析

■ 答辩及作业展览置在整个教学周期的中间及末尾，终期答辩是全年级师生充分交流的平台。

授课内容

方案讲评及答辩

重点/难点

点评方案设计概念的优劣及深化程度，加强制图规范性及表达的简洁充分性。

课后作业

课下交流及总结。

教师评价

方案讲评及答辩是建筑设计的收尾环节，该阶段在训练学生方案汇报的能力同时也加强师生间的多向交流。方案概念的深化程度是答辩重点。

7weeks

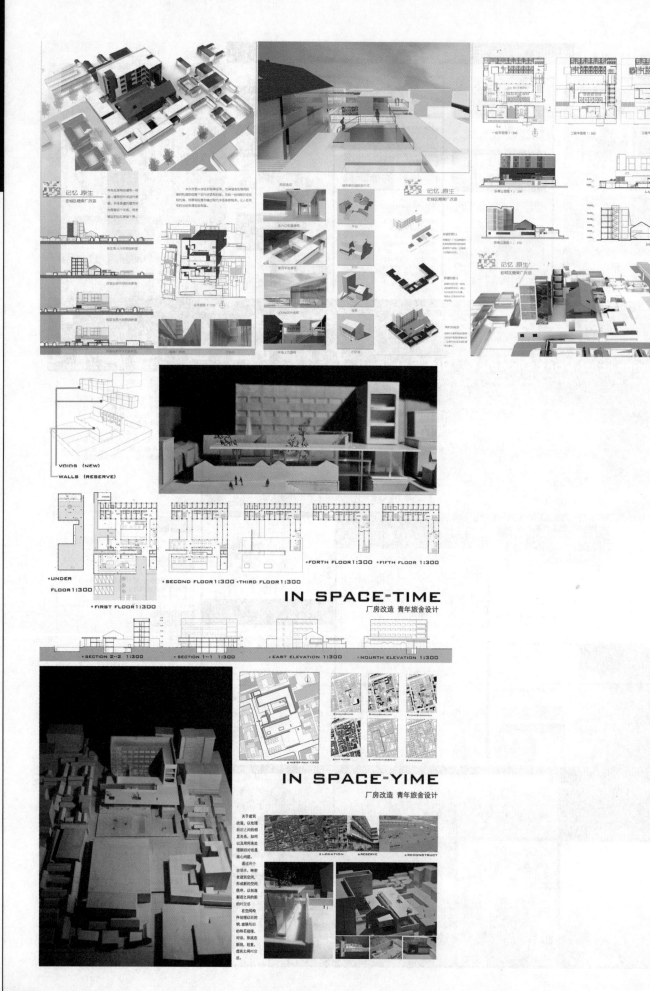

IN SPACE-TIME

厂房改造 青年旅舍设计

IN SPACE-YIME

厂房改造 青年旅舍设计

自选建筑专题研究与设计

（一年级）

教案简要说明

1. 竹屋——校史馆咖啡厅设计

小型公共建筑设计是一年级设计教程的最后一个作业，在综合掌握设计基础手段后的一次综合练习。

校史馆咖啡厅设计是一次尝试，我们选择一处旧厂房改造作为设计课题。针对一年级同学的知识、能力，我们增加了一系列设计限定条件。与建筑结构、建筑表皮、建筑环境等相关的内容，作为相关设计条件提供，并要求同学必须重视这些限定条件。在此基础上将设计过程分解，严格控制进程，使得学生可以在有限时间内尽可能全面完成相关设计作业内容。本次作业以形作为出发点，在简化设计问题时，通过对其他设计条件的明确，达到简化设计问题，但明晰设计概念的目的。

竹屋是一个符合这一设计进程的作业。其形式来源与我们作为限定条件提供的对应位置上的砖庭之间有着很好的对应关系，在建筑形式与功能的契合上也体现了很好的创作意图。在选取竹作为建筑材料方面，与其之前的一系列课程练习之间有着很清晰的演进关系。

由于是旧厂房建筑改造，其结构元素不能改变，空间问题则与尺度问题一道作为设计关注的重点，对于环境与文脉因素也需要适当结合考虑。但由于设计条件的明确，其设计进程可以得到明确地控制。

2. 砖瓦诗编——建筑实体构成

建筑实体构成是一次重要的实践教学过程。教学首要目标在于促使学生建立对于建筑材料特性的基本认知，以及对相关搭建方式的节点设计，以此作为进一步理解其在建筑创作中应用的基础。此外，团队合作是本教程训练的另一个重要目的。通过团队协调，每一个人都得以明确在团队中的位置，并享受合作的快感。

作业共分4部分

2.1 了解材料（本次使用材料为华中科技大学机械厂拆卸下来的旧砖瓦，熟悉与了解材料特性，探讨连接方式是最初的研究内容）

2.2 搭建体块（搭建一个不低于2.4m高的结构体，应保证搭建实体的坚固）

2.3 营造意象（在搭建体块的基础上，按照司空图二十四品之一营造其意象）

2.4 记录损坏（完成搭建以后，跟踪并记录其损坏状况）

学生们在这次以"砖瓦"为母题的构筑营造体验分两阶段进行。在第一阶段用旧砖瓦搭建2.4m高的结构体时，对于尚未系统学习建筑构造、建筑结构的建筑学一年级学生来说，这项课题具有相当挑战性。学生们会反复权衡各种方案的利弊，并通过实际建造的方法筛选出合适的连接方式并搭建起结构单元。并在亲手搬运、建造的过程中得以切身理解关于材料、力学、构造、工艺等内容，并培养团队合作意识。

第二阶段要求以司空图二十四品之一作为其营造建筑小品的主题，这对于师生而言都是一种探索。由于二十四品意境的营造是一种极富个人体验的创作，在集体作业中如何实现这一点其实是一种挑战。对于某些有明显表征的意境，其营造较为容易。在今后的作业中，如何体现建筑与意境的结合，是一个更值得师生共同思考的问题。

砖瓦诗编——建筑实体构成 设计者：杨隽超 刘律辰 萧一楠 梁海川 黄俊峰 彭逸飞 张言 王子楠 冯晓康

竹屋——校史馆咖啡厅设计 设计者：萧一楠

指导老师：万谦 孙靓 邱静 范向光 徐怡静 倪伟桥 穆威

编撰/主持此教案的教师：万谦

砖瓦诗编——建筑实体构成

一年级建筑设计基础教案

一年级	二年级	三年级	四年级	五年级
建筑的体验与认知	建筑设计的启动与基本方法	城市中的建筑	人居环境中的建筑研究	社会中的建筑实践

建筑学基础　　　　全面建筑学

课程简介

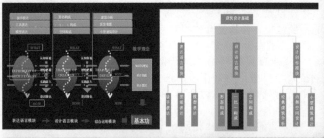

教学目标

　　建筑实体构成是一次重要的实践教学过程。对于建筑材料特性的基本认识，以及相关搭建方式的节点设计，是进一步理解其在建筑创作中应用的基础，这是本教程的基本目的之一。

　　团队合作是本教程训练的第二个目的，通过团队协调，每个人得以明确自己在团队的位置，并享受合作的快感。

教学内容

阶段一
　　熟悉搭建实体构成所需的材料。本次构成所使用的材料为学校机械厂改造拆下的旧砖瓦。

阶段二
　　用所提供材料搭建一个不低于2.5m的块体，保证实体搭建的坚固。

阶段三
　　在搭建相应块体的基础上，按司空图二十四品之一营造相关的意象。

阶段四
　　在完成搭建以后，观察并记录所搭建实体的损坏情况，并做好记录。

教学组织

第一周
搬运砖瓦
熟悉材料特性
研究搭接方式

点评：
　　第一周的教学主要关注材料本身的特性。对于已有几十年历史的旧砖瓦，研究其连接和使用特点。

第二、三周
搭建或装配一个不低于2.4m的结构主体

点评
　　第二周的实体搭建主要探讨结构单元的合理性。将砖瓦等小体块构件搭建成具有一定高度的结构体对于一年级的初学者而言是具有一定挑战性的任务。

过程控制

第四、五周
　　以之前的结构体为基础，结合司空图二十四品的相关意境，完成一处建筑小品的搭建。

成果评价标准
1. 结构单元是否合理
2. 体量是否符合要求
3. 意境表达是否充分
4. 施工工艺是否精良
5. 图纸表达是否完善

花絮
享受劳动的成果

反思

后续
观察与记录损坏的过程

校园生活 ——小型公共建筑设计

一年级	二年级	三年级	四年级	五年级
建筑的体验与认知	建筑设计的启动与基本方法	城市中的建筑	人居环境中的建筑研究	社会中的建筑实践
建筑学基础			全面建筑学	

教学目标

作为一年级建筑设计基础教程的最后一个作业，小型公共建筑设计的目标是让学生在综合掌握设计基础后尝试建筑设计的基本能力。

课程简介

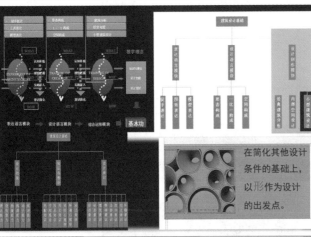

在简化其他设计条件的基础上，以**形**作为设计的出发点。

教学内容

- 1 基本形
- 2 几何关系
- 3 体量-比例
- 4 秩序体系
- 5 空间-限定
- 6 结构
- 7 外壳
- 8 环境
- 9 功能分区
- 10 交通流线

建筑设计与**建筑分析**是一对可逆的进程。

基地的环境与文脉

竹屋---

校史馆咖啡厅设计

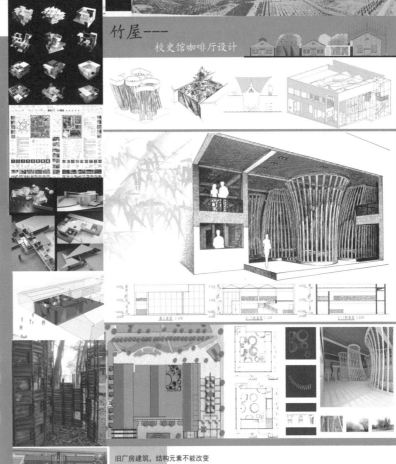

传统 设计任务书

小型公共建筑设计

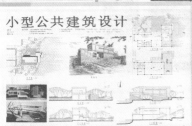

前期基础

设计条件

问题：

由于一年级学生对于建筑设计的大量背景知识尚不了解，因此其第一次建筑设计作业往往存在目标不明确、过程难控制的问题。即使是最优秀的学生也可能无所适从。

简化设计问题，
但同时要明确设计概念。
对于设计课题，应明确一系列

设计条件

旧厂房建筑，结构元素不能改变
从形式入手，先解决空间问题，且应符合人体尺度
旧机械厂改造，对面是图书馆，环境与历史因素必须综合考虑
结合前期基础训练培养的基本设计能力，用设计条件控制设计进程，
从而导向理性的设计结果。

建造——宿营地小筑设计

（二年级）

教案简要说明

1. 建筑设计为建筑学、城市规划和景观设计二年级专业主干课，其目的在于使学生在面对诸多设计和目标的时候，学习设计的启动，由设计基础课程学习迈入建筑设计的大门，掌握一般小型建筑的设计方法，并向培养大中型建筑设计能力过渡的训练过程。

2. 学生作业及教师点评

2.1 体验之屋——宿营地设计

该设计在调研阶段就充分体现了设计者的细心与周到：从常规的视线、景观、光线、坡度、坡向分析到风向、植被、声音分析，更有独到的气味调研与分析，作为建筑选址和设计的重要考量要素，并在设计中充分体现"佳则收之，俗则屏之"理念，充分考虑山体气流变化，利用板式建筑的导风效果、小庭院结合架空，创造出有利于通风的山地建筑空间形态，同时，极具夸张地高架出一眺台，形成冲击力强劲的视觉中心。

2.2 鲁班锁——DIY宿营地设计

该作业完成过程进行得非常完美，调研过程中设计者对场地内非建筑的限定因素进行了有效的提炼，并从中国传统木作鲁班锁的精巧中获得灵感，巧妙地将鲁班锁结构转化作为建筑中有趣的节点。基于对生活场景的认知融入，设计者还提出让宿营者自己搭建这些小小的生活空间的构想，通过节点不断重复和木构件长短变化，宿营者可以很轻松地完成自己生活空间的搭建，而这样的搭建过程充满趣味：搭建过程可以充分发挥想象力，材料虽然一样，搭建结果却会千差万别！为了强化建造概念，设计者还通过破坏试验来检验结构的安全性与稳定性，虽然手法尚嫌稚嫩，但研究能力和创造力实属可嘉。

2.3 持续攀登——山地宿营地设计

在不间断的行走中，喻家山的一切逐渐清晰。那些谜一样的路和雾一样的树，最初似乎只是一种偶遇和迷失，现在却成了一系列温暖的角落和观景点。随着材质、节点以及建造方式的渐渐清晰，一种理解空间的方式由此形成。通过对这些生存环境和关系所进行的客观记录、测量、绘制和想象的过程中，学生发现，那些复杂交错的山路、长着青苔的山石以及那些随风摇曳的树枝，似乎都在讲述着关于生命的故事。

鲁班锁——DIY宿营地设计 设计者：郑远伟
持续攀登——山地宿营地设计 设计者：韩力喆
体验之屋——宿营地设计 设计者：丁思琪
指导老师：穆威 管凯雄 王振 郝少波 赵逸 黄涛
编撰/主持此教案的教师：管凯雄

建筑设计的启动和基本方法——二年级建筑设计教案   1

一年级	二年级	三年级	四年级	五年级
建筑的体验与认知	建筑设计的启动与基本方法	城市中的建筑	人居环境中的建筑研究	社会中的建筑实践
建筑学基础			全面建筑学	

教学内容

《建筑设计I》课程教学大纲

一、课程教学目标：
建筑设计为建筑学、城市规划和景观设计二年级专业主干课，其目的在于使学生在面对建筑设计和目标的时候，学习设计的启动，由设计基础课程学习迈入建筑设计的大门，掌握一般小型建筑的设计方法，并向培养大中型建筑设计能力过渡的训练过程。

二、基本教学内容与学时分配
本课程基本要求是：对于每一设计主题，不仅要使学生掌握设计原理，还应掌握相应的设计工具（手法），技术要求以及评价能力。此外，还应培养学生职业素养，如设计表达能力、观察分析、团队协作素养等。

第一学期：
（1）主题一：
"环境的意义"……环境概念及要素、人工环境、建筑与环境、形式与内容、形式美原则、综合评价原则等。
（2）主题二：
"功能的意义"……功能的理解、功能的把握、功能与形式等。
（3）快题设计1：6～8小时（根据教学情况从题库中选出考试题目）

第二学期
（4）主题三：
"建造与空间"……包括材料的特性、建造方式、建造与设计、技术的理解、建筑体系等。空间概念、建筑空间要素、空间构成法则、空间形式
（5）主题四：
"建筑的觉醒"……整合、综合等。
（6）快题设计2：6～8小时（根据情况从题库中选定考试题目）

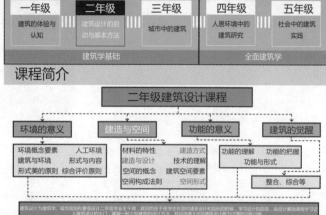

课程简介

二年级建筑设计课程

环境的意义	建造与空间	功能的意义	建筑的觉醒
环境概念要素 人工环境 建筑与环境 形式与内容 形式美的原则 综合评价原则	材料的特性 建造方式 建造与设计 技术的理解 空间的意义 建筑空间要素 空间构成法则 空间形式	功能的理解 功能与形式 功能的把握	整合、综合等

建筑设计为建筑学、城市规划和景观设计二年级专业主干课，其目的在于使学生在面对建筑设计和目标的时候，学习设计的启动，由设计基础课程学习迈入建筑设计的大门，掌握一般小型建筑的设计方法，并向培养大中型建筑设计能力过渡的训练过程。

教学方法

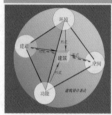

二年级在学生从一年级的基础训练确立的对建筑的基本元素的认识基础上，注重对建筑各个要素的理解和训练，分别从建筑与环境，建筑与功能，建筑与空间和建筑设计元素的整合等角度对学生建筑设计的能力和认识进行全面的训练。同时有机的将各种教学方式和组织到日常教学中去，让学生继承自身体验建筑的各项元素。

学生角度

教师角度

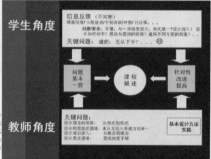

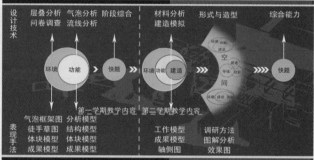

教学过程

特色题目——宿营地设计任务书

作业任务指导书

题目：
主标题：建造 空间
了解建筑构筑性特征，建筑是建造和表现（物质和形态）的结合，强调建造和操作过程的设计训练。

副标题：宿营地小筑
于武汉城郊一临湖自然风景区宿营地，以建造一综合性小型公共建筑，主要为培训和野车驾驶游客提供短期休闲活动的场所。

目的：培养建筑设计过程中的"本体"的表达方法，在空间"建造"过程中逐步领会结构逻辑、材料、元素、细节处理对空间的影响，重点培养"技术思考"和"模型思维"的能力。

建筑技术的解读：结构、材料、构造、物理环境控制、设备系统、防灾等信息整合个技术；

设计中技术倾向的几种发展趋势
建筑体系构成：空间体系、结构体系、围护体系、交通体系的组织

"建造"与空间：空间是建造的结果，空间是建造的目标
建构的技术内涵与形式意义：
结构与结构体系——造型   构件与构件关系——语汇
材料与材料组合——肌理   细节与建造工艺——品质

作业内容：现场翻绘2～3人小组为单位来完成，作业单独完成。
1、场地要求：（详见地形图）
用地界线内选家山（图示范围内），自然风景优美，地形极富有特点，同时掌握了一定的场所背景。用地内树木保留；具体选址根据现场考察由学生自行确定。

2、建筑要求：
建筑单体由一个或多个居住单元构成，单单元可居任人数为1~4人；总居住人数为30~40人；总建筑面积200~300平米；室外平台与活动场地（无盖顶）不计入总建筑面积。

3、空间要求：
以方便游客（背包客）住宿、休闲、聚会、观赏等活动为目的综合考虑。

4、其他：
合理进行建筑布置，注重建筑的可持续性；总平面应综合解决好交通、观赏与景观的关系；建筑单体应考虑材料、构造等技术问题。

5、图纸尺寸：A1
模型底板尺寸：场地模型A1，建筑局部大比例模型不等
作业成果：除特殊说明外，须达到建筑二年级设计作业制图及模型深度要求。

场地模型：材料自定，比例1：500
建筑单体模型：1/10-1/50；细部模型以清楚表达建筑单体系统的组织。
总平面图 1/200
建筑外效果图 1个（不小于A3幅面）
单体立面图 图 1/50
建筑单体效果图（不小于A4幅面）
其它：场地、气候等设计分析；材料、构造等大样图

参考文献：
《当代建筑构造的建构解析》马进、杨维，东南大学出版社2005
《建筑元素》（美）奥斯卡 R. 奥赫达 马克 帕什尼克隆 中国建筑工业出版社2005

二年级《建筑设计》课程教学安排计划表《2011-2012学年第二学期》

地形图

场地照片

建筑设计的启动和基本方法——二年级建筑设计教案

学生作业一　　设计过程　　作业成果

体验之屋——宿营地设计

指导老师：穆威 管凯雄

场地分析 　结论　选址

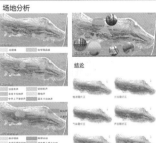

方案生成过程

根据太阳高度角最小值理性组织台地建筑朝向

根据选址进行的远景分析

将构建筑与已形成的室外高段和露台增阳光渗入建筑

防止视线遮挡而斜切

形态和生成

每户朝向的房间底大采光及顶高空间处置

建筑形体

形态和生成

该设计在调研阶段就已经充分体现了设计者的细心与周到：从常规的视线、景观、光线、坡度、坡向分析到风向、植被、声音分析，更有拓展到的气味调研与分析，作为建筑选址和设计的重要考量要素，并在设计中充分体现"佳则收之、俗则屏之"之理念，充分考虑山体气流变化，利用振动式建筑的导风效果、小庭院结合架空，创造出有利于通风的山地建筑空间形态，同时，极具夸张地悬架出一眺台，形成冲击力强的视觉中心。

学生作业二　　设计过程　　作业成果

鲁班锁——DIY宿营地设计

指导老师：赵逵 黄涛

从鲁班锁的节点引出概念

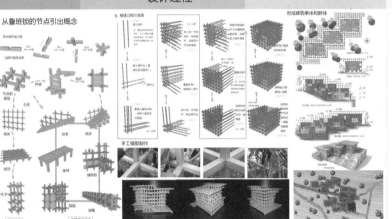

形成建筑单体和群体

手工模型制作

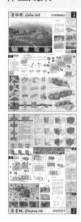

该作业完成过程进行得非常完美，调研过程中设计者对场地内非建筑的限定因素进行了有效的揣摩，并从中国传统铰木鲁班锁的结构中获得灵感，巧妙地将鲁班锁结构构件化作为建筑中有趣的节点。基于对生活场景的认知导入，设计者还提出让宿营者自己搭建这些小小的生活空间的构想，通过节点不断重复和木构件长短变化，宿营者可以很轻松地因地自己生活空间的搭建，而这样的搭建过程充满趣味：搭建过程可以充分发挥想象力，材料虽然一样，搭建结果却会千差万别！

学生作业三　　设计过程　　作业成果

持续攀登——山地宿营地设计

指导老师：王振、郝少波

设计分析 　　单体形式　　建构模型

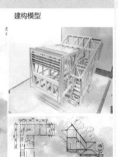

在不间断的行走中，喻家山的一切逐渐清晰。那些这一样的路和多一样的树，最初似乎只是一种偶遇和迷失，现在却成了一系列温暖的角落和观景点。随着材质、节点以及建造方式的渐渐清晰，一种理解空间的方式由此而展。通过对这些生存环境和关系所进行的客观记录、测量、绘制和想象的过程中，学生发现，盘桓复杂交错的山脉、长着青苔的山石以及那些随风摇曳的树枝，似乎都在讲述着关于生命的故事。

其他作业成果　　　　思考与展望

对于每一设计主题，不仅要使学生掌握设计原理，还应掌握相应的主要和常用设计方法（手法）、技术要求以及评价能力。此外，逐步培养学生职业素质，如设计表达能力、观察分析、团队协作素质等。

教学过程中，我们注重学生的交流和动手能力，强调模型和图纸表达在教学中的并重，为学生的基本建筑素质的培养打下坚实基础

思考

宿营地建筑设计自2006年作为建筑学二年级课程设计作业以来，无论是题目设置，还是课程设计过程都深受同学们欢迎，他们的兴趣和积极性被极大地唤醒。设计用地明确后，同学们自觉地反复去现场调研、观察、感受，真真切切从环境中得到启示，从材料选择到了解材料、从材料构件更到建筑形式，一步步逐渐深入，不再是从图纸到图纸，而是模型开始、模型结束，空间想象得到极大解放，尺度等一目了然。作为二年级阶段，是一个非常好的教学方式和课题设置。

展望

课题"建造"的教学方式很受同学们欢迎，也取得了令人满意的成果，同学们的设计已然有了脱胎换骨的转变，各种构思新颖布局15的设计纷至沓来，同学们不再为寻找所谓"主题"而纠结了。因此，我们会坚持做下去，在教学过程中再不断完善。

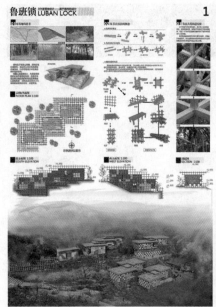

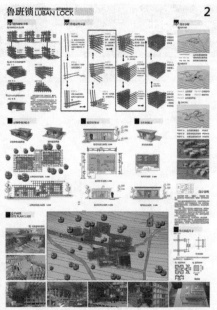

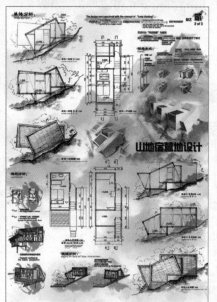

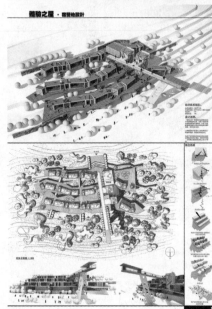

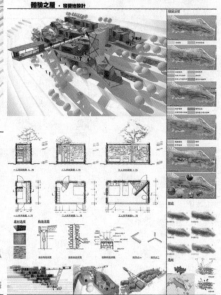

自选专题建筑研究与设计

（四年级）

教案简要说明

1. 四年级建筑设计课程是建筑学专业主干课程之一，是建筑设计系列课程的综合提高阶段，本课程引导设计训练向技术层面深化，向规划层面扩展，提高学生深入设计的能力，专业配合能力和团队合作能力。

四年级建筑设计教学定位为："研究设计"，全学年设置四个设计教学单元，即：高层建筑研究与设计，自选专题建筑研究与设计，居住建筑研究与设计和全过程设计。本课程的教学目的是提高设计教学质量，形成具有研究性，开放性，多样化和个性化的教学模式。鼓励学生在前三年的设计基础上，在四午级的弹性教学休系中，学习和认识大型公建，高层建筑，城市设计，居住建筑研究以及其他重要学科的方向的基本理论和设计方法，重点培养综合设计能力，培育创新思维和设计研究能力的发展。

2. 学生作业及教师点评

2.1 武汉制造——基于居民行为活动研究的住宅研究设计

该作业调研过程进行得非常完美，设计者在混杂的现场敏锐地发现了一些具有武汉特色的场所，例如适应武汉潮湿气候特点的晾晒空间；同时对空间中非建筑的限定手段进行了有效的提炼，从空间限定的角度进行了很精彩的图解分析。基于对生活场景的认知融入，他们还提出在这些生活空间中，从公共空间到私密空间有着七重微妙的过渡与划分，远不止黑白灰三重空间关系。最后的设计同样有亮点，通过对立面上阳光日照的模拟进行了空间划分，虽然手法尚嫌稚嫩，但研究能力和创造力实属可嘉。

2.2 似院非院——汉口滨江地段基于气候适应性的城市设计

该设计能够充分考虑对象街区夏季的两个高频风向的流入气流，利用板式建筑的导风效果、小庭院结合架空层，创造出有利于街区夏季通风的街区空间形态，同时，根据流入风的方向，采用前低后高的布局形式，有效地改善了下风向的风环境状况。在空间组合方面考虑将广场的开敞空间与其附近的建筑形体相结合，将江面来风引导进入街区内部，较好地解决了上风向建筑对于汀风遮挡的问题，达到了设计要求。

2.3 城市补丁——三道街社区改造

在不间断的行走中，胭脂山的一切逐渐呈现，逐渐熟悉。那些迷宫一样的道路最初似乎只是一种偶遇和迷失，现在却成了一系列温暖的角落和观景点。随着时间以身体对空间的熟悉感，一种理解空间的方式由此形成。

通过对特定区域的剖面图的研究，展现在我们面前的是一个由各个历史断层和建筑构成的高密度的城市地形，我们面对的是对这些生存环境和关系所进行的客观记录。在测量，记录、绘制和想象的过程中，学生发现，那些复杂交错的仓库,油腻的厨房以及砖砌的阳台，都在讲述着关于生命以及城市的故事。最重要的是，这是一个由建筑绘图所讲述的故事，而建筑绘图是用来建构新的现实和关系的工具。

武汉制造——基于居民行为活动研究的住宅研究设计　设计者：张立名 凌强

城市补丁——三道街社区改造　设计者：杨依 宋雅婷 陈晗

似院非院——汉口滨江地段基于气候适应性的城市设计　设计者：肖露

指导老师：刘小虎 陈宏 小麦 Max GERTHEL 陈淑瑜 CHEN Shuyu 何颖雅 Elaine W. HO

编撰/主持此教案的教师：姜梅

一年级	二年级	三年级	四年级	五年级
建筑的体验与认知	建筑设计的启动与基本方法	城市中的建筑	人居环境中的建筑研究	社会中的建筑实践
建筑学基础			全面建筑学	

教学目标

本课程的教学目标在于引导学生进一步树立正确的建筑观，学习和掌握建筑设计的方法，培养和鼓励学生形成具有一定专业研究基础的建筑设计思维能力，提高建筑设计技能与表达，并把设计对象从建筑专业范畴扩展到城市规划及景观园林系统。

本课程以建筑学专业学生为教学对象，通过学习，要求学生掌握在一定的城市环境和经济条件下，处理比较复杂的大型公共建筑及各种专题性建筑问题研究与设计的方法，强调各相关学科、相关专业的交叉，树立综合意识和广义环境意识，培养学生解决综合问题的能力。

在基本掌握建筑设计理论与方法、城市规划基本原理和城市设计基本理论的基础上，进行综合性的城市环境调研分析和概念性城市设计的研究学习。初步掌握从宏观层次上对城市空间结构的认识和理解，从中观层次上对城市特定区域的调查和分析以及从微观层次上对重要的城市地段中城市设计问题的全过程研究工作方法。

课程简介

四年级设计课程是建筑学专业主干课之一，是建筑设计系列课程的综合提高阶段。本课程引导专业训练向技术屋面深化，向规划屋面扩展，提高学生深入设计的能力、专业配合能力和团队合作能力。

四年级建筑设计教学定位为"研究型设计"，全学年设置四个设计教学单元，即：高层建筑研究与设计、自选专题建筑研究与设计、居住建筑研究与设计，和全过程设计。本课程的教学目的，是提高设计教学质量，形成具

有研究性、开放性、多样化和个性化的教学模式。鼓励学生在前三年设计课的基础上，在四年级的弹性教学体系中，学习和认识大型公建、高层建筑、城市设计、居住建筑研究以及其它重要学科方向的基本理论和设计方法，重点培养综合能力，培育创新思维和设计研究能力的发展。

四年级建筑设计课程

- 高层建筑研究与设计
- 自选专题建筑研究与设计
- 居住建筑专题研究与设计
- 全过程设计

- 专题性建筑设计研究类
  - 传统意象设计 - 文物古建研究所设计
  - 传统意象设计 - 禅宗博览休闲中心设计
  - 武汉龟北路工业厂房改造与再利用
  - "意武汉"住宅设计研究
  - 龙游湖音乐厅设计
  - 长江大学音乐厅设计
  - 类四合院设计
  - 旅游建筑设计
  - 图书馆设计
  - 世博会陬威馆搬迁、改造与再利用
  - 青年社区设计（竞赛）
  - 金山谷国际学校设计（竞赛）

- 城市设计类
  - 汉口坤厚里社区保护与更新可持续发展设计（联合教学）
  - 汉口老街区气候适应性城市设计
  - 路狮北路沿线及周边地区城市设计
  - 京汉大道（友谊路 - 大智路）沿线城市设计
  - 二道街社区改造与更新城中村研究
  - 青阳古镇城市设计

- 学科交叉类类
  - 基于气候适应性的绿色建筑设计（竞赛）
  - 公共空间诊疗

- 其它
  - 电影与建筑
  - 基于基因学的建筑生成研究

教学内容

本课程的教学内容主要包括：专题性建筑设计类、城市设计类、学科交叉类及其他，近三年的选题包括：传统意象设计，武汉龟北路工业厂房改造与再利用，世博会陬威馆搬迁、改造与再利用，"意武汉"住宅设计研究，音乐厅设计，旅游建筑设计，汉口坤厚里社区保护与更新可持续发展设计，汉口老街区气候适应性城市设计，城中村研究，基于气候适应性的绿色建筑设计，基于基因学的建筑生成研究等。

四年级的设计题要求具有一定的研究性，旨在培养学生独立思考、发现和研究设计问题的能力，引导学生对与课题相关的内容做出一定的理论思考。每个选题都要求凸显一个方面的主题，如历史建筑保护和再利用

社区更新、可持续性发展、构造技术等。每一个设计都必须包含对设计地段的调查研究，基本的城市现象、城市问题与城市空间结构的分析研究等。学生必须在调查研究和分析的基础上发现问题，进一步完善设计任务书，借以寻找相关专业知识解决问题的途径，再进行设计，而不仅仅是单纯的功能投射和形体设计。

掌握常见的绿色建筑技术，并在设计中进行创新性的应用。通过学生技术设计能力的培养，使学生初步掌握基本本设计规范以及建筑设计中其它专业的技术要求，结合以上知识将设计深入到细部设计层次。

教学方式

建筑设计课主要的教学方法包括理论课的全年级集中授课以及设计课题的分组研讨。

四年级作为设计提高和发展的专业学习阶段，以训练学生的创造力和解决设计问题的能力为目的，倡导研究型教学，主要采用studio教学方式，以充分发挥教师以及外聘专家的学术研究优势。研究的创造性和创造能力的培养是课程教学的重点。以教师课题研究为教学平台，将前沿课题整合到认识设计教学之中，将绿色建筑理论、历史建筑改造与再利用、城市更新理论等，尊重和把握学生的兴趣，用丰富多样的studio教学模式，通过调研、讨论、点评等互动方式，培养学生的研究能力和创新能力。

鼓励和组织学生广泛参加国际国内学生建筑与城市设计竞赛，关

注国家建设和学科发展前沿课题。搭建广阔的设计课程教学平台，组织国际国内建筑院系学生课程联合设计，培养学生开阔的学术视野。在课程内容设置和教学环境配置上，紧密结合工艺技术和信息技术的新进展，为学生营造有益的发展提升和空间。通过这种多元化、开放型、互动式教学模式，培养学生的研究能力，激发学生的创造能力。

在教学过程中，信息技术手段也得到广泛运用。例如，通过网络上传和下载课件及交流文件，建立完善的图书馆网络资源资源查询及作业网络联系系统。电脑辅助设计手段与手工绘图及手工模型手段并行，计算机的使用贯穿整个教学过程。

专题一	任务书	前期调研&分析研究	设计过程	学生作业成果

武汉制造——地域性、自建、场所认知

指导老师：刘小虎

专题特色

（1）地域性：从历史住区中调查真具有地域性的特质，这些特质存在于各个方面：应对地域气候的办法，民俗文化，生活方式……；以及由此而形成的空间策略和技术手段

（2）自建：居民的自建反映出对空间的真实需要，从时间轴线上考察居民对空间的再改造。抛开整齐划一的新建楼盘，也不看完全没有设计基础的自搭建区，而选取半个世纪以前有一定现代时间和人对（当年的）现代设计的改造。

（1）教学目的

掌握地域性的理论，理解城市是一个综合性和复杂性平衡的结果；气候、文化、经济等因素的共同作用，建筑同样如此。

研究建筑和城市的关系，关心城市问题，理解城市的城市文化、城市环境，注重地域性气候对城市的影响。

掌握常见的绿色建筑技术，并从调研中发掘和整理来自民间的地域性的绿色建筑策略，并在设计中进行创新性的应用

掌握图解（diagram）分析与思考方法

（2）设计要求：经过地域性和自建建筑现象的调研和研究，做一个"意武汉的住宅"

建筑类型：武汉市民住宅

建设用地：在调研场地中自选，80-120平方米。

建筑规模：总面积150-150平方米，建筑层数：2～4屋。

适应地方气候，具体功能要求需自拟任务书加以扩充细化。

（3）成果要求（略）

（4）专题讲座：
- 《武汉制造I / Made in Wuhan I，刘小虎
- 《Ethical Architecture（伦理建筑），Tudor Bratu（荷兰）

（5）参考资料
[1] Time Builds!: The Experimental Housing Project (PREVI), Lima，Genesis and Outcome, Fernando Garcia-Huidobro
[2] ATLAS OF NOVEL TECTONICS《新兴建构图集》雷译，(美)布尔，中国建筑工业出版社，2012
[3] Graphic anatomy Atelier Bow-Wow，TOTO出版，2007
[4]《景观社会》（The Society of the Spectacle），Guy-Ernest Debord/王昭风译，南京大学出版社
[5] 新乡土建筑(当代天然建造方法)，(美)林恩·伊丽莎白编/吴春苑译，机械工业，2005

场地实地调研和居民采访

自主加建方式类型学统计

生长

空间元素

居民行为观察和统计

特色行为——夏季乘凉 部分加建模式 巷道采光

空间模式形成的影响因素

社区生长

"拼"——基于功能需要的空间和生活场景的生长和延伸

"贴"——基于时间维度的建筑空间和生活场景的叠加

空间解构图解

过程草模和剖面草图

评语：

该作业调研过程进行得非常完美，设计者在混杂的现场做较为的发现了一些具有武汉特色的场所，例如适应武汉潮湿气候特点的阴晒空间；同时对空间中非建筑性的限定手法进行了有效的提炼，从空间限定的角度进行了很精彩的图解分析。基于对生活场景的认知介入，他们还提出在这些生活空间中，从公共空间到私密空间有着第七重微妙的过渡与划分，远不止黑白灰三重空间关系。最后的设计同样有亮点，通过对立面及阳光日照的模拟进行了空间划分，虽然手法尚嫌稚拙，但研究能力和创造力实属可嘉。

专题二	任务书	前期调研&分析研究	设计过程	学生作业成果

基于气候适应性的城市设计

指导老师：陈宏

专题特色

武汉属于夏热冬冷地区，两个季节气候极端，城市热岛效应突出。由于武汉市水网密集，有研究表明大型水体对于城市气候与街区微气候具有明显的调节作用。本专题的重点在于通过建筑的体型、建筑群组合方式、建筑朝向、街区空间结果等城市设计的方法来引导江风进入街区内部，改善街区的微气候状况。注重定量化分析与街区空间设计相互结合的设计过程，定量化分析为空间设计提供技术支持的交互式设计过程，使设计根据有逻辑性与科学性。在本课题中，设计过程具有更重要的意义。同时关注武汉市夏热冬冷的气候特征。

本专题巧妙的将建筑设计、城市设计与建筑技术的相关问题紧密结合，针对四年级学生特点，结合武汉实际，在前期调研与分析研究的基础上，利用计算机模拟技术，提出解决问题的途径，很好的锻炼和培养了学生综合分析问题和解决问题的能力，并将专业知识与实际生活紧密结合。

（1）教学目标

使学生了解气候因素与建筑设计的关系，设计过程中能够主动识别城市设计与建筑设计对于城市/建筑内气候的形成与调节所产生的影响，树立被动式技术为首选的生态城市与建筑节能的设计理念。

学习通过城市空间的合理组织与控制，改善街区的风环境，调节街区微气候的基本理论。

在设计方法上：学习环境分析方法，并尝试将其与设计过程相结合为设计方案提供定量化分析与技术支持。初步掌握概念设计——策略定量化分析——初步方案——精细定量化分析——完善设计方案的设计流程。

（2）教学内容

本次设计课题选择分别位于武昌与汉口的两个滨临长江的旧城区地段，在城市更新的过程中分别进行基于气候适应性的城市设计，即在城市设计中考虑基地的日照、通风等气候特征，其中，本课题要重点探索具有代表性的将江面凉风引导进入街区内部，改善街区热环境的微气候空间形态，建筑朝向，建筑体型，以及建筑空间组合关系。

下面为本课题的对象地区，分别位于武昌临江大道与汉口六唱小路，基地内均有需要保护的历史建筑，武昌地段为亲水型，汉口地段为量景分。对象街区的气候条件详见武昌及汉口夏季微气候结果。

基本理论讲授

	城市设计中微气候因素 （2-3学时）	前沿空间形态与自然通风 （2-3学时）	小组课程中象街区的街的气候实测调查（设计任务实践） （2-3学时）

（3）设计要求：

武昌地段：住宅区为主，并适当结合商业的综合使用，容积率要求达3以上，绿地率30%以上。

汉口地段：商业及办公的综合街区，容积率要求达3以上，绿地率30%以上。

（4）组织内容要求：

现状调研资料	总平面
街区高度控制图	街区日照分析
街区风环境分析	街区绿地分布与植物配置规划
其它相关分析图	透视图

相关资料：

太阳辐射·风·自然光·建筑设计策略

适应气候变化的建筑·可持续设计指导

设计过程	学生作业成果

多方案比较

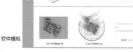

软件模拟

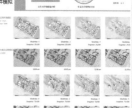

评语：该设计能够充分考虑对象街区夏季的两个高频风的流入和气流，利用格式建筑物导风作用，小尺度结合架空层，创造出有利于街区夏季通风的街区空间形态，同时，根据流入风的方向，采用前低后高的布局形式，有效地改善了下风向的风环境状况。在空间组合方面考虑到/地的计把空间与具体设计的建筑形体相结合，将江面来风引导进入街区内，较好地解决了上风向建筑对于江风遮挡的问题，达到了设计要求。

专题三	任务书	前期调研&分析研究	设计过程	学生作业成果

建筑：指向浮现的陈述
A Presentation Towards Emergence

指导老师：小麦 Max GERTHEL，陈淑瑜 CHEN Shuyu，何颖雅，Elaine W. HO

专题特色

在不间断的行走中，喇嘛山的一切逐渐呈现，那些迷宫一样的道路最初似乎只是一种偶遇和迷失，现在却成了一系列温暖的角落和观景点。随着时间以身体对空间的熟悉感，一种理解空间的方式由此形成。

通过对特定区域的剖面图的研究，展现在我们面前的是一个由各个历史断层和建筑构成的高密度的城市地形。而我们面对的是对这些生存环境和关系所进行的客观记录。在测量，记录、绘制和想象的过程中，学生发现，那些复杂交错的仓库，油腻的厨房以及砖砌的阳台，都在讲述着关于生命以及城市的故事。最重要的是，这是一个由建筑绘图所讲述的故事，而建筑绘图是用来建构新的现实和关系的工具。

（1）教学目标

场所认知：人如何认知城市居民如何认知社区自下而上的认知和自上下而下的规划，经过碰撞、改造、融合，形成了有认知的场所。

让学生们看不可以对喇嘛山地区进行探索，其意图是让他们去研究附近真实生活的环境与关系，他们正需要对这些环境进行调查并给制出他们自己的结论。

（2）教学内容

让学生尝试如何以超现实的手法去描绘真实的生活状态。为这们看看对的图像，表良各种校园村捕捉到的时间，实际地积形成的喇嘛山印象。房子被编织进了时间，它们显示出老化的痕迹，被改头换面，与住在其中的人们产生不断变迁的关系。

作为这个工作坊的课程，我们试图去研究和定义这些存在于居民和房子、公共空间与私人空间、甚至是城市漫游者与城市环境之间的关系。以1950年欧洲的心灵地理学理论及其一系列衍生为广泛的当代艺术与都市实践作为起点，寻求发现超越形式或语言之外的建筑理解，重新认识如何把它划和形式，作为一种与路径、日常活动需求和欲望息息相关的动态过程。设计往这里不不是的分析的方法去改变现存环境，而是作为一种描述和分析我们的日常生活经验的方式。

（3）研究方法：

研究形型状态在时间象表上的 MATERIALIZED BEHAVIOR（行为的物质呈现）。通过社会学研究方法的引入，让研究回到建筑学本体，材料和功能性的研究视点。

图解（diagram）分析与思考

角色代入：不同人群的以其角度去解读建筑现象，解读街道和城市，并引发设计思考

（4）课程安排

邀请外教以工作营方式进行，为期7周，现场研究课内2次、课外5次。课程结束后在画廊进行展览。

（5）课题讲座：

· CROSS-SECTIONING，Max Gerthel（瑞典）

· Psychogeography精神地形/心理地形学，何颖雅（美）

设计过程	学生作业成果

生活场景大剖面

过程草图与模型

实地改建

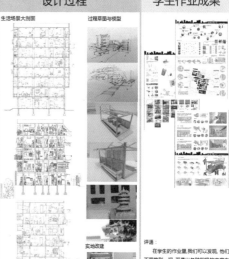

画廊展览

评语：在学生的作业里，我们可以发现，他们不同地找到了一切，而是以各种积极的态度去介入这片如此复杂的城市形貌。这一方式通常是需要发掘合适的小人物尺度，这些小人物需要起到如何支持的作用。而不再与现存的前制性相呈状。工作的难度惟结合在于如何在两种相互矛盾的理想体系内找到平衡，这些是那些努力成为城市建设者们所需要不断追寻的。

课程特色

四年级建筑设计教学以训练学生的创造能力和解决综合问题的能力为目的，信导"研究型"教学，主要采用项目性与研性相结合的教学方式，通过设计工作营（studio）等一系列手段，增加教师与学生之间、学生与学生之间的互动以及开阔思路，增加知识、提高能力的目的。

1、信导"研究型"设计

立足国际，拓展建筑设计与研究的领域，将教学、科研和实务现实有机结合，在发现、提出和解决社会实际问题的同时，逐步培养学生发现问题，在设计教学过程中增加社会调研内容，将学术研究的最新进展与有机结合，在发现、提出和解决社会实际问题的同时，逐步培养学生发现问题和解决问题的能力。在设计教学中，不仅设计向纵向技术课程深化，向横向题面扩展，在培养学生整体观念上更上一层楼。

强调教学内容的综合性和研究性，培养学生全面的专业认识和综合设计，建立开放性教学体系，鼓励和倡导学生根据所选专题自主确定研究方向和要求，在调研分析和项目策划的基础上，进一步完善设计任务书，尝试寻找和专业知识解决问题的途径，再进行设计，而不仅仅是单纯的功能安排和形体设计。

引导学生学会与使用者和城市管理部门之间进行交流互动，并引入学生的学术视野。

有专长的专家学者参与课程教学，一方面可让成学生们会了解新世纪国家建设的眼需求，另一方面可以促进学生专业素养的提高。

2、立足建国际，关注国家建设前沿和学科发展前沿

以人居环境科学为基础，在建筑设计课中将成为建筑、规划、景观和城市体系相互结合的学科化应用，培养学生全面建筑学和整体设计的观念和方法。关注国家建设前沿，关注学科发展前沿，针对建筑学专业应用性强的特点，在建筑设计课中注入绿色建筑、信息技术、文化保护等国家建设和学科前沿内容，将传授设计知识与培养职业伦理参相结合，实现理论与实践，研究与设计的互动结合。

3、弹性教学方式

针对四年级学生特点和"全面建筑学"的定位，首先确立了"设计工作营（Studio）"这一教学组织方式。教师于各自的科研方向设计不同的课题和教师。教师于各自的所长，学有所长。学生完成、生导师、生导制以及研究分析能力、研究生流激教学方向，有助于培养开提写作的研究分析能力、研究解决复杂问题的能力学术视野，实现理论与实践、研究与设计的互动结合。

针对四年级学生学科交叉、学科交叉基有效这所扩展学生知识范围。在人居环境调研学习课程框架下，强调建筑、规划、景观、历史、技术理论各方向学科交叉，并意试工程设计，其中包括社会、经济、历史、生态等与建筑学专业密切相关的领域，奠定学生合理专业系统的知识构成，充分拓展高等生综合解决复杂建设问题的有效方法手段。

思考与展望

在一个不断变化的世界里，建筑师所面对的问题是，如何学习，以及学习如何学习。当信息和知识的价值远远超过财物，木成的知，建筑正在发生深刻的转变。正是在这种转变中，我们不得不反思建筑的使用，活动和居住方式，和建筑师的价值。

就其本质和目标而言，建筑师的工作是计划未来。建筑，作为一门现代科学，得自于其对空间、结构及材料绩效受的使用、活动和居住方式。建筑本身也正处在十字路口，而这种不确定性，正体是要我们以巨大的热情、美好的愿望和坚定的信念所用构的。在自然资源不够和气候变化的背景下，建筑师要如何面对出和环境的现实。建筑师要如何合作，学习和传播平台推进知识的更新？未来会是什么样子，你将如何运转和呈现？

我们不只是教会学生做一切，更重要的是让建筑尖手根进对树梢的态度正在发生转变的当今世界，我们本身也正处在十字路口，开始等考学习的过程，建筑师不仅仅是一门职业，也帮助人寻找新的、无法预设的思想和观念，关注想象的未来。

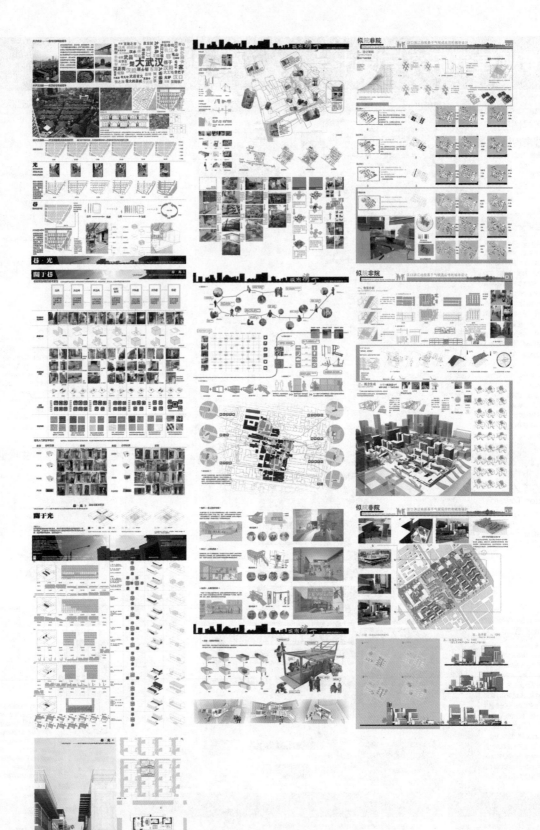

地域性建筑设计
——孝文化纪念馆设计教案
（二年级）

教案简要说明

1. 建筑设计课程整体框架

一年级：建筑初步

通过线型练习、平面构成、立体构成、小别墅抄绘、建筑认知、教学楼测绘、建筑渲染、色彩构成、小茶室设计等一系列基础训练，初步了解专业知识，培养学习兴趣和艺术素养，开发学生空间想象力和创造潜力。

二年级：别墅、中餐厅、幼儿园、纪念馆

使学生掌握基本的设计方法、认知设计的内涵和美学规律，引导学生构建理论体系，培养学生设计思维和设计能力。

三年级：客运站、山地旅馆、大学生活动中心、厂房改造

重视建筑的规范性，建筑技术与艺术的结合，依托结构选型及相关技术课程，建筑结构的合理性及建筑节能可持续发展的设计方法进行尝试。

四年级：图书馆、高层、居住区规划、室内设计

掌握一般高层、场地设计、规划、室内设计的基本知识，了解建筑与城市的关系。

五年级：毕业设计、设计院实习

相关知识的综合运用，建筑理论与实践相结合，培养工程意识和建筑师职业道德，强化发现、分析解决问题的能力。

2. 本题目和前后题目的衔接关系

上学期：小别墅、快题、中餐厅；下学期：幼儿园、快题、纪念馆

现以小型居住类建筑设计入手，便于学生从熟悉的建筑类型开始进行设计方法的训练，再转入中小型公共建筑的单体及群体组合练习，是学生逐步掌握设计基本方和相关基本知识，中途加入快题，训练学生快速设计思维和表达能力。

3. 课题设置的创新点

3.1 题目设置的地域性

结合地域文化特点，在纪念馆设计中突出当地特有的孝文化和国家所倡导的孝道和谐社会，结合地域气候、地理、自然特征，拓展学生设计视野，促进理论人伦的思考。

3.2 题目设置的多元性

紧紧围绕地方特色，以纪念类建筑为依托，分三个方向选题，一为孝文化纪念馆，地域文脉与建筑相结合。二为民俗馆，以当地特有的民俗入手，如皮影、剪纸、楚剧入手，民俗文化与建筑相结合。三为名人纪念馆，以当地名人为主，如毕昇、伯牙、闻一多、李白、屈原等，极大调动学生的设计激情，加强设计的针对性和内涵。

3.3 题目设置的实践性

拟选三个基地，一为董永公园旁，二为市民广场边，三为城市节点三角形绿地，三个实际地段各有特点。题目具有操作性和可实施性。

4. 教学过程特色

4.1 过程设计

强化设计过程，抓住一、二、三草、正图演进的逻辑性，结合设计进度安排，将设计细化为一系连续的阶段，把握每一阶段的深度，进行评图和成绩，训练学生注重过程中发展设计的广度和深度，而不仅仅将成图作为唯一的评判标准。

4.2 专题设计

根据设计过程中每一阶段思考的侧重点不同，分解成若干课程专题辅助设计，引导学生有步骤分阶段进行设计，由简入繁，由易而难，使学生在循序渐进的学习过程中逐步深化设计，既把握整体，又深入细部。

4.3 互动设计

师生、生生、高低年级间的互动。加强构造、结构等相关教师的介入指导，加强学生设计与相关专业的融会贯通，加强学生间相互交流学习提供多向的沟通平台和开放的学习环境，自评和互评的学习氛围。

感孝之道—孝文化纪念馆设计 设计者：胡静 高浩洪
遗风—孝文化纪念馆设计 设计者：谢满根 向齐翔
指导老师：欧阳红玉 胡宏 王炎松
编撰/主持此教案的教师：欧阳红玉

地域性建筑设计 **1**

——孝文化纪念馆设计教案（二年级）

建筑设计课程整体框架

年级	课程	教学目标
一年级	建筑初步	通过线型练习、构成、抄绘、渲染等一系列基础训练，初步了解专业知识，培养学习兴趣和艺术素养，开发学生空间想象力和创造潜力。
二年级	别墅 中餐厅 幼儿园 纪念馆	使学生掌握小型建筑基本的设计方法、认知设计的内涵和美学规律，引导学生构建理论体系，培养学生设计思维和设计能力及设计习惯。
三年级	客运站 山地旅馆 大学生活动中心 厂房改造	重视建筑的规范性、建筑技术与艺术的结合，依托结构选型及相关的技术课程，掌握建筑结构的合理性以及建筑节能和可持续发展的设计方法进行尝试。
四年级	图书馆 高层设计 小区规划 室内设计	掌握一般高层建筑设计、场地设计、居住小区规划、室内设计的基本知识，了解建筑与城市、建筑与环境及建筑与室内的关系。
五年级	毕业设计 设计院实习	相关知识的综合运用，建筑理论与实践相结合，培养工程意识和建筑师职业道德，强化发现问题、分析问题和解决问题的能力。

本题目和前后题目的衔接

上学期：小别墅、快题、中餐厅 下学期：幼儿园、快题、纪念馆

先以小型居住类建筑设计入手，便于学生从熟悉的建筑类型开始进行设计方法训练，再转入中小型公共建筑的单体及群体组合练习，使学生逐步掌握设计的基本方法和相关的基本专业知识。在课程设计的中途加入快题环节，长短期结合，训练学生快速设计思维和表达能力。

教学特色

过程设计

强化设计过程，抓住一、二、三草、正图演进的逻辑性，结合设计进度安排，将设计细化为一系列连续的阶段，把握每一阶段的深度，进行评图和成绩，训练学生注重过程中发展设计的广度和深度，而不仅仅将成图做为唯一的评判标准。

专题设计

根据设计过程中每一阶段思考的侧重点不同，分解成若干课程专题辅助设计，引导学生有步骤分阶段进行设计，由简到繁、由易到难，使学生在循序渐进的学习过程中逐步深化设计。

互动设计

加强师生之间的互动。加强构造、结构等相关教师的介入指导，加强学生设计与相关专业的融会贯通，加强学生间相互交流学习提供多向的沟通平台和开放的学习环境，自评和互评的氛围。

孝文化专题研究

课题设置的创新点

题目设置的地域性

结合地域文化特点，在纪念馆设计中突出当地特有的孝文化和国家所倡导的孝道和谐社会，结合地域气候、地理、自然特征，拓展学生设计视野，促进理论人伦的思考。

题目设置的多元性

紧紧围绕地方特色，以纪念类建筑为依托，分三个方向选题，一为孝文化纪念馆，地域文脉与建筑相结合。二为民俗类，以当地特有的民俗入手，如皮影、剪纸、楚剧入手，民俗文化与建筑相结合。三为名人纪念馆，以当地名人为主，如毕升、伯牙、闻一多、李白、屈原等，极大调动学生的设计激情，加强设计的针对性和内涵。

题目设置的实践性

拟选三个基地，一为董永公园旁，二为市民广场边，三为城市节点三角形绿地，三个实际地段各有特点。题目具有操作性和可实施性。

设计任务书

教学要求

初步掌握公共建筑设计的一般原理知识	掌握博览建筑设计的基本原理了解纪念性建筑的一般常识，处理好建筑与自然环境及景观的关系	以工作模型作为思考、构思设计的手段加深对建筑空间尺度及地形环境的感性认识。	提高与检验建筑创作构思与处理功能、技术与艺术问题的综合能力。

设计项目

设计任务：某城市市级小型名人纪念馆　建筑规模：总建筑面积：1600㎡
设计要求：分区合理、流线清晰、使用方便、造型新颖
功能用房：展　室　780㎡　　休息室：15×2㎡　　库　房：100㎡
　　　　　报告厅：100㎡　　办　公：15×2㎡　　讲解室：15㎡
　　　　　接待室：30㎡　　门厅环境看，应根据周围的环
　　　　　值班室：15㎡　　工作室　30×2㎡　　茶　室：30㎡
　　　　　其　他：售票室、纪念品销售、门厅、卫生间等

设计要求

功能要求	功能分区应明确合理，合理组织交通流线，观众参观路线展室应解决好"三线"（流线、光线、视线）的设计问题
建筑造型和空间环境要求	纪念馆在建筑造型上应充分发掘纪念性建筑在文化、精神和艺术上的特点和潜力。从外部环境看，应根据周围的环境，进行建筑"场所"和纪念氛围的营造。从内部空间看，应根据人的行为心理和观赏特点来进行空间和流线设计。
技术要求	建筑覆盖率≯10%，绿化率＜30%；选用适当的结构形式遵守有关设计规范和法规。
图纸要求	总平面图1：300；各层平面图1：100；立面图1：100不少于两个；剖面图1：100两个；透视图；设计说明；经济指标。

地域性建筑设计 2

——孝文化纪念馆设计教案（二年级）

作业展示与点评

小型纪念馆建筑设计(8周)

选题调研阶段(1周)	第一次草图阶段（2周）	第二次草图阶段（3周）	第三次草图阶段（1周）

教学要求
- 选题：据自己的设计意向，从孝文化纪念馆、名人纪念馆、民俗馆择一题入手
- 进行三块基地的调研并进行比较和分析，选择地形；
- 基础资料的收集分析拟定调研报告。

调研点评
- 文献调研、资料收集较单一，应从规范资料、大师专辑、地方志、研究期刊、相关书籍等增加收集的广度；
- 基地调研能较好的从城市设计入手调查新老建筑的关系，并进行了基地的相关勘测和分析；
- 调研方法比较单一多为拍照、实体体验应加入调研方法，如行为地图法及问卷调查和访谈法等，并统计整理成图表作为设计的理论支撑点；
- 加强实例调研分析。

第一次草图阶段要求
- 了解房间内部空间的使用情况，所需面积，各空间之间的关系；
- 分析地段条件，确定出入口的位置，朝向；建筑物的性格分析；
- 对设计对象进行功能分区；
- 合理地组织人流、货流流线；
- 建筑形象符合建筑性格和地域要求，建筑物的体量组合符合合功能要求，主次关系不违反基本构图规律。

第一次草图阶段点评
- 构思立意缺乏特色和内涵，文化不能转化为建筑语言，辅助案例讲解有彩灯博物馆、粹曲民俗文化中心以及其它例讲解如何入手做设计；
- 平面形体组合不协调，与主题关联性差。辅助案例讲解汉武帝纪念馆；讲解各形体组合设计要点；
- 环境设计深度不够，缺乏场所氛围的营造。辅助案例讲解南京大屠杀遇同胞纪念馆及扩建工程。讲解场地与建筑的关系及场地流线组织；
- 加强草图表达的表达层次和深度；
- 基地分析构思思路过窄，研究地形、地域文脉与建筑的关系。

二草阶段要求
- 进行总图的细节设计，考虑室外和辅地绿化及小品布置；
- 根据功能和美观要求处理平面布局及空间组合的细节，例如建筑流线、视线、光线的综合调整；
- 确定结构布置方式根据功能技术要求确定尺寸，了解建筑设计与结构布置关系；
- 研究建筑造型，推敲立面细部，根据具体环境适当表现建筑的个性特征和地方传统文脉；
- 对室内空间家具布置进行充分设计。

二草阶段点评
- 建筑功能关系较乱点评建筑布局与基地关系以及建筑各大区域关系，讲解各功能用房的设计要点；
- 点评各图的内容要求与注意事项，容易出现的错误。
- 点评立面造型的设计与表达，体量变化、屋顶的变化及展室形状变化，立面虚实变化、立面细部处理。
- 点评平面展厅设计的建筑流线、视线和光线设计要点；
- 结构意识薄弱，讲解纪念馆的常用结构形式及要点。

第三次草图阶段要求
- 根据构思进行排版设计，依据主题灵活运用展陈设计应据展示主题灵活运用全景、半景画及场景复原声光电等现代技术手段来丰富展陈方式；
- 根据结构和构造及建筑材料等相关知识完善方案细部，将其与建筑造型结合起来；
- 根据建筑制图规范和民用建筑设计通则及消防防火知识强化建筑表达的严谨性及实用性；
- 运用电脑技术来辅助方案设计，加深建筑空间的细节刻画。

第三次草图阶段点评
- 展陈组织应考虑流线及视线的影响，展出方式单一，不够灵活；
- 缺乏细节考究，推敲开窗位置、方式与建筑造型、光学及展品的关系。材质搭配、景观元素与场所氛围的关系；
- 剖面缺乏设计，排版缺乏构图层次与主次关系。

正图阶段要求
- 正图应正确表达设计，无与立剖不相待之处，并且要求通过正图的绘制系统的掌握各种表现技法，恰如其分的表达设计方案。

案例解析

实地调研

过程评图

正图阶段图

教学进度安排与控制

类型1：孝文化纪念馆

作业一：展孝之道

点评：A 方案从基地西边董永公园入手，采用园林式分散布局，纪念馆的平面组合关系与体量造型与董永公园相协调；
B 构思以起（起源）、承（传承）、转（扬弃）、合（整合）为空间序列，通过展品布置的藏露框透、景观的立体空间、流线的快慢停歇表达展孝之道主题；
C 空间变化丰富，在流线顺畅的基础上用多种造图手法；
D 表达细腻，达到教学的深度要求，制图规范表达准确。

作业二：遗风

点评：A 基地位于董永公园一侧，构思以董永入手，平面据董永祖宅的地方传统民居院落形式为原型发展演变而来；
B 建筑体量与造型采用了当地民居的典型元素发展变化；
C 展厅内容以古今孝道为空间序列，庭院结合孝文化主题，采用多种展陈方式和景观语汇体现地方传统遗风；
D 空间轴线上布置戏台、茶楼与水域，加强了氛围营造。

类型2：民俗博物馆

作业三：皮影民俗馆

点评：A 以当地民俗皮影戏为构思切入点，利用大量片墙、表皮、灰空间营造出影的变化；
B 形体简洁，空间变化丰富，展陈与环境设计紧密围绕主题进行；
C 表皮设计从皮影图案中抽象出关节律动的折线表皮，贴切生动。

类型3：名人纪念馆

作业四：屈原纪念馆

点评：从楚辞汨罗江切入，建筑若台阶从地而起，汨罗河水为景观要素从地到墙到屋顶，形成立体景观；三角粽作为几何元素出现在天窗造型及绿化小品上。

作业五：伯牙纪念馆

点评：构思以伯牙和子期的知音故事入手，从名曲高山流水中提取水元素，以七玄琴为建筑原型发展变化，平面分区明确流线清晰。

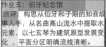

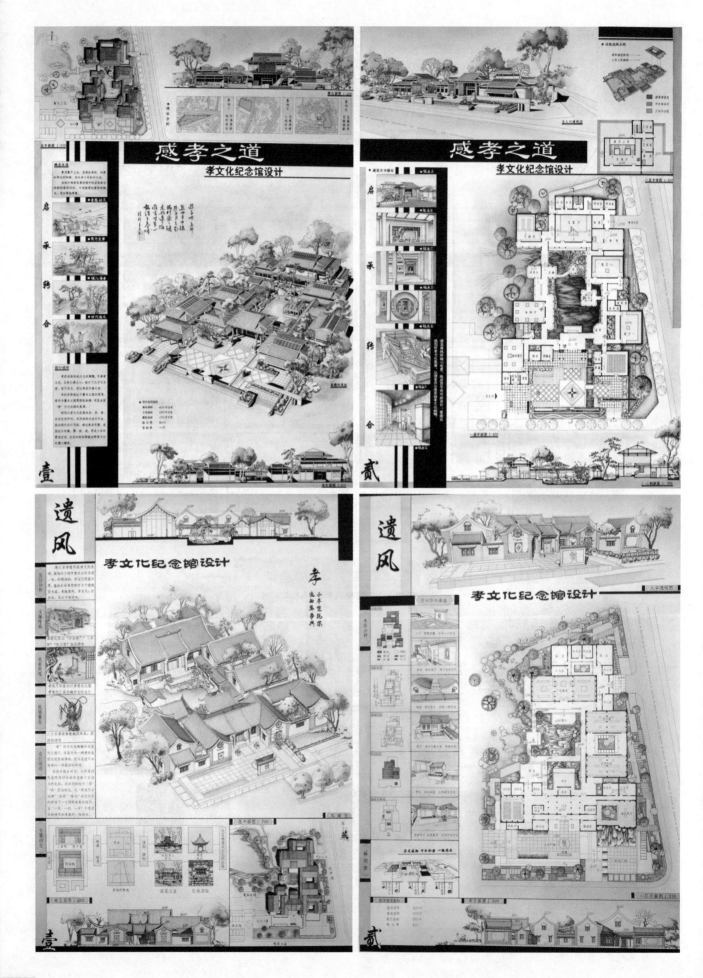

设计基础之校园停留空间设计

（一年级）

教案简要说明

1. 本设计题目的教学目标

《设计基础》是建筑学、城市规划、室内设计、园林等专业的专业主干课程之一，是各专业设计课程的准备及起步阶段，通过一系列课题进行专业基础知识、基本技能的学习与训练，为后一阶段的专业设计打下扎实的专业基础。本课程主要由设计导论、设计认知、设计语汇、平面形态训练等环节组成，达到对设计有一个最基本的认知，了解部分相关知识，并且初步具有平面形态构成的能力和运用设计语汇进行过程的分析及表达的能力。

停留空间设计阶段课程主要由设计认知、设计语汇、空间构成等环节组成，达到对空间设计有更明确的认知，了解更多相关知识，并且初步具有室内外小空间环境及家具设计的能力，及进一步运用设计语汇进行过程的分析及表达的能力。

同时，停留空间设计阶段课程提出了掌握和运用结构建造技术专项专业技能。从材料实验入手，强调动手制作，最终对材料、结构、空间、构造有一个初步认知，为后续课程进一步提高学生在这些问题上的分析与综合能力打下了坚实的基础。

2. 本设计题目的教学方法

包括讲课、课堂辅导、大评图三个部分。

讲课：配合多媒体形式讲义，图文并茂。突出停留空间设计中空间与场地关系、空间与人体尺度、空间与形式构造这几个知识面的讲解与分析。同时，处理对实体构造的深入学习，结构造型方面的知识点，如结构造型原理（结构造型的概念与技术美、直线型的结构、曲线型的结构、空间型的结构）、材料—结构—空间—形式（材料与形式、结构空间、功能与场所）

课堂辅导：针对学生的设计，以小组为单元形式，一对一辅导。辅导过程注重对学生思路的引导，提倡手绘草图的交流，特别是鼓励以实物模型作为直观手段的设计方法。指导的同时并适当邀请课题外人士，鼓励思想碰撞。

大评图：邀请多名专业教授对各小组所展示作业进行细致地点评。

3. 本设计题目的试作过程

这次的停留空间设计的模型制作主要包括结构和构造两个方面的内容：结构是实物的骨架，对实物形象有着内在的影响。课程应该注重培养学生对建筑结构的力学合理性的理解，并且要拓展学生运用结构原理，创造建筑艺术造型的表现力。应较为全面地了解包括框架、桁架、拱、悬索、网架等结构类型和钢、混凝土、木、砌体等材料的应用原理和可能表现形式。

构造则关系到实物的表皮形态，决定着实物的外在视觉效果。不同材料的技术性能与视觉表现力，实物细部设计对于使用和形式的影响。强调构造、材料和细部因素在实物中的合理设计，既提供有效的技术解决，又要考虑富于趣味的视觉表达。

4. 学生作业的情况分析

课题设计结束并邀请校内专家来点评，在评图中指出我们作业的侧重点，使学生对自己的作业有一个清楚判断。

由于不同教师指导的课题有所不同，学生作业呈现出多样的形态。作业所关注的侧重点包括了细条的造型和形态趣味、材质和细节以及环保绿色概念等等。这些不同的侧重点也有利于激发学生的兴趣。

波折的趣味空间——校园停留空间设计 设计者：范佳丽 黄建勇 冯玉青 虞菲 廖佩玲 崔春月 宋春亚 范仁杰 李鹏飞 陈晓璋

砖，致敬——校园停留空间设计 设计者：程业典 客丽 夏莹 刘爽 杨胜世 武斌 奇策 曾丽竹 张红杰 王娜

渔——校园停留空间设计 设计者：冯美玲 杨雨璇 朱梦梦 朱军 王雅坤 沈家瑜 陈衍 徐峰 戴倩文 张媛媛

指导老师：王珲 钱晓东 钱晓宏
编撰/主持此教案的教师：王珲

一年级设计基础 停留空间设计
Design Basis, 1st Year

《设计基础》是建筑学、城市规划、室内设计、园林等专业的专业主干课程之一，是各专业设计课程的准备及起步阶段，通过一系列课题进行专业基础知识、基本技能的学习与训练，为后一阶段的专业设计打下扎实的专业基础。本课程主要由设计导论、设计认知、设计语汇、平面形态训练等环节组成，达到对设计有一个最基本的认知，了解部分相关知识，并且初步具有平面形态构成的能力和运用设计语汇进行过程的分析及表达的能力。

停留空间设计阶段课程主要由设计认知、设计语汇、空间构成等环节组成，达到对空间设计有更明确的认知，了解更多相关知识，并且初步具有室内外小空间环境及家具设计的能力，及进一步运用设计语汇进行过程的分析及表达的能力。

同时，停留空间设计阶段课程提出了掌握和运用结构建造技术专项专业技能。从材料实验入手，强调动手制作，最终对材料、结构、空间、构造有一个初步认知，为后续课程进一步提高学生在这些问题上的分析与综合能力打下了见识的基础。

教学框架

教师　　　学生

规定　观察

评价　　　　　　总结

教学

运用

启发　实验

教学方法

包括讲课、课堂辅导、大评图三个部分。

讲课：配合多媒体形式讲义，图文并茂。突出停留空间设计中空间与场地关系、空间与人体尺度、空间与形式构造这几个知识面的讲解与分析。同时，处于对实体构造的深入学习，结构造型方面的知识点，如结构造型原理（结构造型的概念与技术美、直线型的结构、曲线型的结构、空间型的结构）、材料—结构—空间—形式（材料与形式、结构空间、功能与场所）

课堂辅导：针对学生的设计，以小组为单元形式，一对一辅导。辅导过程注重对学生思路的引导，提倡手绘草图的交流，特别是鼓励以实物模型作为直观手段的设计方法。指导的同时并适当邀请课题外人士，鼓励思想碰撞。

大评图：邀请多名专业教授对各小组所展示作业进行细致地点评。

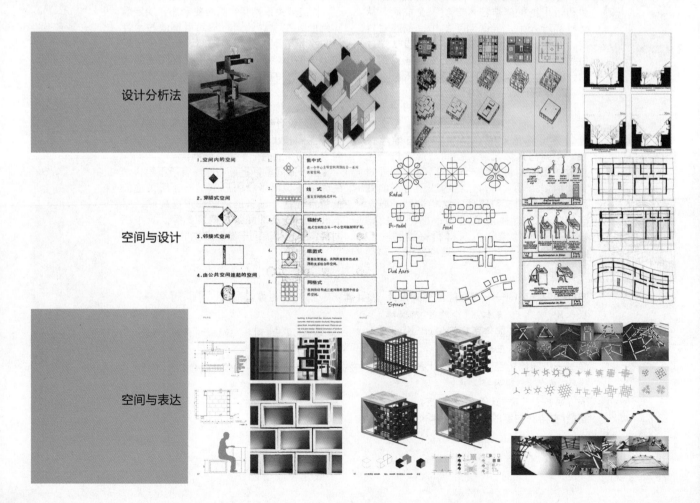

设计分析法

空间与设计

空间与表达

一年级设计基础 停留空间设计
Design Basis , 1st Year

训练题目：停留空间设计

目的：
以对"停留"这最基本的校园空间活动的感知与讨论为出发点，引发对建筑、室内外环境等空间环境构成等问题的观察、分析和思考，激励学生善于观察、研究并提出创造性、理性的解决问题的策略和方法。

设计概述：
在课程设计（四）中设计完成的苏州大学二期建筑与城市环境学院系馆中的3个空间（系馆中庭空间、二楼平台、模型室二楼平台），每班分成3组分别选定3个空间进行空间设计（由各班老师组织进行）。空间主题为"停留空间"。

设计要求：
1、在2m×2m×2m空间范围内进行停留空间设计；
2、该空间要结合提供的场地的空间环境，满足停留功能，符合人体工程学的各项要求；
3、主要材料自定，推荐使用木材（模型室将提供木材采购）；

设计成果要求：
1、比例为1:1实物模型
2、图纸（A3绘图纸若干：平面图2个，立面图4个，剖面图2个，轴测图1个，比例为1:10；设计说明，照片，概念分析图若干）

一年级设计基础 停留空间设计
Design Basis , 1st Year

设计题目的试做过程

这次的停留空间设计的模型制作主要包括结构和构造两个方面的内容：
结构是实物的骨架，对实物形象有着内在的影响。课程应该注重培养学生对建筑结构的力学合理性的理解，并且要拓展学生运用结构原理，创造建筑艺术造型的表现力。应较为全面的了解包括框架、桁架、拱、悬索、网架等结构类型和钢、混凝土、木、砌体等材料的应用原理和可能表现形式。

构造则关系到实物的表皮形态，决定着实物的外在视觉效果。不同材料的技术性能与视觉表现力，实物细部设计对于使用和形式的影响。强调构造、材料和细部因素在实物中的合理设计，既提供有效的技术解决，又要考虑富于趣味的视觉表达。

1、2012年5月18日，上大课，布置作业，选定场地。
2、2012年5月22日交草图，课堂教学环节。
　2012年5月25日确定方案，课堂教学环节。
　2012年5月29日——6月14日，到模型室进行材料切割等准备，到场地进行模型制作，图纸绘制。
3、2012年6月15日，交作业。
4、2012年6月19日，大评图。

课程分析

停留空间设计是设计基础三中空间构成的延续和发展，不仅仅是希望通过对实物构造模型的设计与建造能让学生梦全面、系统、完整的理解空间实体，更希望通过这次1：1模型的建造，让学生理解功能使用方面的人的需求和建筑空间是如何有利有效地结合。从而确立功能本为的设计思维方式。

材料与形式
结构与空间
功能与场所

学生作业情况分析

课题设计结束并邀请校内专家来点评，在平图中之处我们作业的侧重点，使学生对自己的作业有一个清楚判断。
由于不同教师指导的课题有所不同，学生作业呈现出多样的形态。作业所关注的侧重点包括了细条的造型和形态趣味、材质和细节以及环保绿色概念等等。这些不同的侧重点也有利于激发学生的兴趣。

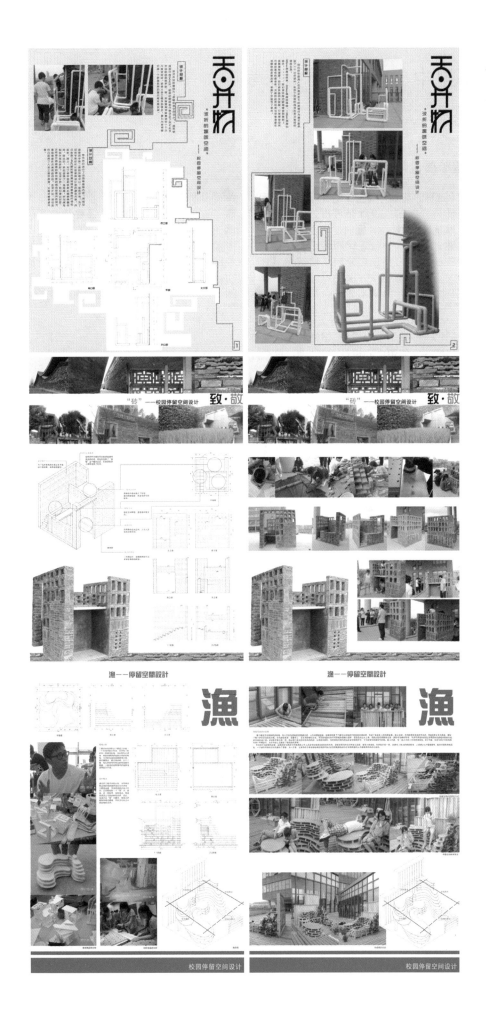

邻里中心设计
（二年级）

教案简要说明

本课程为建筑学专业必修主干课——课程设计系列之二。设计题目拟为多功能组合体建筑:邻里中心。目的是培养学生了解公共建筑设计的一般规律和特点，了解文化建筑的主要内容、功能以及建筑形式、结构、环境及场地等方面的设计要求，掌握邻里中心设计的基本方法，加强资料收集、分析和对建造元素综合处理的能力。除了这些基本的要求外，课程特色在于强调走进城市，以调研所得自己设定任务书中的"自选空间"，明确单体建筑在城市中的角色定位，化被动设计为主动设计，引导学生对中国当代城市问题进行思考和解读，培养学生积极的城市观和建筑观。

工业记忆——邻里中心设计　设计者：钱俊超
城市搭桥——邻里中心设计　设计者：徐婷婷
穿越——邻里中心设计　设计者：王志飞
指导老师：王斌　尤东晶　叶露　戴叶子　徐亮
编撰/主持此教案的教师：王斌

1　建筑学二年级整体教学大纲

教学思路简介：

二年级建筑学教学的中心思想是提倡感性认知和理性操作的并重。目的是让学生在掌握扎实的基本功的同时保持敏感的创造力。建筑如果不仅仅是一项工程，那就一定有它感性的部分。教学中不该反对学生对建筑的感性认识；相反，这正是建筑设计的开始，是一切创造力的原点。一个能够打动人心的建筑必定有它感性的一面。在课程设置上，对感性认知的培养和训练是非常重要的一环。通过该学年四个课程设计，学生们被引导地去感受建筑以及和建筑相关的各个方面，从走进建筑到走出建筑，从走近人群到走向城市，从而对生活环境有了敏感的体验和思考，这些都可能成为创造力的源泉。建筑有其感性的一面，但没有理性的分析和操作方法，任何好的想法都无法成为好的建筑。在具体的设计层面，理性应该占据主导地位，如何用理性的设计方法经营建筑本身的空间和结构，建构和材料，是建筑学的核心问题。该学年的四个课程分别强调了不同的设计方法，让同学们学习不同设计手段，对这一核心问题找到自己的解答。

感性认知：

1.边长6米立方体设计
建筑的本体

物质性是建筑摆脱不掉的基本属性。任何好的设计最终都要落实在建筑本体上。该设计的目的是为了让学生正视建筑的基本元素：墙，板，柱，梁等等。认识到建筑的空间品质，体量感，材质感，都是和结构体系，维护体系等密切相关的。这些基本元素同时也可以成为建筑的表现元素，甚至是最根本的表现元素。

2.别墅设计
建筑与场地

该设计围绕景观中心提供了三个可供选择的地形，即平地，缓坡地，陡坡地。针对每个不同的地形同学们被引导到三个类型，即平层宅，二层宅和三层宅。这样几乎囊括了所有的设计别墅的可能性。另外的一些同学被鼓励摆脱制度，即在平地中改变平面的传统，坡地上改变立面和剖面的传统。这样就形成了一些不守法则方案。

3.幼儿园设计
建筑与行为

大多数的建筑是为人们服务使用的。理解熟悉人的行为方式和空间的关系是建筑师的基本技能。幼儿园无疑是能够体现这一技能的试金石。学生被要求感受幼儿园的两种尺度，多种使用要求，并由此思考什么是自己认为的幼儿园空间的核心。以此为出发点设计一个能体现这一核心价值的单元体。

我院师生参观某建筑工地

我院师生参观某郊外别墅

我院师生参观新洲幼儿园

我院学生与居民交流搜集资料了解民情

理性设计方法：

概念逻辑与建造逻辑

该设计鼓励学生从一个概念开始，并形成自身的设计逻辑，强调贯穿于整个设计活动中的设计法则。"逻辑设计"强调发现法则，更强调遵守法则。在设计过程中，不鼓励同学轻易抛弃既定逻辑，反之，不能让学生轻易改变既定逻辑。而是要发展并完备这个逻辑，而这正是设计能够深入的主要动力。为了使设计能够在尽最抽象的环境中进行，功能的重要性在设计中被有意弱化了。这个建筑是茶室，书吧还是冷饮店不是这个设计关注的重点，重点是设定一种游戏规则，用以带动建筑的基本元素，理解并创造空间。

类型与地形

地形是一种自然条件限制，类型是一种社会制度的产物，建筑师的职责往往是在给定的地形限制和社会制度下设计，只有最优秀的设计师才有可能摆脱地形的限制甚至改变地形的既定制度。平面布置，剖面组织，立面表现也无非都是一种制度下的产物。这制度是一种规定了的生活方式，反过来也限制着生活方式的改变。不守法则究竟是摆脱了制度还是改变了制度是一个难解的问题。因为任何设计都可以理解为一种广义的构成法则，而构成本身就是一种制度。但是无论如何，摆脱或改变都是建筑学得以拓展边界持续进步的动力。

单元到整体

从单元到整体绝不是一个简单的排列组合的操作。中间设计结构，功能，形式的诸多矛盾。如：由单元体本身出发容易靠近结构主义和形式主义的极端，因此一些大空间（如音体室）和辅助空间成为了建筑"去单元化"的手段。该设计强调在设计方法上保持理性的操作，丰富的形式，并满足基本的功能要求，也就是游走于结构主义，形式主义和功能主义之间，最终是要保证"核心价值"的实现。

作业案例：

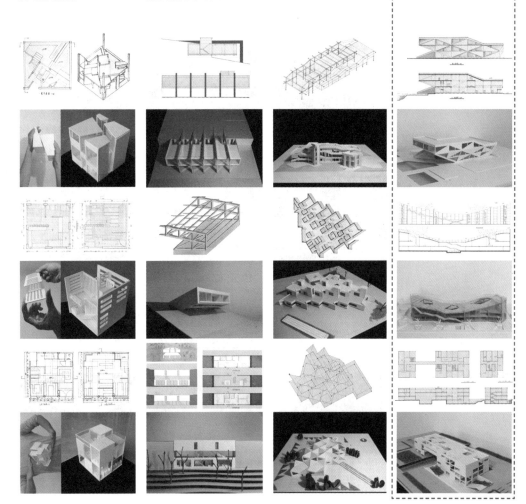

2 邻里中心建筑设计教案

教学目的:

本课程为建筑学专业必修主干课——课程设计系列之二。设计题目拟为多功能组合体建筑:邻里中心。目的是培养学生了解公共建筑设计的一般规律和特点,了解文化建筑的主要内容、功能以及建筑形式、结构、环境及场地等方面的设计要求,掌握社区中心设计的基本方法,加强资料收集、分析和对建造元素综合处理的能力。
1) 通过设计,理解与掌握具有综合功能要求的休闲、娱乐公共建筑的设计; 2) 培养解决场地功能、技术与建筑艺术等相互关系和组织空间的能力;
3) 理解综合解决人、建筑、环境关系的重要性; 4) 基本掌握科学的设计方法和职业建筑师设计工作的操作技能;
5) 初步理解室外环境的设计原则,建立室外环境设计观念; 6) 了解和运用国家有关法规、规范和条例。
除了这些基本的要求外,课程特色在于强调走进城市,以调研所得自己设定任务书中的"自选空间",化被动设计为主动设计,培养学生积极的城市观和建筑观。

背景介绍:

邻里中心介绍

"邻里中心"是源自新加坡的一个社区服务概念,是指在3000—6000户居民中设立一个功能比较齐全的商业服务娱乐中心,是城市商业中心等级结构中最低级的中心。服务半径为1—3公里,营业面积1—3万平米,个体商业,2—3层。邻里中心以居住人群为内核,其全部设施紧密围绕人们在家附近寻求生活、文化交流的需要,构成了一套巨大的家庭住宅延伸体系。"邻里中心"代表了学校所在城市社区形态的主要特征,其建设和运营已成为国内成功的典范,具备为学生研究、学习和体验的价值。"邻里中心"功能多样,很多功能都是独立的建筑类型,例如超市、餐厅等。学生通过这个设计就能了解和掌握多种典型的功能流线组织。"邻里中心"空间开放,公共性强,方便学生随时随地进行调研。

城市中的位置

基地选择在具有古城风貌的古城区和新兴的工业园区之间,目前基地上的建筑正是本市的一个邻里中心。基地的选择给学生们带来了关于城市的很多思考。这一选择使同学们可以有机会思考并展示自己的建筑观:可以是像罗西一样向历史汲取营养的建筑观;也可以是像库哈斯一样向前看的建筑观,也可以是两者融合的建筑观。

基地历史

基地上的新城邻里中心建于1998年,至今只有14年的历史。它是本市的第一个以邻里中心命名的建筑。在它的建成初期,东面的工业园区还未成形,因此当时它主要是服务于来自市区的人群,在私家车还未普及的年代,它的地理位置是比较尴尬的,人流量也并不是非常多。14年后的今天,新城邻里中心已经介于古城区和蓬勃发展的工业园区之间的关键地段。主干道"现代大道"与基地南面边界相邻。它曾经颇显乏力的尺度如今早已湮没在周围的林立高楼之中。在这样一个历史时刻,作为城市"中心"的地位已经得以确立,而如何才能适应未来的发展和需求,为城市生活带来更多的利益和活力则是同学们需要思考的。邻里中心在这里,可能就会成为整个城市的触媒。

周边环境

基地南面是连接古城区和工业园区的现代大道。基地的长边完全面向现代大道。一条人工河道南北贯穿基地,把基地分成两部分。基地北面是公共绿地,位于四周的高层住宅楼之间。基地东面是现存的邻里酒店。西侧是多层住宅楼。这样的基地现状使同学们要充分考虑建筑和四周不同环境之间的关系。

任务书介绍:

任务说明

为满足社区居民生活需要,提供居民生活所需的商业、休闲、活动交流、保健卫生、以及办公、培训等场所。在某居住区内拟建一座社区邻里中心。用地位于工业园区一典型的居住区用地内,用地面积约8000m2。

设计要求

1) 平面功能合理,空间构成流畅、自然,室内外空间组织协调。
2) 结合基地处理好居住区整体环境与建筑的关系,做好相应的室内外环境设计。
3) 保证良好的采光通风条件,创造较好的室外交流空间。
4) 考虑所处居住区的环境特征,建筑形象不仅要体现综合建筑的文化气息,又要有一定的生活气息。
5) 建筑层数不超过三层。

经济技术指标

1) 总建筑面积约4000m2,绿地不小于40%
2) 商业配套 (800 m2) 160X5
居住区必须处理好居住区整体环境与建筑的关系,以便利店、电信邮政、各类商业服务的沿街店面。
3) 休闲健身 (800 m2) 160X5
为居民提供休闲健身的场所,如美容馆、美发厅、健身房、乒乓球室、台球室等。
4) 保健卫生 (150 m2) 50X3
必要的医务室、药房、保健室等;
5) 办公空间 (100 m2) 20X5
值班管理用房,如物业办公、办公等;
6) 多功能空间 (450 m2)
用于社区活动、节日聚会、社区会议的空间、如多功能厅、专业知识培训教室、展览空间等;
7) 自选空间 (体积4000 m3左右)
根据调研结果自行确定,内容和形式不限
8) 室外活动空间 (约2200 m2)
网球场、篮球场若干
附注: 门厅、交通空间、卫生间、库房等面积,设计者自定,要满足基本使用要求和相应的设计规范。(建筑效率需达到70%以上,即辅助空间面积不大于30%)

成果要求

1) 图纸内容:
总平面图1: 500,全面表达建筑与周围环境和道路关系。
首层平面图1: 300,包括建筑周围绿地、广场等外部环境设计;
其他各层平面图1: 200。
立面图1: 300 (不少于2个);
剖面图1: 300 (1~2个);
轴测图和建筑模型。
2) 图纸要求:
图幅统一采用A1 (594×841mm)。
图线粗细有别,运用合理;文字与数字书写工整,尺规作图。
效果图表现手法不限。

设计的开始:

图为我院师生正在调研古城区大量即将面临拆迁的传统院落式住宅。

图为我院师生正在参观工业园区某新开楼盘并听工作人员介绍房地产动态。

图为我院师生正在采访居住在各种类型住宅中的市民。

图为我院师生正在参观现状基地内的新城邻里中心。

调研成果:

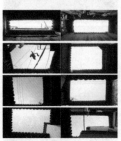
图为我院师生搜集的部分院落资料。

图为我院师生搜集的部分多层公寓资料。

图为我院师生搜集的部分桥梁资料。

图为我院师生搜集的部分高架路资料。

自选空间的确定:

通过一系列的城市调研和资料搜集,同学们渐渐认识到我们生活的这个城市的多样性和丰富性,同时也必须思考这样一个问题,即作为未来的建筑师我们的责任和义务到底是什么? 同学们被要求不仅仅接受任务书的空间,还要主动思考什么是他们真正需要的。每个同学根据自己的理解和认识确定任务书中的"自选空间"的内容,比较有代表性的有:1.跳蚤市场,可以促进自由市场氛围的物物交换;2.城市舞台,可以促进市民的集会和交流;3.大型评弹馆,把小型的地方文化发扬光大;4.小教堂,帮助有宗教信仰的人集会;5.相亲空间,帮助年轻人交友聚会;6.交互空间,增强高科技在城市生活中的作用,等等。这一过程把传统的被动设计转变为主动设计,大大提高了同学们的积极性和兴趣,同时激发了大家的创造力和想象力,使很多同学的方案呈现出自身的独特气质。

设计过程:

设计过程中采用集体评图和一对一评图相结合的方式。在设计的前期,集体评图可以让同学们发现共同的问题和了解别人的想法,大大提高了教学效率。图为我院学生聚精会神探讨方案。

大家的草图被放在一起修改,了解相互之间方案的发展和存在的问题,相互学习,共同进步。图为我院某班级墙面上供大家一起探讨的草图汇总。

我院师生经常利用较为优越的自然环境和城市环境进行现场教学,提倡不拘一格的教学模式。在激发同学们兴趣的同时获得第一手的信息和知识。图为我院师生在操场上探讨方案设计。

图纸和模型相结合是我院推行的设计方法。同学们被要求直接从三维的空间关系上推敲方案,弥补二维图纸带来的局限。图为我院某班同学的工作模型。

3 邻里中心建筑设计教学成果展示

教学成果简介：

走进城市的研究方法和丰富多变的教学方法调动起了师生们的积极性，取得较为丰厚的成果。以下是部分学生作业，另外有三个具有代表性的设计会详细介绍。从列出的这些学生作业中可以明显看到，学生没有受到某种特定"风格"的影响和束缚，而是根据自己对城市的感性认知，提炼出自己认为城市需要的"自选空间"，以此作为设计的切入点，用理性的空间结构操作手段表达自己最感性的认知和想法，体现了我院二年级学生在严格的设计方法指导下不拘一格的创造力。

设计的表达：

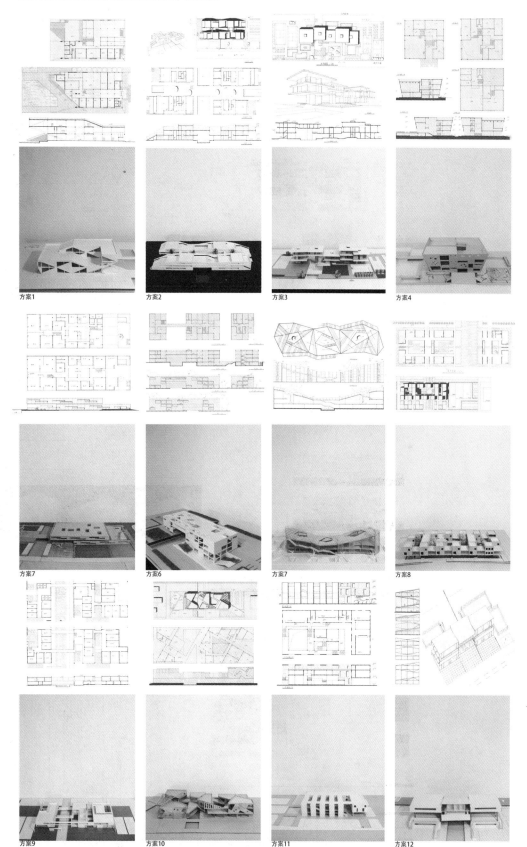

方案1　　方案2　　方案3　　方案4

方案7　　方案6　　方案7　　方案8

方案9　　方案10　　方案11　　方案12

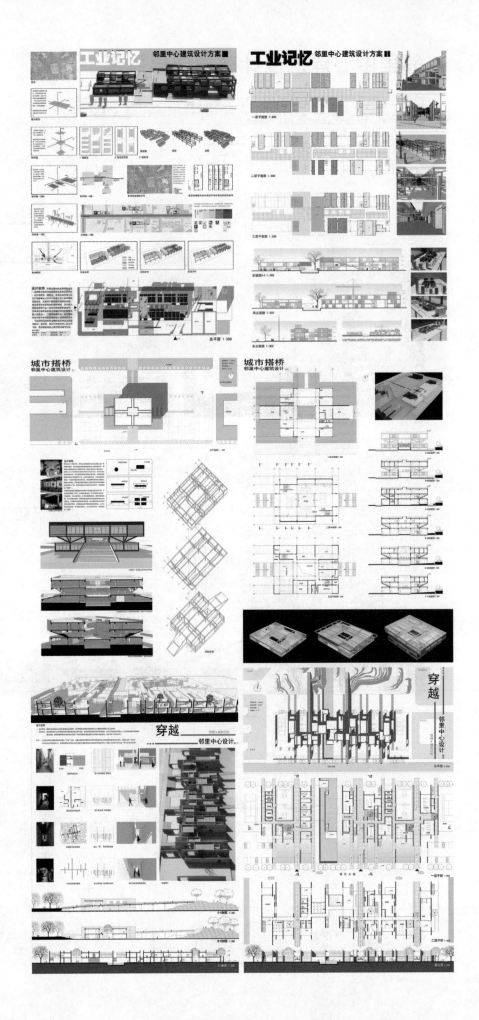

苏州大学

高层建筑综合体设计

（四年级）

教案简要说明

1. 教学目标

1.1 初步学会高层建筑的设计方法，学习高层建筑的设计原理，认识消防、结构、设备与建筑设计的关系。

1.2 学习高层建筑的群体造型处理方法，认识高层建筑与城市景观的关系。

1.3 学习大型公共建筑的交通流线组织和城市规划的关系。

1.4 初步掌握利用计算机分析软件辅助设计的能力（CAAD）

2. 教学难点

2.1 避免"雕塑"设计：高层建筑综合体属于复杂型建筑，相比常规建筑，其对建筑技术的要求相对较高，实际教学中极易导致设计回避问题，偏于形体设计，而忽略高层本身的技术特点。

2.2 信息技术融入设计：相对于前三年的通常建筑设计，四年级的专业学习增加了许多计算机软件教学，如何在设计中初步掌握计算机软件辅助设计的能力，而不仅仅是把计算机软件变成设计表达手段。

2.3 综合处理能力：在传统的"高层建筑设计"的基础上增加了"综合体"概念，如何避免难度剧增导致的设计深度欠缺。

2.4 团结协作能力：从原来个人独自设计，改变为多人协作设计，不仅仅是分解工作量，如何互相协作、即时磨合，共同完成好设计。

3. 教学方法

3.1 增加"著名高层建筑结构模型制作分析"环节——通过学生的资料搜集与分析、模型制作、PPT分析报告三个过程，锻炼分析能力、协作能力和表达能力的同时，也对高层结构及设备技术等有初步的了解。

3.2 强化调研环节——调研不仅仅是对基地的现场踏勘，同时也是对基地的综合分析。掌握"田野调查"能力，通过设计前期分析、策划的方式，提高理性设计的能力。

3.3 融入案例分析环节——设计过程中即时寻找类似案例，能够提高设计的效率，同时也成为"压力"促发学生不断进行资料搜索和阅读。

3.4 结构及设备教师参与设计指导——设计过程前期、中期及后期均邀请建筑结构及建筑设备教师参与设计点评、改图，使学生对高层设计过程的技术协同有初步认识。

3.5 信息技术软件结合设计分析——设计中不仅仅是对高层的技术了解，也要学会高层的技术分析，结合空间句法的depthmap软件和ecotech软件，让学生初步了解辅助设计软件的运用。

3.6 多人协作设计——由于高层建筑综合体属于相对复杂的建筑设计内容，多人分工协作有利于设计更深入，但是过程中需要大家团体协作，也是为即将进入的五年级设计院实习做准备。

天桥 街道 广场 设计者： 单云龙　苏贞强

城市 街道 舞台 设计者： 陈凌炜　曹梦然　彭婷婷

指导老师： 姚敏峰　谢少明　刘塨

编撰/主持此教案的教师： 姚敏峰

● 教学目标

1．初步学会高层建筑的设计方法，学习高层建筑的设计原理，认识消防、结构、设备与建筑设计的关系。
2．学习高层建筑的群体造型处理方法，认识高层建筑与城市景观的关系。
3．学习大型公共建筑的交通流线组织和城市规划的关系。
4．初步掌握利用计算机分析软件辅助设计的能力（CAAD）

● 教学难点

1．避免"雕塑"设计：高层建筑综合体属于复杂型建筑，相比常规建筑，其对建筑技术的要求相对较高，实际教学中极易导致设计回避问题，偏于形体设计，而忽略高层本身的技术特点。
2．信息技术融入设计：相对于前三年的通常建筑设计，四年级的专业学习增加了许多计算机软件教学，如何在设计中初步掌握计算机软件辅助设计的能力，而不仅仅是把计算机软件变成设计表达手段。
3．综合处理能力：在传统的"高层建筑设计"的基础上增加了"综合体"概念，如何避免难度剧增导致的设计深度欠缺。
4．团结协作能力：从原来个人独自设计，改变为多人协作设计，不仅仅是分解工作量，如何互相协作、即时磨合，共同完成好设计。

● 教学方法

1．增加"著名高层建筑结构模型制作分析"环节——通过学生的资料搜集与分析、模型制作、PPT分析报告三个过程，锻炼分析能力、协作能力和表达能力的同时，也对高层结构及设备等有初步的了解。
2．强化调研环节——调研不仅仅是对基地的现场踏勘，同时也是对基地的综合分析。掌握"田野调查"能力，通过设计前期分析、策划的方式，提高理性设计的能力。
3．融入案例分析环节——设计过程中即时寻找类似案例，能够提高设计的效率，同时也成为"压力"促发学生不断进行资料搜索和阅读。
4．结构及设备教师参与设计指导——设计过程前期、中期和后期均邀请建筑结构及建筑设备教师参与设计点评、改图，使学生对高层设计过程中的技术协同有初步认识。
5．信息软件结合设计分析——设计中不仅仅是对高层的技术了解，也要学会高层的技术分析，结合空间句法的depthmap软件和ecotech软件，让学生初步了解辅助设计软件的运用。
6．多人协作设计——由于高层建筑综合体属于相对复杂的建筑设计内容，多人分工协作有利于设计更深入，但是过程中需要大家团体协作，也是为即将进入的五年级设计院实习做准备。

● 设计任务书

1．项目背景：
　　厦门某大型国有企业参与政府岛外新城建设，为响应政府交通导向城市发展的TOD模式需要，更好地促进新城商业配套设施的完善，拟建设一栋高层商业办公综合体以满足该企业总部办公的需求，剩余部分对外出租办公。此外，该综合体的裙房部分为大型商场，并结合布置城市公交终点站与临近的高架BRT站衔接。

2．建设地点：
　　厦门市集美区嘉庚体育馆旁临BRT站（基地详见附图）。
地块形状为长方形，基地两边临路，南侧为60米城市干道，道路中心为BRT高架专用道。东侧为50米城市支路，中间有10m宽绿化带，北侧及西侧为24米城市支路。基地西侧与已建成的嘉庚体育馆相邻。基地东侧为正在开发建设的步行商业街。南侧与高架BRT站天桥对接。

3．技术要求（规划设计要点）：

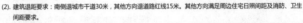

(1)．基地指标控制
　　建筑密度：≤60%
　　容积率：≤5
　　建筑高度：不超过100m
　　绿地率：＞25%
　　停车位：按照400位配置
　　公交终点站停车位：＞10个

(2)．建筑退距要求：南侧退城市干道30米，其他方向退道路红线15米。其他方向满足周边住宅日照间距及消防、卫生间距要求。

(3)．交通组织要求：公交终点站对城市干道开口不得超过一个。高层办公综合体入口及停车入口不得向城市干道。商业裙房必须与高架BRT站天桥直接对接。

(4)．设计内容和面积分配：总建筑面积：42000m²
　　a．商务办公用房：29000m²
　　b．商业裙房：12000m²
　　c．设备辅助用房：1000m²

(5)．地下车库：需要配备400停车位（车位/100m²建筑面积）

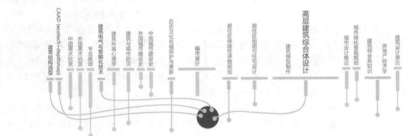

BRT车站
项目基地
嘉庚体育馆

四年级课程设置关系图

CAAD（ecotech+depthmap）
建筑结构选型
中国美术欣赏
外国美术欣赏
专业英语
建筑电气智能化技术
建筑环境心理学
外国城市建设史
中国城市建设史
历史文化名城保护与更新
城市设计
居住区修建性详细规划
居住区修建与住宅设计
高层建筑综合体设计
建筑模型制作
城市绿化景观规划
城市设计导论
建筑师业务知识
房地产经济学
建筑设计表达

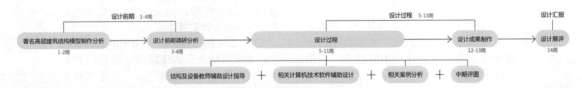

● 教学过程

设计前期 1-4周　　　　　设计过程 5-13周　　　　　设计汇报

著名高层建筑结构模型制作分析 → 设计前期调研分析 → 设计过程 → 设计成果制作 → 设计展评
1-2周　　　　　　　　　3-4周　　　　　　　5-11周　　　　　12-13周　　　　14周

结构及设备教师辅助设计指导　＋　相关计算机技术软件辅助设计　＋　相关案例分析　＋　中期评图

著名高层建筑结构模型制作分析 ▶

模型制作与展示

设计前期调研分析 ▶

居民调研　　　　　　　　　　　　　　　　　　　　　　　现场勘查

教学过程 ─────

高层建筑综合体设计
HIGH-RISE COMPLEX BUILDING DESIGN

华侨大学

调研汇报

现状综述

草图构思

相关案例分析

高层建筑——韩国大宇电子科技总部大楼

高层建筑——法兰克福银行总部大楼

城市综合体——德国柏林中央火车站

城市综合体——日本六本木之丘 ROPPONGI HILLS

CAAD软件学习

Ecotech&Depthmap

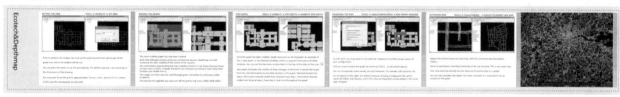

CAAD设计分析

利用CAAD对初步方案进行比较

NO.1 单体·板房，西南回纹公交换乘

NO.2 双体量·小堆房，西南角回纹公交换乘

NO.3 三体量·誓楼的玻璃体，范式组织公交换乘

Lighting analysis

Insolation Analysis

3.Insolation Analysis

利用CAAD进行平面及剖面的分析

Insolation Analysis (total radiation)

visible connection analysis

metric step shortest path length

Depth map

Visiable connection analysis

Point first moment

Angular step depth

Visial connection analysis

Isovist compachness

Metric shortest step deptth

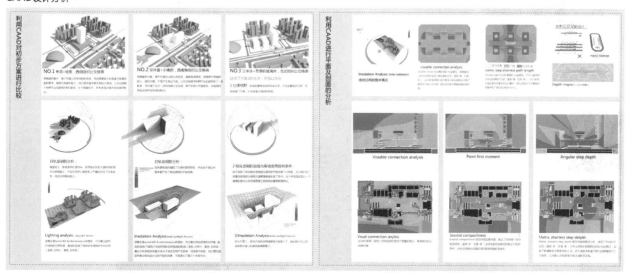

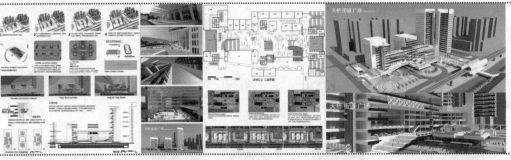

天桥 街道 广场

优点： 该设计从土地综合多维利用的角度出发，底层作为公交终点站，上部作为街道、广场与BRT天桥紧密结合，人流、车流合理分层有效化解了城市综合体常见的交通矛盾，设计思路清晰，建筑空间丰富，剖切表达效果较好。

缺点： 建筑形体设计稍显呆板。

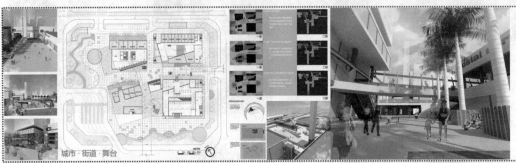

城市 街道 舞台

优点： 该设计通过天桥与台阶式广场作为建筑四个主要组成体块的过渡空间，建筑较好地形成以内聚式的街道空间，同时公交终点站与建筑之间相对独立又不乏联系的衔接方式有效地提高了公交站与BRT之间换乘所带来的人气，并通过各种商业功能的布置互相对接，设计形象明快，空间效果突出。

缺点： 内广场空间纵深感不足。

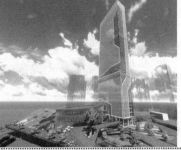

集美元

优点： 该设计借用"大树"意象，采用"元"概念促使区域人气整合形成汇聚，使建筑形成一个绿意盎然的城市形象，底部空间释放为城市绿地，错综复杂的交通流线被"元"分解，较有新意，设计形象突出。

缺点： 高层形体力度不足，"树"形意象牵强。

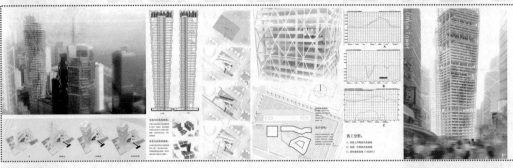

Office Tower

优点： 该设计从结构设计角度出发，借用网架结构理念形成倒锥形形体，尽可能减少建筑占地空间，提供更多城市交往活动空间。形体意象明确，结构关系清晰。

缺点： 建筑结构悬挑比例稍显夸张，设计深度不足。

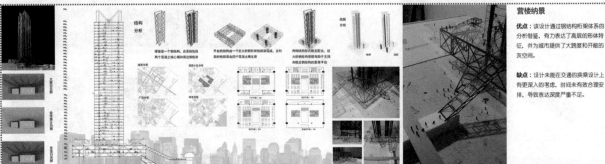

营楼纳景

优点： 该设计通过钢结构桁架体系的分析借鉴，有力表达了高层的形体特征，并为城市提供了大踏步和开敞的友空间。

缺点： 设计未能在交通的换乘设计上有更深入的考虑，时间未有效合理安排，导致表达深度严重不足。

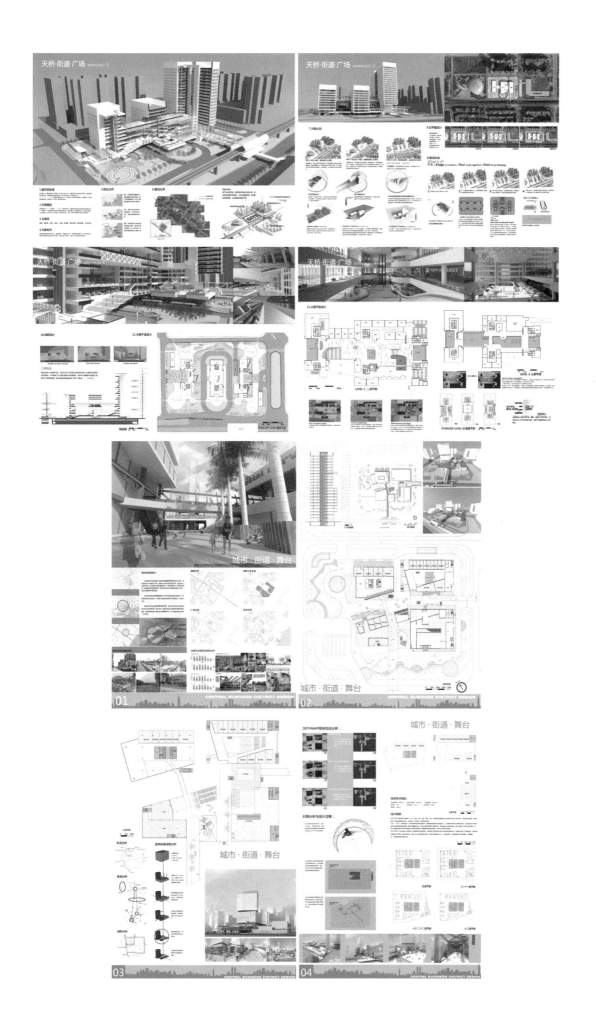

基于体验式设计的基础教学——幼儿园设计

（二年级）

教案简要说明

1. 教学理念

教学观念——强调"体验"

教学以"体验"为核心，在教学过程的各个部分均强调学生自主体验，发现问题，研究问题，解决问题。在设计中鼓励学生从体验中发现设计切入点。

教学目的——能力训练

包括对功能较复杂建筑中问题的综合解决能力，以及基于"体验"的创新能力。

教学内容——环节教学

掌握设计中主题与命题、环境与形体、功能与空间、建构与实体、塑构与造型、表达与表现6个环节的教学内容。

教学组织——"研究、实践"

符合学生认知特点，教学过程强调首先学习研究优秀案例，提出各环节构思，再将构思运用到综合设计中，掌握学习方法。

评价体系——动态评价

采取过程评价与最终评价相结合的动态评价体系，采用打分制。量化评价因素，评价体系更为客观。

2. 教学目标

2.1 建立设计全过程概念

作为设计入门，通过环节内容的融入，使学生了解设计过程，建立设计全过程概念。

2.2 强调基于"体验"的创新能力

强调行为心理研究，基于"体验"，提出设计构思，寻求设计切入点。

2.3 训练学生对环境、功能、空间、技术等方面问题的综合解决能力。

培养学生对功能较复杂建筑中建筑与环境的关系、单元式建筑空间的组合方法、符合使用者特征的建筑造型、框架结构的运用等方面的应对能力。

3. 设计要求：拟建全日制幼儿园一所，设6个班，收容3～6岁儿童150名。要求功能分区明确，布局合理，联系方便，不交叉干扰；游戏场地和庭院布置合理紧凑；采光通风良好；建筑形象新颖并具有浓郁的幼儿园建筑特征；主体建筑不超过三层；建筑面积约为1500m²。

成长的故事——幼儿园设计 设计者：尉东颖
港湾——停泊 起航 设计者：徐晓萌
"恩物"幼儿园 设计者：陈未
指导老师：王珊 杨红 王进 李艾芳
编撰/主持此教案的教师：王进

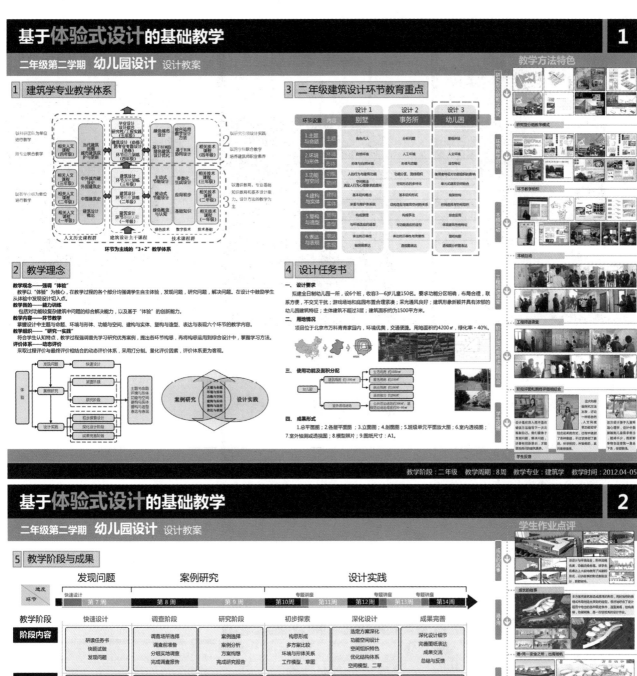

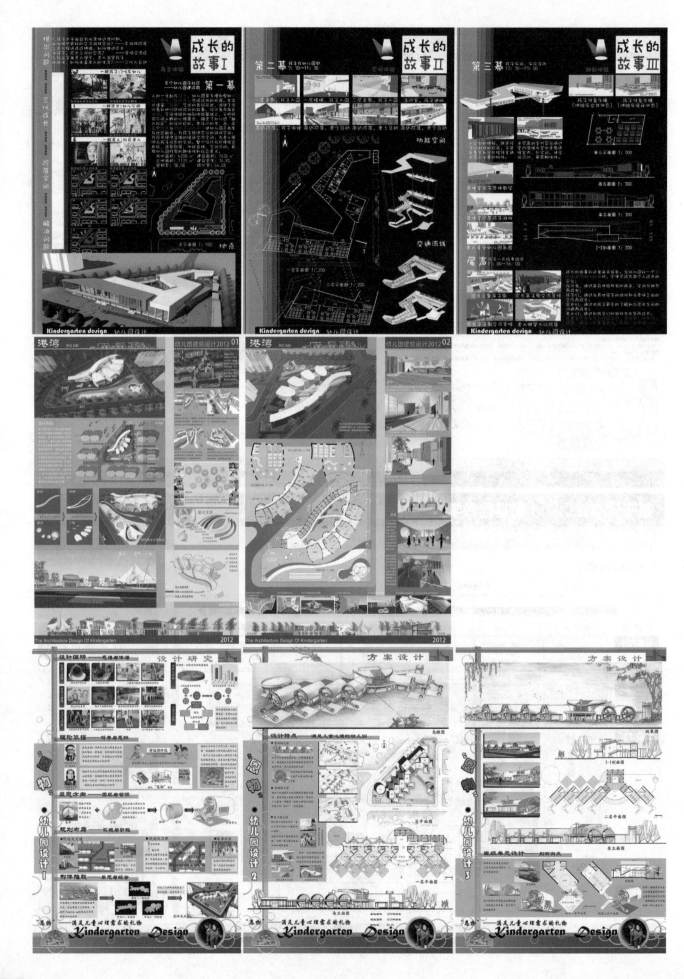

三年级非线性studio设计

（三年级）

教案简要说明

1. 相关概念

1.1 数字图解（Digital Diagram）

图解作为工具已广泛运用于建筑设计。埃森曼开发了"图解"的生成性用途，把建筑作为一个事件不断展开，时间在这里具有了积累、绵延的特征，于是形式是运动的积累。库哈斯及赫尔佐格也坚信图解的生成性用途，并以图解为工具生成设计，但是他们图解的起点则与艾森曼完全不同。库哈斯认为建筑学的中心应该让位于某些更广泛的社会力量，他的设计图解来自于这些社会研究，并对图解进行操作，发展成建筑方案。赫尔佐格更注重建筑所在场地及周边的特征，建筑形态的起点从研究地段及环境开始。环境及生活现象，以及其逻辑性地发展，形成最终的设计方案。但是，无论埃森曼，还是库哈斯及赫尔佐格，他们都是通过手工操作图解来生成设计。

1.2 非线性建筑（Non-linear Architecture）

"非线性"即不是"线性"的，所谓线性，指两个变量之间可用直角坐标中一段直线表示的一种关系，在科学发展早期，人们首先以线性关系来近似地认识自然事物，牛顿现代科学一直在线性范围内发展求解，并形成经典。但线性关系其实只是对少数简单非线性自然现象的一种理论近似，"非线性"才是自然界的真实特征。各个学科领域对非线性问题的研究统称为非线性科学，它研究自然界动态、自由、不规则、自组织、远离平衡状态的现象，"尽管科学家们对非线性理论还未达成一致的看法，但是，非线性科学所揭示出的关于宇宙的事实让人类认识到宇宙其实要比牛顿、达尔文及其他人设想的更具活力、更自由、更开放、更具自组织性"。非线性建筑是以非线性科学的态度和方法处理设计问题而得到的建筑设计，它是更科学、更逻辑、更理性的建筑设计结果。

2. 课程描述

本设计课程要求从做一实验开始，实验结果要能展现动态的复杂形态现象；在实验的基础上，应对实验所产生的动态的复杂形态进行分析研究并发现其特征或规律，接着以某种规则、或规则系统（算法）近似地描述形态特征或规律，并用计算机语言将规则或规则系统写入计算机形成软件程序，这一程序可以模拟实验的结果。

本课程的目的在于用这一程序为北京798艺术画廊生成设计方案雏形，当然，在得到方案初步形态之后，还要根据影响设计的其他因素，进一步深化设计，把雏形发展成设计方案。此外，在生成雏形之前，还要求用程序先设计一个艺术装置。

3. 课程目标

3.1 设计并做一实验：实验能展现动态的复杂形态现象；

3.2 用规则或规则系统（算法）描述实验结果：进一步认识动态的复杂现象可由规则或规则系统控制，这里的规则或规则系统即是图解或称抽象的机器；

3.3 用计算机语言将规则或规则系统写入计算机形成软件程序（也可选用已有软件程序）：用于设计生形，这里软件程序即是数字图解；

3.4 用软件程序生成艺术装置：主要目的在于探索这一程序的生形潜力；

3.5 用软件程序生成设计方案雏形：结合地段及设计要求生成798艺术画廊雏形并发展成设计方案；

3.6 设计方案形态的结构系统及构造逻辑研究：对生成的形态进行基本建造问题的研究，主要研究结构体系及材料构造。

4. 教师点评

学生通过对实验过程的设计和实验结果的深入分析，抽象出符合实验现象的规则，并且将算法发展成能够运用于建筑设计的算法系统。各小组不仅利用了现有的计算机工具，更能够自行开发出符合实验结果的新算法插件运用于设计过程，与传统设计方法紧密结合，达到了较高的应用水平。教学过程经历了从人是复杂自然现象规律，到抽象本质，再到结果升华运用的完整过程。无论对学生的基础建筑学素质还是综合设计工具能力都是一次很好的培养和检验。

798美术馆设计 设计者： 黄海阳 郝田
Fluent Art 设计者： 梁迎亚 余浩昌
指导老师： 徐卫国 林秋达 黄蔚欣
编撰/主持此教案的教师： 徐卫国 黄蔚欣

建筑学本科教学平台

基础平台设计教学

在本课程之前的建筑学基础平台设计教学中，学生通过几个基础的课程设计，掌握了建筑设计的一般方法与原理，为建筑创作做好准备。

开放式教学

本阶段教学旨在帮助学生在已有的建筑设计基础上，发散自己的思维，广泛接触不同的设计思想与方法。本课程是本教学模块的重要内容，旨在让学生对参数化设计方法有最基本的认识，增加学生的思路和设计方法。

参数化设计课程

本课程是清华大学建筑学院本科教学体系中具有承前启后意义的一部分。学生在完成了大一大二建筑学基础平台设计教学后，进入到开放式教学部分中，在这个平台上，学生的想象力得到最大限度地发散，摄取全面的信息，完成独具特色的设计作品。经过这样深入思考、积累、发散地过程，学生才有能力在最后一个教学平台——大型综合性建筑设计中掌控全局，做出全面但富于特色的作品。本课程与前后课程的具体衔接关系请见下面的图表。

大型综合性建筑设计教学

本课程平台是整个本科阶段教学的综合体现。在大型综合性公共建筑设计教学中，既需要学生在基础教学平台中积累的设计基础技能，也需要开放式教学平台中积累的思维创造力。通过这两部分的综合作用学生才能真正完成好的设计作品。

教学目标

目标1
设计并做一实验：实验能展现动态的复杂形态现象。

目标2
用规则或规则系统（算法）描述复杂现象：这里的规则或规则即是图解或称抽象的机器。

目标3
用计算机语言将规则或规则系统写入计算机形成软件程序：这里软件程序（也可选用已有软件程序）即是数字图解。

目标4
用软件程序生成艺术装置：主要目的在于探索这一程序的生形潜力。

目标5
用软件程序生成结合地798艺术画廊雏形并生成设计要求设计方案。

目标6
设计进行形态造型逻辑方案研究：的结构系统对生成的形态造问题的研究；要研究结构体系及材料构造主要构。

教学方法

在本课题中，我们采用了综合性因材施教的教学方法。我们鼓励学生进行独立地实验探索与对实验结果的分析和思考，我们的教师则采用互动式教学的方法，在充分了解学生实验的分析结果并与学生进行反复讨论和交流后，帮助学生确立设计的发展方向，进而帮助学生完成整个设计与表达。具体来说，我们的教学方法可分解为一下四个步骤。

实验研究

我们教学研究的第一步是学生的实验探索。我们鼓励每个学生拓展自己的思路，进行各种各样的实验研究，并在此基础上，通过归纳分析的方法进行思考演绎。

技术讲课

实验研究后，我们将有一系列针对参数化设计技术（包括参数化设计软件的使用、模拟工具的使用等）的指导讲座，为学生发挥自己的独创性，基于实验结果进行进一步的建筑设计提供技术支持与保障。

分别指导

由于每位学生的思路不同，设计基于的实验结果与分析也不同，因此在我们的课题中，我们贯彻了因材施教的教学方法，尊重每一位学生的独特想法，不同教师在设计工作的全程对不同的学生进行分别指导。

结果搜索

与传统设计方法中设计结果往往是预知的不同，参数化设计的过程本质上是一个结果搜索的过程——即通过基地、功能等预设的逻辑利用计算机进行形态生成，因此在我们的设计过程中，结果是需要学生在教师的帮助指导下进行搜索并优化。正是这种结果的未知性保证了学生个性的最大程度地释放与发挥。

实验 ➡ 整个设计过程的基础，通过学生自助选定的实验作为设计的起点。

结果分析 ➡ 实验结果获得后，学生在老师的指导下进行结果分析，提取有用的信息。

规则寻找 ➡ 实验中提取出来的信息转化为计算机能够处理的模型是参数化设计中的重要步骤。

程序语言（软件） ➡ 实验获得设计推进的基本模型后，我们进行各种类型的软件辅导，帮助他们掌握更多设计工具，获得更多设计的可能性。

装置设计 ➡ 将基本模型和适宜的软件相结合，学生便能够得到生形的基本逻辑。然而这个逻辑仅是实验的反映，还不足以生成建筑。

场地与功能研究 ➡ 学生从场地和功能中提取对建筑影响最大的几个要素，并以参数的方式加入到装置模型中，使得建筑能够满足地段与功能的特点与需要。

生成雏形 ➡ 由前面多个步骤的学习与辅垫，学生必须利用软件技术将抽象的模型转化成形象的形体。这个形体便是前面各个步骤的成果，同时也是建筑细化的起点。

设计发展 ➡ 基于前面生成的建筑雏形，老师讲帮助学生细化设计，将建筑的雏形与功能、建造等建筑方面的要求相结合，使得建筑能够达到一定的设计深度。

结果表现 ➡ 利用各种丰富的表现手法展现参数化设计最具特点的一面，真正突出其与众不同的特点。

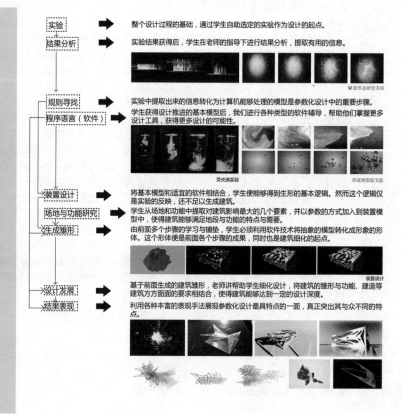

U胶形态研究实验

荧光液实验　　形波糖裂痕实验

装置设计

设计任务书

教学要求与目的

　　本课程要求完成艺术画廊设计。在得到方案初步形态之后，还要根据影响设计的其他因素，进一步深化设计，把雏形发展成设计方案。此外，在生成雏形之前，还要求用程序先设计一个艺术装置。

数字图解

　　图解作为工具已广泛运用于建筑设计。埃森曼开发了"图解"的生成性用途，他的具体操作是从某一原始形式或初始概念出发，运用某种方法或规则，逻辑性地变化原始形式，从而形成系列形体并产生建筑设计。库哈斯及赫尔佐格也坚信图解的生成性用途，并以图解为工具生成设计。库哈斯认为建筑学的中心应该让位于某些更广泛的社会力量，他的设计图解正是来自于社会研究，对图解进行操作，发展成建筑方案。赫尔佐格更注重建筑所在场地及周边的特征，建筑形态的起点从研究地段及环境开始。环境及生活现象，以及其逻辑性地发展，形成最终的设计方案。无论埃森曼，还是库哈斯及赫尔佐格，他们都是通过手工操作图解来生成设计。

设计任务介绍

　　本设计课程要求从做实验开始，实验结果要能展现动态的复杂形态现象；建议这一实验的设计要基于对中国传统艺术的研究、并在某方面或某种程度上与所研究的传统艺术有关，比如研究中国书法，实验与墨有关；在实验的基础上，应对实验所产生的动态的复杂形态进行分析研究并发现其特征或规律，接着以某种规则、或规则系统（算法）近似地描述形态特征或规律，并用计算机语言将规则或规则系统写入计算机形成软件程序，这一程序可以模拟实验的结果。

设计要求与选址

　　本课题最终以艺术画廊作为设计对象，设计要求及设计条件如下：
(1) 选址位于北京 798 艺术工厂内，地上建筑面积 1000-1500 m2；地下建筑面积 500-1000 m2；
(2) 建筑内应主要设有艺术品展示空间，并附设门厅、咖啡厅、零售商店、办公室、会议室、厕所等功能用房；
(3) 建筑限高 24m；
(4) 应设地下停车场及部分地上临时停车位；
(5) 建筑密度 >60%；
(6) 绿化率 <15%。

非线性建筑

　　"非线性"即不是"线性"的，所谓线性，指两个变量之间可用直角坐标中一段直线表示的一种关系。"非线性"才是自然界的真实特征。各个学科领域对非线性问题的研究统称为非线性科学，它研究自然界动态、自由、不规则、自组织、远离平衡状态的现象，"尽管科学家们对非线性理论还未达成一致的看法，但是，非线性科学所揭示出的关于宇宙的事实让人类认识到宇宙其实要比牛顿、达尔文及其他人设想的更具活力、更自由、更开放、更具自组织性"。非线性建筑是以非线性科学的态度和方法处理设计问题而得到的建筑设计，它是更科学、更逻辑、更理性的建筑设计结果。

成果要求

(1) 实验设计及实验结果：实验记录过程及筛选结果；
(2) 规则系统及软件程序：程序文件；
(3) 艺术装置设计：装置效果图及模型实物；
(4) 找形过程及建筑雏形：多个雏形及筛选过程；
(5) 结构系统及材料构造：简明的结构概念意向；
(6) 798 艺术画廊设计方案：效果图以及相关分析图；

进度要求

1-2 周	3-4 周	5-6 周	7-8 周
结果归纳	软件程序指导选择	地段雏形研究生成	设计最终发表展现

作业成果

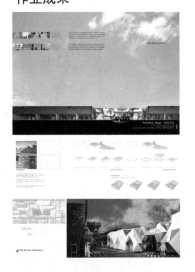

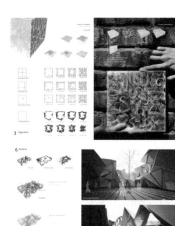

教师点评

　　学生通过对实验过程的设计和实验结果的深入分析，抽象出符合实验现象的规则，并且将算法发展成能够运用于建筑设计的算法系统。"拉胶"等设计小组，不仅利用了现有的计算机工具，更能够自行开发出更符合实验结果的新算法插件运用于设计过程，与传统设计方法紧密结合，达到了较高的应用水平。教学过程经历了从认识复杂自然现象规律，到抽象本质，再到结果升华运用的完整过程，无论对学生的基础建筑学素质还是综合设计工具能力都是一次很好的培养和检验。

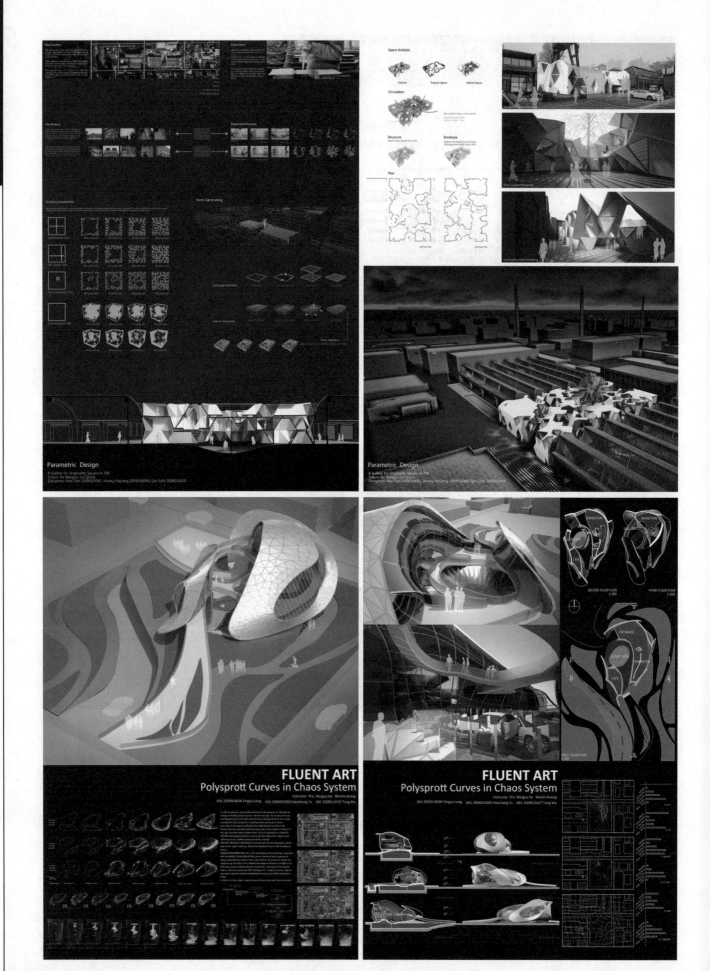

Parametric Design
A Gallery for Originality Square in 798
Tutors: Xu Weiguo, Lin Qiuda
Designers: Hao Tian 2009010081, Huang Haiyang 2009010084, Qin Sizhi 2008010000

Parametric Design
A Gallery for Originality Square in 798
Tutors: Xu Weiguo, Lin Qiuda
Designers: Hao Tian 2009010081, Huang Haiyang 2009010084, Qin Sizhi 2008010000

FLUENT ART
Polysprott Curves in Chaos System
Instructor: Pro. Weiguo Xu, Weixin Huang
A91 2009010004 Yingya Liang, A91 2009010002 Haochang Yu, A81 2008010107 Tong Wu

FLUENT ART
Polysprott Curves in Chaos System
Instructor: Pro. Weiguo Xu, Weixin Huang
A91 2009010004 Yingya Liang, A91 2009010002 Haochang Yu, A81 2008010107 Tong Wu

山水精舍 建筑学本科三年级专题设计

（三年级）

教案简要说明

1. 教学定位

结合教学定位和专题设计机制，教学组设置自然环境中禅修中心设计的题目，以佛教建筑设计为载体对学生进行本土文化设计思维的训练，并在通晓相关文化的基础上有所创新。

从文化继承的角度：佛教文化影响下寺庙建筑体现出了其本身的文化观，更体现出传统空间环境追求意境的设计思维；其次，大量的佛教建筑遗存为学生提供借鉴，学习传统设计思维和设计技巧。

从设计传承的角度：佛教建筑首先体现了需求—图解—空间的设计思维，是一种有着极强逻辑的空间营造；其次，佛教建筑中的空间、雕塑、细节和壁画设计，体现出了精妙的系统设计观。

2. 教学目标

2.1 意——由内而外：认识由概念向空间转化的设计过程，尝试将所学的艺术、历史等理论学科知识转化为建筑设计与分析，体会由抽象概念到实体空间转化的操作过程。

2.2 境——由外而内：强化环境感受和环境分析的能力，培养设计中处理坡度、景观、流线等各种矛盾的综合能力。

2.3 强化塑造空间意境、组织空间序列的能力，发掘对于空间的洞察力和想象力。

3. 专题任务书

在给定的自然环境中设计一处供100人进行礼佛仪式和禅修、体悟、交流的场所。其中，大佛堂不小于200m²，另可设小佛堂若干，面积30~50m²不等；茶室休息区300m²；僧人服务生活区300m²，供10名僧人住宿；餐厅15m²，其余功能可根据需要自行安排。

基地位于某知名佛教胜地内山心（场地壹）和滨水（场地贰）的场地各一处。可根据设计概念、或对佛教不同分支（例如藏传、汉地）的理解或感悟，自主选择地域（例如，南方、北方或西藏）。

妙法莲花 设计者：孟杰 张祎
止于不止 设计者：郭玉玢 王姝
皴山禅域 设计者：郭壮 孙秋莹
指导老师：王迪 张昕楠
编撰/主持此教案的教师：王迪

禅佛臻境 自然 文学 诗歌艺术 历史文化传承

山水精舍
建筑学本科三年级专题设计

学期：2011秋　　　　　学级：三年级　　　　　时间：3周
学生人数：20人　任课教师：3名　上课时间：周一至周五 8:00-12:00

【一 教学定位】

一年级		二年级		三年级		四年级		五年级	
入门	空间形式 认知体验分析	提高	环境行为 调查发现解决	拓展	文化历史 传承分析创新	深化	城市技术 整合研究应对	综合	社会人文 融合研究应用

　　结合教学定位和专题设计机制，教学组设置自然环境中禅修中心设计的题目，以佛教建筑设计为载体对学生进行本土文化设计思维的训练，并在通晓相关文化的基础上有所创新。

　　从文化继承的角度：佛教文化影响下的寺庙建筑体现出了其本身的文化观，更体现出传统空间环境追求意境的设计思维；其次，大量的佛教建筑遗存为学生提供借鉴，学习传统设计思维和设计技巧。

　　从设计传承的角度：佛教建筑体现了需求—>图解—>空间的设计思维，是一种有着极强逻辑的空间营造；第二，佛教建筑中的空间、雕塑、细节和壁画设计，体现出了精妙的系统设计观。

【二 教学目标】

　　1、意—由内而外：认识由概念向空间转化的设计过程，尝试将所学的艺术、历史等理论学科知识转化为建筑设计与分析，体会由抽象概念到实体空间转化的操作过程。

　　2、境—由外而内：强化环境感受和环境分析的能力，培养设计中处理坡度、景观、流线等各种矛盾的综合能力。

　　3、强化塑造空间意境、组织空间序列的能力，发掘对于空间的洞察力和想象力。

"意"由内而外生成概念的过程	"境"由外而内生成概念的过程
概念：现象、事件、典籍—>思考—>意：哲理、图景—>物化、艺术化	概念：场所、环境、季节—>感受—>境：场所中的境—>物化
目的：空间的表达与组织，认识概念向空间转化的设计过程，体会由抽象概念到实体空间转化的操作过程。	目的：建筑与环境的对话，强调环境感受和环境分析的能力，培养设计中处理环境、景观、流线等各种矛盾的综合能力。
案例：京都龙安寺景观对曹洞禅宗的表述。	案例：东福寺对环境的利用和场所氛围的营造

【三 专题任务书】

　　在给定的自然环境中设计一处供100人进行礼佛仪式和禅修、体悟、交流的场所。其中，大佛堂不小于200平方米，另可设小佛堂若干，面积30~50平方米不等；茶室休息区300平方米；僧人服务生活区300平方米，供10名僧人住宿；餐厅15平方米，其余功能可根据需要自行安排。

　　基地位于某知名佛教胜地内山心（场地壹）和滨水（场地贰）的场地各一处。可根据设计概念、或对佛教不同分支（例如藏传、汉地）的理解或感悟，自主选择地域（例如，南方、北方或西藏）。

场地平面图

场地模型

环境空间 概念序列 空间解营 造抽象分析表达

山水精舍
建筑学本科三年级专题设计

【四　教学环节】

教　讲解　**学**　学习

环节	讲解	学习
专题宣讲	教师讲解设计专题及任务书	2011.11.08 上午10时 107报告厅 学生选报专题设计组。
主题讲座	壹-自然中的精神空间 贰-佛教建筑设计 叁-京都的禅宗寺庙 肆-传统寺庙空间设计研究 伍-山地建筑设计 陆-滨水建筑设计 柒-从概念图解到设计生成	2011.11.10、14、17 上午8时-10时 317教室 准备案例研究作业 要求学生制作两个不 同肌理效果的基地模型
案例研究	组织课堂讨论，点评学生案例分析 布置快速设计作业	2011.11.14、17 上午10时-12时 317教室 案例研究 壹 甲-精神空间、宗教建筑 乙-山地建筑、滨水建筑 案例研究 贰 甲-分析艺术作品中表达禅意的案例 乙-了解禅修活动及其对意境的需求
境的分析	教师根据学生陈述对基地环境的理解，评改学生设计，指导分析场地环境	2011.11.21 上午8时-12时 317教室 提交根据基地环境所做的快速设计方案，要求：1/500模型及场地，环境分析草图
意的生成	引导学生根据文学、美术、音乐表达禅意的案例，提出不同禅意主题 引导学生针对禅修行为、禅意的表达、对禅的理解，构思相应的建筑环境并设定空间序列	2011.11.22、23、24 上午8时-12时 317教室 提交概念设计构思。 结合个人专题快速设计、概念构思和案例分析研究过的案例提出初步的设计草案
草案生成	教师评改设计 2011.11.27 下午2时-8时 组织于200展室评图	2011.11.25、26 上午8时-12时 317教室 确立设计概念及初步方案，绘制图纸并制作模型，准备初期评图 图纸要求：总平面图1:500 各层平面及剖面图1:200 模型要求：1:500、1:200模型
方案确立	教师指导学生深化从概念到建筑生成的设计逻辑理解 进一步根据原初的概念检视已有的设计方案完善设计 2011.12.05 下午16时-22时 组织于317教室评图	2011.11.28-12.04 上午8时-12时 317教室 根据初期评图意见修改方案，完善平面、剖面、立面设计，准备中期评图 图纸要求：总平面图1:500 各层平面及剖面图1:200 模型要求：1:400、1:150模型
深化方案	根据中期评图意见，指导学生完善深化设计 指导学生设定深化设计方向，如空间、光、材料、环境景观等	2011.12.06-11 上午8时-12时 317教室 深入完善细化设计方案 绘制方案深化草图、制作模型 根据细化方案，在教师指导下定稿
完成设计	教师指导各类图纸（如平、立、剖面，分析和表现）的完成，纠正不规范制图 2011.12.18 上午8时-20时 组织200展室评图	2011.12.12-16 上午8时-12时 317教室 绘图并制作模型，准备终期评图 图纸要求：总平面图1:500 各层平面及剖面图1:200 模型要求：1:500、1:200模型 1:50局部模型

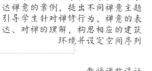

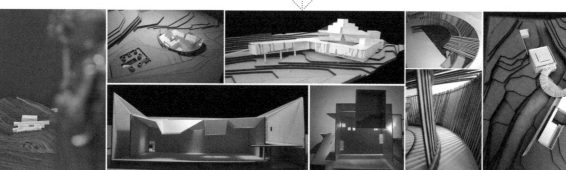

山水精舍
建筑学本科三年级专题设计

【五 典型作业点评】

作业名称：止于不止
总体评价：优

简要点评：学生提取藏传佛教"绕经"的独特的宗教行为，利用图解的方式对其予以空间化。方案中以"止"象征了纯净，以"不止"象征悟禅的过程，将绕经的右旋顺时针流线贯穿整个建筑，进而通过材料光影、空间视线等营造空间序列的意境，加以带有鲜明藏域色彩特征的光筒处理方式，产生戏剧化的空间体验。设计实现了教学目的中由内而外生成设计概念的要求，对光线和礼佛行为体验的设计则完成了从继承到转译的过程。

作业名称：妙法莲华
总体评价：优—

简要点评：该方案对佛教典籍中曼陀罗花飞舞的场景进行了演化，平面以曼陀罗花形布局，将表达不同情景的功能植入功能体块中，在设计中对建筑交通空间的尽端进行节点放大，并通过开窗处理引入环境和景观场景。同时，结合对传统空间意境系统设计观的学习，学生在佛堂设计中利用色彩、形式等现代语言对佛教典籍中曼陀罗花飞舞的场景进行了表达。

作业名称：皴山禅域
总体评价：优—

简要点评：该方案由基地模型肌理联想到中国画皴画法，并进一步引发对禅与书画的研究分析，尝试将建筑形体融合到山势中。同时，方案以系列景观院落为主题，表述释迦摩尼修禅成佛的历程。在佛堂设计中，延续主题景观的处理方法，通过采光天井和自然材质的树皮瓦渲染宗教空间的意境。该设计结合对传统艺术文化的理解，在由内而外和由外而内的两条线索上推演生成了空间。

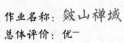

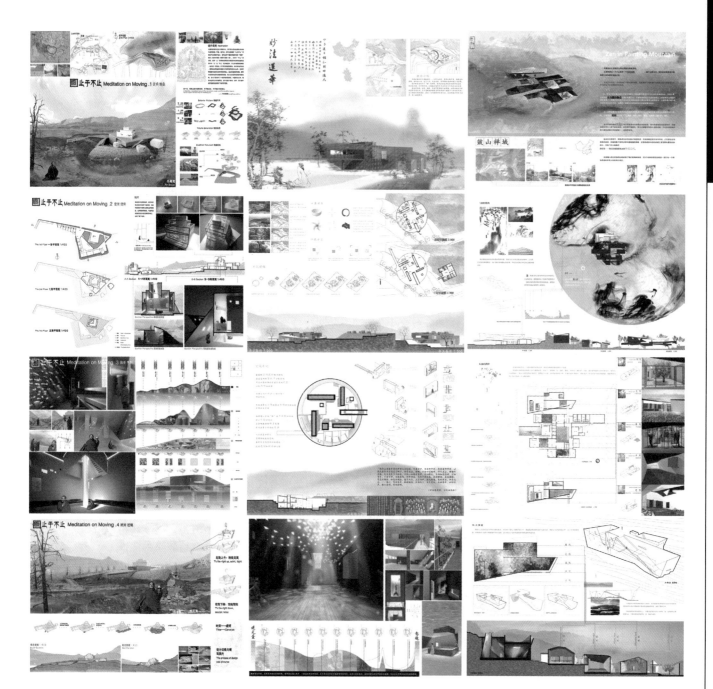

天津大学

建筑设计课组合教案

（四年级）

教案简要说明

1. TEACHING MODE EXPLANATION
教学模式阐述

1.1 综合设计题目——"城市文化综合体"

综合设计题目为"城市文化综合体"，是实际工程项目旨在培养学生综合运用知识解决实际工程问题的能力。此题目功能较为复杂，有特殊场地限制条件，包含有大跨度空间的专业剧场设计。意在培养学生综合运用空间、功能、形体等知识和技能解决复杂问题的能力在实际教学中，我们不以单纯完成项目为目标，而是要求各个指导教师根据自己的研究专长和设计特点设足自己的特色教学目标，并在评图条款中清晰体现。其中综合常规要求占80%，专业特色要求占20%。

1.2 专题设计题目

A. 体验性空间的设计 B. 空间句法解读城市 C. 石窟的保护性改造 D. 旧社区的更新改造 E. 酒店功能的再思考 F. 非常规材料的运用 G. 插入式空间的研究 H. 生态型售楼处设计

2. CHARACTERISTIC & POINT 课题特点与教学重点

2.1 建筑功能组织的训练 平面深入设计的训练—— 对传统教学与深化设计的重视

本设计题目的选择着眼于对学生的基本功训练，力图使学生掌握对功能较复杂的大型公建的设计能力，对各功能间的衔接、交通流线安排等内容得到充分训练。

针对目前很多学生过于看重建筑外在形体表皮而忽略建筑内在空间及功能设计等问题，在此次设计中提出尊重传统教学理念，将功能设计和平面深化等内容放在首位，力图使学生提高对建筑功能和细节设计的掌控能力。

2.2 选取真实存在的场地 培养场地设计的意识——场地设计与单体设计的新融合

为了能使学生充分意识到场地设计的重要性，特地选取了真实存在的基地，采取"真题假作"的形式，着重培养学生对建筑单体设计和场地设计间的协调能力。

在场地设计越来越重要的现在，为了避免学生只看重建筑单体而忽视周边环境设计，题目特地选取真实存在的基地并留出充足的空地以供场地设计。学生可在此基础上对建筑单体设计、场地设计及两者的协调得到充分锻炼。

2.3 学生熟悉的建筑类型 可引入自身生活感受——灵感来自对生活的体验与观察

不同于办公建筑、商业建筑等题目，"文化综合体"的题目与学生本身生活相关度更高。不仅可以从自身生活寻找设计灵感，更可很好地调动学生的设计兴趣。

好的建筑设计师的灵感往往来自于生活的体验与观察，于是特别选取了对学生来说相对更有经验的"文化综合体"的题目，使学生更好地学习如何加强对生活的观察，并将这些作为灵感来源充分融入到建筑设计中。

3. TEACHING METHOD & TRY 教学方法与创新尝试

3.1 强调功能与平面深化的教学

为培养学生深化平面的能力，在教学过程中运用大量的时间与精力帮助学生认识功能与平面设计的重要性，培养学生严谨的思维和全面设计的意识。

3.2 利用草图与概念模型来快速初期表达

为训练学生快速表达设计想法并方便学生与教师间的沟通，鼓励学生运用草图进行初期表达，并在设计初期结合概念模型的制作来进行建筑体形与空间的推敲。

3.3 增加各学生间的互评与交流

为避免学生"闭门造车"的情况，增加学生间的又流很重要。利用组内和组间不同的互评方式，让学生听取更多意见的同时也增进彼此间的学习。

3.4 评图后引导学生反思自己的设计成果

为了使学生更充分和全面地认识自己的设计过程与成果，评图后指导学生重新审视和反思自我，使学生更客观地理解自己的优势与不足，做到更好的前后衔接。

插入式空间的设计 设计者：祁超 尹文刚
文化综合体设计 设计者：焦岩
体验式场所的设计 设计者：张玥 王晶
指导老师：李哲 邹颖 赵劲松
编撰/主持此教案的教师：赵劲松

- 教学模式阐述
- 作业摘选及主题说明

1/3综合设计+专题设计（综述）

建筑学四年级第二学期建筑设计课组合教案

综述

按照教学大纲的要求，四年级的中心任务是将一至三年级的建筑学基础知识进行深化和综合，因此，四年级的设计课教学抓住这两个环节进行。第二学期的两个设计课作业形成综合设计+专题设计的复合模式，改变传统意义上以建筑类型区分设计的教学模式，转变为在综合设计中突出知识点、在专题设计中突出研究内容的新模式。

城市文化综合体设计

文化综合体项目重点培养学生处理复杂功能和复杂空间的能力，同时学习大跨结构建筑特点以及剧院设计的基本知识。本设计在研究近人尺度空间、微型城市、层次空间组织模式的基础上，尝试表达空间的复杂性，路径的多样性，以及感受的模糊性等当代建筑设计要点。综合运用和深化理解以前所学的建筑学知识和技能。

体验式场所的设计

本设计是基于创造场所感的专题设计，旨在创作能够产生多种感官体验的空间形式，探索易于促进交往的模糊空间对于建筑的意义。学生由此入手，创造了一条功能渐变的穿越式空间，使当地人和游客在使用其功能的同时感受到场景化空间带来的独特体验，并在这种体验中不自觉地实现了交流的愿望。

非常规材料的运用

本设计是基于材料深化的专题设计，试图运用非常规的单向透光材料创造出一座专属于黑夜的建筑。设计从重新定义各种固有的建筑概念开始。夜建筑的空间由光线决定，呈现出一种类似流体的状态，同时改变了距离，氛围。特制的单向透光墙体材料成为我们操作的主要手段，它是由不同厚度的纸叠加而成，通过不同的厚度控制了光线的强弱，成为控制空间效果的媒介。整个建筑从白日到夜间会呈现出了多种华丽的转变。

插入式空间的研究

本设计是基于城市空间深化的专题设计。曼哈顿上城区拥有许多像中央公园一样的大尺度的公园，然而下城区由于极高的建筑密度，绿色空间被现有街块划分成了若干小尺度的公共空间。本方案着眼于阻碍绿色空间的现有街块，通过折叠表面，使旅馆的公共空间连接附近的两个小公园，同时使其在有限的空间内被放大，并竖向延伸，最终成为一个自然的统一的公共系统。

TEACHING MODE EXPLANATION 教学模式阐述

● 综合设计题目——"城市文化综合体"

综合设计题目为"城市文化综合体"，是实际工程项目旨在培养学生综合运用知识解决 实际工程问题的能力。此题目功能较为复杂，有特殊场地限制条件，包含有大跨度空间的专业剧场设计。意在培养学生综合运用空间、功能、形体等知识和技能解决复杂问题的能力。在实际教学中，我们不以单纯完成项目为目标，而是要求各个指导教师根据自己的研究专长和设计特点设定自己的特色教学目标，并在评图条款中清晰体现。其中综合常规要求占80%，专业特色要求占20%。

● 专题设计题目

- A、体验性空间的设计
- B、空间句法解读城市
- C、石窟的保护性改造
- D、旧社区的更新改造
- E、酒店功能的再思考
- F、非常规材料的运用
- G、插入式空间的研究
- H、生态型售楼处设计

DESIGN SELECTION & JUDGEMENT 作业摘选与教师评价

● 综合设计优秀作业

文化综合体设计

● 专题设计优秀作业1

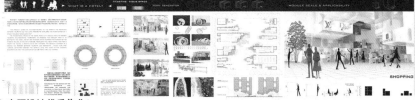

体验式空间设计

● 专题设计优秀作业2

非常规材料应用

● 专题设计优秀作业3

插入式空间研究

TO BE CONTINUED.......

- 课题特点与教学重点
- 课题关键任务与目标
- 文化综合体任务书

2/3综合设计教案（1）

建筑学四年级第二学期建筑设计课组合教案

教学结构分析

学习者分析
学习内容分析

教学目标

教学重点和难点 → 解决措施

教学设计 ← 理论依据

反馈 → 确定教学流程

教学反思

基本概念及总平布置

设计大纲
- 文化综合体功能流线与面积组成
- 文化综合体总平布局及规划要求
- 停车位安排及出入口基本要求

文化综合体空间安排

设计重点深入
- 专业教室功能及设计要求
- 专业教室流线设计
- 休闲功能与公共空间
- 多功能空间灵活使用方式

礼堂设计

设计重点深入
- 礼堂形式选择与设计规范、要求
- 礼堂设计规范及结构形式
- 舞台与观众厅视线声响基本要求

CHARACTERISTIC & POINT 课题特点与教学重点

● **建筑功能组织的训练**
平面深入设计的训练

本设计题目的选择着眼于对学生的基本功训练，力图使学生掌握对功能较复杂的大型公建的设计能力，对各功能间的衔接、交通流线安排等内容得到充分训练。

对传统教学与深化设计的重视 ■

针对目前很多学生过于看重建筑外在形体表皮而忽略建筑内在空间及功能设计等问题，在此次设计中提出尊重传统教学理念，将功能设计和平面深化等内容放在首位，力图使学生提高对建筑功能和细节设计的掌控能力。

● **选取真实存在的场地**
培养场地设计的意识

为了能使学生充分意识到场地设计的重要性，特地选取了真实存在的基地，采取"真题假作"的形式，着重培养学生对建筑单体设计和场地设计间的协调能力。

场地设计与单体设计的新融合 ■

在场地设计越来越重要的现在，为了避免学生只看重建筑单体而忽视周边环境设计，题目特选取真实存在的基地并留出充足的空地以供场地设计。学生可在此基础上对建筑单体设计、场地设计及二者的协调得到充分锻炼。

● **学生熟悉的建筑类型**
可引入自身生活感受

不同于办公建筑、商业建筑等题目，"文化综合体"的题目与学生本身生活相关度更高。不仅可以从自身生活寻找设计灵感，更可很好地调动学生的设计兴趣。

灵感来自对生活的体验与观察 ■

好的建筑设计师的灵感往往来自于生活的体验与观察。于是特别选取了对学生来说相对更有经验的"文化综合体"的题目，使学生更好地学习如何加强对生活的观察，并将这些作为灵感来源充分融入到建筑设计中。

ASSIGNMENT & GOAL 课题任务与目标

◆ **对功能复杂的大型公建的掌握**

题目重点在于设计功能复杂的大型公建，在着眼于功能的同时，使学生对场地与单体设计有更深层次认识，并学会处理好不同功能间的关系。

◆ **对剧场基本功能与构造的掌握**

学生首次设计剧场这样功能性独特、技术要求较高的建筑体，因此对剧场的基本功能、基本构造等内容需要加强了解，以确保设计无差错。

◆ **注重方案的深化及设计成果的完整**

由于很多学生在方案过程中经常出现全盘否定而后重新开始的情况，致使最后的成果缺少深度。针对这一问题特别考虑，力求确保方案的完整性。

◆ **学生对设计作业的二次审查与思考**

学生在课时结束后，由于缺少对设计的再次审查和思考，往往对自身的设计情况理解不够深入。引导学生重新审视自我，以帮助学生更快进步。

基地位置示意图

PROJECT ASSIGNMENT 设计任务书

● **题目概略**

天津工业大学新校区拟建一万平米左右的文化综合体。设计包括内容建筑单体及室外场地。要求建筑造型考虑与校园周边环境的协调关系及景观效果，同时应使建筑单体与室外空间能够真正成为学生课余活动和休闲的场所。

主要经济技术指标：
用地面积：2.9万平方米
容积率：0.3

● **成果要求**

完成总时间：60课时
图纸尺寸：设计成果为A1图纸3张以上
图纸内容：总平面图
各层平面图
立面和剖面图
各不少于两个
功能分析图
交通分析图
建筑透视图

设计说明：500字以内，包括经济指标

● **功能要求**

艺术团训练及演出场所（总计4500㎡）
礼堂 约2000㎡ 配标准舞台
报告厅 约800㎡
艺教办公室
多媒体音乐教室
排练厅

商务休闲区（总计1500㎡）
办公区 商务区 休闲区

信息服务区（总计800㎡）
服务大厅及咨询室
信息中心 测评室 网络维护室

事务管理与办公区（总计600㎡）

TO BE CONTINUED.......

- 教学方法与创新尝试
- 教学流程与时间安排

3/3综合设计教案（2）

建筑学四年级第二学期建筑设计课组合教案

信息技术应用分析

知识点	学习水平	内容与形式
◆相关资料收集	◆应用	◆网络电子资料库
◆场所的调研与分析	◆分析运用	◆幻灯片展示调研结果与分析
◆概念讲解	◆分析运用	◆幻灯片展示电子课件与讲义
◆草图构思与表现	◆应用	◆制作构思模型幻灯片展示

使用方式	使用效果
◆课下搜集	◆◆◆
◆课堂展示	◆◆◆◆
◆课堂展示	◆◆◆◆
◆课堂展示	◆◆◆

教学流程简图

设计草图与模型推敲

TEACHING METHOD & TRY 教学方法与创新尝试

◆强调功能与平面深化的教学
为培养学生深化平面的能力，在教学过程中运用大量的时间与精力帮助学生认识功能与平面设计的重要性，培养学生严谨的思维和全面设计的意识。

◆利用草图与概念模型来快速初期表达
为训练学生快速表达设计想法并方便学生与教师间的沟通，鼓励学生运用草图进行初期表达，并在设计初期结合概念模型的制作来进行建筑体形与空间的推敲。

◆增加各学生间的互评与交流
为避免学生"闭门造车"的情况，增加学生间的交流很重要。利用组内和组间不同的互评方式，让学生听取更多意见的同时也增进彼此间的学习。

◆评图后引导学生反思自己的设计成果
为了使学生更充分和全面地认识自己的设计过程与成果，评图后指导学生重新审视和反思自我，使学生更客观地理解自己的优势与不足，做到更好的前后衔接。

TEACHING PROCESS & SCHEDULE 教学流程与时间安排

● 设计任务的布置与前期准备 _____ 2012.2.28——2012.3.06 资料与调研
对全体学生集中布置题目，进行教师分组，并讲授设计要求。让学生明确设计方向，并在调研的基础上充分地理解基地的现状与相应的校园文化。

教师活动：	学生活动：
布置选题，介绍背景	初步明确设计方向
针对选题讲授相关设计知识	进行基地调研与资料收集

1 WEEK

● 调研汇报的进行与构思讲解 _____ 2012.3.06——2012.3.13 汇报与构思
学生分组进行调研结果及分析的汇报，向教师讲解初步的设计概念构思。并在以收集的资料和对基地的充分理解的基础上来进行概念的初步确定。

教师活动：	学生活动：
分析学生的调研报告	组内汇报调研结果
对学生的概念构思进行辅导	对设计方向进行修改深化

1 WEEK

● 初步方案的设计与组内初评 _____ 2012.3.13——2012.3.20 草图与模型
指导学生利用手绘草图或概念模型来快速提出设计方案构思，并在小组内进行初步汇报。以互评方式使学生了解他人的设计并在评价讲解中学习。

教师活动：	学生活动：
对学生的设计问题进行解答	对自己的方案进行讲解
帮助学生确立正确设计方向	基本确定建筑形体与功能

1 WEEK

● 对初步方案进行修改与深化 _____ 2012.3.20——2012.3.27 功能与空间
对学生的初步方案进行针对性的讲解与指导。在初步方案的基础上开始着手以功能为基础来进行平面设计，指导学生确立空间表达的意图与方式。

教师活动：	学生活动：
针对不同学生情况进行讲解	在初步方案基础上深化
引导学生解决设计中的问题	合理安排功能，确定流线

1 WEEK

● 设计方案的深化与组间互评 _____ 2012.3.27——2012.4.03 评价与修改
对于学生的初期深化结果进行针对性的指导与讲解，鼓励学生进一步深化平面等内容。利用跨组互评的方式使学生听取更多人对自己方案的意见。

教师活动：	学生活动：
帮助学生解决建筑功能问题	在教师的帮助下继续深化
以跨组互评了解各学生方案	听取不同教师的相应意见

1 WEEK

● 设计方案的再次修改与深化 _____ 2012.4.03——2012.4.17 确定与深化
在互评后方案进行一定程度的修改的基础上，指导学生对方案开始进行最终深化，以平面设计为基础，对建筑室内外等内容全方位完成最终设计。

教师活动：	学生活动：
及时了解学生的设计进度	不断深化方案与平面设计
针对各学生进行专门辅导	进行建筑室内外最终设计

2 WEEKS

● 方案的最终表现与评后反思 _____ 2012.4.17——2012.4.24 评图与反思
完成设计成果绘制表现。全体教师公开评图，学生在评图过程中对自己的设计进行讲解。评图后学生在教师指导下对自我设计重新进行审视反思。

教师活动：	学生活动：
对方案的最终表现进行打分	绘制图纸，进行方案讲解
评图后指导学生对成果反思	事后反思自己的设计优劣

1 WEEK

THANKS FOR YOUR ATTENTION ......

环境与行为系列课程组合教案

（四年级）

教案简要说明

环境与行为是建筑学与城市学的学科基础议题之一，本系列课程本着由浅入深、循序渐进、力求创新的原则，通过设计基础、课程设计、假期实习、专题设计乃至工作坊等多样的形式，贯穿了本科生从一年级到四年级的各个阶段。该系列课程在自成体系的同时，也对整体教学框架中的知识能力点进行了有针对性的强化训练：

1. 在低年级（1、2年级）的基础课程中起到帮助学生了解建筑和城市学本体，体验和认识空间、尺度与行为关系，并通过其规律性了解空间设计的一般规律及需求。

2. 在高年级的软件培训及专题设计中，起到了培养学生系统科学的空间分析技能，及以研究为基础开启并完成设计过程的综合能力。

3. 通过组织学生工作坊的形式，有针对性地将国际上行为互动领域的新技术及教学方式引入本科生教学，拓展学生的视野、设计手法和技能。

本系列教案共包括五个课程，其中本科一年级两个课程，二、三、四年级各一个课程。一、二年级的课程以对环境与行为关系的认知和分析为主，从对人体尺度行为和人群与城市空间关系的体验测量入手，在了解建筑和城市学本体的同时初步熟悉分析的过程。通过对空间句法理论及软件的介绍，了解对空间与行为互动关系的科学方法。三年级通过国际工作坊的形式，训练学生设计建造可动建筑表皮及模型的实际操作能力。四年级通过针对环境行为专题设计的形式，强化了学生从分析入手，以图解的方式完成设计的综合能力，并尝试在本科生高年级阶段进行"研究型设计"的实验。

各个分教案具体内容详见图版。

墙之舞 设计者：颜东 杜松毅 陈永辉 岳意贺
内外之间-西北角居住区设计 设计者：焦岩 于刚
纽约印象 设计者：夏骥 沈一婷
指导老师：盛强 Michael fox 邹颖 赵劲松
编撰/主持此教案的教师：盛强

环境与行为系列课程教案 Environment and Behaviour Series

■ 系列概述 General introduction

[认知·分析]¹、²年级 [行为·互动]³年级 [研究·设计]⁴年级

环境与行为是建筑学与城市学的学科基础议题之一，本系列课程本着由浅入深、循序渐进、力求创新的原则，通过设计基础、课程设计、假期实习、专题设计乃至工作坊等多样的形式，贯穿了本科生从一年级到四年级的各个阶段。该系列课程在自成体系的同时，也对整体教学框架中的知识能力点进行了有针对性的强化训练：

1、在低年级（1、2年级）的基础课程中起到帮助学生了解建筑和城市学本体，体验和认识空间、尺度与行为关系，并通过其规律性了解空间设计的一般规律及需求。
2、在高年级的软件培训与专题设计中，起到培养学生系统科学的空间分析技能，及以研究为基础开启并完成设计过程的综合能力。
3、通过组织学生工作坊的形式，有针对性的将国际上对行为互动领域的新技术及教学方式引入本科教学，拓展学生的视野、设计手法和技能。

■ 知识框架 Knowledge Frame

■ 课程题目 Topic　尺度-行为-空间

■ 教学目的 Aims
1. 学习人体尺度在建筑设计中的基础性作用。
2. 学习建筑构件和人体尺度。
3. 初步学习空间和行为尺度、行为模式的关系。

■ 教学内容 Contents

学习基本知识 Learn From Basics!

在建筑设计能力学习方面
1. 充分掌握人体尺度在建筑设计中的基础性作用，掌握常用的人体尺度数据；
2. 充分掌握建筑设计中，建筑构件和人体尺度；
3. 初步理解建筑空间和行为尺度及行为模式的关系。

在建筑设计表现技能方面
1. 学习绘图表达中，比例、比例尺、尺寸标注的基本方法；
2. 掌握用模型表达设计方案的方法；
3. 在设计中可选择性地运用字体设计来表现。

最终通过课程设计，根据学习到的关于 人体尺度 及 空间-人体-行为 关系的知识，在两个边界为墙体的2[m]x3[m]界域内，设计满足一个人活动的空间，表达对人体尺度-空间-行为关系的理解

■ 作业要求 Assignment

设计从基础开始 Design By Basics!

1. 绘制行为-尺度-空间测绘图纸。
2. 在两个边界为墙体的2[m]x3[m]界域内（如图3所示），设计满足某一特定行为、或多样性行为活动的空间。

■ 课程题目 Topic　软件实习课——空间句法
■ 教学对象 Target　建筑、规划及风景园林本科二年级
■ 教学目的 Aims

掌握研究方法 Research Methodology!

1. 了解空间句法理论源起的背景，不同类型空间的概念发展、对建筑和城市学的影响以及其它相关社会学理论。
2. 掌握空间句法软件Depthmap的主要功能，熟悉空间句法分析过程、各主要参数的含义及应用方法。
3. 熟悉以空间和地图分析为基础的基地分析方式，为城市和建筑设计的前期研究和后期评价提供工具。

■ 本课程的教学构想
以理论+实例+操作的方式实现知识点从了解到掌握的过程。

■ 教学内容 Contents

第一讲　重新认识空间　理论 Theory

空间概念演进及其工具性
从不同类型空间的关系及它们所服务的具体技术读起，引出拓扑空间概念及其对本专业的影响。

拓扑空间对建筑和城市理论的影响
介绍拓扑空间概念对建筑和城市研究的影响。给出空间句法理论发展的背景和意义。通过简单例子的了解激发学生的学习兴趣。

■ 初步介绍拓扑深度的概念

句法结构与关联性网络
从句法理论的发展到关联性网络对社会学的影响，如人际关系网络、六度分离理论和ANT理论。拓展学生思路，揭示空间句法的本质。

例2：建筑尺度南方与北方院落的结构性比较

浙江民居的"堂"与江西四合院的"院"

按词-网连接建立的"字典"

映色与人际关系研究

第二讲　质疑与发展
从对空间句法的质疑出发，引出理论上的发展（层级运动网络理论）和软件算法的改进（线段分析：角度与距离参数的引入）

Carlo Ratti对算法的质疑　　　Read 的层级运动网络理论

■ 作业展示 Assignment

第三讲　阅读城市 研究当代天津中心城区各个街区形态与社区级商业聚集（活力）的相关性
学生将以3-4人的小组为单位，每组负责几个街区。在详细观察中心城区内各街区内商业分布、住宅类型和道路结构的基础上，针对城市商业与社区服务分中心商业的差异，乃至临时性摊贩和社会聚集行为进行调研，详细记录每条街道上商店的位置和数量、摊贩和人群社会性集聚强度等信息。应用空间句法中线段分析中选择度分析、局域整合度分析及Scatter plot的方法，结合实际城市空间的等级规律来综合分析社区级活力中心分布的空间规律。

商业行为 Commercial Activity　　　　　　　　　　　Social Activity 社交行为
正式化的 ➡ 版形性的 ➡ 自组织的 ➡ 偶发性的

课程题目 Topic　人群-环境-城市

1. 了解和学习与城市空间有关的图解分析方法。
2. 研究特定场所中的行为活动规律，思考人与空间的互动关系。
3. 熟悉街道、建筑和广场等空间的尺度，体会城市尺度与人体尺度的差别。观察地形、交通、功能布局、街区的大小、河流的宽窄、建筑的高度等空间的三维数据等因素对公共空间的影响，分析建筑、道路、广场、院落、绿地和建筑小品之间及与人的活动之间的相互关系。
4. 就街区空间比例与人的心理感受之间的关系，空间连接与人的流线之间的关系等因素进行深入的分析。

城市认知阶段——全面了解调研对象
对所挑选的调研对象进行实地探查，从尺度、空间、人的活动、空间与时间的关系等角度进行深入的了解。包括：
1) 空间数据：街道、广场的宽度、长度，街区的大小，河流的宽窄，建筑的高度等空间的三维数据。
2) 形象调研对象的色彩、材质、风格、年代等形象特征。
3) 人的活动在群体空间中，人们的行为和活动特点，例如通过与停留、个体与群体、时间特性等。

分析从基础开始 Design By Basics!

归纳分析阶段——将获得的资料进行有序的逻辑整合
1. 将调研的内容进行分析与整理，运用路径、斑块、图底等理论方法进行分析，掌握空间的尺度、肌理、节点等概念
2. 对人们的行为进行分析，了解互动与规律；
3. 对街区、街道或城市形态进行概括和综合，将不同场景形成一张表达城市意象的拼贴图。

使用图底关系、路径联系、斑块构成等理论对调研的对象进行初步的分析，学习抽象的图示语言的表达方式。

■ 点评
巧妙的应用了人体尺度的分析作为实现"观星"的主题空间设计。

新京街·拓印

■ 点评
对茶馆从旧有整到新、人的活动对空间形态的分析全面系统，展现表达深刻。

实例 Example

空间整合度分析实例：
作为空间句法最基本最有特色的参数，整合度至今在众多研究城市仍有广泛应用（从建筑到城市）。
■ 了解整合度概念

轴线及scatter plot分析实例：
Scatter plot是技术性要求较高的开放式分析方式，通过实例介绍可以帮助学术深入了解到对拓扑空间的统计学分析方式。
■ 了解scatter plot

层级运动网络分析实例：
通过实例介绍一种空间句法与真实城市等级结合的研究方式，拓展学生应用空间句法的思路，并不存在固定的方式方法。
例：北京社区活力中心的空间现象。
■ 了解层级运动网络的分析方法

艾森曼1#号住宅空间分析

伦敦优太住宅分布列例逻辑分析

Ground　　　Ground
House I　　　House II

迷宫空间结构与内部社区聚集中心

操作 Practice

基本算法及概念：
- 绘制轴线地图（掌握）
- 平均拓扑深度（掌握）
- 整合度与选择度（掌握）

分析方法：
- 轴线分析（掌握）
- Scatter Plot（掌握）
- 全线分析（了解）
- 视域分析（了解）
- 线段分析（了解）
- 特定距离半径内拓扑与距离选择度分析（了解）
- Agent-based模型（了解）

A区 街区形态与活力分析
本区城集中于典型的租界区和传统老城厢区区理。对该区以同为个例区我们打对对场城整合度、边界道路的作等，街区的可理解度进行分析。

■ 点评
背景多样有特色的研究区域，成果体现出空间形态对街区活力的影响。

环境与行为系列课程教案 Environment and Behaviour Series

- **课程题目 Topic** 三周暑期工作坊——互动建筑
- **教学对象 Target** 建筑学本科三年级
- **知识框架 Knowledge Frame**

[认知·分析]¹、²年级 [行为·互动]³年级 [研究·设计]⁴年级

行为 Behavior — 行为模式 Pattern — 仪式化 Ritual / 偶发性 Occasional

行为对象 Targets — 个体 Individual — 人体尺度 Body

群体 Collective

环境 Environment — 空间尺度 Scale — 建筑尺度 Architecture / 城市尺度 Urban

空间类型 Typologies

构成要素 Elements — 表皮 Surface / 分隔 Division

互动建筑 Interactive Structure
- 互动行为 Behavior
- 程序设置 Programing
- 传动结构 Kinetics

- 场地设计 / 基地调研与分析 — **感知与图绘** L
- 图解推演 → 图形设计 / 概念设计 — **概念与图绘** C
- 材料与构造设计 / 技术设计与应用 — **结构、材料与技术** S
- 建筑制图规范 / 建筑制图技巧 / 建筑模型设计与制作 / 方案介绍的组织与表达 — **建筑制图与表达** P

教学目的 Aims 让建筑动起来 Make it Moving!

1、了解互动建筑发展背景及互动式结构基本构件的设计手法。
2、掌握 **Arduino** 板的编程方式。
3、掌握简单机械传动结构的设计模型制作过程。
4、熟悉各种传感器的工作方式及在建筑环境中的应用。

本课程与环境行为的关系
本课程为学生在建筑和人体尺度直接从行为与环境互动提供了软件和硬件技术上的支持。

本课程覆盖的知识能力框架
本课程着重训练学生3D可变形体的设计能力，材料与构造设计和动态模型的制作能力。

本课程主要结构
从设计可动的结构原型出发，结合以互动为目的的编程制作可动的建筑模型。

教学内容 Contents

结构原型 Prototyping

基本机械传动方式

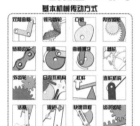

通过课堂演示flash动画和实际应用的详细介绍，使学生对常用机械传动方式、各自的适用条件及局限性有一个全面的认识。为学生在方案中确定可实现的、简便易行的传动结构提供思路。

程序设计 Programming

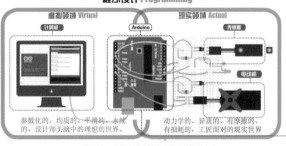

虚拟领域 Virtual 计算机

现实领域 Actual Arduino 传感器 电动机

参数化的、均质的、平滑的、永续的、设计师头脑中的理想的世界。

动力学的、异质的、有摩擦的、有损耗的、工匠师对面的现实世界

Arduino的特点，也是本课的特点即是设计构思和实体模型的关联。与通常参数化课程强调编程建模的设计能力不同，本课程需要将虚拟的互动变为现实的互动。因此，除简单的编程之外，课程的重点在于实际操作能力，涉及到中学的电学知识及机械原理的实际应用。

Arduino设备简介

Arduino编程界面 **Arduino板构成**

什么是Arduino板?
Arduino是一款开放式电子原型平台，广泛被对"互动"感兴趣的艺术家、设计师和发烧友应用。它能通过各种传感器来感知环境，控制灯光、马达和其他装置来反馈影响环境，并通过Arduino编程语言来编写程序。

作业要求 Assignment

作业一
以个人为单位设计一个可动的结构原型，不需要设想它的具体功能，只需要考虑实际操作的可靠性和动作本身的出人意料感，特别强调从2D到3D的过程。不需要考虑动力设施和互动行为。

作业二
根据作业一的结果，以小组为单位在一个塔形结构内一层上设计一个可动的表皮，需要考虑互动行为方式和具体的动力设施方案。

过程展示 Process

本工作坊实际工作时间为两周半：两天时间完成课程介绍及结构原型设计，第一周主要为讲座，介绍案例及Arduino套件的使用及编程，第二周开始设计可动表皮，完成程序及传动结构。

重新设计原型

第一组 Team1  (Marry X'mas!)

第二组 Team2  **点评** 非常简单直接的动态表皮设计，背后用电机带动鱼线拉伸实现可动，效果非常好。

第三组 Team3 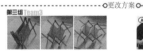 ▶更改方案 A Blow Job...

第四组 Team4   **点评** 通过软件编程实现了很复杂丰富的动作设计。

第五组 Team5  ▶更改方案

第六组 Team6  ▶更改方案

第七组 Team7 ▶更改方案

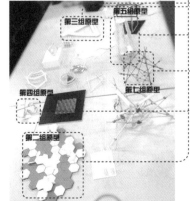

第三组原型 / 第五组原型 / 第四组原型 / 第七组原型 / 第二组原型

模型制作 Modeling

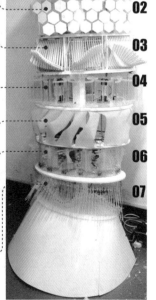

01 02 03 04 05 06 07

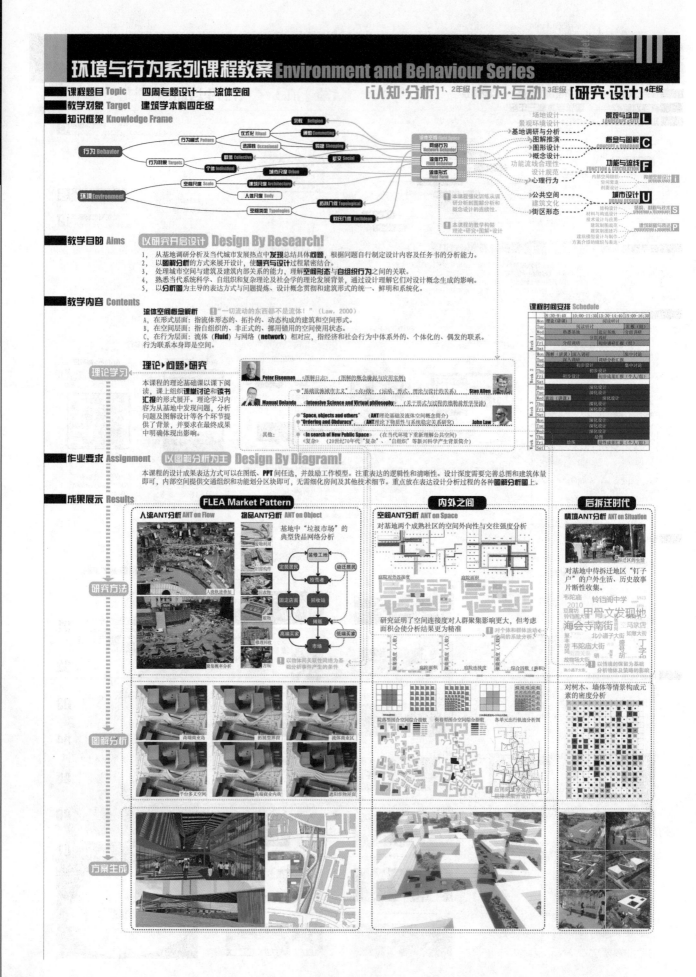

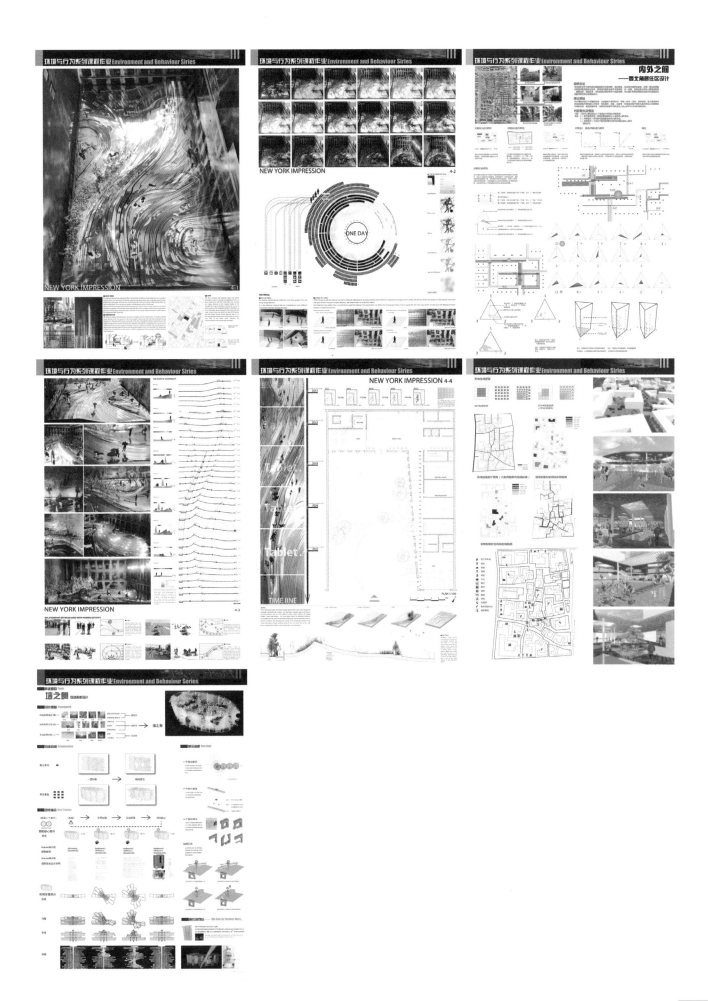